数学·统计学系列

绝对值方程——折边与组合图形的解析研究

Absolute Value Equation —— Analytical Research on Folding and Composite Figure

● 林世保　杨世明　著

哈尔滨工业大学出版社

HARBIN INSTITUTE OF TECHNOLOGY PRESS

## 内容简介

本书通过建立多边形、组合图形和多面体的方程,实现对折边与组合图形进行解析研究的梦想。书中建立了很多的方程,给出了已知图形构建其绝对值方程和已知方程画出图形的一系列方法,并对方程给出了若干应用。书中还附有"八大问题"供有兴趣的读者研究探讨。大学数学系的师生、中学数学教师和喜爱数学的高年级学生,均可读懂本书的绝大部分内容。本书是对"绝对值"、"曲线、曲面方程"、"解析法"等概念和方法进行深入发掘的结果,因此,对中学、大学的数学教学,有很高的参考价值。

**图书在版编目(CIP)数据**

绝对值方程:折边与组合图形的解析研究/林世保,杨世明著. —哈尔滨:
哈尔滨工业大学出版社,2012.6
ISBN 978 - 7 - 5603 - 3512 - 4

Ⅰ.①绝… Ⅱ.①林… ②杨… Ⅲ.①绝对值-方程
研究 Ⅳ.①O122.2

中国版本图书馆 CIP 数据核字(2012)第 028163 号

策划编辑 刘培杰 张永芹
责任编辑 翟新烨
出版发行 哈尔滨工业大学出版社
社 址 哈尔滨市南岗区复华四道街 10 号 邮编 150006
传 真 0451 - 86414749
网 址 http://hitpress.hit.edu.cn
印 刷 哈尔滨市石桥印务有限公司
开 本 787mm×960mm 1/16 印张 21.75 字数 400 千字
版 次 2012 年 6 月第 1 版 2012 年 6 月第 1 次印刷
书 号 ISBN 978 - 7 - 5603 - 3512 - 4
定 价 48.00 元

序

宏基集团创始人施振荣的成功经验是不走和别人一样的路,他经常说:"Me too is not my style".

本书是一本既另类又主流的书.称其另类是因为今天已经没有人去写这类既没名又没利的书,初等数学研究可以说在中国已经名存实亡了,虽然还有人在试图搞些研究,但受大环境所左右早已多年无精品问世了,因为这些所谓的雕虫小技不入高层法眼,那些急于货于帝家王的研究者便另寻捷径去了.说它是主流是因为从国际上其他各国的研究角度看这绝对是一本正宗的初数研究专著.

2011 年 10 月 4 日,美国加州大学伯克利分校索尔·珀尔马特教授获得 2011 年诺贝尔物理学奖.珀尔马特教授在校方为他举办的获奖讲座中告诫青年学生:

"人生中有很多东西抓住了你的视野,但是只有很少的东西抓住你的内心,去追求它!"

杨之是杨世明先生的笔名,50 多年来偏安一隅,矢志不渝,投之以毕生精力,为中国初等数学研究树立了一个光辉的典范.如同一位名人所说:"你们的时间有限,不要将时间浪费在重复他人的生活上;不要被教条束缚,那意味着你活在其他人思考的结果中;不要被他人的喧嚣遮蔽了你自己内心的声音、思想和直觉,它们在某种程度上知道你真正想成为什么样子,所有其他的事情都是次要的."

1

杨之先生是很令笔者羡慕的一位老者,他像一位热衷手艺的老匠人,活在自己的世界里,自我欣赏,自我陶醉.

日本创业百年以上的企业数量高达 22 219 家,其中 39 家更是拥有 500 年以上的历史.相比较,亚洲其他国家历史悠久的企业少得可怜.一个根本原因在于,日本文化崇拜能工巧匠.将做一个出色的匠人视为人生目标和典范的国家,亚洲唯有日本,在欧洲德国比较突出.

数学家说到底也是一个匠人,所以国人对他俩感兴趣的不会多,好在他们能自恰.杨之先生一共准备在本工作室出版 10 本书,此为第二本,其一大特点是无涉应试教育.

中国教育演化为现在的应试教育是唯智、唯知的教育观在作祟.而这种教育观之上又笼罩着一些更大的观念,如发展主义——快速增长的观念,赶超、竞争的观念——国家竞争、民族竞争、人际竞争、就业竞争.应试教育不过是与这些观念相一致,而这些观念正是应试教育产生的最终根源.如果不抛弃这些观念,不抛弃唯智、唯知主义的教育观,搞素质教育便没有根本的理论依据.整个社会弥漫着发展主义,国家竞争的情绪,就不会有素质教育存在的空间.

2011 年 10 月末笔者去南开大学参加纪念陈省身先生诞辰 100 周年大会.参会的嘉宾中老先生居多,如吴文俊先生、王元先生、项武义先生、王梓坤先生、李大潜先生等个个神采奕奕.给笔者的一个启示是:数学养人.杨之先生亦如此,虽年逾八旬,但谈起数学俨然一老顽童,煞是可爱.中国即将迈入老龄化社会,养老方式专家们各抒己见.依笔者看,研究养老,特别是研究数学养老不失为一个绝佳方式.当然这样做是需要条件的,那就是要有一颗渴望求知的童心.

在乔布斯年轻的时候,有一本影响过他的百科全书式的杂志叫《全球目录》,乔布斯称它是那一代人的圣经.这本杂志最后一期的封底上是清晨乡村公路的照片,在照片之下有这样一段话:"求知若饥,虚心若愚."

关于本书的学术价值的高低问题,笔者并无资格评价,虽然也曾混迹高校教过 8 年初等数学研究这门课,虽然也担着全国初等数学研究会副理事长的虚名,但在真正的学术面前当不得真.倒是杨先生看完本文后指示:请提一下本书第一作者林世保老师,没有他的执著,也不会有本书.在读过全书之后笔者想到了一个新出炉的英文词(纯属附庸风雅),牛津年度新词汇中有一个词叫"Woot":呜.

最初这个词在美国的网络上流行,接着被英国人接受,它表达"好耶!"的意思.借用一下,我们想说:

作者 Woot! 本书 Woot!

刘培杰
2011 年 11 月 5 日于哈工大

目录

1

# 绪论

**17** 世纪初,法国哲学家、热衷于方法论的数学家笛卡尔,为了解决"代数是毫无意义的一堆符号演算"和"几何几乎是一题一巧,繁难而没有规律"的问题. 通过多年思索,终于创立了坐标法,建立了点(平面点集)与有序数对( $x,y$ )(的集合 $R^2$ )间的一一对应,把图形与方程关联起来,这是一种微观层次的、有结构性质的关联,远远超越了自古有之的宏观粗疏的数形结合(如图形的周长、面积、体积,直角三角形的勾股定理等),从而为通过方程研究图形的性质,和通过图形研究代数问题,创造了广泛的可能性. 然而,"解析几何"后来的发展"犯"了两个带根本性的、方向性的错误.

一是忽视了"以形解数",即通过图形研究代数问题,这点且不去论它.

二是由于种种原因,仅通过方程研究了光滑曲线(如圆锥曲线,直线、螺线,心脏线,阿基米德螺线等),却"忘记了"对于具有折点的曲线图形,如折线中的多边形、五角星,多种组合图形的研究,例如图 0.1 中的各种图形,就无人通过方程去研究,大约是写出方程"太难"了,从而要想在简单的方程上,分析它的性质,也许更难. 然而诸难之中,为首的是不知道怎样表示"折点".

由于负数的出现,人们注意到像 $a$ 与 $-a$ 这样只有符号不同的两个数中,那种共同的东西,就是实数的绝对值:

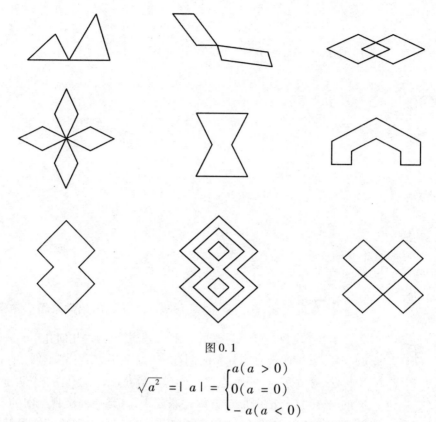

图 0.1

$$\sqrt{a^2} = |a| = \begin{cases} a(a > 0) \\ 0(a = 0) \\ -a(a < 0) \end{cases}$$

（这里，有 $|a| = |-a|$）. 它的几何意义是描在数轴上的点 $a$ 到原点的距离. 如图 0.2.

那么，按定义，它的代数（即运算的、变换的）意义是什么呢？为弄清这一点，只须看看函数

$$y = x \quad 与 \quad y = |x|$$

的图象即知. 由图 0.3 可见：$y = x$ 是一条直线 $AB$，$y = |x|$ 变成了一条折线 $AOB'$，它与 $AB$ 有共同的部分 $OA$，另一部分射线 $OB'$ 则与 $OB$ 关于 $x$ 轴对称，这就意味着，给 $y = x$ 中的 $x$ 加上绝对值符号，等于把每一个负值变成它的相反数，把 $y$ 取负值（即在 $x$ 轴下方）的部分的图象翻折（关于 $x$ 轴翻折）到 $x$ 轴上方，但 $|-0| = |0|$，因而 0 点不变，从而形成折点，可见，加"| |"的运算意义是：化负为正（化非正为非负），变换意义是：对称变换，在其不动点处形成折点.

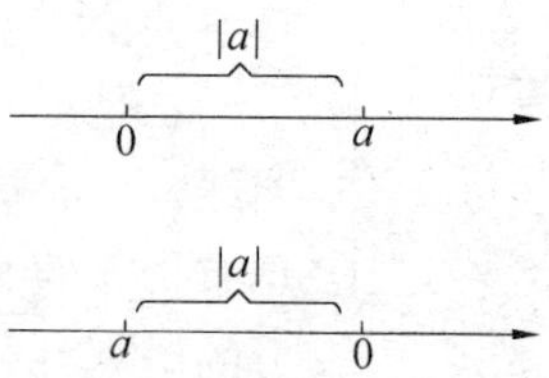

图 0.2

有了这个认识以后，就要进一步考虑，如何系统地运用"添加绝对值符号"

绝对值方程

2

来构造各种折线图形的方程. 不想,(前)苏联的科普作家多莫里亚特偶然迈出的第一步,成为对用绝对值概念列出含折点的曲线方程的关键启示. 他在《数学博弈与游戏》一书中,给出的几个方程是:

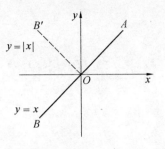

图 0.3

1) $|2y-1|+|2y+1|+\dfrac{4}{\sqrt{3}}|x|=4$(正六边形);

2) $|x|+|y|+\dfrac{1}{\sqrt{2}}\{|x-y|+|x+y|\}=\sqrt{2}+1$(正八边形);

3) $\Big||x|+\big||y|-3\big|-3\Big|=1$(双八字,如图4).

在我国杂志上,则有含绝对值符号的函数的研究,如函数

$$f(x)=|x|+|x-a|+|x+a|$$

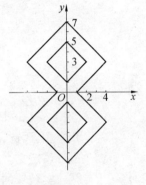

图 0.4

的图象是一条折线,又如 $y=|\sin x|$,$y=\sin|x|$ 等,这启示杨之认识到有系统的研究(在含有变量的部分上)带有绝对值符号的曲线方程的必要性,并分别于 1985 年 6 月 和 1986 年 5 月 的《中等数学》上,发表文章,给出了"绝对值方程"的概念. 鼓吹开展研究,同时提出若干"问题和猜想",激发人们的好奇和解决的强烈欲望,此举颇为有效,真的激发了我国对绝对值方程的持续而卓有成效的研究.

# 什么是绝对值方程？

## 1.1　关于"绝对值"

"绝对值方程"的研究,意味着对"绝对值"概念的挖掘和应用,因此,应对它从各个方面进行深入地认识和剖析.

**1. 定义**

实数 $a$ 的绝对值

$$\sqrt{a^2} = |a| = \begin{cases} a & (a > 0) \\ 0 & (a = 0) \\ -a & (a < 0) \end{cases}$$

也可定义成

$$|a| = \begin{cases} a & (a \geq 0) \\ -a & (a < 0) \end{cases} \quad \text{或} \quad |a| = \begin{cases} a & (a > 0) \\ -a & (a \leq 0) \end{cases}$$

对前边一个,可以说成:非负数的绝对值是它本身,负数的绝对值是它的相反数.

几何意义: $|a|$ 表示点 $P(a)$ 到原点 $O$ 的距离.

**2. $|x-a|$ 的几何意义及其应用**

把点 $A(a)$ 和 $P(x)$ 表示在数轴上(图 1.1)

由于

$$|x-a| = \begin{cases} x - a & (x \geq a) \\ a - x & (x < a). \end{cases}$$

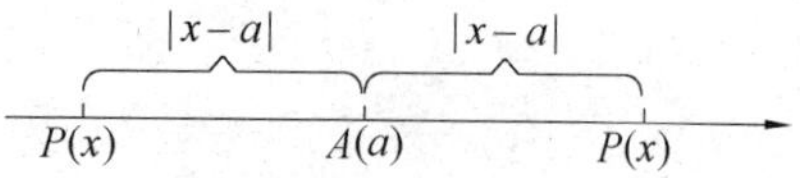

图 1.1

因此, $|x-a|$ 表示点 $P(x)$ 到点 $A(a)$ 的距离.

**例 1** (1) 求 $y=|x-a|+|x-b|$ 的最小值;

(2) 求函数 $y=|x-a|+|x-b|+|x-c|$ 的最小值.

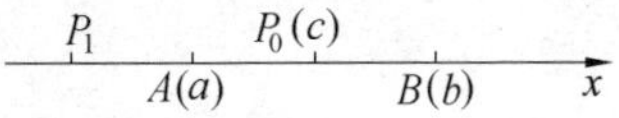

图 1.2

**分析** (1) $y$ 表示点 $P(x)$ 到点 $A(a)$、$B(b)$ 两点的距离之和(如图 1.2),那么线段 $AB$ 上的任何点 $P_0(c)$ 都是解. 事实上,不妨设 $a<b$,则 $a\leqslant c\leqslant b$,有

$$y=AP_0+P_0B=AB=|b-a|$$

如点 $P$ 在 $AB$ 之外,比如在 $BA$ 延长线上的 $P_1$ 处,则

$$y=P_1A+P_1B=2P_1A+AB>AB$$

(2) 不妨设 $a<b<c$,由(1)知,$|x-a|+|x-c|$ 的最小值在 $AC$ 上任一点达到,而 $|x-b|$ 的最小值在 $B(b)$(即 $P$ 位于 $B$)达到,这时 $x=b$,于是

$$y_{min}=|b-a|+|b-b|+|b-c|=|a-c|$$

**反思** 由这道题的求解,我们不难认识到,形如 $y=\sum_{i=1}^{n}|x-a_i|$ 的函数,求最小值的问题,相当于在数轴上求一点 $P_0(x_0)$,使它到 $n$ 个点 $A_i(a_i)$($i=1$, $2,\cdots,n$)的距离之和 $d=\sum_{i=1}^{n}PA_i$ 最小. 而这个点 $P_0$ 的位置有些特殊,对 $n=2$,可以是线段 $A_1A_2$ 上任一点,对于 $n=3$,如 $a_1<a_2<a_3$,则 $P_0$ 就在点 $A_2$,由此应有如下猜想:

不妨设 $a_1<a_2<\cdots<a_n$,则使 $d$ 达到最小的点 $P_0$,就是:① 若 $n$ 为奇数,则为 $A_{\frac{n+1}{2}}$;② 若 $n$ 为偶数,则为线段 $A_{\frac{n}{2}}A_{\frac{n}{2}+1}$ 上任一点.

事实上,到 $A_1$、$A_n$ 的距离之和最小的点在线段 $A_1A_N$ 上,到 $A_2$,$A_{n-1}$ 距离和最小的点在线段 $A_2A_{n-1}$ 上,因为 $a_1<a_2<a_{n-1}<a_n$,$A_2A_{n-1}\subset A_1A_n$,故到 $A_1$、$A_2$、$A_{n-1}$、$A_n$ 四点之和最小的点在线段 $A_2A_{n-1}$ 上,…… 类似地,如图 1.3,可知

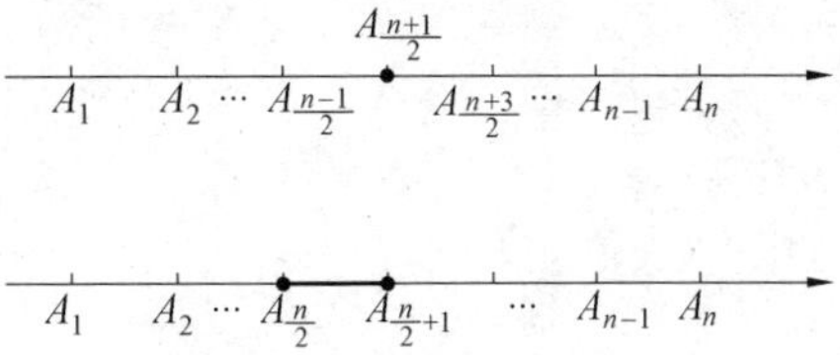

图 1.3

1) 当 $n$ 为偶数时,由于

$$a_1<a_2<\cdots<a_{\frac{n}{2}}<a_{\frac{n}{2}+1}<\cdots<a_{n-1}<a_n$$

知 $A_2A_{\frac{n}{2}-1}\subset A_{\frac{n}{2}-1}A_{\frac{n}{2}+2}\subset\cdots\subset A_2A_{n-1}\subset A_1A_n$,所以到 $A_1,A_2,\cdots,A_{n-1},A_n$ 距离之和最小的点是线段 $A_2A_{\frac{n}{2}-1}$ 上的任一点.

2) 当 $n$ 为奇数时,类似知,到 $A_1,A_2,\cdots,A_{\frac{n-1}{2}},A_{\frac{n+3}{2}},\cdots,A_{n-1},A_n$ 距离之和最小的点在线段 $A_{\frac{n-1}{2}}A_{\frac{n+3}{2}}$ 上,但 $a_{\frac{n-1}{2}}<a_{\frac{n+1}{2}}<a_{\frac{n+3}{2}}$,故 $A_{\frac{n+1}{2}}\in A_{\frac{n-1}{2}}A_{\frac{n+3}{2}}$,可知到 $A_1,A_2,\cdots,$

$A_{\frac{n+1}{2}}, \cdots, A_{n-1}, A_n$ 距离之和最小的点是 $A_{\frac{n+1}{2}}$.

这就证明了如下(用另一种语言表述)

**定理 1**　设 $a_1 < a_2 < \cdots < a_{n-1} < a_n$,则使函数

$$y = \sum_{i=1}^{n} |x - a_i|$$

取最小值的点 $x_0 \in \left[a_{\frac{n}{2}}, a_{\frac{n}{2}+1}\right]$, ($n$ 为偶数) 或 $x_0 = a_{\frac{n+1}{2}}$ ($n$ 为奇数).

**例 2**　求函数的最小值:

(1) $y = |x| + |x-1| + |x-2| + |x-3|$;

(2) $y = |x+1| + |x+2| + |x+3| + |x+4| + |x+5|$.

**解**　(1)函数在区间 $[1,2]$ 的任意一点达到最小值,取 $x = 1$,则 $y_{min} = 1 + 0 + 1 + 2 = 4$;

(2)函数在 $x = -3$ 处达到最小,故

$$y_{min} = |-3+1| + |-3+2| + |-3+3| + |-3+4| + |-3+5|$$
$$= 2 + 1 + 0 + 1 + 2 = 6$$

**例 3**　求下列函数的最小值和最小值点.

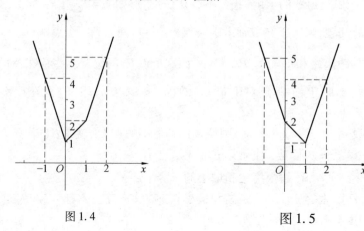

图 1.4　　　　　　　　　　图 1.5

(1) $y = 2|x| + |x-1|$; (2) $y = |x| + 2|x-1|$

**分析**　可以"展开"成分段函数或抓住折点 $0,1$ (再取 $-1,2$) 作出图象(图 1.4 和图 1.5).

$$(1)\ y = \begin{cases} -3x+1, & x \leqslant 0, \\ x+1, & 0 < x < 1, \\ 3x-1, & 1 \leqslant x. \end{cases} \qquad (2)\ y = \begin{cases} -3x+2, & x \leqslant 0, \\ -x+2, & 0 < x < 1, \\ 3x+2, & 1 \leqslant x. \end{cases}$$

所以,分别在 $x = 0$ 和 $x = 1$ 处取得最小值,最小值都是 $1$.

**反思**　① 如果不画图,怎样迅速求得最小值和最小值点?

　　　　② 对函数 $y = 2|x| + |x-1| + 3|x+1|$,如何?

**习题 1.1**

1. (2008 年四川省凉山彝族自治州中考试题) 阅读材料, 解答下列问题.

例: 当 $a > 0$ 时, 如 $a = 6$ 则 $|a| = |6| = 6$, 故此时 $a$ 的绝对值是它本身.

当 $a = 0$ 时, $|a| = 0$, 故此时 $a$ 的绝对值是零.

当 $a < 0$ 时, 如 $a = -6$ 则 $|a| = |-6| = 6 = -(-6)$, 故此时 $a$ 的绝对值是它的相反数.

所以综合起来一个数的绝对值要分三种情况, 即

$$|a| = \begin{cases} a & \text{当 } a > 0 \\ 0 & \text{当 } a = 0 \\ -a & \text{当 } a < 0 \end{cases}$$

这种分析方法渗透了数学的分类讨论思想.

问: (1) 请仿照例中的分类讨论的方法, 分析二次根式 $\sqrt{a^2}$ 的各种展开的情况.

(2) 猜想 $\sqrt{a^2}$ 与 $|a|$ 的大小关系.

2. (2006 年山西省课改试验区中考试题) 如图, 是某函数的图象, 则下列结论中正确的是( ).

A. 当 $y = 1$ 时, $x$ 的取值是 $-\dfrac{3}{2}, \dfrac{10}{3}$

B. 当 $y = -3$ 时, $x$ 的近似值是 $0, 2$

C. 当 $x = -\dfrac{3}{2}$ 时, 函数值 $y$ 最大

D. 当 $x < -3$ 时, $y$ 随 $x$ 的增大而减小

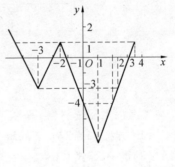

2 题图

3. 函数 $y = |x - 1| + |x - 2| + \cdots + |x - 100|$ 的最小值是( ).

A. 5 050　　　　B. 2 450

C. 2 500　　　　D. 2 550

4. 求函数 $y = |x - 50| + |x - 49| + \cdots + |x| + |x + 1| + \cdots + |x + 50|$ 的最小值.

5. 函数 $y = |x| + 2|x - 3| + 3|x + 2|$ 的最小值是＿＿＿＿＿＿.

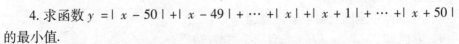

6. (2008 年乐山市初中毕业生学业考试) 阅读下列材料:

我们知道 $|x|$ 的几何意义是在数轴上数 $x$ 对应的点与原点的距离; 即 $|x| = |x - 0|$, 也就是说, $|x|$ 表示在数轴上数 $x$ 与数 0 对应点之间的距离; 这个结论可以推广为 $|x_1 - x_2|$ 表示在数轴上 $x_1, x_2$ 对应点之间的距离.

**例如**

习题 1　解方程 $|x| = 2$,容易看出,在数轴下与原点距离为 2 点的对应数为 $\pm 2$,即该方程的解为 $\pm 2$;

习题 2　解不等式 $|x - 1| > 2$,如图,在数轴上找出 $|x - 1| = 2$ 的解,即到 1 的距离为 2 的点对应的数为 $-1,3$,则 $|x - 1| > 2$ 的解为 $x < -1$ 或 $x > 3$;

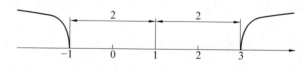

习题 2 图

习题 3　解方程 $|x - 1| + |x + 2| = 5$.由绝对值的几何意义知,该方程表示求在数轴上与 1 和 $-2$ 的距离之和为 5 的点对应的 $x$ 的值.在数轴上,1 和 $-2$ 的距离为 3,满足方程的 $x$ 对应点在 1 的右边或 $-2$ 的左边,若 $x$ 对应点在 1 的右边,由图可以看出 $x = 2$;同理,若 $x$ 对应点在 $-2$ 的左边,可得 $x = -3$,故原方程的解是 $x = 2$ 或 $x = -3$.

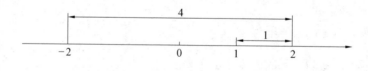

习题 3 图

参考以上阅读材料,解答下列问题:

(1) 方程 $|x + 3| = 4$ 的解为 ＿＿＿＿＿＿＿＿

(2) 解不等式 $|x - 3| + |x + 4| \geqslant 9$;

(3) 若 $|x - 3| - |x + 4| \leqslant a$ 对任意的 $x$ 都成立,求 $a$ 的取值范围.

7.(1986 年全国初中数学联赛题)$a$ 取什么值时,方程 $||x - 2| - 1| = a$ 有三个整数解?

### 3. 添加"| |"意味着什么?

**例 4**　分析正方形(图 1.6(a))
$|x| + |y| = 1$ 的形成过程.

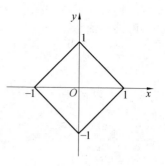

图 1.6(a)

**分析**　首先,方程 $x + y = 1$ 的图形是一条直线(图 1.6(b))$PQ$.

(1) 在 $x$ 上添加"| |",得

$$|x| + y = 1 \qquad ①$$

变成了 $\angle P'AQ.$ 由于 ① 相当于把两个方程

$$x + y = 1, \quad -x + y = 1$$

合并的结果,同时,由于 $|x| = 1 - y \geq 0, y \leq 1,$产生了对 $y$ 的限制:截去了 $y > 1$ 的部分,自然,也可看成是关于直线 $y = 1$ 将射线 $AP$ 翻折成 $AP'$ 的结果,翻折变换的不动点 $A$ 变成折点(顶点).

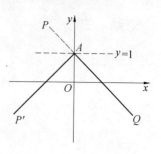

图 1.6($b$)

（2）再在 $y$ 上添加“||”,得

$$|x| + |y| = 1 \qquad ②$$

一方面,它相当于方程

$$|x| + y = 1$$

与

$$|x| - y = 1$$

的结合,另一方面,由于 $y = |x| - 1 \geq -1,$对于 $y$ 产生了新的限制,于是 ② 中,就有了 $|y| \leq 1,$

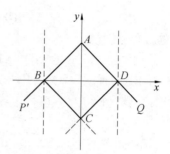

图 1.6($c$)

同样 $|x| \leq 1,$如果从对称变换角度来看(1.6 图($c$)),则可把 $y$ 上添加“||”,看成将射线 $BP'$ 和射线 $DQ$ 分别以 $x = \pm 1$ 为轴翻折的结果,$y \geq -1$ 自动截去了 $y < -1$ 的部分.

**反思** 由上述分析过程可见,由“合并”($x$ 与 $-x$ “合并”成 $|x|$,$y$ 与 $-y$ “合并”成 $|y|$)产生了两种意义,一是图形的翻折,二是变量范围的限制,正是这两种作用,使得 $x + y = 1$ 这条直线在加上“||”后,变成了正方形的方程 $|x| + |y| = 1.$

**例5** 对 $|x| = |y|$ 的分析.

**分析** 两边依次去掉绝对值符号,可得四个方程

$$x = y, x = -y, -x = y, -x = -y$$

因此,可看作四个方程的合并,却并未显出对取值范围的限制.其图形如图 1.7,事实上,如先分为

$$x = |y|; \quad (x \geq 0)$$
$$-x = |y|. \quad (x \leq 0)$$

可见,还是分别限制了的,只是在合并时,又互相补充,似乎把“限制”取消了.

图 1.7

## 习题 1.2

1. 如下图形：

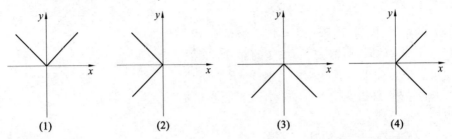

(1)　　　　　(2)　　　　　(3)　　　　　(4)

的方程分别是

(A)$y - x = 0$，　(B)$|y| - |x| = 0$，　(C)$|y| - x = 0$，　(D)$y + |x| = 0$，(E)$|y| + x = 0$，　(F)$y - |x| = 0$，　(G)$|y| + |x| = 0$，　(H)$y + x = 0$ 中的哪一个？

答：(1) _____，(2) _____，(3) _____，(4) _____．

2. 方程

(1)$|x - 1| + |y - 1| = 1$；　　　　　　(2)$|x + y| + |x - y| = 2$；

(3)$|x + 1| + |x - 1| + |y + 1| + |y - 1| = 4$；

(4)$|x + 1| + |y + 1| = 1$.

的图形分别是

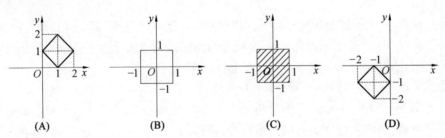

(A)　　　　　(B)　　　　　(C)　　　　　(D)

中的哪一个？

答：(1) _____，(2) _____，(3) _____，(4) _____．

3. 方程 $|xy| + |x - y + 1| = 0$ 的图象是（　　　）．

A. 三条直线　　　　　　　　B. 两条直线

C. 一点和一条直线　　　　　D. 两个点：$(0,1)$，$(-1,0)$

4. 画出下列方程的图形：

(1)$y = x + |x|$，　(2)$y = x|x|$，　(3)$y = |x| - x$，　(4)$y = -x|x|$，(5)$|y| = x + y$，　(6)$(|xy| - 1)^2 + (|y| - |x|)^2 = 0$.

5. (2009 年内蒙古自治区呼和浩特市中考题) 在直角坐标系中直接画出函

数 $y = |x|$ 的图象. 若一次函数 $y = kx + b$ 的图象分别过点 $A(-1,1)$、$B(2,2)$,请你依据这两个函数的图象写出方程组 $\begin{cases} y = |x| \\ y = kx + b \end{cases}$ 的解.

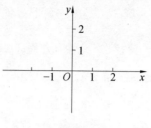

5 题图

### 4. 多层绝对值及符号的创新

**例 6** 对曲线 ① $y = ||4x|-4|-2$ 和 ② $y = |4x+4|-|4x|+|4x-4|-6$ 进行比较分析.

**分析** 把两个方程进行分拆:

①$y = ||4x|-4|-2 = \begin{cases} |4x|-6, & |x| \geq 1 \\ 2-|4x|, & |x| < 1 \end{cases} =$

$\begin{cases} 4x-6, & x \geq 1 \\ -4x-6, & x \leq -1 \\ 2-4x, & 0 \leq x < 1 \\ 2+4x, & -1 < x < 0 \end{cases} = \begin{cases} -4x-6, & x \leq -1 \\ 2+4x, & -1 \leq x < 0 \\ 2-4x, & 0 \leq x < 1 \\ 4x-6, & 1 \leq x \end{cases}$

②$y = |4x+4|-|4x|+|4x-4|-6 =$

$\begin{cases} -4x-4+4x-4x+4-6, \\ 4x+4+4x-4x+4+6, \\ 4x+4-4x-4x+4-6, \\ 4x+4-4x+4x-4-6. \end{cases} = \begin{cases} -4x-6, & x \leq -1 \\ 2+4x, & -1 \leq x < 0 \\ 2-4x, & 0 \leq x < 1 \\ 4x-6, & 1 \leq x \end{cases}$

拆成的分段形式,是完全一样的,说明,它们的曲线也是完全一样的,如图图 1.8.

**反思** 方程 ① 和 ② 都含有绝对值符号,但 ① 中有两层,② 中所有含绝对值的部分,都含有一层,这是很不一样的,说明 ①、② 两种形式是等价的,可以互化,这由 ①、② 的分拆过程即可知:① 正看,② 逆看,即是 ①⇒②;反之,② 正看而 ① 逆看,则为 ②⇒①. 这说明,像 $||4x-4|-2| = y$ 这样的折线的二层绝对值方程,是可以化成一层的. 但能否不"彻底"分拆而互化呢?这问题的解决是我们一直期待的.

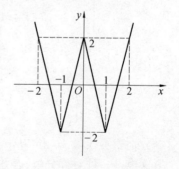

图 1.8

11

**例 7** 考虑三角形方程 $\big|\,|x|+y-1\,\big|+|x|=2$，它能否化为一层方程？

**分析** 三角形方程 $\big|\,|x|+y-1\,\big|+|x|=2$ 的曲线如图 1.9 所示，由于

$$|x|=\begin{cases}+x,\ x\geqslant 0\\-x,\ x<0\end{cases}$$

方程可分解为两个方程——不等式混合组

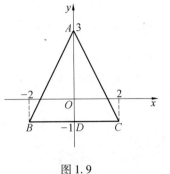

图 1.9

$$\begin{cases}|x+y-1|+x=2\\x\geqslant 0\end{cases}\quad\text{①}$$

与

$$\begin{cases}|-x+y-1|-x=2\\x\leqslant 0\end{cases}\quad\text{②}$$

分别表示折线 $ACD$ 与折线 $ABD$，这是一个对称分解，"合并"时，必然产生一层"||"。

进一步，① 可分解为

$$\begin{cases}x+y-1+x=2\\x+y-1\geqslant 0\\x\geqslant 0\end{cases}\quad\text{即}\quad\begin{cases}2x+y=3\\x+y-1\geqslant 0\ \text{与}\\x\geqslant 0\end{cases}$$

$$\begin{cases}-(x+y-1)+x=2\\x+y-1\leqslant 0\\x\geqslant 0\end{cases}\quad\text{即}\quad\begin{cases}y=-1\\0\leqslant x\leqslant 2\end{cases}$$

分别表示线段 $AC$ 和 $CD$，② 可分解为

$$\begin{cases}-x+y-1-x=2\\-x+y-1\geqslant 0\\x\leqslant 0\end{cases}\quad\text{即}\quad\begin{cases}-2x+y=3\\-x+y-1\geqslant 0\\x\leqslant 0\end{cases}$$

与

$$\begin{cases}x-y+1-x=2\\-x+y-1\leqslant 0\\x\leqslant 0\end{cases}\quad\text{即}\quad\begin{cases}y=-1\\-2\leqslant x\leqslant 0\end{cases}$$

分别表示线段 $AB$ 和 $BD$。

这也是一种对称分解，合并时，必然产生"||"，因而，将四个混合组合并成一个一层的绝对值方程，是不可能的。

由以上对例题的分析，可以得出这样的认识：

(1) 多层的绝对值（符号），有可能在图形的方程中出现，如在三角形方程中，出现的是"二层绝对值"，又如在"绪论"中出现的"四菱形"（见绪论，图 0.

1），它的方程是

$$\Big|\big||x|-2\big|+\big||y|-2\big|+2|x|+2|y|-4\Big|-\Big|\big||x|-2\big|-\big||y-2|-2|y|-2|x|\big|\Big|=0$$

其中有三层绝对值，那么多竖线，谁和谁是一对，很难辨认，光凭长短是很不可靠的，我们（杨之）建议，除了"||"之外，还把它与（ ）、[ ]、{ }结合起来，构成"小绝"、"中绝"和"大绝"，从而形成四套绝对值符号：

$$\{\ \langle\ \langle\ |\ |\ \rangle\ \rangle\ \}$$

它们含义清楚，结构简单，优美. 用这一套符号，上述方程可以写成

$$\Big\{\big\langle\langle|x|-2\rangle+\langle|y|-2\rangle+2|x|+2|y|-4\big\rangle-\big\langle\langle|x|-2\rangle-\langle|y-2|-2|y|-2|x|\rangle\big\rangle\Big\}=0$$

你看，它们好像活了起来，在互相呼应，谁和谁是一对，就很清楚了.

现在我们写出的平面图形的方程最多3层，多面体的方程最多4层.

（2）有的图形的方程（如三角形方程）是2层或2层以上的，但化不成一层方程. 我们的问题是：什么样的方程可以降层？什么样的不能降层？

而且，由于写出大量的方程，其中没有一层的奇数边的多边形方程，基于这个归纳的理由，我们

**猜想：** 奇数边的多边形方程至少是2层方程. 特别地，三角形方程不可能是一层的.

（我们期待着一层的三角形方程现身，以推翻这个猜想）

# 1.2　绝对值方程

## 1. 定义

在曲线或曲面方程 $f(x,y)=0, f(x,y,z)=0$ 中，如果 $f$ 的某些含有变量的部分上，带有绝对值符号，则称其为**含有绝对值的曲线或曲面方程**，简称**绝对值方程**.

例如：$|x|+|y|=1, 2x+|x-y|=y$ 都是二元一次一层绝对值方程；而

$$y=x^2-2|x|+4$$

$$\frac{|x|^2}{a^2}+\frac{|y|^2}{b^2}=1\left(\text{即}\frac{x^2}{a^2}+\frac{y^2}{b^2}=1\right)$$

为二元二次一层绝对值方程，另如

$$\big\{\,|\,x\,|-y+1\,\big\}+|\,x\,|=1$$

$$y=\Big\{\big\{\,|\,x\,|-1\,\big\}-1\Big\}$$

$$y=\Big\{\big\{\big\{\,|\,x\,|-1\,\big\}-1\big\}-1\Big\}$$

依次为二元一次二层、三层、四层绝对值方程. 还可能涉及三元一次的 $1\sim4$ 层绝对值方程,如

$$|\,x\,|+|\,y\,|+|\,z\,|=1\,(正八面体表面),$$

$$\Big\{\big\{\big\{\,|\,x\,|+y-z\,\big\}-x\,\big\}+y+z\Big\}-x=1$$

等. 对"绝对值方程"概念,我们有如下说明:

(1) 所谓"某些含有变量的部分上,带有绝对值符号",并非指固定的某一处,而是可以通过拆、并等构造,含在多处. 如对二元一次方程 $ax+by+c=0$,可以是 $a\,|\,x\,|+by+c=0$,也可以是

$$ax+|\,x\,|+by+c=0,$$

$$|\,ax+by\,|+|\,cx+dy\,|=1,$$

等,方式是多种多样的.

(2) 由于

$$\frac{|\,x\,|^2}{a^2}+\frac{|\,y\,|^2}{b^2}=1\ 相当于\ \frac{x^2}{a^2}+\frac{y^2}{b^2}=1;\ |\,y\,|^2=2px\ 相当于\ y^2=2px,等.\ 因$$

此"二次曲线"大致是二元二次一层绝对值方程的特例. 由此可见."绝对值方程"的图形,也可以是光滑曲线.

(3) 绝对值方程研究的目的仍然是互相为用,即通过图形研究方程,解决有关代数问题;或反之,通过方程研究图形,解决有关几何问题,因此,有两个相反相成的问题首当其冲:

① 已知方程,画出它的图形;

② 已知图形,写出它的方程.

两者都有很大的难度.

### 2. 不等式与方程

我们知道,二元解析式 $f(x,y)$ 的几何意义,往往可通过相关的方程或不等式(组)表现出来,例如

$$ax+by+c(b>0)\begin{cases} >0,直线\ l:ax+by+c=0\ "上方" \\ =0,直线\ l:ax+by+c=0 \\ <0.直线\ l:ax+by+c=0\ "下方" \end{cases}$$

即方程往往表示曲线,而不等式(组)则往往表示区域;方程与不等式混合组,表示的则是在其区域内的图形,例如

$$\begin{cases} y = x, \\ -1 \leqslant x \leqslant 2; \end{cases} \quad \begin{cases} y = x, \\ x \geqslant 0; \end{cases} \quad \begin{cases} |x| = 1, \\ |y| \leqslant 1. \end{cases}$$

分别表示一条线段、一条射线和两条平行线段(如图 1.10).

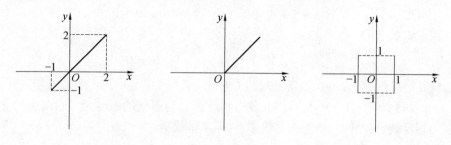

图 1.10

但我们的目的在于通过单个方程表示各种有限、无限的图形,因此,就存在化不等式为方程,把不等式与方程的混合组合并成方程的问题.

我们需要如下三条定理.

**定理 2** 设 $A$ 为实数,则

ⅰ) $A \leqslant 0 \Leftrightarrow |A| + A = 0$; ⅱ) $A \geqslant 0 \Leftrightarrow |A| - A = 0$.

这不过是绝对值的定义

$$|A| = \begin{cases} A, A \geqslant 0 \\ -A, A \leqslant 0 \end{cases}$$

的转述. 事实上,若 $A \leqslant 0$,则 $|A| = -A$,故 $|A| + A = 0$,反之,若 $|A| + A = 0$,则 $|A| = -A$,按"绝对值"定义,必有 $A \leqslant 0$,可见ⅰ)成立;类似可证ⅱ).

定理 2 深刻地揭示了"绝对值"概念乃是"方程与不等式相互转化的桥梁"的含义. 有广泛的用途.

**例 1** 化不等式 $y \geqslant 2x - 1$ 为方程.

**解** 原不等式即

$$y - 2x + 1 \geqslant 0,$$

由定理 2,得

$$|y - 2x + 1| - (y - 2x + 1) = 0.$$

[**反思**] 事实上,上述方程,就是闭区域 $\{(x,y) \mid y \geqslant 2x - 1\}$ 的方程. 一般地,闭区域

$\{(x,y) \mid ax + by + c \geqslant 0 (a^2 + b^2 \neq 0)\}$ 的方程为

$$|ax + by + c| - (ax + by + c) = 0.$$

那么,闭区域 $\{(x,y) \mid ax + by + c \leqslant 0 (a^2 + b^2 \neq 0)\}$ 的方程是什么?闭区域 $\{(x,y) \mid f(x,y) \geqslant 0\}$ 呢?

**例 2** 写出 $x$ 轴上的线段 $[-6,10]$ 的方程.

**解**　这就相当于化不等式 $-6 \leqslant x \leqslant 10$ 为方程. 为了把两端化为相反数，"各边"都减去 2，得

$$-8 \leqslant x - 2 \leqslant 8.$$

所以　　　　　　$| x - 2 | \leqslant 8$ 即 $| x - 2 | - 8 \leqslant 0.$

应用定理 2，即得

$$\{ | x - 2 | - 8 \} + | x - 2 | - 8 = 0$$

这就是要求的(一元一次二层绝对值)方程.

　　[反思]　① 在 $-6 \leqslant x \leqslant 10$ 各边都减去 2，使得到的不等式左右两边的值互为相反数，这个"2"是怎么算出来的? 若不等式为

$$a \leqslant x \leqslant b (a < b),$$

各边应减去什么? 干脆解决这个一般的问题: 设各边都减去 $m$，则

$$a - m \leqslant x - m \leqslant b - m,$$

使得前后两端互为相反数:

$$(a - m) + (b - m) = 0.$$

所以　　　　　　　　　$m = \dfrac{a + b}{2}.$

原来，它是 $a$ 与 $b$ 的算术平均值. 事实上，对 $-6 \leqslant x \leqslant 10$ 来说，

$$m = \frac{-6 + 10}{2} = 2.$$

② 这样，就可以写出闭区间 $[a, b]$ 的方程(一元一次二层绝对值方程)了:

$$\left\{ \left| x - \frac{a + b}{2} \right| - \frac{b - a}{2} \right\} + \left| x - \frac{a + b}{2} \right| - \frac{b - a}{2} = 0$$

请读者自行推导.

## 习题 1.3

1.(1972、1973 年美国中学数学竞赛试题)选择题: 对于实数 $x$，不等式 $1 \leqslant | x - 2 | \leqslant 7$ 等价于(　　　)

(A)$x \leqslant 1$ 或 $x \geqslant 3$　　　　(B)$1 \leqslant x \leqslant 3$

(C)$-5 \leqslant x \leqslant 0$　　　　(D)$-5 \leqslant x \leqslant 1$ 或 $3 \leqslant x \leqslant 9$

(E)$-6 \leqslant x \leqslant 1$ 或 $3 \leqslant x \leqslant 10$

2. 写出如下图形的绝对值方程.

(1) 点 $(a, b)$;

(2) 区间 $\left[ -0.25, 2\dfrac{3}{4} \right]$;

(3) 在 $x$ 轴上求线段 $AB$ 的方程，其中 $A, B$ 坐标为 $A(0, -3), B(0, 3)$;

3. 化下列不等式为方程:

(1) $3x - 2y \leqslant 1$;

(2) $x - 5 \leqslant y \leqslant 5x + 3$ ($x > -2$);

(3) $-7 \leqslant x + 2y \leqslant 13$.

4. 写出闭区域 $\{(x,y) \mid 3x - 2 \leqslant y - 5\}$ 的方程.

5. 写出如下闭区域的方程:

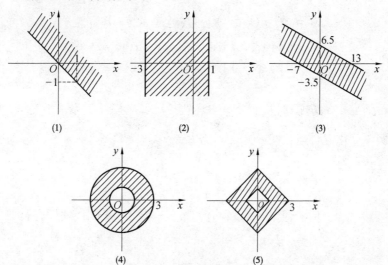

(1)　　　　(2)　　　　(3)

(4)　　　　(5)

为了进一步把方程不等式混合组化为绝对值方程,我们需要如下的

**定理** 3　关于 $x, y$ 的方程 — 不等式混合组

$$\begin{cases} f(x,y) \geqslant 0 \\ g(x,y) = 0 \end{cases} \tag{1}$$

等价于方程

$$\left\{ \mid g(x,y) \mid + f(x,y) \right\} - f(x,y) = 0 \tag{2}$$

**证**　记(1)的解集为 $A$,(2)的解集为 $B$,设 $(x_0, y_0) \in A$,则 $f(x_0, y_0) \geqslant 0$ 且 $g(x_0, y_0) = 0$,

即

$$\mid f(x_0, y_0) \mid - f(x_0, y_0) = 0 \text{(由定理 2)}.$$

所以

$$\left\{ \mid 0 \mid + f(x_0, y_0) \right\} - f(x_0, y_0) = 0$$

即

$$\left\{ \mid g(x_0, y_0) \mid \right\} - f(x_0, y_0) = 0$$

所以

$$(x_0, y_0) \in B, \text{即} A \subseteq B.$$

反之设 $(x_1, y_1) \in B$,则

$$\left\{ \mid g(x_1,y_1) \mid + f(x_1,y_1) \right\} - f(x_1,y_1) = 0 \qquad (\ast)$$

从而有

$$f(x_1,y_1) = \left\{ \mid g(x_1,y_1) \mid + \mid f(x_1,y_1) \mid \right\} \geqslant 0, 但 \mid g(x_1,y_1) \mid \geqslant 0$$

所以
$$\mid g(x_1,y_1) \mid + f(x_1,y_1) \geqslant 0$$

再由($\ast$),得

$$0 = \left\{ \mid g(x_1,y_1) \mid + f(x_1,y_1) \right\} - f(x_1,y_1)$$
$$= \mid g(x_1,y_1) \mid + f(x_1,y_1) - f(x_1,y_1) =$$
$$= \mid g(x_1,y_1) \mid$$

所以
$$g(x_1,y_1) = 0$$

即 $(x_1,y_1) \in A, B \subseteq A$,从而 $A = B$. 证毕.

**例3** 化混合组 $\begin{cases} -2 \leqslant x \leqslant 4 \\ y - 2x = 0 \end{cases}$ 为方程.

**解** $-3 \leqslant x - 1 \leqslant 3$,即 $\mid x - 1 \mid \leqslant 3$,
$$3 - \mid x - 1 \mid \geqslant 0,$$

由 $f(x,y) = 3 - \mid x - 1 \mid \geqslant 0, g(x,y) = y - 2x = 0$ 应用定理3,得

$$\left\{ \mid y - 2x \mid + 3 - \mid x - 1 \mid \right\} - 3 + \mid x - 1 \mid = 0$$

**例4** 把混合组 $\begin{cases} y \leqslant -\mid x \mid + 1 \\ y = 0 \end{cases}$ 化为方程.

**解** 由 $y \leqslant -\mid x \mid + 1$,得
$$f(x,y) = 1 - \mid x \mid - y \geqslant 0.$$

令 $g(x,y) = y = 0$,根据定理3,得

$$\left\{ \mid y \mid + 1 - \mid x \mid - y \right\} + \mid x \mid + y - 1 = 0$$

**例5** 如图1.11,求线段 $AB$ 和 $CD$ 的方程.

**解** 两线段 $AB$ 和 $CD$ 满足混合组
$$\begin{cases} 2 \leqslant x^2 + y^2 \leqslant 4, \\ y = x. \end{cases}$$

由已知不等式,得 $-1 \leqslant x^2 + y^2 - 3 \leqslant 1$,知 $\mid x^2 + y^2 - 3 \mid \leqslant 1$,命
$$f(x,x) = 1 - \mid x^2 + y^2 - 3 \mid \geqslant 0, g(x,y) = y - x = 0,应用定理3,即得方程$$

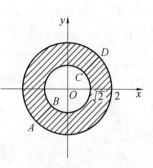

图 1.11

$$\left\{ \mid x-y \mid +1 - \mid x^2 + y^2 - 3 \mid \right\} + \mid x^2 + y^2 - 3 \mid - 1 = 0$$

为了进一步把不等式组化为方程,和构造由不等式约束的区域的方程铺平道路,我们还有如下

**定理 4** 由不等式组

$$f_i(x,y) \geqslant 0 (i = 1,2,\cdots,n) \tag{3}$$

约束的平面区域 $G$ 的方程为

$$\sum_{i=1}^{n} \mid f_i(x,y) \mid - \sum_{i=1}^{n} f_i(x,y) = 0 \tag{4}$$

**证明** 已知(3)的解集为 $G$,设(4)的解集为 $G'$. 首先,设 $(x_0,y_0) \in G$,则

$$f_i(x,y) \geqslant 0 (i = 1,2,\cdots,n)$$

因此(由定理2)

$$\mid f_i(x_0,y_0) \mid - f_i(x_0,y_0) = 0$$

从 $i = 1$ 到 $n$ 求和,即得(4). 可见 $(x_0,y_0) \in G, G \subseteq G'$;反之,设 $(x_1,y_1) \in G'$,则

$$\sum_{i=1}^{n} \mid f_i(x_1,y_1) \mid - \sum_{i=1}^{n} f_i(x_1,y_1) = 0 \tag{5}$$

成立. 于是 $\sum_{i=1}^{n} f_i(x_1,y_1) = \sum_{i=1}^{n} \mid f_i(x_1,y_1) \mid \geqslant 0$,因而,必存在某 $k$,使 $f_k(x_1,y_1) \geqslant 0$,不妨设 $k = 1, f_1(x_1,y_1) \geqslant 0$,于是(由定理2)

$$\mid f_1(x_1,y_1) \mid - f_1(x_1,y_1) = 0 \tag{6}$$

式(5)减去式(6),得

$$\sum_{i=2}^{n} \mid f_i(x_1,y_1) \mid - \sum_{i=2}^{n} f_i(x_1,y_1) = 0.$$

从而 $\sum_{i=2}^{n} f_i = \sum_{i=2}^{n} \mid f_i \mid \geqslant 0$,必有 $k$,使得 $f_k \geqslant 0$,不妨设 $k = 2$,这样推理进行 $n$ 步,即知有

$$f_i(x_1,y_1) \geqslant 0 (i = 1,2,\cdots,n).$$

可见 $(x,y) \in G, G' \subseteq G$,从而 $G' = G$. 证毕.

**例 6** 求图 1.12 中正方形 $ABCD$ 的面的方程.

**解** 各边的直线方程依次为

$AB: y = 1, BC: x = -1, CD: y = -1, DA: x = 1.$

因而,正方形 $ABCD$ 的面即闭区域 $ABCD$ 满足不等式组

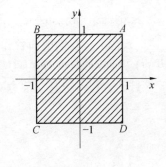

图 1.12

$$\begin{cases} y \leq 1 \\ y \geq -1 \\ x \leq 1 \\ x \geq -1 \end{cases} \text{即} \begin{cases} x + 1 \geq 0 \\ -(x-1) \geq 0 \\ y + 1 \geq 0 \\ -(y-1) \geq 0 \end{cases}.$$

应用定理 4,即知方程为

$$|x+1|+|x-1|+|y+1|+|y-1|-[x+1-(x-1)+y+1-(y-1)]=0$$

即

$$|x+1|+|x-1|+|y+1|+|y-1|=4 \qquad\qquad (*)$$

[反思]　①正方形(面)有一个定值性质:正方形上任一点到各边的距离之和为定值. 依此,也可写出本例中的方程($*$);

②上述定值性质为任何正多边形、等角多边形和凸等边多边形所具有,因而,它们的面方程,可类似写出,如果 $n$ 边形边(面)的方程可统一表示的话,则用定理 4,可一揽子求出来.

③定理 4 可推广到空间区域的特例,表述和证明都是类似的,因而可求出. 比如,正方体的方程:设单位正方体的中心在原点,其六个面的方程分别为

$$x \pm 1 = 0, y \pm 1 = 0, z \pm 1 = 0,$$

则求出的方程为 $|x+1|+|y+1|+|z+1|+|x-1|+|y-1|+|z-1|=6$.

**例 7**　求如图 1.13 所示的三角形 $ABC$ 面(闭区域)的方程.

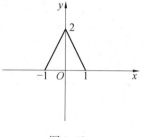

图 1.13

**解**　易知,$\triangle ABC$ 三边的方程分别为

$$y - 2x - 2 = 0, y + 2x - 2 = 0, y = 0,$$

三角形闭区域 $ABC$ 约束条件为

$$\begin{cases} -(y - 2x - 2) \geq 0 \\ y \geq 0 \\ -(y + 2x - 2) \geq 0 \end{cases},$$

按定理 4,可写出方程 $|y - 2x - 2| + |y + 2x - 2| + |y| = -y + 4$.

[反思]　我们前面曾作出猜想:三角形(一般的奇数边的凸多边形)(周界的)方程,必至少为 2 层方程;显然,对三角形面(闭区域)是不对的,三角形闭区域的方程可以是一层方程,一般地,奇数条边的多边形闭区域,方程也可以是一层的.

## 习题 1.4

1. 试写出图 1.12 和图 1.13 所示正方形和三角形外部闭区域的方程.

绝对值方程

2. 试分别写出中心在原点,一组对边平行于 $x$ 轴,边长为 1 的正六边形闭区域的方程和其外部闭区域方程.

3. (1) 菱形 $|x| + 2|y| = 2$ 围成的闭区域的方程是_____.

(2) 平行四边形 $ABCD$(其中 $A(1,1)$,$B(0,1)$,$C(-1,0)$,$D(0,0)$)围成的闭区域的方程是_____.

(3) 四个象限角区域的方程是

Ⅰ:_____,

Ⅱ:_____,

Ⅲ:_____,

Ⅳ:_____

(4) $AC$ 和 $BD$ 为象限角的平分线,则闭区域的方程分别是:

$\angle AOB$:_____,

$\angle BOC$:_____,

$\angle COD$:_____,

$\angle DOA$:_____.

# 1.3　绝对值方程的图形

## 1. 意义

已知绝对值方程,描绘它的图形,有着重要的意义. (1) 有些方程,我们不知道它的图形是什么,如方程

$$y = \left\{\left\{|x| - 11\right\} - 1\right\} \qquad (*)$$

这时,描出图形,眼见为实,就可以解决有关问题;(2) 通过描图,掌握已知方程,描绘图形的步骤和规律,为研制"输入方程,就自动给出方程的图形"的软件,做必要的准备;(3) 有些图形的方程,很难构造,于是我们采用"逆行探路"的方法,画出很多已知方程图形,自然也就知道了所画图形的方程.

**例 1**　画出方程($*$)的图形.

我们知道,方程 $y = |x| - 1$ 和 $y = \left\{|x| - 1\right\}$ 的图象分别如图 1.14 的$(a)$,$(b)$ 所示(这时,以 $y = 0$ 为对称轴将以下部分向上翻折).

那么 $y = \left\{|x| - 1\right\}$ 的图形是将图 1.14$(b)$ 的图形向下平移 1 个单位,如图 1.5$(a)$ 所示,从而($*$)的图形就是图 1.15$(b)$.

**[反思]**　① 由此读者不难画出方程

21

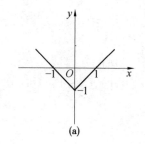 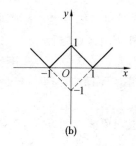

(a)　(b)

图 1.14

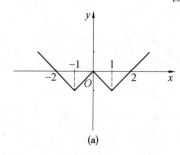 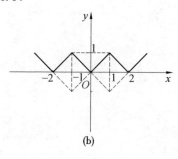

(a)　(b)

图 1.15

$$y = \left\{ \left| \left\langle |x|-1 \right\rangle -1 \right| -1 \right\}$$

的图形;② 不难猜出,如果类似地加上 5 层,6 层,…,$n$ 层,绝对值符号,图形如何?③ 这种画图方法是由内向外的逐层构造法.

**例2**　画出

$$\left\langle |x|-y+1 \right\rangle + |x| = 1$$

的图形.

**解**　原方程相当于两个混合组

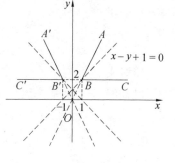

图 1.16

$$\begin{cases} |x-y+1|+x=1 \\ x \geqslant 0 \end{cases} \quad \text{与} \quad \begin{cases} |-x-y+1|-x=1, \\ x \leqslant 0 \end{cases}$$

再分解,即成为四组

$$\begin{cases} x-y+1 \geqslant 0 \\ x \geqslant 0 \\ 2x-y=0 \end{cases}, \begin{cases} x-y+1 \leqslant 0 \\ x \geqslant 0 \\ y=2 \end{cases}, \begin{cases} -x-y+1 \geqslant 0 \\ x \leqslant 0 \\ 2x+y=0 \end{cases}, \begin{cases} -x-y+1 \leqslant 0 \\ x \leqslant 0 \\ y=2 \end{cases}.$$

画出的图形即如图 1.16 所示的双角:$\angle ABC$ 和 $\angle A'B'C'$.

[反思]　① 由原方程得知

$$|x| = 1 - \left\langle |x|-y+1 \right\rangle \leqslant 1, \quad -1 \leqslant x \leqslant 1$$

可在图 1.16 中,却是 $|x| \geqslant 1$,怎么会出现这样的错误呢?

② 仔细检验分解过程:没有错误!再查绘图过程:各条直线 $x - y + 1 = 0$,
$-x - y + 1 = 0, 2x - y = 0, 2x + y = 0, y = 2$ 的作图无误,"范围"呢?$x \geq 0$,
右半平面,$x \leq 0$,左半平面,没有错,现在只剩下 ③,对

$$x - y + 1 \geq 0, x - y + 1 \leq 0, -x - y + 1 \geq 0, -x - y + 1 \leq 0 \quad (*)$$

的理解. 拿 $x - y + 1 \geq 0$ 来说,我们认为是直线

$$l : x - y + 1 = 0$$

"上方",因而画成了射线 $BA$,事实上,在不等式
$x - y + 1 \geq 0$ 中,$y$ 的系数是"$-1$",可见理解错了,把
$y$ 的系数化为正的,"$\geq$"才表示"上方","$\leq$"才表示
"下方",因而($*$)中四个不等式应化为

$$-x + y - 1 \leq 0, -x + y - 1 \geq 0, x + y - 1 \leq 0,$$
$x + y - 1 \geq 0,$

这时再画图,就成为图 1.17 的样子. 可见,它不
过是个 $\triangle BB'O$.

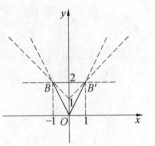

图 1.17

**2. 基本方法与依据**

在如上两例中,我们画图分别采用了由内向外的逐层构造法和由内向外逐
层剥皮(绝对值符号)分拆法,而且是全剥,事实上,这种全剥法构图,像对光滑
曲线画图的描点法一样,是最基本的画图方法,但有两个问题:一是全剥方法往
往比较麻烦,剥一对是两种情况,剥二对是 $2^2 = 4$ 种,剥三对为 $2^3 = 8$ 种,写出
来也繁,画起来也繁;二是繁中易错,因而期待着好的方法. 由于对一个二元一
次的绝对值方程,实施全剥分拆以后,化成了 $2^n$(这个 $n$ 是绝对值符号的对数)
个二元一次方程与不等式的混合组,因而一般来说,图形是由直线段(特殊地,
退化成点,或射线)构成. 即我们有

**定理 5** 二元一次绝对值方程的图形若存在,必是折线形(由线段、射线、
点构成的平面图形,可以是点、开的或闭的折线,或平面闭区域).

画折线形,① 要定折点,② 定边(相邻顶点),③ 确定是折线还是平面闭区
域. 最好是事先知道它大体是个什么图形.

**例 3** 画出折线 $y = 2|x| - |x - 1| + 3|x + 1|$.

**解** 由于"$||$"具有"翻折"的作用,因此它在 $x = 0, 1, -1$ 处有折点,依
次取点,算出 $y$ 值(见表)即可画出如图 1.18 所示的图形.

| $x$ | $-2$ | $-1$ | $0$ | $1$ | $2$ |
|-----|------|------|-----|-----|-----|
| $y$ | $4$ | $0$ | $2$ | $5$ | $13$ |

[反思] 为了画两边的射线,取了两个非顶点 $(-2, 4)$ 和 $(2, 13)$,其余都
取顶点.

什么是顶点？即"折点"，它们都是某个绝对值部分的零点：$x = 0, x - 1 = 0, x + 1 = 0$，事实上，因为 $|f(x,y)|$ 是一种对称变换，把 $f(x, y) < 0$ 的部分折向 $f(x,y) > 0$，而 $f(x,y) \geqslant 0$ 的部分"不动"，$f(x,y) = 0$ 是不动与动点的界限，因而，往往在此形成折点，从而有

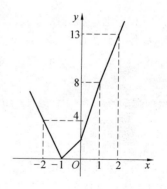

图 1.18

**定理 6**（杨之，林世保）在绝对值方程 $F(x,y) = 0$ 中，$|f(x,y)|$ 是其加了绝对值符号且含有变量的部分，则 $(x_0, y_0)$ 为方程 $F(x, y) = 0$ 图形的折点（顶点）的必要条件是

$$\begin{cases} F(x_0, y_0) = 0 \\ f(x_0, y_0) = 0 \end{cases} \qquad (7)$$

为了帮助对如下"证明"的理解，我们先看一个例子.

比如，要求方程 $|x| + |y| = 1$ 的图形（图 1.6(a)）中的折点（顶点），先考虑由方程 $x + y = 1$ 的图形到 $|x| + y = 1$ 的图形的变化（图 1.6(b)），由于在 $|x| + y = 1$ 中，$1 - y = |x| \geqslant 0$，因此在 $1 - y = x$ 的 $x$ 上加"||"时，把 $x + y = 1$ 的图形中，$1 - y \leqslant 0$ 的部分，以直线 $1 - y = 0$ 为对称轴，给翻折下来，从而形成了 $(0,1)$ 这个折点（它正是方程组

$$\begin{cases} |x| + y = 1 \\ x = 0 \end{cases}$$

的解.

再看由 $|x| + y = 1$ 到 $|x| + |y| = 1$ 的变化（图 1.6(c)）. 由于 $1 - |x| = |y| \geqslant 0$，所以把 $|x| + y = 1$ 图形中 $1 - |x| \leqslant 0$ 的部分，以 $1 - |x| = 0$（两条直线）为对称轴，给翻折到 $1 - |x| \geqslant 0$ 即 $-1 \leqslant x \leqslant 1$ 的部分来了，从而形成两个折点 $(\pm 1, 0)$，同时翻折过来的两个部分相交，形成 $(0, -1)$ 这个折点（而通过解方程组

$$\begin{cases} |x| + |y| = 1 \\ x = 0 \end{cases} \text{和} \begin{cases} |x| + |y| = 1 \\ y = 0 \end{cases}$$

可立即求得）.

**定理的证明**　设 $(x_0, y_0)$ 是方程 $F(x,y) = 0$ 图形 $G$ 的折点，则 $F(x_0, y_0) = 0$. 现在设 $F(x,y) = 0$，除 $|f(x,y)|$ 之外，另一部分是 $g(x,y)$，那么，按"折点"的意义，图形

$$F(x,y) = |f(x,y)| + g(x,y) = 0 \qquad (※)$$

的折点 $(x_0, y_0) \in G$，必是由于在方程（设图形为 $G_1$）

$$f(x,y) + g(x,y) = 0$$

的 $f(x,y)$ 上加"$||$"时,引起对图形 $G_1$ 的某些部分的翻折形成的.事实上,由(※)知

$$-g(x,y) = |f(x,y)| \geqslant 0 \qquad (※※)$$

可见在 $f(x,y)$ 上加"$||$",把图形 $G_1$ 中满足 $-g(x,y) \leqslant 0$ 的部分,翻折成了满足 $-g(x,y) \geqslant 0$ 的部分,形成图形 $G$,而对称轴 $-g(x,y)=0$ 上的点 $(x_0,y_0) \in G_1 \cap G$ 为不动点,即 $-g(x,y)=0$,再由(※※)即知 $f(x_0,y_0)=0$,

所以
$$\begin{cases} F(x_0,y_0)=0 \\ f(x_0,y_0)=0 \end{cases}$$

当对称轴 $-g(x,y)=0$ 与 $G_1$ 不相交时,则不动点不存在,故(7)只是必要条件.再看几例.

### 3. 应用举例

**例 4**　作出方程

$$\langle |y|-3 \rangle + |x| = 4$$

的图形.

**解**　首先,$|x| \leqslant 4$,$-4 \leqslant x \leqslant 4$;$\langle |y|-3 \rangle \leqslant 4$,$-4 \leqslant |y|-3 \leqslant 4$,$-1 \leqslant |y| \leqslant 7$,$-7 \leqslant y \leqslant 7$ 说明它是个有限图形,其次求它的折点(可能的),由定理 6,有

$$\begin{cases} x=0 \\ \langle |y|-3 \rangle = 4 \end{cases}, \begin{cases} y=0 \\ \langle -3 \rangle + |x| = 4 \end{cases}, \begin{cases} |y|-3=0 \\ |x|=4 \end{cases}$$

解为

| $x$ | 0 | $\pm 1$ | $\pm 4$ |
|---|---|---|---|
| $y$ | $\pm 7$ | 0 | $\pm 3$ |

它有 8 个折点,如图 1.19 所示.

怎样连出这个图形呢?还应有相应的研究.

**例 5**　画出方程 $|y-x| + |y+x| + y = 3$ 的图形.

**解**　折点 $(x,y)$ 满足

$$\begin{cases} y-x=0 \\ |y+x|+y=3 \end{cases}, \begin{cases} y+x=0 \\ |y-x|+y=3 \end{cases}$$

即

$$\begin{cases} y=x \\ 2|y|+y=3 \end{cases}, \begin{cases} y=-x \\ 2|y|+y=3 \end{cases}$$

有四解 $(1,1)$、$(-3,-3)$、$(-1,1)$、$(3,-3)$.

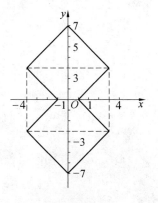

图 1.19

描出的是个等腰梯形,如图 1.20 所示.

[反思] 在例 4、例 5 中,为什么有了顶点,就这样连接,而且知道是折线而不是闭区域?还须配合着其他的一些研究来确定,如"把点 $(0,0)$ 代入",可检验是面、是线;对"范围"的研究,可确定是有限还是无限图形;对边"中点"检验,可知连接的错与对;进行对称性的检验,也可以了解图形的结构等等.

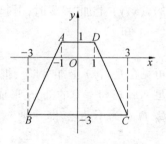

图 1.20

这说明,折点确定法有一定的局限性,但它比"拆分法"简洁,因此不失为一种可行的优良方法.

**例 6** 画出方程

$$\lfloor 2y + 2\,|\,x\,| - 4 \rfloor + |\,x\,| = 2$$

的图象.

**解** 折点 $(x,y)$ 满足方程组

$$\begin{cases} x = 0 \\ |\,2y - 4\,| = 2 \end{cases}, \quad \begin{cases} 2y + 2\,|\,x\,| - 4 = 0 \\ |\,x\,| = 2 \end{cases}$$

解为 $(0,3),(0,1),(-2,0),(2,0)$. 图形如图 1.21 所示,为一个凹四边形 $ABCD$.

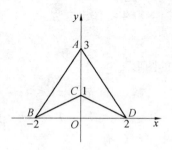

图 1.21

**例 7** 画方程

$$\lfloor\,|\,x\,| + \lfloor\,|\,y\,| - 3\,\rfloor - 3\,\rfloor = 1$$

的图形.

**解** 先求顶点:

$$\begin{cases} y = 0 \\ \lfloor\,|\,x\,| + 3 - 3\,\rfloor = 1 \end{cases}, \quad \begin{cases} x = 0 \\ \lfloor\lfloor\,|\,y\,| - 3\,\rfloor - 3\,\rfloor = 1 \end{cases}, \quad \begin{cases} |\,y\,| - 3 = 0 \\ \lfloor\,|\,x\,| - 3\,\rfloor = 1 \end{cases}$$

求出的解为

$(\pm 1,0),(0,\pm 1),(0,\pm 5),(0,\pm 7),(\pm 2,\pm 3),(\pm 4,\pm 3)$.

这个竟然有 16 个顶点,且具有很好的对称性,但如何连接,却成了问题.

现在,把原方程进行分解

$$|\,x\,| + \lfloor\,|\,y\,| - 3\,\rfloor - 3 = \pm 1$$

即

ⅰ ) $$|\,x\,| + \lfloor\,|\,y\,|\,\rfloor - 3 = 4$$

和

ⅱ ) $$|\,x\,| + \lfloor\,|\,y\,| - 3\,\rfloor = 2$$

容易看出，ⅰ）就是本节例4中的方程，图形如图1.19，是个单"8"字，那么，求本例中方程的图形即如绪论中的图0.4，是双8字.

**例8** 试画出方程

$$\left\{ -x + 6y - 12 + |\, 5x \,| \right\} + |\, 5x \,| - x + 2y - 2 = 0$$

的图形.

**解** 设 $(x_0, y_0)$ 为折点，则

ⅰ）
$$\begin{cases} 5x_0 = 0 & ① \\ \left\{ 6y_0 - 12 \right\} + 2y_0 - 2 = 0 & ② \end{cases}$$

ⅱ）
$$\begin{cases} -x_0 + 6y_0 - 12 + |\, 5x_0 \,| = 0 & ③ \\ |\, 5x_0 \,| - x_0 + 2y_0 - 2 = 0 & ④ \end{cases}$$

对 ⅰ）来说，如 $y_0 > 2$，则 $2y_0 - 2 > 0$，②不能成立；如 $y_0 < 2$，则②化为 $-6y_0 + 12 + 2y_0 - 2 = 0$，即 $-4y_0 + 10 = 0$，$y_0 = 2.5$，与 $y_0 < 2$ 矛盾，故 ⅰ）无解.

对 ⅱ）来说，③ － ④:$4y_0 - 10 = 0$，$y_0 = 2.5$，代入④:$|\, 5x_0 \,| - x_0 + 3 = 0$，方程无解.

因此，例8中方程的图形无折点，但按定理6，如图形存在，它必有符合 ⅰ）与 ⅱ）的折点. 现在"折点"不存在，因而，方程的图形不存在.

**例9** 求方程

$$\left\{ |\, x \,| + y - 1 \right\} + |\, y - x - 2 \,| = 1$$

的图形上的折点.

**解** 如折点 $(x, y)$ 存在，必满足方程组

$$ⅰ\begin{cases} x = 0 \\ |\, y - 1 \,| + |\, y - 2 \,| = 1 \end{cases}, ⅱ\begin{cases} y - x - 2 = 0 \\ \left\{ |\, x \,| + y - 1 \right\} = 1 \end{cases}, ⅲ\begin{cases} |\, x \,| + y - 1 = 0 \\ |\, y - x - 2 \,| = 1 \end{cases}.$$

对 ⅰ，解为 $(0, y)$（$1 \leqslant y \leqslant 2$）是无穷多个解，只有 $(0, 1)$ 和 $(0, 2)$ 是折点；

对 ⅱ，$|\, x \,| + y - 1 = \pm 1$，$y = x + 2$，其中

$$\begin{cases} |\, x \,| + y - 1 = 1 \\ y = x + 2 \end{cases}$$ 有解，$|\, x \,| + x = 0$，$x \leqslant 0$，$y = x + 2$
$\leqslant 2$；

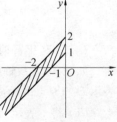

图 1.22

对 ⅲ，其中 $\begin{cases} |\, x \,| + y - 1 = 0 \\ y - x - 2 = -1 \end{cases}$ 有解，$y = x + 1$，$|\, x \,|$
$+ x = 0$，$x \leqslant 0$，$y = x + 1 \leqslant 1$.

综合 ⅰ，ⅱ，ⅲ 的解 $(x, y)$ 满足 $x \leqslant 0$，$1 \leqslant y \leqslant 2$，除了 ⅰ）中的二折点外，

还有一个折点$(-\infty,-\infty)$,图象是(如图 1.22)"平行射带".

[反思] ① 上例说明,定理 6 叙述的确是折点的必要条件,而不充分,但这也似乎透露了充分条件的某些信息;

② "折点" 可以是无穷远点,即两条平行线的"交点".

### 习题 1.5

1. $\left\{|x+y|+x\right\}+x=0$ 的图象是(　　).

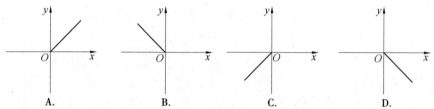

A.　　　　B.　　　　C.　　　　D.

2. 画出下列方程的图象.

(1) $y=-|x|+|x-1|-|x-2|$,

(2) $y=-|x+1|+|x|+|x-1|-|x-2|$

3. 作方程 $|x|+|y-1|=2$ 的图形,并求出其所围成的图形的面积.

4. 作出方程 $|x-y^2|=1-|x|$ 的图象.

5. 作下列函数的图象:

(1) $y=|x^2-1|$,(2) $y=1-|x|$.

6. (2005 年湖北卷高考试题) 函数 $y=e^{|\ln x|}-|x-1|$ 的图象大致是(　　).

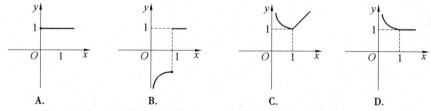

A.　　　　B.　　　　C.　　　　D.

7. (2009 年普通高等学校招生全国统一考试(宁夏卷)):

如图,$O$ 为数轴的原点,$A,B,M$ 为数轴上三点,$C$ 为线段 $OM$ 上的动点,设 $x$ 表示 $C$ 与原点的距离,$y$ 表示 $C$ 到 $A$ 距离 4 倍与 $C$ 道 $B$ 距离的 6 倍的和.

(1) 将 $y$ 表示成 $x$ 的函数;

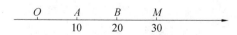

(2) 要使 $y$ 的值不超过 70,$x$ 应该在什么范围内取值?

# "绝对值方程"的构造法

第二章

**在** 第一章,我们研究了:已知绝对值方程,画出它的图形的方法,从而加深了我们对绝对值方程的认识,也使我们反过来知道了许多按方程画出的图形.

但对于我们"通过方程研究图形的性质"的期望,这是远远不够的,因为尚有很多的图形,并不知道它的方程,欲知其方程,我们必须动手去构造.

怎样依图造式(构造方程)?传统解析几何的基本方法是轨迹法,因为直线、圆锥曲线都有相关的轨迹定理,对于有折点的图形,则相关的轨迹定理并不多.虽然不多,但也不失为一法,对于无轨迹定理的大量图形,我们广大"绝对值方程"爱好者(包括"中国绝对值方程研究小组"的成员)通过顽强地、多角度地探索,发现一系列简洁优美的方法,找到了大量常见常用的,以及"稀奇古怪"的图形的方程,本章予以介绍.

## 2.1 轨迹法

轨迹法构造图形的方程,基本依据是轨迹的概念(定义)和轨迹定理.

### 1. 定义和基本轨迹

**定义** 满足一定条件的点和集合,叫做点的轨迹,点的轨迹构成几何图形.

常用的基本轨迹有:中垂线、角平分线、平行线(到一条直线距离一定的点的轨迹)、圆、椭圆、双曲线、抛物线;球、椭球、若干旋转面、线段中垂面、二面角的平分面等大家熟知的轨迹,这里不赘述.

### 2. 若干轨迹命题

在平面几何中,有一些"定值命题",经加工改造(如果它的逆命题亦真,则与其结合),即可成为轨迹命题,例如:

**命题1**(维维安尼) 到正三角形三边的距离之和等于它的高的点的轨迹,就是这三角形面(包括边).

它有两个重要推广:

**命题2**(杨之) 到任意三角形三边的距离与相应边对角正弦乘积之和为定值(三角形面积与外接圆半径之比)的点的轨迹,是这三角形面(包括边),即三角形闭区域.

设 $\triangle ABC$ 的面积为 $\triangle$,外接圆半径为 $R$,$P$ 到边 $BC$,$CA$,$AB$ 的距离之和为 $h_a$,$h_b$,$h_c$,则命题中所述条件就是

$$h_a\sin A + h_b\sin B + h_c\sin C = \frac{\triangle}{R} \tag{1}$$

**命题3** 到正四面体各面距离之和为定值(四面体的高)的点的轨迹,为这四面体构成的闭区域.

以上三个命题是用来构造平面或空间闭区域方程的,为了构造周界线的方程,我们需要下轨迹命题:

**命题4** 到等腰三角形两腰所在直线的距离之和为定值(一腰上的高)的点的轨迹是这三角形的底边.

这是一个基本命题,应用它和平行线定理($l_1 /\!/ l_2$,则 $l_1$ 上任意一点到 $l_2$ 的距离相等)可证如下一些命题.

**命题5** 到矩形两对角线距离之和为定值(矩形面积同对角线之比)的点的轨迹是矩形的周界.

设矩形两邻边为 $a$ 和 $b$,$P$ 向两对角线所作垂线为 $PA$ 和 $PB$($A$,$B$ 为垂足),那么命题中所述的条件为

$$|PA| + |PB| = \frac{ab}{\sqrt{a^2 + b^2}} \tag{2}$$

**命题6** 到正 $n$ 边形($n \geq 4$)的所有对角线的距离之和为定值($f(a,n)$)的点的轨迹是这正 $n$ 边形的周界.

而 $f(a,n)$ 是正 $n$ 边形边及 $n$ 的函数,例如

$$f(a,4) = \frac{\sqrt{2}}{2}a,$$

$$f(a,5) = (2\sin 72^\circ + \sin 54^\circ)a = (\frac{1}{2}\sqrt{10 + 2\sqrt{5}} + \frac{1}{4}\sqrt{10 - 2\sqrt{5}})a,$$

$$f(a,6) = (3 + \sqrt{3})a.$$

**略证** 对于正 $n$ 边形某一边(图 2.1 中的 $AB$)来说($n \geqslant 4$),其对角线有与它平行的(如 $HC$),则 $AB$ 上任一点到它的距离之和为定值;有与它垂直的(如 $AF$ 和 $BE$),由于对称性(关于 $AB$ 的中垂线对称),则必成对,每一对都互相平行,因此,$AB$ 上任一点到它们的距离之和为定值;也有既不平行,也不垂直的(如 $HD$ 与 $CG$),它们也是成对出现,且每对关于 $AB$ 的中垂线对称,因此,它们所在直线与 $AB$ 所在直线

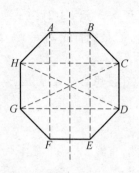

图 2.1

交出等腰三角形,应用命题 4(对于正多边形来说,不考虑边以外的点,事实上,当换成全部,如 $BC$ 时,线段 $AB$ 延长线上的点,会自动去掉),即知 $AB$ 上的点到它们的距离之和等距离. 可见,$AB$ 边上的任一点,到所有对角线的距离之和为定值.

由于包括了全部对角线,从而对任何边都一样的,因此周界上任一点都有这性质. 反之,比如,$AB$ 来说,至少有两条对角线(如 $AE$ 和 $BF$),与它构成的等腰三角形,$AB$ 正好是底边,因此排除了 $AB$ 两侧延长线上的点,同样也排除了任一边延长线上的点,因此,周界以外的点均不具有这定值性质,可见,轨迹就是周界.

为了求这些图形的绝对值方程,我们还要用到三个距离公式:

1)两点 $P(x_1,y_1)$ 与 $Q(x_2,y_2)$ 间距离公式:

$$J_{PQ} = \sqrt{(x_1 - x_2)^2 + (y_1 - y_2)^2} \tag{3}$$

2)点 $P(x_0,y_0)$ 到直线 $l:Ax + By + C = 0(A^2 + B^2 \neq 0)$ 的距离公式:

$$J_{Pl} = \frac{|Ax_0 + By_0 + C|}{\sqrt{A^2 + B^2}} \tag{4}$$

3)点 $P(x_0,y_0,z_0)$ 到平面 $\alpha:Ax + By + Cz + D = 0(A^2 + B^2 + C^2 \neq 0)$ 的距离公式:

$$J_{P\alpha} = \frac{|Ax_0 + By_0 + Cz_0 + D|}{\sqrt{A^2 + B^2 + C^2}} \tag{5}$$

### 3. 应用例举

**例 1** 求到直线 $2y - x - 1 = 0$ 距离等于 4 的点的轨迹方程,并画出图象.

**解** 如图 2.2,设 $P(x,y)$ 为坐标平面上的一个点,到直线 $2y - x - 1 = 0$ 的距离等于 4,应用点线距公式(4),有

$$\frac{|2y-x-1|}{\sqrt{2^2+(-1)^2}}=4,$$

整理,化简,得

$$|2y-x-1|=4\sqrt{5}.$$

它是到直线 $2y-x-1=0$ 距离为4的两条平行线 $l_1$ 和 $l_2$.

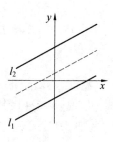

图 2.2

[反思] 方程 $|2y-x-1|=4\sqrt{5}$ 去掉绝对值后,得

$$2y-x-1+4\sqrt{5}=0, 2y-x-1-4\sqrt{5}=0,$$

显然,直线 $2y-x-1+4\sqrt{5}=0$ 和 $2y-x-1-4\sqrt{5}=0$ 是两条互相平行且到直线 $2y-x-1=0$ 的距离为4的直线,所以方程 $|2y-x-1|=4\sqrt{5}$ 表示的是两条平行线.

一般地,在平面直角坐标系内,方程

$$|ax+by+c|=k(a^2+b^2\neq 0, k \text{ 为正常数})$$

表示的是两条平行线.

**例2** 一动点到三直线 $y=0, y-\sqrt{3}x-\sqrt{3}=0$ 和 $y+\sqrt{3}x-\sqrt{3}=0$ 的距离之和为 $\sqrt{3}$,求动点 $P$ 的轨迹方程,并作出图象.

**解** 如图 2.3,设 $P(x,y)$ 为等边 $\triangle ABC$(其中 $AB: y-\sqrt{3}x-\sqrt{3}=0, BC: y=0, AC: y+\sqrt{3}x-\sqrt{3}=0$)内的一点,过 $P$ 作 $PD\perp AB$ 于点 $D, PE\perp BC$ 于点 $E, PF\perp CA$ 于点 $F$,由题意,得

$$|PD|+|PE|+|PF|=\sqrt{3}.$$

根据点线距公式(4),有

$$\frac{|y|}{\sqrt{1^2+0^2}}+\frac{|y-\sqrt{3}x-\sqrt{3}|}{\sqrt{1^2+(\sqrt{3})^2}}+$$

$$\frac{|y+\sqrt{3}x-\sqrt{3}|}{\sqrt{1^2+(\sqrt{3})^2}}=\sqrt{3}.$$

化简,整理,得方程

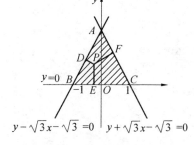

图 2.3

$$|2y|+|y-\sqrt{3}x-\sqrt{3}|+|y+\sqrt{3}x-\sqrt{3}|=2\sqrt{3} \tag{6}$$

表示的是等边三角形 $ABC$ 的面区域(包括三边)的方程.它的图象如图 2.3 所示.

[反思] 我们由平面几何知识知道:等边三角形内的任意一点到三边的距离之和为定值(等边三角形的高).注意到点 $P$ 为等边三角形内的任意一点,也就是说 $P$ 点的坐标都满足方程(6),所以,方程(6)表示的是等边三角形 $ABC$

的面区域(包括三边) 的方程.

  **例 3** 一动点到两坐标轴的距离之和的两倍等于此点到原点距离的平方,求动点 $P$ 的轨迹方程,并作出轨迹的图象.

  **解** 设 $P(x,y)$ 为轨迹上的任意一点,根据点线距公式可得满足条件的方程为

$$2(|x|+|y|) = x^2 + y^2. \qquad (7)$$

它的图象如图 2.4 所示.

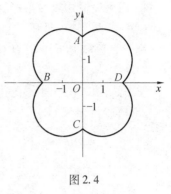

图 2.4

  [**反思**] 当 $\begin{cases} x \geqslant 0 \\ y \geqslant 0 \end{cases}$ 时,方程(7) 可化为

$(x-1)^2 + (y-1)^2 = 2$,轨迹为圆心在 $(1,1)$,半径为 $\sqrt{2}$ 的圆在第一象限的部分(弧 $DA$ 段 );

同理,当 $\begin{cases} x \leqslant 0 \\ y \geqslant 0 \end{cases}$ 时,方程(7) 可化为 $(x+1)^2 +$

$(y-1)^2 = 2$, 当 $\begin{cases} x \leqslant 0 \\ y \leqslant 0 \end{cases}$ 时, 方程(7) 可化为 $(x+1)^2 + (y+1)^2 = 2$, 当

$\begin{cases} x \geqslant 0 \\ y \leqslant 0 \end{cases}$ 时,方程(7) 可化为 $(x-1)^2 + (y+1)^2 = 2$,它们的轨迹分别是为第

二、第三、第四象限内的 $\overset{\frown}{AB}$、$\overset{\frown}{BC}$、$\overset{\frown}{CD}$.

  **例 4** 试求到两坐标轴距离之差的绝对值恒为 2 的点的轨迹方程,并作出轨迹的图象.

  **解** 设 $P(x,y)$ 为轨迹上的任意一点,根据点线距公式可得满足条件的方程为

$$\left\{ |x| - |y| \right\} = 2 \qquad (8)$$

该方程表示的曲线关于 $x$ 轴、$y$ 轴及原点对称.

  若令 $\begin{cases} x \geqslant 0 \\ y \geqslant 0 \end{cases}$,则曲线方程为 $x - y = \pm 2$ 在

第一象限内的两条射线,

  再根据对称性作点的轨迹如图 2.5 所示.

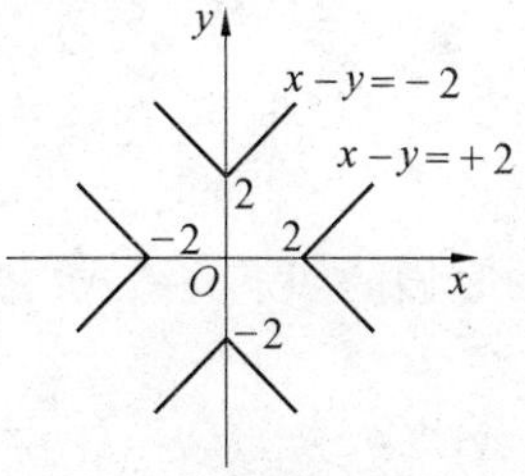

  [**反思**] 若对方程的两边进行平方,得

$$x^2 + y^2 - 4 = 2|xy| \qquad (9)$$

再平方,得

$$(x^2 + y^2 - 4)^2 = 4x^2y^2 \qquad (10)$$

图 2.5

因式分解,得

$$(x - y - 2)(x - y + 2)(x + y - 2)(x + y + 2) = 0.$$

33

我们不能误认为方程(8)表示的是四条直线,因为由(8)到(9)再到(10)不是同解变形,(9)式要求 $x^2 + y^2 - 4 \geqslant 0$,而(10)式把区域 $x^2 + y^2 - 4 \leqslant 0$ 的一些点也包括在内了.

### 4. 应用轨迹法求多边形的方程

应用某些图形的性质(轨迹定理)可以构造图形的方程.

**例5** 已知矩形 $ABCD$ 的四个顶点的坐标分别是 $A(1,2)$、$B(-1,2)$、$C(-1,-2)$、$D(1,-2)$,求它的方程.

**解** 如图2.6,在矩形的边上任取一点 $P(x,y)$,作 $PH \perp AC$ 于 $H$,$PQ \perp BD$ 于 $Q$,由轨迹命题5,得

$$|PH| + |PQ| = \frac{4}{5}\sqrt{5},$$

根据点线距公式可得满足条件的方程为

$$\frac{|y-2x|}{\sqrt{1^2+2^2}} + \frac{|y+2x|}{\sqrt{1^2+2^2}} = \frac{4}{5}\sqrt{5}.$$

化简,整理,得

$$|y-2x| + |y+2x| = 4.$$

它的图形是矩形 $ABCD$.

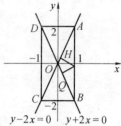

图 2.6

**例6** 求如图2.7所示的正五边形 $ABCDE$ 的方程(边长为1).

**解** 图中已标出了各点的坐标:

$$A(0,k), B(-m,l), C\left(-\frac{1}{2},0\right), D\left(\frac{1}{2},0\right), E(m,l)$$

其中

$$k = |OA| = \frac{1}{2}\sqrt{5+2\sqrt{5}},$$

$$l = |OF| = \frac{1}{4}\sqrt{10+2\sqrt{5}},$$

$$l' = |AF| = \frac{1}{4}\sqrt{10-2\sqrt{5}},$$

$$m = \frac{1}{2}|BE| = \frac{1}{4}(\sqrt{5}+1).$$

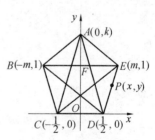

图 2.7

它们的如下关系式,在检验方程时,很有作用:

$$k = l + l', k = 2ml,$$

$$l = (2m-1)k, (2m+1)k = (4m+1)l,$$

$$4k^2 + 1 = 16m^2, 0 < l' < m < l < k < 2m.$$

这样,就可以写出正五边形的各对角线方程:

$$AC:2kx - y + k = 0; AD:2kx + y - k = 0, BE:y - l = 0,$$

$$CE:2lx - (2m+1)y + l = 0, BD:2lx + (2m+1)y - l = 0.$$

设 $P(x,y)$ 为正多边形 $ABCDE$ 周界上的任意一点,应用点线距公式和命题 6,得

$$\frac{|2kx - y + k|}{\sqrt{4k^2 + 1}} + \frac{|2kx + y - k|}{\sqrt{4k^2 + 1}} + \frac{|y - l|}{1} + \frac{|2lx - (2m+1)y - l|}{\sqrt{4l^2 + (2m+1)^2}} +$$

$$\frac{|2lx + (2m+1)y - l|}{\sqrt{4l^2 + (2m+1)^2}} = f(a,5) \tag{11}$$

而

$$\sqrt{4k^2 + 1} = \sqrt{5 + 2\sqrt{5} + 1} = \sqrt{5} + 1 = 4m,$$

$$\sqrt{4l^2 + (2m+1)^2} = \sqrt{\frac{1}{4}(24 + 8\sqrt{5})} = \sqrt{5} + 1 = 4m,$$

这里,$a = 1$,则

$$f(1,5) = \frac{1}{2}\sqrt{10 + 2\sqrt{5}} + \frac{1}{4}\sqrt{10 - 2\sqrt{5}} = 2l + l' = l + k.$$

将如上各式代入(10),即得

$$|2kx - y + k| + |2kx + y - k| + 4m|y - l| + |2lx - (2m+1)y + l| +$$

$$|2lx + (2m+1)y + l| = 4m(l + k) \tag{12}$$

应用上面给出的关系式($k,l,l',m$ 间的),很容易检验.

[反思]    方程的系数虽然复杂,但它确实是一层的绝对值方程,这说明,我们在第一章末尾提出的猜想,当 $n \geqslant 5$ 时,是不对的.

例7    求中心在原点,半径为 $R$,一个顶点为 $A(R,0)$ 的正六边形方程.

解    首先求出各顶点坐标(图2.8):

$$A(-\frac{R}{2}, \frac{\sqrt{3}R}{2}), B(\frac{R}{2}, \frac{\sqrt{3}R}{2}),$$

$$C(R,0), D(\frac{R}{2}, -\frac{\sqrt{3}R}{2}),$$

$$E(-\frac{R}{2}, -\frac{\sqrt{3}R}{2}), F(-R,0).$$

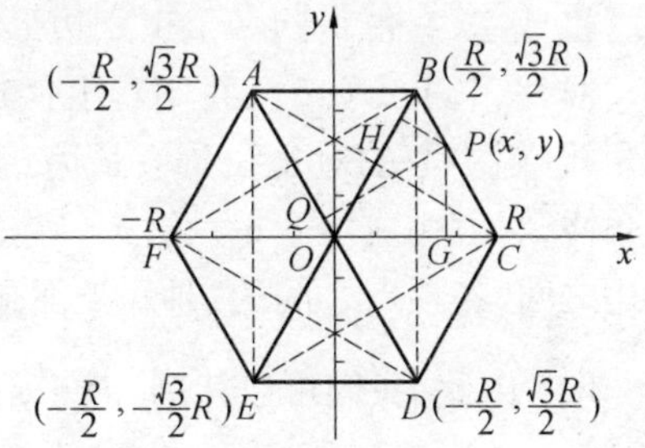

图 2.8

再写出 9 条对角线方程

$$FC:y = 0, AD:y + \sqrt{3}x = 0,$$

$$BE:y - \sqrt{3}x = 0, AC:x + \sqrt{3}y - R = 0, BF:x - \sqrt{3}y + R = 0,$$

$$EC:x - \sqrt{3}y - R = 0, DF:x + \sqrt{3}y + R = 0,$$

$$AE:x = -\frac{R}{2}(2x + R = 0), BD:x = \frac{R}{2}(2x - R = 0).$$

设 $P(x,y)$ 为正六边形 $ABCDEF$ 周界上任一点,应用命题 6,得

$$\frac{|y|}{1} + \frac{|y + \sqrt{3}x|}{\sqrt{1^2 + (\sqrt{3})^2}} + \frac{|y - \sqrt{3}x|}{\sqrt{1^2 + (\sqrt{3})^2}} + \frac{|x + \sqrt{3}y - R|}{\sqrt{1^2 + (\sqrt{3})^2}} + \frac{|x - \sqrt{3}y + R|}{\sqrt{1^2 + (\sqrt{3})^2}} +$$

$$\frac{|x - \sqrt{3}y - R|}{\sqrt{1^2 + (\sqrt{3})^2}} + \frac{|x + \sqrt{3}y + R|}{\sqrt{1^2 + (\sqrt{3})^2}} + \frac{|2x + R|}{2} + \frac{|2x - R|}{2} = (3 + \sqrt{3})R.$$

整理,得

$$2|y| + |y + \sqrt{3}x| + |y - \sqrt{3}x| + |x + \sqrt{3}y - R| + |x - \sqrt{3}y + R| + |x - \sqrt{3}y - R| + |x + \sqrt{3}y + R| + |2x + R| + |2x - R| = 2(3 + \sqrt{3})R \tag{13}$$

**反思:** (1)方程(12)是不是太繁了?它有 9 个绝对值项,可不可以化简呢?

事实上,过 $P(x, y)$ 向三条主对角线 $AD$、$BE$、$CF$ 分别作垂线 $PQ$、$PH$、$PG$,则

$$|PQ| + |PH| + |PG| = \sqrt{3}R(\text{定值}).$$

应用命题(6)及点线距公式,得

$$\frac{|y|}{1} + \frac{|y + \sqrt{3}x|}{2} + \frac{|y - \sqrt{3}x|}{2} = \sqrt{3}R.$$

化简,得

$$2|y| + |y + \sqrt{3}x| + |y - \sqrt{3}x| = 2\sqrt{3}R \tag{14}$$

它也是多边形 $ABCDEF$ 的方程,进而,由于(13)和(14)成立,那么(两式相减),得

$$|x + \sqrt{3}y - R| + |x - \sqrt{3}y + R| + |x - \sqrt{3}y - R| + |x + \sqrt{3}y + R| + |2x + R| + |2x - R| = 6R \tag{15}$$

也成立,它是同一个正六边形 $ABCDEF$ 的方程.

对比(13)~(15),我们看出:(13)用的是全部九条对角线,(14)是 3 条主对角线(过中心的对角线),它最简单;(15)则用的是 6 条"副"(不过中心)的对角线,它们构成一个正六边形,在这三种情形下,由于面对这些对角线来说,各边之间,各顶点之间的"地位"都是"平等"的,因此,可以减少对角线数.

(2)由此,我们可以认为,对正 $n = 2k$ 边形来说,可以用它的 $k = \dfrac{n}{2}$ 条对角线,构造的方程有 $\dfrac{n}{2}$ 个单层绝对值项;对于 $n = 2k + 1(k \geqslant 2)$ 边的正 $n$ 边形来说,可以应用它能构成正星形的 $n$ 条对角线,构造的方程有 $n$ 个单层绝对值项,这就比用全部 $\dfrac{(n-3)n}{2}$ 少多了,但 $n = 5$ 时是一样的(见例 6).

**习题** 2.1

1. 求到直线 $y - 2x + 4 = 0$ 的距离等于 2 的点的轨迹方程,并画出图象.

2. 求中心在原点且一顶点 $A$ 的坐标为 $(1,1)$ 的正方形方程.

3. 求两直线 $y^2 + xy - 2x^2 = 0$ 的距离之和为 2 的点的轨迹,并画出图象.

4. 求两相交直线 $y^2 - xy - 6x^2 = 0$ 的交角的平分线方程.

5. 一动点到直线 $x + y = 0$ 的距离的平方等于这个动点向 $x$ 轴、$y$ 轴引的垂线与两坐标轴围成的矩形面积,求动点 $P$ 的轨迹方程,并画出图形.

6. (研究题) 试求边长为 $a$ 的正八边形的方程(可以有几种?)

7. (研究题) 设 $n \geqslant 4$,则正 $n$ 边形的方程可以有几种形式?

# 2.2　区域法

由前一节我们知道,轨迹法构式简洁明快,但有很大的局限性:必须有轨迹定理才成,而事实上,我们只用它构造了一些直线方程和正多边形方程,而且发现了一些规律,而对那些没有轨迹定理的图形,它就无能为力了,只好别寻佳途,"区域法"就是佳途之一.

什么是区域法?就是求曲线在区域内部分的方程的方法,它依赖如下命题:

**1. 基本定理**

**定理 1** (区域法基本定理·娄韦光) 设曲线 $l$ 的方程为 $f(x,y) = 0$,区域 $G$ 的限制条件为 $g(x,y) \geqslant 0$,那么混合组

$$\begin{cases} f(x,y) = 0 \\ g(x,y) \geqslant 0 \end{cases} \qquad (1)$$

的图形就是 $l$ 在 $G$ 内的部分.

为了将混合组 (1) 写成方程,我们还需要第一章的定理 3. 即如下:

**定理 2** 关于 $x,y$ 的方程 — 不等式混合组 (1) 等价于方程

$$\left\{ | f(x,y) | + g(x,y) \right\} - g(x,y) = 0 \qquad (2)$$

(应用口诀是 $g \geqslant 0, +, -; g \leqslant 0, -, +$).

**1. 应用例举**

**例 1** 已知 $A$、$B$ 两点的坐标分别是 $(0,2)$、$(0, -2)$,求线段 $AB$ 的方程.

**解** 先求出线段 $AB$ 所在的直线方程为 $x = 0$,再给出约束区域 $G$: $-2 \leqslant y \leqslant 2$. 而约束区域 $-2 \leqslant y \leqslant 2 \Rightarrow | y | \leqslant 2 \Rightarrow 2 - | y | \geqslant 0$,所以线段 $AB$ 可表为

$$\begin{cases} x = 0 \\ 2 - \mid y \mid \geqslant 0 \end{cases}.$$

由定理 2 知方程 – 不等式的混合组等价于

$$\langle \mid x \mid - \mid y \mid + 2 \rangle - 2 + \mid y \mid = 0 \quad (3)$$

则(3)就是线段 $AB$ 的方程(如图2.9).

[反思]　(1)应用区域法求图形的绝对值方程的步骤是: i )求出图形所在曲线的方程, ii )给出区域约束条件的不等式, iii )列出方程 – 不等式的混合组; iv )写出等价方程.

(2)线段 $AB$ 是直线 $x = 0$ 在约束区域 $G:-2 \leqslant x \leqslant 2$ 上的部分(包括边界),如果所给出的区域不同,那么线段 $AB$ 的方程又如何?

比如:给出约束区域 $G:x^2 + y^2 \leqslant 2$. 由于 $x^2 + y^2 \leqslant 2 \Leftrightarrow x^2 + y^2 - 2 \leqslant 0$,所以线段 $AB$ 可表为

$$\begin{cases} x = 0 \\ x^2 + y^2 - 2 \leqslant 0 \end{cases}$$

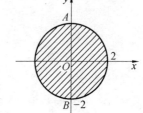

图 2.9

此方程 – 不等式的混合组等价于 $(g \leqslant 0, -, +)$

$$\langle \mid x \mid - x^2 - y^2 + 2 \rangle + x^2 + y^2 - 2 = 0 \quad (4)$$

则方程(4)表示的是线段 $AB$ 的方程(如图2.10).

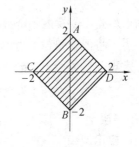

图 2.10

又如:给出正方形 $ACBD$ 内的区域(包括边界,如图2.11),应用轨迹法3知正方形 $ACBD$ 内的区域(包括边界)为 $2 - \mid x \mid - \mid y \mid \geqslant 0$,则线段 $AB$ 可表为混合组

$$\begin{cases} x = 0 \\ 2 - \mid x \mid - \mid y \mid \geqslant 0 \end{cases}$$

等价于方程 $(g \geqslant 0, +, -)$

$$\langle \mid x \mid - \mid x \mid - \mid y \mid + 2 \rangle = \mid x \mid + \mid y \mid - 2 = 0$$

即

$$\langle \mid y \mid - 2 \rangle + \mid x \mid + \mid y \mid - 2 = 0$$

所以(5)也是线段 $AB$ 的方程.

我们还可以给出不同的区域 $G$ 对直线方程

为 $x = 0$ 进行约束,得到线段 $AB$ 的方程. 由此可见,线段 $AB$ 有许多不同形式的绝对值方程,因此,一个图形的绝对值方程不是唯一的. 这是与光滑曲线方程的

重要区别.

**例**2　已知$A(-1,2)$,$B(1,-2)$,$C(1,2)$,$D(-1,-2)$,求线段$AB$、$CD$组成的"X"型图形的方程.

**解**　易知直线$AB$、$CD$的方程分别为$y+2x=0$,$y-2x=0$,那么$AB$、$CD$组成的两条直线的方程为$|y|-|2x|=0$,再给出约束条件$G:-2\leqslant y\leqslant2$. 而约束条件$-2\leqslant y\leqslant2\Leftrightarrow$ $|y|\leqslant2\Leftrightarrow|y|-2\leqslant0$,所以"X"型图形可表为混合组

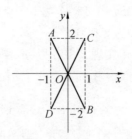

$$\begin{cases} |y|-|2x|=0 \\ |y|-2\leqslant0 \end{cases}.$$

图2.12

按定理2,得方程

$$\left\{\left\{|y|-|x|\right\}-|y|+2\right\}+|y|-2=0 \tag{6}$$

方程(6)表示的是"X"型图形如图2.12所示.

**例**3　已知已知$A(-1,2)$,$B(0,-2)$,$C(1,2)$,求线段$AB$、$BC$组成的"V"型图形的方程.

**解**　易知线段$AB$、$BC$所在的直线分别为$y-4x+2=0$,$y+4x+2=0$,那么$AB$、$BC$组成的两条直线的方程为

$$y-|4x|+2=0,$$

给出约束区域$G:-2\leqslant y\leqslant2$. 而约束条件$-2\leqslant y\leqslant2\Rightarrow|y|\leqslant2\Rightarrow|y|-2\leqslant0$,所以"V"型图形可表为混合组

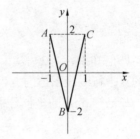

$$\begin{cases} y-|4x|+2=0 \\ |y|-2\leqslant0 \end{cases}$$

图2.13

由定理2知方程为$(g\leqslant0,-,+)$

$$\left\{\left\{y-|4x|+2\right\}-|y|+2\right\}+|y|-2=0 \tag{7}$$

(7)表示的就是"V"型图如图2.13.

**例**4　已知$A(-2,2)$,$B(-1,-2)$,$C(0,2)$,$D(1,-2)$,$E(2,2)$五点,求线段$AB$,$BC$,$CD$,$DE$组成的"W"型图的方程.

**解**　由图1.7知道如图2.14中折线$ABCDE$(其中为射线)的方程是

$$y=|4x+4|-|4x|+|4x-4|-6,$$

即

$$y-|4x+4|+|4x|-|4x-4|+6=0.$$

给出约束区域 $G: -2 \leq y \leq 2$. 而约束条件 $-2 \leq y \leq 2 \Leftrightarrow |y| \leq 2 \Leftrightarrow |y| - 2 \leq 0$, 所以 "$W$" 型图形可表为混合组

$$\begin{cases} y - |4x+4| + |4x| - |4x-4| + 6 = 0 \\ |y| - 2 \leq 0 \end{cases}$$

图 2.14

由定理 2 得方程 $(g \leq 0, -, +)$

$$\left\{ \left\{ y - |4x+4| + |4x| - |4x-4| + 6 \right\} - |y| + 2 \right\} + |y| - 2 = 0 \qquad (8)$$

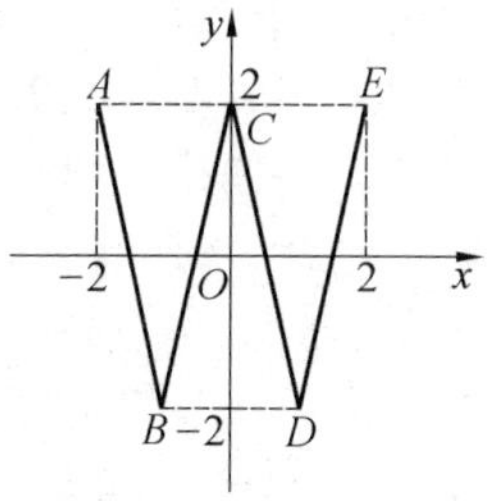

则方程(8) 就是 "$W$" 型图形的方程(如图 2.14).

[反思]　图 1.7 的方程也可写成

$$y - \left\{ |4x| - 4 \right\} + 2 = 0$$

因此图 1.11 的方程也可以写成

$$\left\{ \left\{ y - \left\{ |4x| - 4 \right\} + 2 \right\} - |y| + 2 \right\} + |y| - 2 = 0 \qquad (9)$$

不过,它已是四层的绝对值方程了.

## 习题 2.2

1. 已知 $A(-1,2), B(1,-2), C(1,2), D(-1,-2)$ 四点,求线段 $AC$、$DB$ 组成的双平行线段图形的方程.

2. 已知 $A$、$B$ 的坐标分别为 $(-2,0), (2,0)$,用两种区域法求线段 $AB$ 的方程.

3. 已知 $A(-2,-2), B(-1,2), C(0,-2), D(1,2), E(2,-2)$ 五点,求线段 $AB$、$BC$、$CD$、$DE$ 组成的 "$M$" 型图形的方程.

4. 已知 $A(1,-2), B(3,6)$,求线段 $AB$ 的方程.

5. 已知直角三角形的顶点为 $A(-1,3), B(1,-1), C(-1-1)$,求 $\triangle ABC$ 的三条边的方程.

6. 方程 $\left\{ |y - \sqrt{3}x - 1| + \dfrac{1}{4} - \left| x + \dfrac{1}{4} \right| \right\} - \dfrac{1}{4} + \left| x + \dfrac{1}{4} \right| = 0$ 所表示的图形.

7. (研究题) 已知点 $A(x_1,y_1), B(x_2,y_2)$,求线段 $AB$ 的方程.

# 2.3  折叠法

绝对值方程的本意,在于曲线方程 $F(x,y)=0$ 解析式的某些含有变量的部分上,带有绝对值符号,由此形成其图形上的折点,这对我们有什么启示呢?至少有两点:

一是曲线 $F(x,y)=0$ 上的折点,就在含有绝对值符号的部分上,这就形成的第一章定理6及相应的寻求曲线上折点的方法;二是在初始曲线 $f(x,y)=0$ 某些含有变量部分上,添加"| |",从而变成绝对值方程 $F(x,y)=0$ 的过程中,伴随着曲线 $f(x,y)=0$ 部分(或全体)的某种翻折,从而形成新的曲线 $F(x,y)=0$,我们深入地探索了其中的变化规律(图形的翻折变换与方程什么样的部分添加上"| |"的对应关系),从而发现了构造图形方程的折叠和对称法.

### 1. 什么是折叠法?

先看几个例子.

**例1**  试写出图 2.15 中 $\angle AOB$ 和 $\angle ACD$ 的方程.

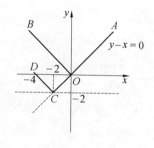

图 2.15

**解**  $\angle AOB$ 可以直线 $y=0$ 为对称轴将直线 $y-x=0$ 翻折而成. 以 $y=0$ 为对称轴翻折,就是把直线 $y-x=0$ 上,$y\leqslant 0$ 的部分,变换为 $y\geqslant 0$ 的部分,那么,只须在 $x$ 上加"| |",就有

$$y=|x|\geqslant 0,$$

因此,$\angle AOB$ 的方程就是 $y=|x|$.

$\angle ACD$ 可以看作是以直线 $y=-2$ 为对称轴,将直线 $y-x=0$ 上的射线 $CE$ 的部分翻折成射线 $CD$ 而得到的,就是将直线 $y-x=0$ 上 $y+2\leqslant 0$ 的部分,翻折形成了 $y+2\geqslant 0$ 的部分,怎样使 $y+2\geqslant 0$ 呢?首先,将方程化为 $y+2=x+2$,在 $x+2$ 上添加"| |",就有

$$y+2=|x+2|\geqslant 0,$$

因此 $|x+2|-y-2=0$ 就是 $\angle ACD$ 的方程.

**[反思]**  在本例中,$y-x=0$ 叫初始方程,而它的图形称为初始图形或初始曲线,那么解题的步骤就是:ⅰ)根据欲求方程的图形确定初始图形及其方程;ⅱ)确定折叠的对称轴,从而也就确定了被翻折部分满足的条件(某式 $f\geqslant 0$ 或 $f\leqslant 0$);ⅲ)在初始方程中找到(配凑出)$f$,及相应的另一式 $g$,在 $g$ 上加了"| |"就能保证 $f$ 满足条件;ⅳ)在 $g$ 上加"| |",从而获得方程.

41

**例2** 求图 2.16 中 $\angle ABC$ 的方程.

**解** 初始图形为直线 $y = x - 1$,折叠的对称轴为 $y$ 轴:$x = 0$,即翻折将 $x \leqslant 0$ 的部分($BD$),变成了 $x \geqslant 0$ 的部分,因此,添加"| |"须保证 $x \geqslant 0$,原方程配凑成 $x = y + 1$ 即知,只须在 $y + 1$ 上添"| |",即有 $x = |y + 1| \geqslant 0$,故 $\angle ABC$ 的方程为

$$|y + 1| - x = 0.$$

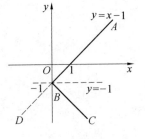

图 2.16

**例3** 求如图 2.17 所示的折线 $ABCDE$ 的方程.

**解** 初始图形为 $\angle AFE$,以 $x = 0$ 为对称轴折叠,将 $x \geqslant 0$ 的部分(折线 $BFD$),折叠成使 $x \leqslant 0$ 的部分(即 $BCD$)即为欲求方程的图形.

又,易知 $\angle AFE$ 的方程为

$$x + |y| - 1 = 0.$$

欲使 $x \leqslant 0$,只须在 $|y| - 1$ 上加"| |"(事实上,有 $x = \langle |y| - 1 \rangle \leqslant 0$),因此,欲求的折线 $ABCDE$ 的方程为

$$x + \langle |y| - 1 \rangle = 0$$

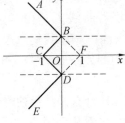

图 2.17

### 2. 对例题的分析

在本例中,我们加"| |"的是初始方程中的"$|y| - 1$",而 $|y| - 1 = 0$ 即 $y = \pm 1$ 就是过折点 $B$、$D$,而垂直于对称轴($y$ 轴)的两条直线;再看例1,第1小题中,"| |"加在 $x$ 上,而 $x = 0$ 是过折点而垂直于对称轴 $y = 0$ 的直线,第2小题,"$\vee$"中是 $x + 2$,而 $x + 2 = 0$ 是过折点 $C(-2, -2)$ 是垂直于翻折对称轴 $y + 2 = 0$ 的直线(如图 2.15).

再看例2,"| |"加在了 $y + 1$ 上,而 $y + 1 = 0$ 是过折点 $B(0, -1)$ 而垂直于翻折的对称轴 $x = 0$ 的直线.

"添加'| |'的部分,就是过折点而垂直于翻折对称轴的(一条或两条)直线方程中的解析式"这是偶然的,还是必然规律呢?

我们再看两例题.

**例4** 如图 2.18 所示,已知 $\triangle ABC$ 的方程为

$$\langle |x| + y - 2 \rangle + |x| = 2 \qquad (*)$$

求双三角图 $BDOEC$ 的方程.

**解** 初始图形为 $\triangle ABC$,方程 $(*)$ 以直线 $y = 2$ 为对称轴,将图形上 $\triangle ADE$ 部分翻折下来,即为双三角图 $BDOEC$,这时,点 $D(-1, 2)$ 和点 $E(1, 2)$ 为折点,分别过点 $D$、点 $E$ 而垂直于对称轴 $y = 2$ 的两条直线为

$$x = -1 \text{ 和 } x = 1$$

合并为 $|x| = 1$，即 $|x| - 1 = 0$，将（ * ）中，所有含 $|x|$ 的部分，配凑出 "$|x| - 1$" 的形式.

$$\{|x| - 1 + y - 1\} + |x| - 1 = 1$$

在 $|x| - 1$ 上添加 "$||$"，即得双三角图 $BDOEC$ 的方程.

$$\{\{|x| - 1\} + y - 1\} + \{|x| - 1\} = 1$$

经检验，确实对.

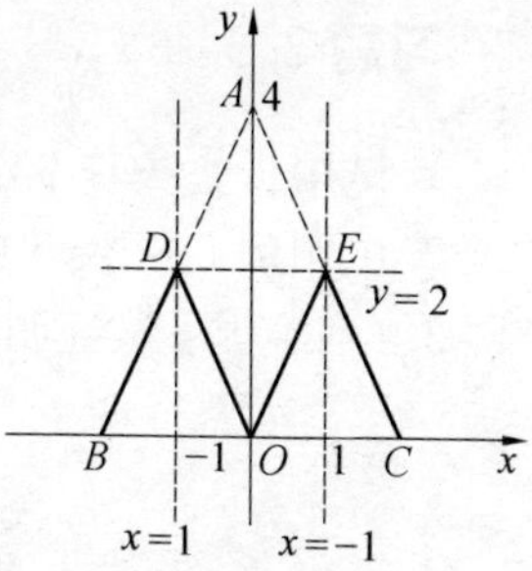

**例 5** 求如图 2.19 所示的闭折线 $Z = APFQCNEM$ 的方程.

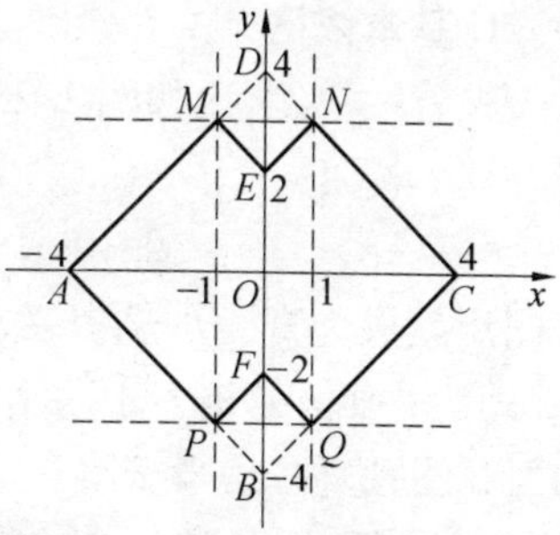

**解** 显然，初始图形为正方形 $ABCD$，方程为 $|x| + |y| = 4$ ①

沿对称轴 $MN : y = 3$ 和 $PQ : y = -3$ 向里翻折，即得欲求方程的图形 $Z$，这时，获折点 $M(-1, 3)$、$N(1, 3)$、$P(-1, -3)$ 和 $Q(1, -3)$. 过折点而垂直于对称轴的直线

$$MP : x = -1, NQ : x = 1$$

图 2.18

图 2.19

合之，为 $|x| = 1$，因此，"$|x| = 1$" 就是应加 "$||$" 的式子，由方程 ① 可配凑出 $|x| - 1 + |y| = 3$，

因此，八边闭折线的方程就是

$$\{|x| - 1\} + |y| = 3 \qquad ②$$

经检验，是完全正确的.

**[反思]** 在图 2.19 中，如将顶点 $A$、$C$ 分别以直线 $TU : x = -3$ 和 $RS : x = 3$ 为对称轴翻折到内部（变成 $A'$ 和 $C'$），则由对称性可知，应在方程 ② 的 "$|y| - 1$" 的部分上，添加 "$||$"，从而得 12 边形 $A'UPFQSC'RNEMT$ 的方程

$$\{|x| - 1\} + \{|y| - 1\} = 2$$

它是真的吗？

### 3. 折叠法造式的基本命题

这些例子使我们产生一个关于折叠法造式的一个基本命题的猜想：

**定理 3**（折叠法基本定理·林世保） 设初始图形 $G$ 的方程为 $f(x, y) = 0$，图形 $G'$ 由图形 $G$ 通过以直线 $l$ 为对称轴折叠而成，这里 $l$ 与图形 $G$ 相交出折点，而过折点且垂直与 $l$ 的直线为 $g(x, y) = 0$，如果 $f(x, y)$ 中能配凑出若干个 $g(x, y)$，则在 $f(x, y) = 0$ 中所有的 $g(x, y)$ 上，都添上 "$||$"，就得到图形 $G'$ 的方程 $F(x, y) = 0$.

## 习题 2.3

1. 试用折叠法基本定理解例 1 ~ 例 3.
2. 试用例 1 ~ 例 3 的方法,解例 4 和例 5.
3. (研究题) 试证明或伪证折叠法基本定理.

# 2.4　对称法

### 1. 基本依据

先看一个例,比如图 2.20 中的直线 $l$ 的方程是 $y = 1$,如果把 $y$ 上加"||",得方程

$$|y| = 1.$$

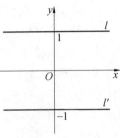

其图形就成为直线 $l$ 与它(关于 $x$ 轴)的对称直线 $l'$ 的并,因为 $|y| = 1$ 相当于两个方程 $y = \pm 1$,就是给 $y$ 上加"||"的过程,相当于将 $y = 1$ 的图形 $l$ 与 $l$ 关于直线 $y = 0$ 的对称的图形 $l'$ 合并的过程.

一般地,我们有

**定理 4**　(对称法基本定理·林世保) 设图 $G$ 的方

图 2.20

程 $f(x,y) = 0$ 解析式 $f(x,y)$ 的某部分为二次三项式 $ax + by + c(a^2 + b^2 \neq 0)$,且 $G$ 与直线 $l: ax + by + c = 0$ 不相交($G$ 整个在 $l$ 的一侧,可以有接触点),那么,在"$ax + by + c$"添加"||"后,所得的方程 $F(x,y) = 0$ 的图形为 $G \cup G'$,其中 $G'$ 是 $G$ 关于直线 $l$ 的轴对称图形.

**证明**　按题意,$G$ 的方程 $f(x,y) = 0$ 可记为 $ax + by + c = f_1(x,y)$,那么 $F(x,y) = 0$ 就成为 $|ax + by + c| = f_1(x,y)$,它相当于两个方程

$$ax + by + c = f_1(x,y) \tag{*}$$

或

$$ax + by + c = -f_1(x,y) \tag{**}$$

而 $(*)$ 的图形为 $G$,$(**)$ 的图形为 $G'$,因此,$F(x,y) = 0$ 的图形

$\{(x,y) \mid F(x,y) = 0\} = \{(x,y) \mid ax + by + c = f_1(x,y)$ 或 $ax + by + c = -f_1(x,y)\} =$

$\{(x,y) \mid ax + by + c = f_1(x,y)\} \cup (x,y) \mid ax + by + c = -f_1(x,y) =$

$G \cup G'$.

### 2. 应用例举

**例 1**　如图 2.21,已知平行四边形 $ABDO$ 的方程是 $|x + y - 1| + |y| = 1$,

平行四边形 $ACEO$ 与 $ABDO$ 关于 $y$ 轴对称,求 $ABDOEC$ 的方程(含公共边 $OA$).

**解** 由于平行四边形 $ACEO$ 是 $ABDO$ 关于 $y$ 轴: $x = 0$ 的对称图形,所以只须在 $ABDO$ 的方程中的 $x$ 处添加上绝对值符号,根据对称法基本定理,即得图形 $ABDOEC$(含公共边 $AO$) 的方程

$$\langle\,|\,x\,| + y - 1\,\rangle + |\,y\,| = 1$$

**例2** 如图 2.22,已知 $\triangle ABC$ 的方程是

$$\langle\,y + |\,x\,| - 2\,\rangle + |\,x\,| = 1$$

求 $\triangle ABC$ 及它关于 $x$ 轴对称的 $\triangle A'B'C'$ 的双三角形组成的图案的方程.

**解** 由于 $\triangle A'B'C'$ 是 $\triangle ABC$ 关于 $x$ 轴: $y = 0$ 的对称图形,故只须在 $\triangle ABC$ 的方程中 $y$ 的部分添加上绝对值符号,即得双 $\triangle ABC$-$\triangle A'B'C'$ 的方程为

$$\langle\,|\,y\,| + |\,x\,| - 2\,\rangle + |\,x\,| = 1$$

**例3** 如图 2.23 所示为"十"字形的图案,试求这个图案的方程.

**解** 易知正方形 $BJEC$ 的方程为

$$|\,x\,| + |\,y\,| = 1.$$

把正方形 $BJEC$ 的图象向上平移 1 个单位,再向右平移 1 个单位,得正方形 $ABCD$ 的方程为

$$|\,x - 1\,| + |\,y - 1\,| = 1.$$

由于正方形 $CEFG$ 与正方形 $ABCD$ 关于 $x$ 轴($y = 0$) 对称,在正方形 $ABCD$ 的方程的 $y$ 处添加上绝对值符号,得双正方形 $ABCD - CEFG$ 的方程

$$|\,x - 1\,| + \langle\,|\,y\,| - 1\,\rangle = 1$$

又由于双正方形 $HBJI - JKLE$ 与 $ABCD - CEFG$ 关于 $y$ 轴($x = 0$) 对称,所以在双正方形 $ABCD - CEFG$ 的方程中的 $x$ 处添加上绝对值符号,得图 2.23 中的"十"字形图案的方程为

$$\langle\,|\,x\,| - 1\,\rangle + \langle\,|\,y\,| - 1\,\rangle = 1$$

**例4** 如图 2.24 所示,四个单位圆的圆心分别是 $O_1(1,1)$、$O_2(1, -1)$、$O_3(-1, -1)$、$O_4(-1,1)$,试求由这四个圆组成的图案的方程.

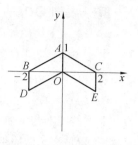

图 2.21

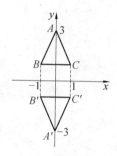

图 2.22

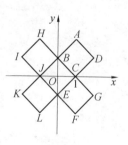

图 2.23

45

**解** 易知 $\odot O_1$ 的方程为

$$(x - 1)^2 + (y - 1)^2 = 1.$$

由于 $\odot O_2$ 与 $\odot O_1$ 关于 $x$ 轴$(y = 0)$ 成对称,所以相切 $\odot O_1$ 与 $\odot O_2$ 组成的图案的方程是$(x - 1)^2 + (|y| - 1)^2 = 1.$

上述的图案与 $y$ 轴左边的图案关于 $y$ 轴$(x = 0)$ 成对称,于是在 $x$ 处添加绝对值符号,即得四圆图案 (图 2.24) 的方程

$$(|x| - 1)^2 + (|y| - 1)^2 = 1.$$

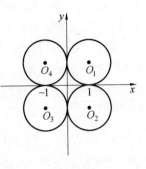

图 2.24

## 习题 2.4

1. 求 1 题图中的双圆的方程.

2. 求 2 题图中的双平行四边形 $ABCODE$ 的方程.

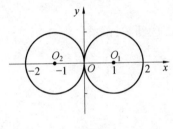

1 题图

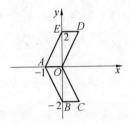

2 题图

3. 求 3 题图中的双三角形 $ABC - A'B'C'$ 的方程.

4. 求 4 题图中的双正方形 $ABOCDEOF$ 的方程.

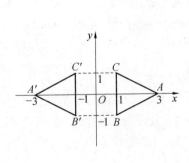

3 题图

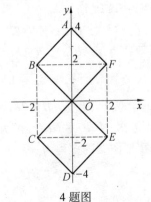

4 题图

绝对值方程

46

5. 画出方程

$$\left\{|x+y|-1\right\}+|x|=1 \text{ 的图形.}$$

6.（研究题）试严格证明本节命题.

# 2.5 弥合法

### 1. 对称弥合法的基本依据

弥合法依图造式,一般有两种. 一种是对称弥合,弥合线为直线,即两个对称混合组的图形的弥合;另一种是两个一般混合组图形的弥合,弥合线不必为直线,对称弥合依赖于如下命题.

**定理5** （对称弥合法基本定理·娄韦光、林世保）设混合组 $f(x,y)=0$ $(x \geq 0)$ 和 $f(-x,y)=0(x \leq 0)$ 的图形分别为 $G_1$ 和 $G_2$,则方程 $f(|x|,y)=0$ 的图形为 $G=G_1 \cup G_2$.

**证明** 由绝对值的定义即知成立.

这就叫做"上下"对称弥合,如写成

$$\begin{cases} f(x,y)=0(y \geq 0) \\ f(x,-y)=0(y \leq 0) \end{cases} \Rightarrow f(x,|y|)=0.$$

则叫做"左右对称弥合". 如把其中的 $x$ 或 $y$ 换成" $ax+by+c$ " $(a^2+b^2 \neq 0)$,就是一般方向上的弥合,此命题可看作 2.4 节中基本命题的推广.

### 2. 应用举例

**例1** 设 $a$ 为正常数,已知点 $A(0,a)$ , $B(-a,0)$ , $C(0,-a)$ , $D(a,0)$ ,求正方形 $ABCD$ 的方程.（请读者自行画图）

**解** 分别求得 $\angle BAD$ 和 $\angle BCD$ 的方程

$$y+|x|=a, \quad -y+|x|=a,$$

则 $\angle BAD$ 和 $\angle BCD$ 分别作如下混合组的图象:

$$\begin{cases} y+|x|=a \\ y \geq 0 \end{cases}, \begin{cases} -y+|x|=a \\ y \leq 0 \end{cases},$$

由定理5,即知正方形 $ABCD$ 的方程为 $|x|+|y|=a$.

[反思] 该题也可采用"左右弥合法", $\angle ABC$ 和 $\angle ADC$（边为线段）分别为混合组

$$\begin{cases} |y|-x=a \\ x \leq 0 \end{cases} 与 \begin{cases} |y|+x=a \\ x \geq 0 \end{cases}.$$

的图形,由定理5即知正方形 $ABCD$ 的方程为

$$|x|+|y|=a.$$

**例2** 如图2.25中的单"8"字 $ABCDEFGH$ 的方程.

**解** 折线 $CBAHG$ 和 $CDEFG$ 方程——不等式混合组分别是

$$\begin{cases} |y-3|+|x|=4 \\ y\geq 0 \end{cases} 和 \begin{cases} |-y-3|+|x|=4 \\ y\leq 0 \end{cases}$$

由定理5,可知"8"字折线方程为

$$\langle |y|-3 \rangle + |x| = 4$$

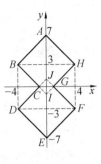

图 2.25

**[反思]** 此题也可用"折叠法"来解,初始图形为

正方形 $AKELK(-7,0),L(7,0):|x|+|y|=7$,折叠对称轴为 $BD:x=-4,HF:x=4$,同它们垂直且过折点的直线为 $BH:y=3$ 和 $DF:y=-3$,合并为 $|y|-3=0$,采用折叠法,须在"$|y|-3$"上加"$||$":由 $|x|+|y|=7$ 得

$$|x|+|y|-3=4,$$

从而得"8"字封闭折线 $ABCDEFGH$ 为

$$|x|+\langle |y|-3 \rangle = 4$$

与前面的结果相同.

**例3** 如图2.26,在 $\triangle ABC$ 中,$\angle ACB$ 与 $\angle ABC$ 的方程为

$$\angle ACB:|y+x-1|-y+x=1;\quad \angle ABC:|3y-x-1|+y-x=1.$$

试求 $\triangle ABC$ 的方程.

**解** 折线段 $OCA$ 是 $\angle ACB$ 位于直线 $y-x=0$ 的下方的部分,所以折线段 $OCA$ 的混合组是

$$\begin{cases} |y+x-1|-y+x=1 \\ y-x\leq 0 \end{cases} \quad (*)$$

同理,折线 $ABO$ 的混合组是

$$\begin{cases} |3y-x-1|+y-x=1 \\ y-x\geq 0 \end{cases} \quad (**)$$

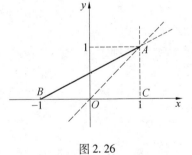

图 2.26

但是,在 $(*)$ 与 $(**)$ 中"$||$"里的式子并不相同,无法进行对称弥合,因此,需要把上述两个混合组分别配成

$$\begin{cases} |2y-1-(y-x)|+(x-y)=1 \\ y-x\leq 0 \end{cases}$$

和

$$\begin{cases} |2y-1+(y-x)|-(x-y)=1 \\ y-x\geq 0 \end{cases},$$

绝对值方程

48

由定理 5 可知 $\triangle ABC$ 的方程是

$$\{2y-1+|y-x|\}+|y-x|=1$$

[**反思**] （1）$\angle ACB$ 与 $\angle ABC$ 的方程是怎样求出来的？

（2）为什么选直线 $AO:y-x=0$ 为弥合线？

（3）如"| |"内的式子分别为 $ay+x-1$ 和 $by-x-1$ 怎样配凑？

**例 4** 如图 2.27,已知四点 $A(-1,1)$, $B(-3,-3)$,$C(3,-3)$,$D(1,1)$,求等腰梯形 $ABCD$ 的方程.

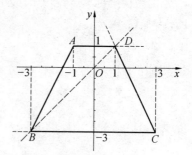

图 2.27

**解** 显然,等腰梯形 $ABCD$ 可以看作是由折线段 $DAB$ 与折线段 $DCB$ 弥合而成的（弥合线为 $y-x=0$）.

先求得角的方程为

$$\angle DAB:2y-x+|x+y|=3;$$

$$\angle DCB:x+|x+y|=3.$$

而折线段 $DAB$ 是 $\angle DAB$ 在直线 $y-x=0$ 的上方,因此折线段 $DAB$ 的混合组为

$$\begin{cases} 2y-x+|x+y|=3 \\ y-x\geqslant 0 \end{cases},$$

同理,折线段 $DCB$ 的混合组为

$$\begin{cases} x+|x+y|=3 \\ y-x\leqslant 0 \end{cases}.$$

上两个方程 —— 不等式组可分别配凑为

$$\begin{cases} y-x+|y+x|+y=3 \\ y-x\geqslant 0 \end{cases}, \begin{cases} -(y-x)+|y+x|+y=3 \\ y-x\leqslant 0 \end{cases}.$$

由定理 5 即知等腰梯形 $ABCD$ 的方程是

$$|y-x|+|y+x|+y=3.$$

**3. 非对称弥合法**

以上各例用的都是对称弥合法,而一般的求多边形方程的弥合,不须要求弥合直线,它依赖如下:

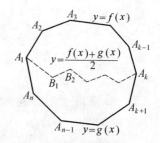

图 2.28

**定理 6** （罗增儒）设 $n$ 边形$(n\geqslant 3)$ 的顶点坐标为 $A_i(x_i,y_i)(i=1,2,\cdots,n)$,其中 $x_1,x_k$ 分别为横坐标 $x_i$ 中的最小者和最大者,即有

$x_1 < x_i < x_k=2,3,\cdots,k-1,k+1,\cdots,n)$,上方折线 $A_1A_2\cdots A_k$ 的方程为

$y = f(x)$，"下方"折线 $A_kA_{k+1}A_{k+2}\cdots A_n$ 方程为 $y = g(x)$，则多边形 $A_1A_2\cdots A_kA_{k+1}\cdots A_{n-1}A_n$ 的方程为

$$\left| y - \frac{g(x) + f(x)}{2} \right| + \frac{g(x) - f(x)}{2} = 0 \tag{1}$$

**证明** 设 $n$ 边形（$n \geqslant 3$）的顶点坐标为 $A_i(x_i, y_i)(i = 1, 2, \cdots, n)$，其中 $x_1$，$x_k$ 分别为横坐标 $x_i$ 集合中的最小值和最大值，且有 $x_1 < x_i < x_k = 2, 3, \cdots, k - 1, k, k+1, \cdots, n)$，

则上方折线 $A_1A_2\cdots A_k$ 的方程为 $\begin{cases} y = f(x) = \sum\limits_{i=1}^{k} a_i |x - x_i|① \\ x_i \leqslant x \leqslant x_k \end{cases}$①，而下方

折线 $A_1A_nA_{n-1}\cdots A_{k+1}A_k$ 的方程为 $\begin{cases} y = g(x) \\ x_1 \leqslant x \leqslant x_k \end{cases}$②，为把两条折线弥合成多边形，我们取一条"平均"折线（弥合线）$A_1B_1B_2\cdots A_k$（如图 2.28），则其方程为 $y = \frac{g(x) + f(x)}{2}$③，当 $y - \frac{g(x) + f(x)}{2} \geqslant 0$（或 $\leqslant 0$）时，表示折线③的上部（或下部），于是①、②可以写成

$$\begin{cases} y - \dfrac{g(x) + f(x)}{2} \geqslant 0 \\ y = f(x) \end{cases}$$

和

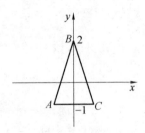

$$\begin{cases} y - \dfrac{g(x) + f(x)}{2} \leqslant 0, \\ y = g(x) \end{cases}$$

合并成多边形方程为

$$\left| y - \frac{g(x) + f(x)}{2} \right| + \frac{g(x) - f(x)}{2} = 0.$$

即

$$|2y - f(x) - g(x)| + g(x) - f(x) = 0 \tag{2}$$

图 2.29

**例 5** 已知三点 $A(-1, -1), B(0, 2), C(1, -1)$，求 $\triangle ABC$ 的方程（如图 2.29）.

**解** 先求得 $\angle ABC$ 的方程为 $y = -3|x| + 2$，直线 $AC$ 的方程为 $y = -1$，则 $g(x) = -3|x| + 2, f(x) = -1$，

$$\frac{g(x) + f(x)}{2} = \frac{-3|x| + 2 + (-1)}{2} = -\frac{3}{2}|x| + \frac{1}{2};$$

---

① [1] 折线方程可见第 3.5 节.

$$\frac{g(x) - f(x)}{2} = \frac{-3|x| + 2 - (-1)}{2} = -\frac{3}{2}|x| + \frac{3}{2}.$$

根据定理6,即得 $\triangle ABC$ 的方程

$$\left\langle y + \frac{3}{2}|x| - \frac{1}{2} \right\rangle + \frac{3}{2}|x| - \frac{3}{2} = 0,$$

即

$$\left\langle 2y + 3|x| - 1 \right\rangle + 3|x| - 3 = 0.$$

[**反思**]  应用定理6,求多边形方程的步骤:(1) 求上下折线方程 $y = f(x), y = g(x)$;(2) 求"平均"折线方程 $y = \dfrac{f(x) + g(x)}{2}$ 和式子 $\dfrac{g(x) - f(x)}{2}$;(3) 应用(∗)写出多边形方程(折线方程可见 3.5 节).

**例6**  封闭折线 $ABCDEF$ 在直角坐标系中的位置如图 2.30 所示,求它的方程.

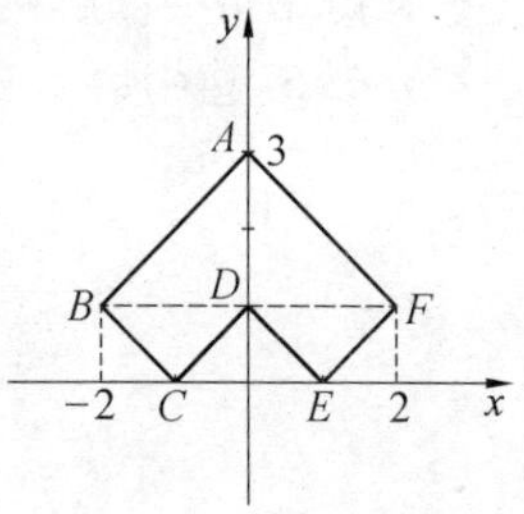

**解**  易求直线 $AF$ 的方程为 $y + x - 3 = 0$,根据对称性知 $\angle BAF$ 的方程是 $y + |x| - 3 = 0$,由 1.3 节的例 1 知折线 $BCDEF$ 的方程是

$$y = \left\langle |x| - 1 \right\rangle$$

$$g(x) = \left\langle |x| - 1 \right\rangle, f(x) = -|x| + 3$$

根据定理6得封闭折线 $ABCDEF$ 的方程

$$\left\langle 2y - \left\langle |x| - 1 \right\rangle + |x| - 3 \right\rangle + \left\langle |x| - 1 \right\rangle + |x| = 3$$

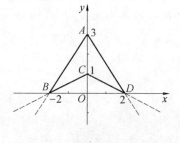

图 2.30

**例7**  凹四边形 $ABCD$ 在直角坐标系中的位置如图 2.31 所示,求它的方程.

**解**  易求直线 $AD$ 方程是 $y = -\dfrac{3}{2}x + 3$,由

对称性得 $\angle BAD$ 的方程是

$$y = -\frac{3}{2}|x| + 3.$$

同理可求 $\angle BCD$ 的方程为

$$y = -\frac{1}{2}|x| + 1.$$

根据定理5,凹四边形 $ABCD$ 的方程是

图 2.31

$$\left| y - \frac{-\frac{1}{2}|x| + 1 - \frac{3}{2}|x| + 3}{2} \right| + \frac{-\frac{1}{2}|x| + 1 + \frac{3}{2}|x| - 3}{2} = 0.$$

化简,整理即得凹四边形 $ABCD$ 的方程

$$\left\{ 2y - 2 \mid x \mid - 4 \right\} + \mid x \mid = 2$$

## 习题 2.5

1. 试回答例 3〔反思〕中的(3),方程 $ay + x - 1 = 0$ 与 $by - x - 1 = 0$ 这样配凑.

2. 如图 2.27,试以 $AC$ 为弥合线,求 $ABCD$ 的方程.

3. 试用定理 6,求图 2.27 中等腰梯形 $ABCD$ 的方程.

4. 试用折叠法解例 6.

5. 如 5 题图所示,试求折线 $MABCN$ 的方程.

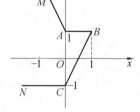

5 题图

# 2.6　重叠法

有很多构造复杂,但十分优美的图形,难以用前述各法推导它们的方程,对此,我们转换视角,独劈蹊径,采用将基本图形重叠的方法造式,并求出了大量优美动人的复杂图形的方程.

**1. 基本依据**

这个方法的依据是如下:

**定理 7**　(重叠法基本定理·林世保) 设图形 $G_1, G_2$ 的方程分别为 $f(x, y) = 0$ 和 $g(x, y) = 0$,那么图形 $G = G_1 \cup G_2$ 的方程为

$$\mid f(x, y) + g(x, y) \mid - \mid f(x, y) - g(x, y) \mid = 0 \qquad (1)$$

**证明**　设 $P(x_0, y_0) \in G_1 \cup G_2$,则 $P \in G_1$ 或 $G_2$,如 $P(x_0, y_0) \in G_1$,则 $f(x_0, y_0) = 0$,那么

$\mid f(x_0, y_0) + g(x_0, y_0) \mid - \mid f(x_0, y_0) - g(x_0, y_0) \mid =$
$\mid 0 + g(x_0, y_0) \mid - \mid 0 - g(x_0, y_0) \mid =$
$\mid g(x_0, y_0) \mid - \mid g(x_0, y_0) \mid = 0$

即 $P(x_0, y_0) \in G_1$,故 $G_1 \subseteq G$,类似地 $G_2 \subseteq G$,于是

$$G_1 \cup G_2 \subseteq G.$$

反之,设 $Q(x_1, y_1) \in G$,则

$$\mid f(x_1, y_1) + g(x_1, y_1) \mid - \mid f(x_1, y_1) - g(x_1, y_1) \mid = 0 \qquad (2)$$

记 $a = f(x_1, y_1), b = g(x_1, y_1)$,则由(2)得

$$|a+b|=|a-b|,(a+b)^2=(a-b)^2,2ab=-2ab,$$

则 $4ab=0,a=0$ 或 $b=0$,即

$$f(x_1,y_1)=0 \text{ 或 } g(x_1,y_1)=0,$$

从而

$$P(x_1,y_1)\in G_1\cup G_2.$$

所以 $\qquad G\subseteq G_1\cup G_2.$

所以 $\qquad G=G_1\cup G_2.$

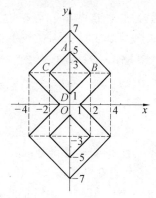

图 2.31

**2. 应用例举**

**例** 1　构造如图 2.31 所示的宽道"8"字形的方程.

**解**　将正方形 $|x|+|y|=2$ 向上平移 3 个单位,即得正方形 $ABCD$ 的方程为

$$|x|+|y-3|=2.$$

应用本章关于对称法的定理 4,即得内部两个关于 $x$ 轴对称的正方形的方程

$$|x|+\big\langle|y|-3\big\rangle-2=0$$

又 2.5 节例 2 已求出单道"8"字形方程为

$$\big\langle|y|-3\big\rangle+|x|=4$$

按定理 7,即得

$$\big\langle|x|+\big\langle|y|-3\big\rangle-2+\big\langle|y|-3\big\rangle+|x|-4\big\rangle-\big\langle|x|+\big\langle|y|-3\big\rangle-2-\big\langle|y|-3\big\rangle|x|+4\big\rangle=0$$

即

$$\big\langle|x|+\big\langle|y|-3\big\rangle-3\big\rangle=1 \qquad\qquad (3)$$

经检验知,(3) 就是欲求的方程.

[**反思**]　(ⅰ) 本题所求方程的图形,已不是传统的"独支"曲线或折线,而是由三个多边形组合而成的图形,所获方程(3)也并不是很复杂的,这说明"绝对值方程"很"厉害",它的表现力是非常强大的,而(3)本身就反映了图形很多美妙的性质,如多种对称性、顶点个数、坐标等等,可见(3)不失为该图形的化身,为对它进行解析研究,开拓了道路.

(ⅱ) 方程(3)的图形由单"8"字:

$$|x|+\big\langle|y|-3\big\rangle-2=0$$

和"双正方形"

$$\left\{\ |\ y\ |\ -3\ \right\}+|\ x\ |\ =4$$

组合而成. 这两个方程左边是同一个式子, 不同的只是右边的一个常数, 一个是2, 一个是4, 那么"图形族"

$$|\ x\ |+\left\{\ |\ y\ |\ -3\ \right\}=a(a\geqslant 0) \qquad (4)$$

这是十分令人关注的. 我们再画出几个, 即知非常奇妙:

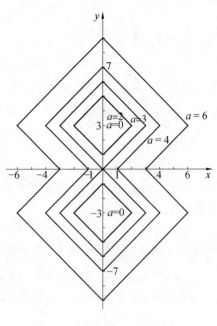

我们看出:

当 $a=0$ 时, 图形是两点, $(0,\pm 3)$;

当 $0<a<3$ 时, 两个离开的正方形;

当 $a=3$ 时, 两个对顶的正方形;

$3<a<+\infty$ 时, 为单道"8"字.

各种尺寸都可以通过 $a$ 来计算. 但左右"缺口"总是大小不变.

图2.32

**例2** 试求图2.33中的双菱形的方程.

**解** 先求得图中菱形 $A'B'C'D'$ 的方程是

$$|\ x-1\ |+2|\ y\ |\ -2=0,$$

把菱形 $A'B'C'D'$ 向左平移2个单位得菱形 $ABCD$ 的

方程为

$$|\ x+1\ |+2|\ y\ |\ -2=0.$$

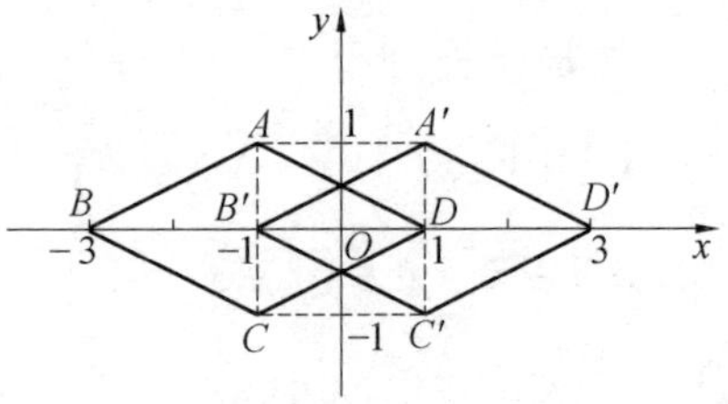

图2.33

根据定理7, 把菱形 $A'B'C'D'$ 和 $ABCD$ 重叠, 化简、整理后即知双菱形方程为

$$\left\{\ |\ x-1\ |+|\ x+1\ |+4|\ y\ |\ \right\}-\left\{\ |\ x-1\ |-|\ x+1\ |\ \right\}=0 \qquad (5)$$

**例3** 试求图2.34中的"四角星"图案的方程.

**解** 由2.4节的例2知, $\triangle ABC$ 的方程是

$$\left\{\ |\ y+|\ x\ |\ |\ -2\ \right\}+|\ x\ |\ -1=0$$

且 $\triangle ABC$ 与它关于 $x$ 轴对称的 $\triangle EFG$ 组成的图形的方程是

$$\left\{\ |\ y\ |+|\ x\ |\ -2\ \right\}+|\ x\ |\ -1=0 \qquad (6)$$

将双 $\triangle ABC - EFG$ 旋转$90°$ 得双 $\triangle CDE - GHB$ 的方程是

$$\{|y|+|x|-2\}+|y|-1 = 0 \qquad (7)$$

根据定理7,将双 $\triangle ABC - EFG$ 和双 $\triangle CDE - GHB$ 重叠,由(6),(7) 构造方程,化简、整理得

$$\{2\{|x|+|y|-2\}+|x|+|y|-$$

$$2\}-\{|x|-|y|\} = 0 \qquad (8)$$

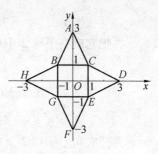

图 2.34

就是四角星形图案的方程.

**例4** 试求图 2.35 中"四菱形"的几何图案的方程.

**解** 求得菱形$ABCD$的方程是 $|x-2|+2|y|-2 = 0$,菱形 $ABCD$ 和它左侧的菱形组成的图形的方程是

$$\{|x|-2\}+2|y|-2 = 0$$

同理,上下两个菱形的方程是

$$\{|y|-2\}+2|x|-2 = 0$$

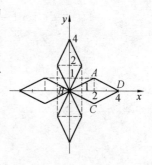

图 2.35

根据定理7,把这两个双菱形重叠,整理、化简,得
四菱形方程

$$\{\{|x|-2\}+\{|y|-2\}+2|x|+2|y|-4\}-\{\{|x|-2\}-$$

$$\{|y|-2\}+2|y|-2|x|\} = 0$$

[**反思**] 在构造图形的方程时,经常综合运用本章所述的几种方法,对传统解析几何中的平移、旋转及位似等几何变换也相机而行,且把它们有机地结合在一起,这样,就可构造出更美妙的图形,再看几例.

**例5** 易知图 2.36$(a)$ 中正方形的方程是 $|x|+|y| = 1$.
把它向上平移 1 个单位,得图 2.36$(b)$ 的方程是

$$|x|+|y-1| = 1.$$

根据对称法得图 2.36$(c)$ 的方程是

$$|x|+\{|y|-1\} = 1$$

再把它向右平移 1 单位,得图 2.36$(d)$ 的方程是

$$|x-1|+\{|y|-1\} = 1$$

根据对称法得图 2.36$(e)$ 的方程是

$$\{\,|\,x\,|-1\,\}+\{\,|\,y\,|-1\,\}=1$$

再把它向右平移 2 个单位,得图 2.36($f$) 的方程是

$$\{\,|\,x-2\,|-1\,\}+\{\,|\,y\,|-1\,\}=1$$

根据对称法得图 2.36($g$) 的方程是

$$\{\{\,|\,x\,|-2\,\}-1\,\}+\{\,|\,y\,|-1\,\}=1$$

再把它向上平移 2 个单位得图 2.36($h$) 的方程是

$$\{\{\,|\,x\,|-2\,\}-1\,\}+\{\,|\,y-2\,|-1\,\}=1$$

再根据对称法得的图 2.29($i$) 的方程是

$$\{\{\,|\,x\,|-2\,\}-1\,\}+\{\{\,|\,y\,|-2\,\}-1\,\}=1$$

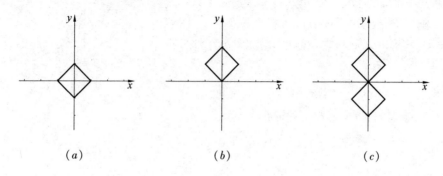

$(a)$ $(b)$ $(c)$

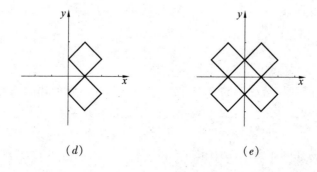

$(d)$ $(e)$

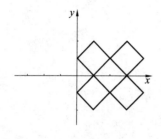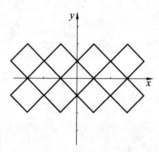

绝对值方程 $(f)$ $(g)$

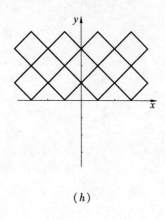

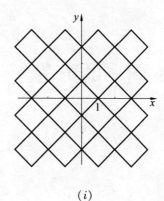

$(h)$ $(i)$

图 2.36

**例 6**  求如图 2.37 中的方格图案的方程.

**略解**  仿照例 1 的方法,应用平移、对称等方法,可求的该图案的方程是

$$\Big\{\big\{\,|\,x\,|-2\,\big\}-1\,\Big\}+\Big\{\big\{\,|\,y\,|-2\,\big\}-1\,\Big\}=2$$

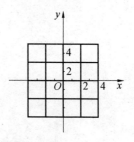

图 2.37

## 习题 2.6

1. 试求如图 1 所示的宽道圆"8"字图案的方程.

2. 对双圆族图案方程 $x^2+(\,|\,y\,|-2)^2=R^2(R\geqslant 0)$ 加以研究,作出 $R=0,1,2,3,4$ 时的图形.

3. 写出四单位圆图案的方程,其中圆心为 $(0,\pm 1),(\pm 1,0)$.

4. 祥述例 6 的解题过程.

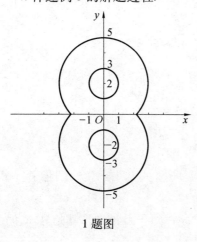

1 题图

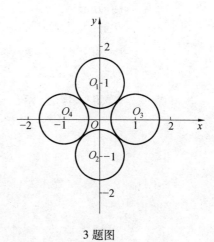

3 题图

57

# 基本图形的方程

## 3.1 点与点系

**我**们知道,按定义,平面上的两条直线相交有且只有一个交点,这样,可以用二元一次方程组来表示点. 如图 3.1 所示,点 $A$ 是直线 $y + 2x = 0$ 与 $y - x + 3 = 0$ 的交点,这个点的坐标$(x, y)$ 就是 $\begin{cases} y + 2x = 0 \\ y - x + 3 = 0 \end{cases}$（＊）的解,由此,在平面直角坐标系内绝对值方程

$$| y + 2x | + | y - x + 3 | = 0$$

与方程组（＊）表示的是同一个点 $A(1, -2)$.

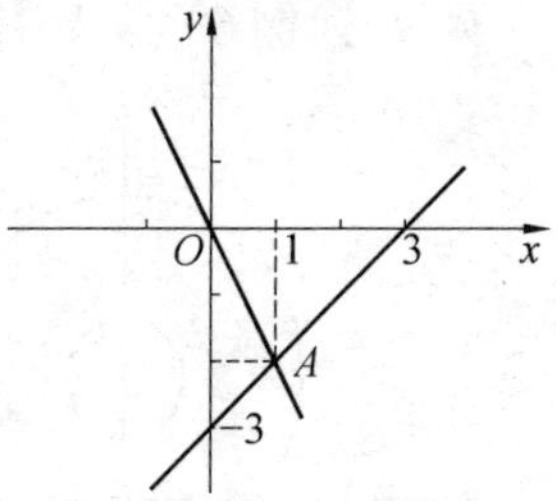

**定理 1**（林世保） 设 $\begin{cases} x = a \\ y = b \end{cases}$ 是

方程组 $\begin{cases} a_1x + b_1x + c_1 = 0 \\ a_2x + b_2x + c_2 = 0 \end{cases}$ 的解,则

$| a_1x + b_1x + c_1 | + | a_2x + b_2x + c_2 | = 0$ 的图形就是点 $A(a, b)$ 
(1)

**推论** 方程 $| x - a | + | y - b | = 0$ 的图形就是 $A(a, b)$.

图 3.1

**例**1 写出点 $A(2, -1)$ 的方程.

**解** 因为 $\begin{cases} x = 2 \\ y = -1 \end{cases}$ 是方程组 $\begin{cases} y - x + 3 = 0 \\ y + x - 1 = 0 \end{cases}$ 的解,

所以点 $A(2, -1)$ 的方程为 $|y - x + 3| + |y + x - 1| = 0$.

显然,点 $A(2, -1)$ 的方程还有 $|2y - x + 4| + |2y + x| = 0$, $|x - 2| + |y + 1| = 0$ 等.

由以上,我们可以看出,在平面直角坐标系中,点的方程不是唯一的. 但方程 $|x + a| + |y + b| = 0$

是它的所有方程中最简单的.

**例**2 点 $A$、$B$、$C$、$D$ 在直角坐标系内的位置如图 3.2 所示,求点系的 $\{A, B, C, D\}$ 的方程.

**解** 由于点 $A$、$B$、$C$、$D$ 是由直线 $x = \pm 2$ 与 $y = \pm 2$ 相交而成的.

$x = \pm 2, y = \pm 2$ 可以写成 $\begin{cases} |x| - 2 = 0 \\ |y| - 2 = 0 \end{cases}$,

因此,

点系 $\{A, B, C, D\}$ 的方程是

$$\langle |x| - 2 \rangle + \langle |y| - 2 \rangle = 0$$

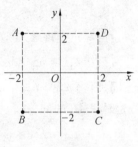

图 3.2

## 3.2 射线

射线是直线的一部分,具体地说,设射线 $AB$ 的端点 $A$ 在区域 $G: g \geqslant 0$ 的边界上(如图 3.3 所示),其余的点都在区域 $G$ 内(射线 $AB$ 的反向延长线上点都不在开区域 $G$ 内),直线 $AB$ 的方程为 $ax + by + c = 0$,则射线 $AB$ 的方程可表为

$$\begin{cases} ax + by + c = 0 \\ g \geqslant 0 \end{cases}.$$

一般地

**定理**2 (林世保)若直线 $AB$ 的方程为 $a_1x + b_1y + c_1 = 0$,$AB$ 与直线 $a_2x + b_2y + c_2 = 0$ 相交于 $A$,那么在区域 $G: a_2x + b_2y + c_2 \geqslant 0$(或 $\leqslant 0$)的约束下,射线 $AB$ 的方程就是

$$\langle |a_1x + b_1y + c_1| + a_2x + b_2 + c_2 \rangle \pm (a_2x + b_2y + c_2) = 0 \qquad (2)$$

其中 $(a_1^2 + b_1^2)(a_2^2 + b_2^2) \neq 0$,且 $a_1b_2 \neq a_2b_1$.

**证明** 如图 3.3 所示,设直线 $l_1$ 的方程为 $a_1x + b_1y + c_1 = 0$,直线 $l_2$ 的方

程为 $a_2x + b_2y + c_2 = 0$,

因为 $a_1b_2 \neq a_2b_1$,

所以可设直线 $l_1$ 与 $l_2$ 相交于点 $A(x,y)$，区域 $G$ 为

$$G = \{(x,y) \mid a_2x + b_2y + c_2 \geqslant 0(\text{或} \leqslant 0)\}.$$

当 $a_2x + b_2y + c_2 \geqslant 0$ 时，直线 $l_1$ 在条件 $a_2x + b_2y + c_2 \geqslant 0$ 的约束下，为射线 $AB$ 的部分（包括边界 $A$），此时，射线 $AB$ 可表为方程 – 不等式组

$$\begin{cases} a_1x + b_1y + c_1 = 0 \\ a_2x + b_2y + c_2 \geqslant 0 \end{cases}.$$

由第一章定理 $3$，知等价于方程

$$\{ \mid a_1x + b_1y + c_1 \mid + a_2x + b_2y + c_2 \} - (a_2x + b_2y + c_2) = 0$$

同理：当 $a_2x + b_2y + c_2 \leqslant 0$ 时，直线 $l_1$ 在条件 $G : a_2x + b_2y + c_2 \leqslant 0$ 的约束下，为射线 $AB$ 的部分（包括边界 $A$），写成等式为

$$\{ \mid a_1x + b_1y + c_1 \mid + a_2x + b_2y + c_2 \} + (a_2x + b_2y + c_2) = 0$$

总之，命题成立.

**例 1** 求图 $3.4$ 中射线 $AB$ 的方程.

**解** 求得射线 $AB$ 所在的直线方程为

$$2y - x = 0.$$

区域 $G$： $x - 1 \geqslant 0$.

表成方程 – 不等式组为

$$\begin{cases} 2y - x = 0 \\ x - 1 \geqslant 0 \end{cases}.$$

由定理 $2$，知射线 $AB$ 的方程为

$$\{ \mid 2y - x \mid + x - 1 \} - (x - 1) = 0$$

**例 2** 如图 $3.5$ 所示已知点 $A(1,2)$，$B(2,0)$，求射线射线 $AB$ 的方程.

**解** 求得射线 $AB$ 所在的直线方程为 $y + 2x - 4 = 0$，不妨设 $AB$ 所在的区域为 $G : x - 1 \geqslant 0$，则射线 $AB$ 的方程为

$$\{ \mid y + 2x - 4 \mid + x - 1 \} + x - 1 = 0$$

[**反思**] 作为区域 $G$ 的边界，可取过点 $A$ 而

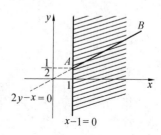

图 3.4

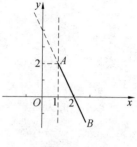

图 3.5

不与射线 $AB$ 重合的任意直线.

**例3** 已知 $\angle AOB$ 两边所在的直线分别为 $OA:y-x=0,OB:y+4x=0$,求 $\angle AOB$ 的角平分线的方程.

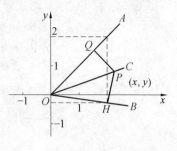

图 3.6

**解** 如图 3.6,设点 $P(x,y)$ 为 $\angle AOB$ 的角平分线 $OC$ 上的任意一点,过点 $P$ 分别作 $PH\perp OB$ 于点 $H,PQ\perp OA$ 于点 $Q$,因 $OC$ 为 $\angle AOB$ 的平分线,故 $|PQ|=|PH|$,由点线距公式,有

$$\frac{|y-x|}{\sqrt{1^2+(-1)^2}}=\frac{|y+4x|}{\sqrt{1^2+4^2}}.$$

化简,得

$$(\sqrt{17}+\sqrt{2})y=(\sqrt{17}-4\sqrt{2})x \text{ 或}(\sqrt{17}-\sqrt{2})y=(4\sqrt{2}+\sqrt{17})x.$$

但,$\angle AOB$ 的平分线在第一象限($x,y$ 同号),则 $OC$ 所在直线的方程为

$$(\sqrt{17}-\sqrt{2})y=(4\sqrt{2}+\sqrt{17})x.$$

再给出区域 $G:x\geqslant 0$,根据定理 2 知 $\angle AOB$ 平分线的方程为

$$\{|(\sqrt{17}-\sqrt{2})y-(4\sqrt{2}+\sqrt{17})x|+x\}-x=0$$

# 3.3 线段

若线段 $AB$ 所在直线的方程为 $ax+by+c=0$,设定的区域为 $G:x_1\leqslant x\leqslant x_2$,则线段 $AB$ 的方程 – 不等式混合组为

$$\begin{cases} ax+by+c=0(a^2+b^2\neq 0) \\ x_1\leqslant x\leqslant x_2(x_1<x_2) \end{cases} \tag{3}$$

而

$$x_1\leqslant x\leqslant x_2\Leftrightarrow|x-\frac{x_2+x_1}{2}|\leqslant\frac{x_2-x_1}{2}\Leftrightarrow\frac{x_2-x_1}{2}-|x-\frac{x_2+x_1}{2}|\geqslant 0 \tag{4}$$

从而,我们有

**定理3** (罗增儒)设线段 $AB$ 所在直线的方程为 $ax+by+c=0$,设定的区域为 $G:x_1\leqslant x\leqslant x_2$,则线段 $AB$ 的方程为

$$\left\{|ax+by+c|+\frac{x_2-x_1}{2}-|x-\frac{x_2+x_1}{2}|\right\}=\frac{x_2-x_1}{2}-|x-\frac{x_2+x_1}{2}| \tag{5}$$

其中 $x_1 < x_2$.

**证明**　由(3),(4) 两式知,线段 $AB$ 的方程 – 不等式混合组为

$$\begin{cases} ax + by + c = 0 \\ \dfrac{x_2 - x_1}{2} - \mid x - \dfrac{x_2 + x_1}{2} \mid \geqslant 0 \end{cases} \tag{6}$$

由第一章定理 3,即知式(6) 等价于方程

$$\left\langle \mid ax + by + c \mid + \frac{x_2 - x_1}{2} - \mid x - \frac{x_2 + x_1}{2} \mid \right\rangle = \frac{x_2 - x_1}{2} - \mid x - \frac{x_2 + x_1}{2} \mid$$

其中 $x_1 < x_2$.

**例1**　已知 $A(0,3), B(2,0)$,求线段 $AB$ 方程.

**解**　易求线段 $AB$ 所在直线的方程为 $2y + 3x = 0$,给定区域 $G:0 \leqslant x \leqslant 2$,而 $0 \leqslant x \leqslant 2 \Leftrightarrow -1 \leqslant x - 1 \leqslant 1 \Leftrightarrow 1 - \mid x - 1 \mid \geqslant 0$,所以线段 $AB$ 的方程为

$$\langle \mid 2y + 3x \mid - \mid x - 1 \mid + 1 \rangle + \mid x - 1 \mid = 1$$

**例2**　已知直角三角形的三顶点为 $A(-1,3)$、$B(1,-1)$、$C(-1,-1)$,求这个直角三角形的三边(线段) 的方程.

**解**　如图3.7,三角形的三边(线段) 的方程 – 不等式混合组为

$$AB:\begin{cases} y + 2x - 1 = 0 \\ -1 \leqslant x \leqslant 1 \end{cases}, BC:\begin{cases} y + 1 = 0 \\ -1 \leqslant x \leqslant 1 \end{cases},$$

$$AC:\begin{cases} x + 1 = 0 \\ -1 \leqslant y \leqslant 3 \end{cases}.$$

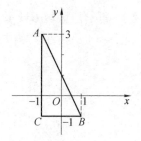

图 3.7

应用定理 3,即知 $\mathrm{Rt}\triangle ABC$ 的三边(线段) 的方程为

$$AB:\langle \mid y + 2x - 1 \mid + 1 - \mid x \mid \rangle + \mid x \mid - 1 = 0$$

$$BC:\langle \mid y + 1 \mid + 1 - \mid x \mid \rangle + \mid x \mid - 1 = 0$$

$$AC:\langle \mid x + 1 \mid + 2 - \mid y - 1 \mid \rangle + \mid y - 1 \mid - 2 = 0$$

**例3**　在直角坐标系中方程

$$\left\langle \mid y - \sqrt{3}x - 1 \mid + \frac{1}{4} - \mid x + \frac{1}{4} \mid \right\rangle - \frac{1}{4} + \mid x + \frac{1}{4} \mid = 0 \tag{7}$$

表示什么图形?

**解**　由

$$\frac{1}{4} - \mid x + \frac{1}{4} \mid = \left\langle \mid y - \sqrt{3}x - 1 \mid + \frac{1}{4} - \mid x + \frac{1}{4} \mid \right\rangle \geqslant 0$$

得

$$\begin{cases} \mid x + \dfrac{1}{4} \mid \le \dfrac{1}{4} \\ \mid y - \sqrt{3}x - 1 \mid + \dfrac{1}{4} - \mid x + \dfrac{1}{4} \mid \ge 0 \end{cases}.$$

即含 $\{\ \}$ 的式子非负,故(7) 左边 $= \mid y - \sqrt{3}x - 1 \mid + \dfrac{1}{4} - \mid x + \dfrac{1}{4} \mid - \dfrac{1}{4} +$

$\mid x + \dfrac{1}{4} \mid = \mid y - \sqrt{3}x - 1 \mid$,于是,(7) 可化为

$$\begin{cases} y - \sqrt{3}x - 1 = 0 \\ \mid x - \dfrac{1}{4} \mid \le \dfrac{1}{4} \end{cases},$$

即

$$\begin{cases} y - \sqrt{3}x - 1 = 0 \\ -\dfrac{1}{2} \le x \le 0 \end{cases}.$$

分别把 $x_1 = -\dfrac{1}{2}, x_2 = 0$ 代入 $y = \sqrt{3}x + 1$ 得 $y_1 = 1, y_2 = 1 - \dfrac{\sqrt{3}}{2}$,则原方

程表示的线段 $AB$,其中点 $A$、$B$ 的坐标分别是 $(-\dfrac{1}{2}, 1 - \dfrac{\sqrt{3}}{2})$,$(0,1)$.

**例 4**    如图 3.8,求两平行线段的方程.

**解**    易知,线段 $AB$、$CD$ 所在直线的方程分别

为

$AB: x - 1 = 0, CD: x - 3 = 0,$

按第二章定理 7,得双直线 $AB$、$CD$ 所组成的

图形的方程为

$\mid x - 1 + x - 3 \mid - \mid x - 1 - x + 3 \mid = 0,$

即

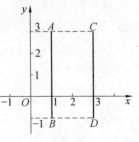

图 3.8

$$\mid 2x - 4 \mid - 2 = 0,$$

所以                    $\mid x - 2 \mid - 1 = 0.$

再给定区域 $G: -1 \le y \le 3$,而 $-1 \le y \le 3 \Leftrightarrow -2 \le y - 1 \le 2 \Leftrightarrow \mid y - 1 \mid$

$\le 2 \Leftrightarrow 2 - \mid y - 1 \mid \ge 0$,所以线段 $AB$、$CD$ 组合图形的方程为

$$\left\{ \left\{ \mid x - 2 \mid - 1 \right\} - \mid y - 1 \mid + 2 \right\} + \mid y - 1 \mid = 2$$

**例 5**    如图 3.9 所示,求"X" 型图形的方程.

**解**    易求,线段 $AB$、$CD$ 所在的直线方程分别为

$AB: 3x + 2y = 0, CD: 3x - 2y = 0,$

把线段 $AB$、$CD$ 所在的直线重叠,按第二章定理 7,得

$$|3x + 2y + 3x - 2y| - |3x + 2y - 3x + 2y| = 0,$$

即

$$6|x| - |4y| = 0 \text{ 即 } |3x| - |2y| = 0.$$

再给出约束条件 $-2 \leqslant x \leqslant 2$,得

$$\begin{cases} |3x| - |2y| = 0 \\ -2 \leqslant x \leqslant 2 \end{cases},$$

所以,线段 $AB$、$CD$ 组成的"X"图的方程是

$$\Big\{ |3x| - |2y| \Big\} + 2 - |x| \Big\} + |x| = 2.$$

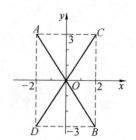

图 3.9

**例6** 如图 3.10,求折线段 $ABC$ 的方程.

**解** 分别求得线段 $AB$、$BC$ 所在直线的方程为

$$AB: y - x - 2 = 0, BC: 2y + x - 1 = 0.$$

把直线 $AB$、$BC$ 重叠,得

$$|3y - 3| - |y + 2x + 1| = 0 \quad (*)$$

又求得线段 $AC$ 所在的直线方程为 $AC$:

$y + 5x - 14 = 0.$

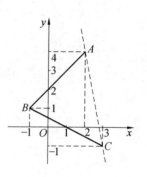

图 3.10

给出约束条件

$$\begin{cases} x \geqslant -1 \\ y + 5x - 14 \leqslant 0 \end{cases} \Leftrightarrow \begin{cases} |x + 1| - (x + 1) = 0 \quad ① \\ |y + 5x - 14| + y + 5x - 14 = 0 \quad ② \end{cases}$$

,所以折线段 $ABC$ 的方程可表为

$$\Big\{ |3y - 3| - |y + 2x + 1| \Big\} + |x + 1| + |y + 5x - 14| + 4x + y - 15 = 0$$

$$(8')$$

[反思] 为什么$(8')$是折线段 $ABC$ 的方程呢?事实上,$(*)$ 是直线 $AB$,$BC$ 的方程,条件 $x \geqslant -1$ 即 ① 限去了 $AB$ 及 $BC$ 的延长线上的点,$y + 5x - 14 \leqslant 0$ 即 ② 又限去了 $BA$、$BC$ 的延长线上的点,把$(*)$①、② 相加而得的$(8')$,则只能为折线段 $ABC$ 上的点所满足. 这实际上是第一章定理3(第二章定理2) 的一个补充.

## 习题 3.1

1. 求点 $A(-3,2)$ 的方程(至少 3 种形式).

2. 求由 $A(-1,0)$ 和 $B(1,0)$ 两点组成的点集的方程.

3. 求 $x$ 轴正半轴(包括原点) 的方程.

4. 求第三象限角平分线的方程.

5. 已知点 $A(-1,2)$、$B(-2,0)$,求射线 $AB$ 和 $BA$ 的方程.

6. 已知点 $A(1,1),O(0,0),B(1,0)$,求 $\angle AOB$ 平分线的方程.

7. (研究题)(1)已知6题,求证:三条角平分线相交于一点;

(2)已知 $A(x_i,y_i),i=1,2,3$,求证:$\triangle A_1A_2A_3$ 三条角平分线相交于一点.

# 3.4　角

### 1. 基本命题

如图 3.11 所示,我们看直线段族 $y=kx(k$ 为常数)中,直线分布:当 $k=0$ 时,直线 $y=0$ 为 $y$ 轴,当 $0<k<+\infty$ 时,直线 $y=kx$ 在第一象限和第三象限;当 $-\infty<k<0$ 时,直线分布在第二、四象限. 现在考虑 $y=x$ 和 $y=-x$ 两条直线,将它们合并起来: $y=|x|$ 或即 $y-|x|=0$ 就表示一个角,同样, $y-|kx|=0$ 就表示 $\angle AOB$,射线 $Oy$ 所在区域,就是它们的内部. 同样,设两条直线 $l_1=0$ 与 $l_2=0$ 相交于点 $P$,那么

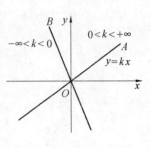

图 3.11

$$l_1+\lambda l_2=0$$

就是交于点 $P$ 的直线束,$\lambda=0$ 时,表示直线 $l_1=0,\lambda\to\infty$ 时,表示直线 $l_2=0$(如图 3.12)所分成的两对对顶角区域,一对是 $0<\lambda<+\infty$ 的区域,一对是 $-\infty<\lambda<0$ 的区域. 现在取 $\lambda=1$ 和 $-1$,得 $l_1\pm l_2=0$ 合并起来, 就是 $l_1+|l_2|=0$, 它表示 $\angle APB$,射线 $PC$ 所在区域就是它的内部,命 $l_i=a_ix+b_iy+c(i=1,2)$,就得如下

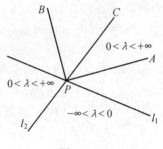

图 3.12

**定理 4** (林世保)$\angle APB$ 的方程可以写成

$$a_1x+b_1y+c_1\pm|a_2x+b_2y+c_2|=0 \tag{8}$$

的形式,其中 $a_1b_2-a_2b_1\neq0$.

其两边所在的直线方程为

$$(a_1+a_2)x+(b_1+b_2)+c_1+c_2=0 \tag{9}$$

或

$$(a_1-a_2)x+(b_1-b_2)+c_1-c_2=0. \tag{10}$$

而射线 $PM:a_2x+b_2y+c_2=0$ 所在区域就是角的内部.

定理 4 着眼于由"线"构成的角,如果已知三点构角如何?因此还需要如下

65

**定理 5** （林世保）已知不共线三点，$A(x_A, y_A)$，$P(x_P, y_P)$，$B(x_B, y_B)$，以射线 $PA$ 和 $PB$ 为边的 $\angle APB$ 的方程是

$$\begin{vmatrix} x - x_P & x_A - x_B \\ y - y_P & y_A - y_B \end{vmatrix} \pm \zeta \begin{vmatrix} x - x_P & x_A + x_B - 2x_P \\ y - y_P & y_A + y_B - 2y_P \end{vmatrix} \Bigg\} = 0 \tag{11}$$

**证明** 将(8) 的"||"打开，即分别得方程(9) 和(10)，将 $A(x_A, y_A)$，$P(x_P, y_P)$ 分别代入(9)，$P(x_P, y_P)$，$B(x_B, y_B)$ 分别代入(10)，得

$$\begin{cases} (a_1 + a_2)x_A + (b_1 + b_2)y_A + (c_1 + c_2) = 0 & \text{①} \\ (a_1 + a_2)x_P + (b_1 + b_2)y_P + (c_1 + c_2) = 0 & \text{②} \\ (a_1 - a_2)x_B + (b_1 - b_2)y_B + (c_1 - c_2) = 0 & \text{③} \\ (a_1 - a_2)x_P + (b_1 - b_2)y_P + (c_1 - c_2) = 0 & \text{④} \end{cases}$$

①－②，得

$$(a_1 + a_2)(x_A - x_P) + (b_1 + b_2)(y_A - y_P) = 0$$

从而，有

$$\frac{a_1 + a_2}{y_A - y_P} = -\frac{b_1 + b_2}{x_A - x_P} = k(\text{非零常数}).$$

所以

$$a_1 + a_2 = k(y_A - y_P) \tag{⑤}$$
$$b_1 + b_2 = k(x_P - x_A) \tag{⑥}$$

再由②，得

$$c_1 + c_2 = -(a_1 + a_2)x_P - (b_1 + b_2)y_P = -k(y_A - y_P)x_P - k(x_P - x_A)y_P \tag{⑦}$$

⑤，⑥，⑦代入(9)，约去 $k$，得

$$(y_A - y_P)x + (x_P - x_A)y + (x_A - x_P)y_P - (y_A - y_P)x_P = 0 \tag{⑧}$$

③，⑤，⑦代入(10)，类似可得

$$(y_B - y_P)x + (x_P - x_B)y + (x_B - x_P)y_P - (y_B - y_P)x_P = 0 \tag{⑨}$$

由于(9)、(10) 合并为(8)，从而⑧、⑨合并，写成行列式的形式，即得(11).

证毕.

**推论 1** 设 $\angle AOB$ 的顶点为原点，射线 $OA$ 为始边，射线 $OB$ 为终边，点 $A$、$B$ 的坐标分别为 $A(x_A, y_A)$，$B(x_B, y_B)$，则 $\angle AOB$ 的方程为

$$(y_A - y_B)x - (x_A - x_B)y + |(y_A + y_B)x - (x_A + x_B)y| = 0 \tag{12}$$

**证明：** 在定理 5 中，设 $x_P = y_P = 0$ 即得.

**2. 应用例举**

**例 1** 求坐标轴正方向组成的角 $\angle xOy$ 的方程.

**解** 在 $Ox$ 上取一点 $A(1, 0)$，在 $Oy$ 上取一点 $B(0, 1)$，为此，把 $\begin{cases} x_A = 1 \\ y_A = 0, \end{cases}$

$\begin{cases} x_B = 0 \\ y_B = 1 \end{cases}$代入(12)式,并整理、化简,得 $\angle xOy$

的方程是

$$x + y - |x - y| = 0.$$

**例2** 已知三点 $A(5,1)$，$P(-1,-2)$，$B(2,4)$，求 $\angle APB$ 的方程(如图3.13所示).

**解** 根据已知 $A$、$P$、$B$ 三点的坐标，把

$\begin{cases} x_A = 5 \\ y_A = 1 \end{cases}$，$\begin{cases} x_P = -1 \\ y_P = -2 \end{cases}$，$\begin{cases} x_B = 2 \\ y_B = 4 \end{cases}$代入(12)，得

$$\begin{vmatrix} x+1 & 5-2 \\ y+2 & 1-4 \end{vmatrix} + \zeta \begin{vmatrix} x+1 & 5+2+2 \\ y+2 & 1+4+4 \end{vmatrix} = 0$$

化简,整理

$$x + y + 3 - 3|x - y - 1| = 0.$$

[反思] 我们知道，点 $O(0,0)$、$A_1(3,0)$ 是 $\angle APB$ 上的两点，再把

$\begin{cases} x_A = 3 \\ y_A = 0 \end{cases}$，$\begin{cases} x_P = -1 \\ y_P = -2 \end{cases}$，$\begin{cases} x_B = 0 \\ y_B = 0 \end{cases}$代入(12)，知 $\angle APB$ 的方程也可以写成

$$3y + 6 - |4x - 5y - 6| = 0;$$

如果再把 $\angle APB$ 边上的另外三点的坐标值 $\begin{cases} x_A = 5 \\ y_A = 1 \end{cases}$，$\begin{cases} x_P = -1 \\ y_P = -2 \end{cases}$，$\begin{cases} x_B = 1 \\ y_B = 1 \end{cases}$代

入(11)式亦得 $\angle APB$ 的方程为

$$x + 4y + 9 - |7x - 8y - 9| = 0.$$

由例2告诉我们，在(11)式中，根据角两边取定的不同点，可以写出同一角的无穷多个方程，因此同一个角的方程不是唯一的. 怎样的方程是简单的?

实际上，如果设在(11)式中绝对值符号内的多项为0，即

$$(y_A + y_B - 2y_P)x - (x_A + x_B - 2x_P)y + y_P(x_A + x_B) - x_P(y_A + y_B) = 0 \tag{13}$$

它表示的是经过点 $P$ 且经过 $\angle APB$ 内部的一条直线 $PM$，直线 $PM$ 的位置不同，就形成了不同的角的方程.

**定义** 如果直线(13)为 $\angle APB$ 的平分线，则称(13)为 $\angle APB$ 的平分线式方程.

**推论2** 一个角的平分线式方程是唯一的.

**证明** 因任一角的平分线是唯一的，因此该形式的方程也是唯一的.

**例3** 已知点 $A(5,1)$，$P(-1,-2)$，$B(2,4)$，求 $\angle APB$ 的平分线式方程.

**解** 设 $Q(x,y)$ 为 $\angle APB$ 内的一点，若点 $Q$ 在 $\angle APB$ 的角平分线上，则点 $Q$ 到 $PA$、$PB$ 的距离相等，根据点线距公式及 $PA$、$PB$ 的方程

67

$$PA:y - 2x = 0, \quad PB:2y - x + 3 = 0$$

有

$$\frac{|\,y - 2x\,|}{\sqrt{1^2 + (-2)^2}} = \frac{|\,2y - x + 3\,|}{\sqrt{2^2 + (-1)^2}}.$$

化简,得

$$y + x + 3 = 0 \text{ 或 } y - x + 1 = 0.$$

因为 $y - x + 1 = 0$ 经过 $\angle APB$ 内部,

所以取 $y - x + 1 = 0$,舍去 $y + x + 3 = 0$.

又设所求的 $\angle APB$ 的方程为

$$ax + by + c + |\,y - x + 1\,| = 0.$$

把 $\begin{cases} x = 5 \\ y = 1 \end{cases}, \begin{cases} x = -1 \\ y = -2 \end{cases}, \begin{cases} x = 1 \\ y = 2 \end{cases}$ 代入上式,得

$$\begin{cases} a + 2b + c = -2 \\ -a - 2b + c = 0. \\ 5a + b + c = -3 \end{cases}$$

解这个方程组,得

$$\begin{cases} a = -\dfrac{1}{3} \\ b = -\dfrac{1}{3}. \\ c = -1 \end{cases}$$

所以 $\angle APB$ 的角平分线式方程为

$$-\frac{1}{3}x - \frac{1}{3}y - 1 + |\,y - x + 1\,| = 0.$$

即

$$x + y + 3 - 3\,|\,y - x + 1\,| = 0.$$

这同我们开始的结果是一致的,真是太巧了.

事实上,对于顶点在原点的角,可以一般地求出平分线式方程.

**推论3** 设 $\angle AOB$ 的顶点在原点,$OA$,$OB$ 所在的直线方程分别为 $y = k_1 x$,$y = k_2 x$,$m$、$n$ 为不同时为 0 的实数,则 $\angle AOB$ 的方程为

$$(k_1 m - k_2 n)x - (m - n)y + |\,(k_1 m + k_2 n)x - (m + n)y\,| = 0 \quad (14)$$

且当仅当 $m = \sqrt{k_1^2 + 1}$,$n = \sqrt{k_2^2 + 1}$ 时为平分线式方程.

**证明** 如图 3.14,因为 $OA$、$OB$ 所在直线的方程为

$$OA:y = k_1 x, OB:y = k_2 x.$$

在 $OA$、$OB$ 分别取点 $A$、$B$,可设其坐标分别为

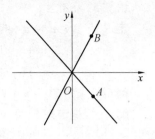

$A(m,k_1m)$、$B(n,k_2n)$.

代入(12)式,整理化简立得(14)式. 进而可求得 $\angle AOB$ 的角平分线的方程:

$$(k_1\sqrt{1+k_1^2}+k_2\sqrt{1+k_2^2})x -$$
$$(\sqrt{1+k_1^2}+\sqrt{1+k_2^2})y = 0,$$

所以方程(14)中,当 $m = \sqrt{k_1^2+1}$,$n = \sqrt{k_2^2+1}$ 时,表示的是 $\angle AOB$ 的平分线式方程.

图 3.14

**例4** 已知点 $A(2,3)$,$B(2,-1)$,求 $\angle AOB$ 的平分线式方程.

**解** 由已知坐标,求得射线 $OA$、$OB$ 所在的直线方程

$$OA:y = -\frac{1}{2}x, OB:y = \frac{3}{2}x.$$

线式方程.

所以 $m = \sqrt{1+\left(-\frac{1}{2}\right)^2} = \frac{1}{4}\sqrt{5}$,$n = \sqrt{1+\left(\frac{3}{2}\right)^2} = \frac{1}{4}\sqrt{13}$,

其中 $k_1 = -\frac{1}{2}$,$k_2 = \frac{3}{2}$.

把 $k_1 = -\frac{1}{2}$,$k_2 = \frac{3}{2}$,$m = \frac{1}{4}\sqrt{5}$,$n = \frac{1}{4}\sqrt{13}$ 代入(14)式,知方程

$$(\sqrt{5}+3\sqrt{13})x + (2\sqrt{5}-2\sqrt{13})y -$$
$$|(\sqrt{5}-3\sqrt{13})x + (2\sqrt{5}+2\sqrt{13})y| = 0$$

即为所求.

[**反思**] 给人的印象是:角的平分线式方程,往往并不简单,那么它有什么好处呢?

**例5** 如图 3.15,分别求 $\angle APB$、$\angle BPC$、$\angle CPD$ 及 $\angle DPA$ 的方程.

**解** 分别把图中各点的坐标代入(12)或(14)式,

得 $\angle APB$、$\angle BPC$、$\angle CPB$ 及 $\angle DPA$ 的方程分别为

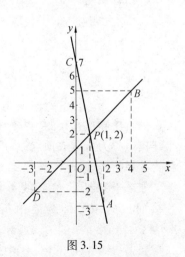

图 3.15

$\angle APB:9x-3y-3-|x+5y-11| = 0$,
$\angle BPC:x+5y-11+|9x-3y-3| = 0$,
$\angle CPD:9x-3y-3+|x+5y-11| = 0$,
$\angle DPA:x+5y-11-|9x-3y-3| = 0$.

由例 5，易知

**定理 6**　设 $a_1^2 + b_1^2 \neq 0, a_2^2 + b_2^2 \neq 0, f_i = a_i x + b_i y + c_i (i = 1,2)$，则角

$$f_1 + | f_2 | = 0 \text{ 与 } f_1 - | f_2 | = 0 \text{ 为对顶角;}$$

$$f_1 + | f_2 | = 0 \text{ 与 } f_2 - | f_1 | = 0 \text{ 为邻补角.}$$

**例 6**　求角 $3x - y + 2 - | x + 2y - 3 | = 0$ 的对顶角与邻补角.

**解**　根据定理 6，易得，角 $3x - y + 2 - | x + 2y - 3 | = 0$ 的对顶角是

$$3x - y + 2 + | x + 2y - 3 | = 0;$$

邻补角是

$$x + 2y - 3 - | 3x - y + 2 | = 0 \text{ 或 } x + 2y - 3 + | 3x - y + 2 | = 0.$$

## 习题 3.2

1. 直线 $l_1 : a_1 x + b_1 y + c_1 = 0, l_2 : a_2 x + b_2 y + c_2 = 0$，如 $l_1 \parallel l_2$，则直线束 $l_1 + \lambda l_2 = 0 (\lambda \in R)$ 表示什么?

2. 直线 $l_1$ 与 $l_2$ 相交于 $P$，直线束 $\mu l_1 + \lambda l_2 = 0 (\mu^2 + \lambda^2 \neq 0)$ 中的直线分布情形如何?试标出直线 $l$ 族 $(\mu, \lambda)$ 的分布区域.

3. 试证明定理 4.

4. 由方程(11)中可以看出 $\angle APB$ 的什么性质?怎样判定两角的大小(包括相等)?

5. 两条直线 $a_1 x + b_1 y + c_1 = 0$ 与 $a_2 x + b_2 y + c_2 = 0$ 相交于 $P$，它们构成的角的方程是什么?

6. 试证明定理 6.

7. (研究题)角的平分线式方程有何优点?角的什么样的方程是最简单的?

# 3.5　简单折线

由首尾顺次连接的不共线的若干条线段或射线组成的图形称为折线，每一个连接点称为折点或顶点，每一条线段或射线称为折线的边，边不相交的折线，称为**简单折线**.

如图 3.16 所示，由射线 $A_0 M$、线段 $A_0 A_1$、$A_1 A_2$、$\cdots$、$A_{n-1} A_n$、射线 $A_n N$ 首尾顺次连接而成的图形即为简单折线，记作折线 $M A_0 A_1 \cdots A_{n-1} A_n N, A_0 M、A_0 A_1、\cdots、$ $A_{n-1} A_n、A_n N$ 为折线的边，$A_0、A_1、\cdots、A_n$ 为折线的折点(顶点).

如果折线 $A_0 A_1 \cdots A_{n-1} A_n$ 中，对所有边 $A_i A_{i+1} (i = 0, 1, \cdots, n)$ 使得折线都位于直线 $A_i A_{i+1}$ 的同侧，则称折线 $A_0 A_1 \cdots A_{n-1} A_n$ 为凸折线;如果折线 $A_0 A_1 \cdots A_{n-1} A_n$

中,存在边 $A_iA_{i+1}(i = 0,1,\cdots,n)$ 使得折线分别位于直线 $A_iA_{i+1}$ 的两侧,则称折线 $A_0A_1\cdots A_{n-1}A_n$ 为凹折线.

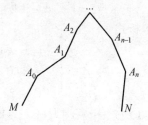

图 3.16

**1. 线性绝对值函数** $y = \sum\limits_{i=1}^{n} a_i\mid x - x_i\mid$ **的图形**

如果折线 $MA_0A_1\cdots A_{n-1}A_nN(n \geqslant 2)$ 的折点的横坐标满足 $x_0 < x_1 < \cdots < x_{n-1} < x_n$,那么折线可用分段函数

$$y = f(x) = \begin{cases} k_1x + b_1\ (x \leqslant x_1) \\ k_2x + b_2\ (x_1 \leqslant x \leqslant x_2) \\ \cdots \\ k_nx + b_n\ (x_{n-1} \leqslant x \leqslant x_n) \\ k_{n+1}x + b_{n+1}\ (x_n \leqslant x) \end{cases} \tag{16}$$

来表示,其中 $k_i(i = 0,1,\cdots,n)$ 不同时为 0.

由 1.3 节的例 3 可知,它可以写成"线性绝对值函数"的形式

$$y = f(x) = \sum\limits_{i=1}^{n} a_i\mid x - x_i\mid \tag{17}$$

其中 $(x_i, f(x_i))$ 即为折线的折点. 为了弄清规律,我们先看几个最简单的例子.

**例 1** 作下列绝对值函数的图象并写出分段解析式.

$(1)y = \mid x\mid,(2)y = \mid x\mid + \mid x - 1\mid,(3)y = \mid x\mid - \mid x - 1\mid,(4)y = \mid x + 1\mid + \mid x\mid + \mid x - 1\mid,(5)y = 2 - \mid x + 1\mid - \mid x - 1\mid.$

**解** $(1)y = \mid x\mid$ 的图象如图 3.17 所示. 分段解析式为

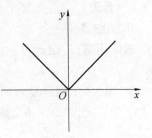

图 3.17

$$y = \begin{cases} -x\ (x \leqslant 0) \\ x\ (x \geqslant 0) \end{cases};$$

$(2)y = \mid x\mid + \mid x - 1\mid$ 的图象如图 3.18 所示. 分段解析式

$$y = \begin{cases} -2x + 1\ (x \leqslant 0) \\ 1\ (0 \leqslant x \leqslant 1) \\ 2x - 1\ (1 \leqslant x) \end{cases};$$

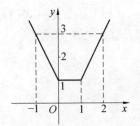

图 3.18

71

$(3)y = |x| - |x - 1|$ 的图象如图 3.19 所示. 分段解析式

$$y = \begin{cases} -1(x \le 0) \\ 2x - 1(0 \le x \le 1); \\ 1(1 \le x) \end{cases}$$

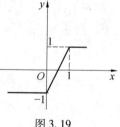

图 3.19

$(4)y = |x + 1| + |x| + |x - 1|$ 的图象如图3.20 所示. 分段解析式

$$y = \begin{cases} -3x(x \le -1) \\ -x + 2(-1 \le x \le 0) \\ x + 2(0 \le x \le 1) \\ 3x(1 \le x) \end{cases}$$

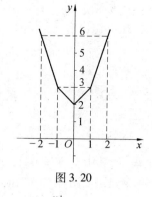

图 3.20

$(5)y = 2 - |x + 1| - |x - 1|$ 的图象如图3.21 所示. 分段解析式

$$y = \begin{cases} 2x + 2(x \le -1) \\ 0(-1 \le x \le 1) \\ -2x + 2(1 \le x) \end{cases}$$

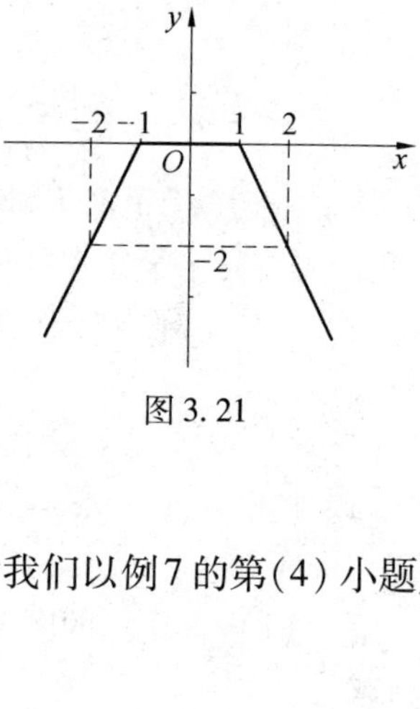

[反思] （ⅰ）每个绝对值符号中的式子为0,是图象的一个折点,也是分段(对定义域)时的区间端点,由此可见:分段数是"| |"数加1;

（ⅱ）第(5)小题表明,式(17)上还可以加上一个一次式"$ax + b$",成为

$$y = f(x) = \sum_{i=1}^{n} a_i |x - x_i| + (ax + b)$$

图 3.21

$$(18)$$

（ⅲ）如上是将式(17)化(16),反过来行不行?我们以例7的第(4)小题为例,试试看:由分段式

$$y = \begin{cases} -3x(x \le -1) \\ -x + 2(-1 \le x \le 0) \\ x + 2(0 \le x \le 1) \\ 3x(1 \le x) \end{cases},$$

看出式(17)中应含有$|x + 1|$,$|x|$,$|x - 1|$,及对应值表

| $x$ | -1 | 0 | 1 |
|---|---|---|---|
| $y$ | 3 | 2 | 3 |

命

$$y = a_1 \mid x + 1 \mid + a_2 \mid x \mid + a_3 \mid x - 1 \mid,$$

把表中值代入,有

$$\begin{cases} a_1 \mid -1 + 1 \mid + a_2 \mid -1 \mid + a_3 \mid -1 - 1 \mid = 3 \\ a_1 \mid 0 + 1 \mid + a_2 \mid 0 \mid + a_3 \mid 0 - 1 \mid = 2 \\ a_1 \mid 1 + 1 \mid + a_2 \mid +1 \mid + a_3 \mid 1 - 1 \mid = 3 \end{cases},$$

即

$$\begin{cases} a_2 + 2a_3 = 3 \\ a_1 + a_3 = 2 \\ 2a_1 + a_2 = 3 \end{cases}.$$

解得

$$a_1 = a_2 = a_3 = 1.$$

可见,它的绝对值方程为

$$y = \mid x + 1 \mid + \mid x \mid + \mid x - 1 \mid.$$

### 2. 应用例举

为了真正弄清(16)与(17)间的互化,我们看几个复杂的一些的例子.

**例 2** 画出函数 $y = \mid x + 1 \mid - \mid x \mid + \mid x - 1 \mid + \mid x - 2 \mid - 4$ 的图象.

**解** 分别设四个绝对值内的式子为 0,得

$$x + 1 = 0, x = 0, x - 1 = 0, x - 2 = 0.$$

所以

$$x = -1, x = 0, x = 1, x = 2.$$

为此,把坐标平面分成 5 个区域

$$x \leqslant -1, -1 \leqslant x \leqslant 0, 0 \leqslant x \leqslant 1,$$
$$1 \leqslant x \leqslant 2, 2 \leqslant x.$$

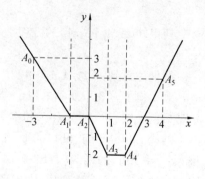

图 3.22

分别在这 5 个区域内求出相应的线段所在的直线方程

$x \leqslant -1$: $y = -x - 1 + x - x + 1 - x - 2 - 4 = -2x - 2$;

$-1 \leqslant x \leqslant 0$: $y = x + 1 + x - x + 1 - x - 2 - 4 = 0$;

$0 \leqslant x \leqslant 1$: $y = x + 1 - x - x + 1 - x + 2 - 4 = -2x$;

$1 \leqslant x \leqslant 2$: $y = x + 1 - x + x - 1 - x + 2 - 4 = -2$;

$2 \leqslant x$: $y = x + 1 - x + x - 1 + x - 2 - 4 = 2x - 6$.

分别在图 3.22 中的各个区域内画出相应的射线或线段.

所以折线 $A_0A_1 \cdots A_5$ 就是函数 $y = \mid x + 1 \mid - \mid x \mid + \mid x - 1 \mid + \mid x - 2 \mid - 4$ 的图象.

我们注意到，$a_2 = -1 < 0$，而图象中，$A_2$ 是凹折点.

**例 3**　已知：折线 $A_0 A_1 A_2 A_3 A_4$ 在直角坐标系中的位置如图 3.23 所示，求折线 $A_0 A_1 A_2 A_3 A_4$ 的方程.

**解**　设折线 $A_0 A_1 A_2 A_3 A_4$ 的方程为

$$y = a_1 |x| + a_2 |x-1| + a_3 |x-2| + a_4 x + a_5$$

把 $A_1$、$A_2$、$A_3$、$A_4$、$A_5$ 的坐标分别代入上式，得方程组

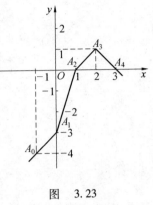

图　3.23

$$\begin{cases} a_1 + 2a_2 + 3a_3 - a_4 + a_5 = 4 \\ a_2 + 2a_3 + a_5 = -3 \\ a_1 + a_3 + a_4 + a_5 = 0 \\ 2a_1 + a_2 + 2a_4 + a_5 = 1 \\ 3a_1 + 2a_2 + a_3 + 3a_4 + a_5 = 0 \end{cases}$$

解这个方程组，得

$$\begin{cases} a_1 = 1 \\ a_2 = a_3 = -1. \\ a_4 = a_5 = 0 \end{cases}$$

所以 折线 $A_0 A_1 \cdots A_5$ 的方程是

$$y = |x| - |x-1| - |x-2|.$$

我们注意到，折线 $A_0 A_1 \cdots A_5$ 中，$a_1 > 0$，$A_1$ 为凹折点.

观察例 1 ~ 3 中所画的(16)与(17)的图象，我们可以看出，有三种类型，一是如例 1 的(1)、(2)、(4)和例 2 中的"开口向上"的"抛物型"折线；二是如例 1 的(5)和例 3 的"开口向下"的"抛物型"折线；三是如例 1 的(3)中的"$S$型"折线. 由分段式容易看出：$k_i$ 由 $\leqslant 0$ 到 $\geqslant 0$，则"开口向上"；由 $\geqslant 0$ 到 $\leqslant 0$，则"开口向下"；$k_i$ 多次变化，则出现"$S$型"等其他类型，对于绝对值形式怎样判断?我们有

**定理 7**　（林世保）在折线 $A_0 A_1 \cdots A_{n+1}: y = f(x) = \sum_{i=1}^{n} a_i |x - x_i| + a_{n+1} x + a_{n+2}$ 中，

ⅰ）当 $\sum_{i=1}^{n} a_i > |a_{n+1}|$ 时，折线的开口向上，若 $a_k < 0$，则 $A_k$ 为凹折点；

ⅱ）当 $\sum_{i=1}^{n} a_i < |a_{n+1}|$ 时，折线的开口向下，若 $a_k > 0$，则 $A_k$ 为凸折点；

证明：ⅰ）由 $\sum_{i=1}^{n} a_i > |a_{n+1}|$ 得

$$- \sum_{i=1}^{n} a_i < a_{n+1} < \sum_{i=1}^{n} a_i.$$

所以

$$\sum_{i=1}^{n} a_i + a_{n+1} > 0, \quad - \sum_{i=1}^{n} a_i + a_{n+1} < 0.$$

把 $y = f(x)$ 定义域分成 $n + 1$ 个区域

$$x \le x_1, x_1 < x \le x_2, \cdots, x_{n-1} < x \le x_n, x \ge x_n.$$

只须讨论在 $x \le x_1$ 和 $x \ge x_n$ 的两个区域的射线的增减性.

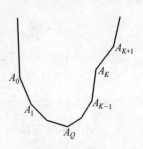

图　3.24

在 $x \le x_1$ 的区间内,$y = f(x)$ 可化为

$$y = \left( - \sum_{i=1}^{n} a_i + a_{n+1} \right) x + \sum_{i=1}^{n} a_i x_i + a_{n+2}.$$

因为

$$- \sum_{i=1}^{n} a_i + a_{n+1} < 0,$$

所以 $y = f(x)$ 在区间 $x \le x_1$ 内为递减函数;

在 $x \ge x_n$ 的区间内,$y = f(x)$ 可化为

$$y = \left( \sum_{i=1}^{n} a_i + a_{n+1} \right) x - \sum_{i=1}^{n} a_i x_i + a_{n+2}.$$

而

$$\sum_{i=1}^{n} a_i + a_{n+1} > 0,$$

所以 $y = f(x)$ 在区间 $x \ge x_n$ 内为递增函数.

所以 当 $\sum_{i=1}^{n} a_i > | a_{n+1} |$ 时,折线的开口向上.

另一方面,要证明当 $a_k < 0$,则 $A_k$ 为凹折点,只需证明直线 $A_{k-1}A_k$ 的斜率大于 $A_k A_{k+1}$ 的斜率,设 $A_Q$ 为 $y = f(x)$ 的图象上的最低点,当 $A_k$ 位于直线 $x = x_Q$ 的右侧时(如图 3.24),直线 $A_{k-1}A_k$ 的方程为

$$y = \left( \sum_{i=1}^{k-1} a_i - \sum_{i=k}^{n} a_i + a_{n+1} \right) x + \sum_{i=1}^{k-1} a_i x_i - \sum_{i=k}^{n} a_i x_i + a_{n+2}.$$

直线 $A_k A_{k+1}$ 的方程为

$$y = \left( \sum_{i=1}^{k} a_i - \sum_{i=k+1}^{n} a_i + a_{n+1} \right) x - \sum_{i=1}^{k} a_i x_i + \sum_{i=k+1}^{n} a_i x_i + a_{n+2}.$$

因为

$$\sum_{i=1}^{k-1} a_i - \sum_{i=k}^{n} a_i + a_{n+1} = \sum_{i=1}^{k} a_i - \sum_{i=k+1}^{n} a_i + a_{n+1} - a_k,$$

$$\sum_{i=1}^{k} a_i - \sum_{i=k+1}^{n} a_i + a_{n+1} = \sum_{i=1}^{k-1} a_i - \sum_{i=k+1}^{n} a_i + a_{n+1} + a_k.$$

而

$$a_k > 0,$$

75

$$\sum_{i=1}^{k-1} a_i - \sum_{i=k+1}^{n} a_i + a_{n+1} - a_k > \sum_{i=1}^{k-1} a_i - \sum_{i=k+1}^{n} a_i + a_{n+1} + a_k.$$

直线 $A_{k-1}A_k$ 的斜率大于直线 $A_kA_{k+1}$ 的斜率. $A_k$ 为凹折点.

当 $A_k$ 位于直线 $x = x_Q$ 的左侧时,亦可证得 $A_k$ 为凹折点.

所以当 $a_k < 0$ 时, $A_k$ 为凹折点.

ⅱ)用同样的方法可以证明,当 $\sum\limits_{i=1}^{n} a_i < |a_{n+1}|$ 时,折线的开口向下,若 $a_k > 0$,则 $A_k$ 为凸折点.

[反思] （ⅰ）本定理中的"口",只是就首末区间上图象的向上和向下说的,至于中间各线段可能有多次正、负变化的情况,这里未考虑;（ⅱ）如果为 $\sum\limits_{i=1}^{n} a_i = |a_{k+1}|$,则可能出现"S 型"等其他情况.

**例 4**　求函数 $y = f(x) = -|x+1| + 2|x| + |x-1| - |x-2| + |x-3|$ 的最大值或最小值.

**解**　因为 $\sum a_i = -1 + 2 + 1 - 1 + 1 = 2 = |a_6| > 0$,

所以折线 $y = f(x)$ 的开口向上,有最小值.

由于 $a_2 = 2, a_3 = 1, a_5 = 1$ 均为正值,所以当 $x = 0, x = 1$ 或 $x = 3$ 时,折线有凸折点,故当仅当 $x = 0, 1$ 或 3 时,$f(x)$ 才可能有最小值.

因为 $f(0) = 1$,　$f(1) = 1$,　$f(3) = 3$,

所以函数 $y = f(x) = -|x+1| + 2|x| + |x-1| - |x-2| + |x-3|$ 的最小值为 1.

**例 5**　求 $y = f(x) = 2|x| - 4|x-1| + 6|x-2| - 5|x-3|$ 的最大值或最小值.

**解**　因为 $\sum a_i = 2 - 4 + 6 - 5 = -1 = |a_5| < 0$,

所以折线 $y = f(x)$ 的开口向下,有最大值.

由于 $a_2 = -4, a_4 = -5$ 均为负数,函数 $y = f(x)$ 在 $x = -4$ 或 $x = -5$ 处为凹折点. 故当且仅当 $x = 1$ 或 $x = 3$ 时,函数取得最大值.

因为 $f(1) = -2, f(3) = 4$,

所以 $y = f(x) = 2|x| - 4|x-1| + 6|x-2| - 5|x-3|$ 的最大值为 4.

[反思] 为此,我们知道,折线 $y = f(x)$ 的最大值或最小值为凸折点的纵坐标,分别求出这些凸折点的纵坐标,然后加以比较,可得函数的最大值或最小值.

**例 6**　解方程 $|x+1| - |x| + |x-1| + |x-2| - 4 = 0.$

**解**　设 $y = f(x) = |x+1| - |x| + |x-1| + |x-2| - 4,$

因为 $\sum a_i = 1 - 1 + 1 + 1 = 2 > 0 = |a_{n+1}|$,

所以函数 $y = f(x)$ 的图象的开口向上,先递减(不增)后递增(不减),易求直线 $A_0 A_1$ 的方程为 $y + 2x + 2 = 0$,直线 $A_5 A_6$ 的方程为 $y - 2x + 6 = 0$,它们与 $x$ 轴的交点分别为 $A_1(-1,0)$ 和 $A_5(3,0)$,所以方程的解 $x$ 必在区间 $[-1,3]$ 内,分别求出各折点的纵坐标为 $f(-1) = 0, f(0) = 0, f(1) = -2$, $f(2) = -2$,

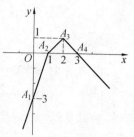

图 3.25

所以原方程的解为 $x = 3$ 或 $-1 \leqslant x \leqslant 0$.

**例 7** 解不等式 $|x| - |x-1| - |x-2| > 0$

**解** 设 $f(x) = |x| - |x-1| - |x-2|$,

因为 $\sum a_i = 1 - 1 - 1 = -1 < 0$,

所以函数 $y = f(x)$ 的图象的开口向下,先递增后递减,分别求出折点的纵坐标为 $f(0) = -3, f(1) = 0, f(2) = 1$(可看看图 3.25),再求 $A_3 A_4$ 所在的直线的方程为 $y + x - 3 = 0$,其零点为 $(3,0)$,故原不等式的解集为

$$1 < x < 3.$$

**例 8** 六边形 $ABCDEF$ 在直角坐标系内的位置如 3.26 所示,求它的方程.

**解** 应用对称法构造六边形 $ABCDEF$ 的方程,先求出折线 $MFEN$ 的方程.

设 $f(x) = a_1 |x+1| + a_2 |x-1| + a_3 x + a_4$,把 $A(-2,0), F(-1,2), E(1,2), D(2,0)$ 的横坐标和纵坐标分别代入 $f(x) = 0$,得

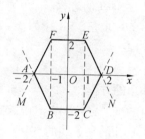

图 3.26

$$\begin{cases} a_1 + 3a_2 - 2a_3 + a_4 = 0 \\ 2a_2 - a_3 + a_4 = 2 \\ 2a_1 + a_3 + a_4 = 2 \\ 3a_1 + a_2 + 2a_3 + a_4 = 0 \end{cases}.$$

解得

$$\begin{cases} a_1 = a_2 = -1 \\ a_3 = 0 \\ a_4 = 4 \end{cases}.$$

所以折线 $MFEN$ 的方程是

$$y = -|x+1| - |x-1| + 4$$

根据对称性(即第二章定理4,消去射线 $AM$、$DN$ 即 $y \leqslant 0$ 的部分)得六边形 $ABCDEF$ 的方程为

$$|y| = -|x+1| - |x-1| + 4.$$

即

$$|y| + |x+1| + |x-1| = 4.$$

## 习题 3.3

1. 已知点 $A(-3,0)$ 和 $B(1,0)$，求线段 $AB$ 的方程.

2. 已知二点 $A(-3,2)$，$B(-2,3)$，求线段 $AB$ 的方程.

3. 画出方程 $\{|y+2x-1| - |x|+2\} + |x| = 2$ 的图形.

4. 已知点 $A(0,0)$，$B(4,0)$，$A'(0,2)$，$B'(4,2)$，求两平行线段 $AB$ 和 $A'B'$ 的组成方程

5. 求两坐标轴(包括原点)的负半轴构成的 $\angle x'Oy'$ 的方程.

6. 已知点 $A(0,1)$，$B(-2,0)$，$C(1,0)$，求 $\angle ABC$ 的方程.

7. 画出方程 $x+5y-11 + |9x-3y-3| = 0$ 的图形.

8. 已知点 $A(-1,-1)$，$O(0,0)$，$B(1,-1)$，求 $\angle AOB$ 的方程.

9. 求角 $3x-2y+|x+5y-1| = 3$ 的对顶角的方程.

10. 求角 $2x-3y+1 - |3y-2x-1| = 0$ 的邻补角的方程.

11. 已知点 $A(1,2)$，$B(0,0)$，$C(1,0)$，求 $\angle ABC$ 的平分线的方程.

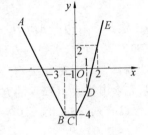

13 题图

12. 画出函数 $y = 2|x| - 4|x-1| + 6|x-2| - 5|x-3|$ 的图象.

13. 折线 $ABCDE$ 在直角坐标系内的位置如图所示，求它的方程.

14. 求函数 $y = |x+1| + |x| + 2|x-1|$ 的最小值.

15. 解方程 $|x+1| + |x| - |x-1| + |x+2| = 0$.

16. 解不等式 $|x| - |x-1| - |x-2| \geqslant 0$.

17. 求函数 $y = |x-1| - 3|x| + 2|x-1| + 2|x-2|$ 的最大值或最小值.

18. (1987 年全国初中数学联赛题) 求函数 $y = 2|x-3| - |x|$ 的最小、最大值.

19. (研究题) 试研究折线 $y = \sum\limits_{i=1}^{n} a_i |x - x_i| + a_{n+1}x + a_{n+2}$，当 $\sum\limits_{i=1}^{n} a_i = |a_{n+1}|$ 的各种情形(可作归纳研究).

绝对值方程

20. (研究题) 试证: 方程 $\dfrac{1}{a}\sum\limits_{i=1}^{m}\mid x-x_i\mid-\dfrac{1}{b}\sum\limits_{i=1}^{n}\mid y-y_i\mid=1$ 的图形为"双折线", 其中 $x_1,x_2,\cdots,x_m,y_1,y_2,\cdots,y_n,a,b\in R.,ab>0.$

# 三角形方程

## 4.1 轶闻一则

$1_{985}\sim1986$ 年期间,我们(杨之)提出了"绝对值方程"的概念近一年之久,犹如石沉大海,数学界竟毫无反应,原来在编辑们审稿时,把"绝对值方程"一文中的一个"美丽的尾巴"给割掉了,"尾巴"中有一则"猜想"说:

奇数条边的多边形的方程不存在,特别,三角形方程不存在.

1986 年 10 月,这"尾巴"独立成文在《中等数学》刊出. 尔后不到两个月,《中等数学》编辑部就收到一位青年数学教师娄伟光从祖国东北边陲城市 —— 鸡西寄来的一篇文章,断定"三角形方程是存在的",文章转到我们(杨之)手以后,对他给出的三角形方程

$$\left\{ |x| + y - 1 \right\} + |x| = 1$$

进行了仔细检验:确实是正确的. 这时,一方面,对文章的文字略作加工,把文题从《关于三角形方程的存在性问题》,改为《三角形方程是存在的》,并建议《中等数学》编辑部尽快发表,另一方面,对于当时提出的这个"猜想"是否过于轻率,也进行了深切的反思,因为,无论从数学上说,还是从逻辑上说,"自己

一时做不出,找不到的东西,未必就不存在,"这一点是很正确的,那为什么还以此为"根据",就做出了猜想呢?老实说,当时真的没有细想. 现在看来,自己做出一个错误的猜想,激发了别人研究的兴趣. 也许并非坏事,果然,《三角形方程是存在的》一文发表后不到一年,我们参与修改和完善的娄伟光的《凸多边形的绝对值方程》一文于 1987 年底发表,从而引发了"绝对值方程"研究的热潮. 一个猜想被否定,一系列的正面成果脱颖而出,说明"被否定"的价值了!

我们来解剖一下娄伟光的三角形方程

$$\{|x|+y-1\}+|x|=1 \qquad (1)$$

为了说明(1)就是 $\triangle ABC$ 的方程,就要脱去最外层的"$\{\ \}$"号,于是问 $|x|+y-1=0$ 是什么?它是 $\angle ACB$ 的方程吗?经检验:非也!

仔细研究:它是 $\angle ADB$ 的方程,其中 $D(0,$

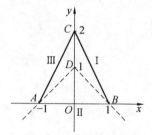

图 4.1

1) 是 $\triangle ABC$ 中线 $CO$ 的中点,而脱去"$\{\ \}$"须过问"$|x|+y-1$"的正负,于是要分两种情形:

(I)$\begin{cases}|x|+y-1\geq 0,(表示 \angle ADB 以外的区域)\\ |x|+y-1+|x|=1,\end{cases}$即在 $\angle ADB$ 以外的区域中的直线 $y=-2|x|+2$ 的部分, 也即直线 $y=2x+2$ 上 $\begin{cases}|x|+y-1\geq 0\\ x\leq 0\end{cases}$ 的部分(边 $AC$)和直线 $y=-2x+2$ 上 $\begin{cases}|x|+y-1\geq 0\\ x\geq 0\end{cases}$ 的部分,即边 $BC.$

(II)$\begin{cases}|x|+y-1\leq 0,(表示 \angle ADB 内部的区域)\\ -|x|-y+1+|x|=1.(即 y=0)\end{cases}$,可见,它就是直线 $y=0$ 在 $\angle ADB$ 之内的部分,即边 $AB.$

这个特例告诉我们,在三角形绝对值方程(1)中,并没有明显地包含它的边、角方程的解析式(包含的仅仅是 $\angle ADB$ 方程的解析式),边、角的方程,只能在脱去"$||$"过程中产生. 三顶点的坐标却可直接求得.

对于方程(1)还有另一种拆解方法:就是先去掉里层的 $|x|$ 的绝对值号,化为

$$\{\pm x+y-1\}+|x|=1$$

那么

$$|x+y-1|+|x|=1 \text{ 和 } |-x+y-1|+|x|=1$$

各是什么呢?我们用"轨迹法"加以探究. 如图 4.2. 设点 $P(x,y)$ 为 $\angle CBO($的边线段 $CB$ 或 $BO$)边上任一点,连结 $DP$,则

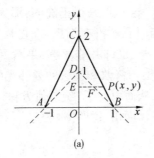 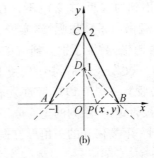

(a)　　　　　　　　　(b)

图 4.2

$$S_{\triangle CDP} + S_{\triangle BDP} = S_{\triangle CDB} = \frac{1}{4} S_{\triangle ABC}(\text{图 4.2}(a)),$$

$$S_{\triangle ODP} + S_{\triangle BDP} = S_{\triangle ODB} = \frac{1}{4} S_{\triangle ABC}(\text{图 4.2}(b)).$$

作 $PE \perp OC$ 于点 $E, PF \perp DB$ 于点 $F$,则上面两

等式可统一写成

$$\frac{1}{2} \mid DC \mid \cdot \mid PE \mid + \frac{1}{2} \mid DB \mid \cdot \mid PF \mid = \frac{1}{4} \times \frac{1}{2} \mid AB \mid \cdot \mid CO \mid \ (\text{因为 } OD =$$

$DC$). 即

$$\frac{1}{2} \times 1 \times \frac{\mid x \mid}{\sqrt{1^2 + 0^2}} + \frac{1}{2} \times \sqrt{2} \cdot \frac{\mid y + x - 1 \mid}{\sqrt{1^2 + 1^2}} = \frac{1}{4} \times \frac{1}{2} \times 2 \times 2. \ \text{即}$$

$$\mid x \mid + \mid y + x - 1 \mid = 1 (x \geqslant 0) \qquad\qquad ①$$

为 $\angle CBO$ 的方程;类似可知,$\angle CAO$ 的方程为

$$\mid x \mid + \mid y - x - 1 \mid = 1 (x \leqslant 0) \qquad\qquad ②$$

两图相拼,方程 ①② 相拼,即得 $\triangle ABC$ 的方程

$$\left\{ \mid x \mid y + 1 \right\} + \mid x \mid = 1$$

这说明,"另一种拆解法"拆出的是两个角的方程.

[反思]　方程推导过程中,用到一个定值命题:折线 $CBO$ 上任一点,到过 $C$ 垂直于 $BO$ 于 $O$ 的直线及其中点与 $B$ 的连线距离的加权和为定值. 叙述为 Rt$\triangle$ 和等腰三角形的定值,也许能派上用场.

# 4.2　三角形方程的一般形式

为了实现对三角形的解析研究,我们先后构造了它的面积式方程、重心式方程、费马点式方程和顶点式方程,其共同特征就是都与三角形内一点和过这点的三条直线有关,而且都是二元一次二层绝对值方程(见下面的定理 1). 为了更深入地认识它们,我们先来研究"三角形方程的一般形式".

**定理1**(杨正义) 已知 $f_i = a_i x + b_i y + c_i (i = 1,2,3)$ 为三个二元一次式且 $a_i^2 + b_i^2 \neq 0 (i = 1,2)$,

则其方程可以写成

$$\{f_1 + | f_2 | \} + | f_2 | + f_3 = 0 \tag{2}$$

的形式,其中 $f_1 = 0$ 是过三角形内特征点 $P$ 和一个顶点的直线, $f_1 + | f_2 | = 0$ 为以 $P$ 为顶点两边过三角形另二顶点的角.

**证明** 考虑 $\triangle ABC$,如图 4.3(略去坐标系),在 $\triangle ABC$ 内任取一点 $P(g, h)$,设直线 $PA$ 的方程为

$$f_2 = 0 \tag{①}$$

由于点 $P$、$B$、$C$ 三点不共线,所以设 $\angle BPC$ 的方程为

$$f_1 + | f_2 | = 0 \tag{②}$$

①② 分别被 $PA$ 和 $P, B, C$ 唯一确定.

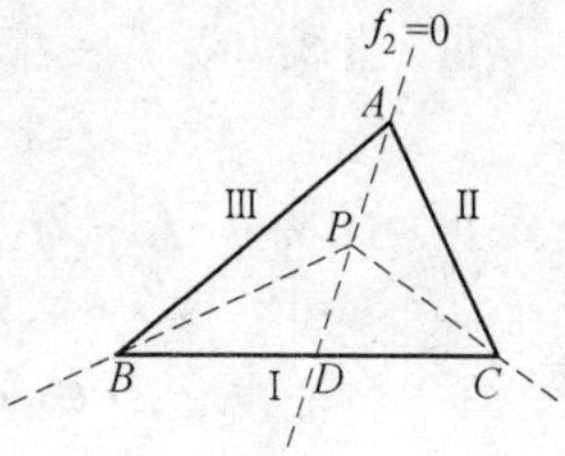

由此, $f_2 = 0$ 及角 $f_1 + | f_2 | = 0$(即射线 $PA$、$PB$、$PC$)把坐标平面分成三个角区域(包括边界):

图 4.3

Ⅰ)$\angle BPC$ 区域: $f_1 + | f_2 | \leq 0$;

Ⅱ)$\angle CPA$ 区域: $\begin{cases} f_1 + | f_2 | \geq 0 \\ f_2 \geq 0 \end{cases}$;

Ⅲ)$\angle APB$ 区域: $\begin{cases} f_1 + | f_2 | \geq 0 \\ f_2 \leq 0 \end{cases}$.

在区域 Ⅰ 的约束下,方程 ② 可化为

$$-f_1 - | f_2 | + | f_2 | + f_3 = 0.$$

即

$$(a_3 - a_1)x + (b_3 - b_1)y + (c_3 - c_1) = 0 \ (f_1 + | f_2 | \leq 0) \tag{③}$$

由于 $A$、$B$、$C$ 三点不共线,③ 式中 $x, y$ 的系数不全为 0,直线可被确定,在区域 Ⅰ 的约束下,方程 ③ 表示的是线段 $BC$.

同理,在区域 Ⅱ 的约束下,方程 ② 可化为

$$f_1 + f_2 + f_2 + f_3 = 0,$$

即

$$(a_1 + 2a_2 + a_3)x + (b_1 + 2b_2 + b_3)y + c_1 + 2c_2 + c_3 = 0 \ (f_1 + | f_2 | \geq 0, f_2 \geq 0) \tag{④}$$

表示的是线段 $BA$.

在区域 Ⅲ 的约束下,方程 ② 可化为

$$(a_1 - 2a_2 + a_3)x + (b_1 - 2b_2 + b_3)y + c_1 - 2c_2 + c_3 = 0 \quad (f_1 + |f_2| \geqslant 0, f_2 \leqslant 0)$$

$$⑤$$

表示的是线段 $AC$.

所以方程(2)的图形为 $\triangle ABC$.

由证明过程,我们知道 $\triangle ABC$ 的几个相关元素的方程分别为($P$ 为特征点)

ⅰ)直线 $AP$:$f_2 = 0$;

ⅱ)直线 $AB$:$f_1 + 2f_2 + f_3 = 0$,即

$$(a_1 + 2a_2 + a_3)x + (b_1 + 2b_2 + b_3)y + c_1 + 2c_2 + c_3 = 0;$$

ⅲ)直线 $BC$:$f_3 - f_1 = 0$,即

$$(a_3 - a_1)x + (b_3 - b_1)y + (c_3 - c_1) = 0;$$

ⅳ)直线 $AC$:$f_1 - 2f_2 + f_3 = 0$

$$(a_1 - 2a_2 + a_3)x + (b_1 - 2b_2 + b_3)y + c_1 - 2c_2 + c_3 = 0;$$

ⅴ)特征线 $\angle BPC$:$f_1 + |f_2| = 0$,即

$$a_1 x + b_1 y + c_1 + |a_2 x + b_2 y + c_2| = 0.$$

[反思]　定理 1 给出了三角形方程的一种表达式,但它并不是充分的,只是说任何一个三角形的方程都可以写成 ② 的形式,而 ② 的曲线却不一定是一个三角形.

如方程

$$\left\{ -x - y + 2 + 3|x + y - 2| \right\} + 3|x + y - 2| - x + 3y - 6 = 0$$

的图象是如图 4.4 的 $\triangle ABC$ 的"双尾" $BE$,$CF$;

而方程

$$\left\{ y - 1 + |x| \right\} + |x| = 0$$

的图象是一个点 $(0, 1)$.

方程

$$\left\{ 3x - 6 + |y - 2| \right\} + |y - 2| - 6 = 0$$

的图象是点 $(0, 0)$ 与点 $(0, 3)$ 组成的点集.

$$\left\{ |x + 1| + y + 1 \right\} + |x + 1| + 2y + x = 0$$

的图象是如图 4.5 的 $\angle EAF$.

方程

$$\left\{ -x + 3y - 1 + 2|x + 1| \right\} + 2|x + 1| - x + 3y - 1 = 0$$

的图象是 $\angle BPC$ 及其内部的区域(图 4.6).

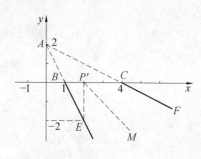

图 4.4

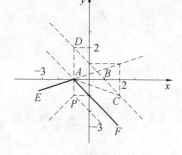

图 4.5

而方程

$$\left\{ 2y + x + | x + 1 | \right\} + | x + 1 | + y + 1 = 0$$

的图象是一个虚象(任何图形都没有).

除以上六个反例之外,我们还找到了方程 ② 所表示的双平行线、双角、由角和直线组成的图形等,这表明,欲找充分条件,就要设法排除它们.

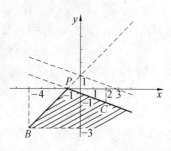

图 4.6

我们还注意到,定理 1 中的点 $P(g,h)$,在图 4.4 中取在三角形的边上,图 4.5 中取在三角形 $ABC$ 的外部,在图 4.6 中取在三角形的顶点,致使结论失真. 这里足以说明方程 ② 的图形对点 $P(g,h)$ 的位置的依赖而是实实在在的. 定理 1 证明过程告诉我们,只要点 $P(g,h)$ 取在三角形的内部,方程 ② 表示的图象就是一个三角形了,为了确认这一点,我们来证明

**定理 2** (杨之)已知 $f_i = a_i x + b_i y + c_i (i = 1,2,3)$ 且 $a_i^2 + b_i^2 \neq 0 (i = 1,2)$,$h_i \neq 0 (i = 1,2,3)$,$f_1 = 0$ 为特征线,$f_1 + | f_2 | = 0$ 为特征角,$h_1 = f_1 + 2f_2 + f_3$,$h_2 = f_2 - f_1$,$h_3 = f_1 - 2f_2 + f_3$. 当且仅当特征点 $P$ 的坐标满足

$$| \sum_{i=1}^{3} h_i | - h_1 + h_2 - h_3 = 0 \tag{3}$$

时,方程

$$\left\{ f_1 + | f_2 | \right\} + | f_2 | + f_3 = 0$$

的曲线是一个三角形.

**证明:** 如图 4.3,由定理 1,知 $\triangle ABC$ 三边所在的的方程分别为

直线 $AB$:$h_1 = (a_1 + 2a_2 + a_3)x + (b_1 + 2b_2 + b_3)y + c_1 + 2c_2 + c_3 = 0$;

直线 $BC$:$h_2 = (a_2 - a_1)x + (b_3 - b_1)y + (c_3 - c_1) = 0$;

直线 $AC$:$h_3 = (a_1 - 2a_2 + a_3)x + (b_1 - 2b_2 + b_3)y + c_1 - 2c_2 + c_3 = 0$;

而点 $P(p,q)$ 在 $\triangle ABC$ 的内部 $\Rightarrow \begin{cases} h_1 < 0 \\ h_2 > 0 \\ h_3 < 0 \end{cases} \Rightarrow \begin{cases} -h_1 > 0 \\ h_2 > 0 \\ -h_3 > 0 \end{cases}$ （参看图 4.7），由第

一章的定理 4，知

$$\begin{cases} -h_1 > 0 \\ h_2 > 0 \\ -h_3 > 0 \end{cases} \Leftrightarrow |\sum_{i=1}^{3} f_i| - f_1 + f_2 - f_3 = 0.$$

即式(3)成立. 反之，

如式(3)成立，说明存在点 $P$ 同时满足 $h_1$ $< 0, h_2 > 0, h_3 < 0$，说明直线 $h_1 = 0, h_2 = 0$, $h_3 = 0$，围成的区域 $\triangle ABC$ 存在（非空），且点 $P$ 位于其中（图 4.7），因此，(2) 的图形是一个三角形.

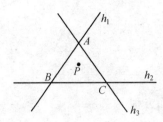

图 4.7

根据定理 1、2，可以由已知三角形的三个顶点坐标求三角形的方程.

**例 1** 已知 $\triangle ABC$ 的三个顶点坐标分别为 $A(0,2)$、$B(1,0)$、$C(4,0)$，求 $\triangle ABC$ 绝对值的方程.

**解** 如图 4.8，在 $\triangle ABC$ 内取一点 $P(1,1)$，先求得直线 $PB$ 的方程为 $x - 1 = 0$，将 $A$、$P$、$C$ 三点的坐标代入 $a_1 x + b_1 y + c_1 + |x - 1| = 0$，得

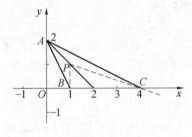

图 4.8

$$\begin{cases} 2b_1 + c_1 + 1 = 0 \\ a_1 + b_1 + c_1 = 0. \\ 4a_1 + c_1 + 3 = 0 \end{cases}$$

解得

$$\begin{cases} a_1 = -2 \\ b_1 = -3, \\ c_1 = 5 \end{cases}$$

把 $A$、$B$、$C$ 三点的坐标代入

$$\{ -2x - 3y + 5 + |x - 1| \} + |x - 1| + a_3 x + b_3 y + c_3 = 0$$

得方程组

$$\begin{cases} 2b_3 + c_3 + 1 = 0 \\ 4a_3 + c_3 + 3 = 0. \\ a_3 + c_3 + 3 = 0 \end{cases}$$

解得

绝对值方程

86

$$\begin{cases} a_3 = 0 \\ b_3 = 1 \\ c_3 = -3 \end{cases}.$$

故 $\triangle ABC$ 的的方程为

$$\left\{ -2x - 3y + 5 + |x - 1| \right\} + |x - 1| + y - 3 = 0.$$

**例 2**　已知 $\triangle ABC$ 的三个顶点坐标分别为 $A(-1,4)$、$B(-2,0)$、$C(4,0)$，求这个三角形的方程.

**解**　如图 4.9，在 $\triangle ABC$ 内取一点 $P(0,2)$，先求得直线 $PA$ 的方程为

$$y + 2x - 2 = 0.$$

设 $\angle BPC$ 的方程为

$$a_1 x + b_1 y + c_1 + |y + 2x - 2| = 0.$$

把 $B$、$P$、$C$ 三点的坐标代入，得

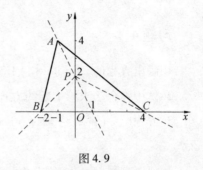

图 4.9

$$\begin{cases} 2b_1 + c_1 = 0 \\ -2a_1 + c_1 = 0 \\ 4a_1 + c_1 = 0 \end{cases}.$$

解得 $a_1 = 0, b_1 = 3, c_1 = -6$，所以 $\angle BPC$ 的方程是

$$3y - 6 + |y + 2x - 2| = 0.$$

再设 $\triangle ABC$ 的方程为

$$\left\{ 3y - 6 + |y + 2x - 2| \right\} + |y + 2x - 2| + a_3 x + b_3 y + c_3 = 0.$$

把 $A$、$B$、$C$ 三点的坐标代入，得

$$\begin{cases} -a_3 + 4b_3 + c_3 = -6 \\ 4a_3 + c_3 = -6 \\ -2a_3 + c_3 = -6 \end{cases}.$$

解得 $a_3 = 0, b_3 = 0, c_3 = -6$，则 $\triangle ABC$ 的方程是

$$\left\{ 3y - 6 + |y + 2x - 2| \right\} + |y + 2x - 2| = 6.$$

**[反思]**　我们知道，一个三角形的方程的具体形状是由点 $P(g,h)$ 的位置而确定的，在图 4.9 中的三角形，如果取点 $P(1,1)$，按例 2 的方法，可求的 $\triangle ABC$ 的方程为

$$\left\{ 4x + 54y - 58 + 6|2y + 3x - 5| \right\} + 6|2y + 3x - 5| + 4x - 23y - 58 = 0.$$

如果取点 $P(0,1)$，同样可求的 $\triangle ABC$ 的方程为

$$\left\{ -4x + 50y - 50 + 6y + 3x - 1 \right\} + 6|y + 3x - 1| - 4x - 27y - 50 = 0$$

如果取点 $P(-1,1)$,同样可求的 $\triangle ABC$ 的方程为

$$\{-4x+10y-14+6|x+1|\}+6|x+1|-4x-5y-14=0$$

...

由此,我们有

**定理** 3    位置确定的三角形的方程有无穷多个.

**证明:**    因为 $\triangle ABC$ 的的内点,有(不可表)无穷多个,每个内点对应的一个方程,固具体的三角形方程有无穷多个.

## 习题 4.1

1.画出方程的 $\{|x|+y-1\}+|x|=2$ 图形.

2.试用弥合法求第 1 题的方程.

3.方程 $\{-x+2y-12+5|x|\}+5|x|-x+6y-12=0$ 的图象是什么?

4.画出方程 $\{2|y-2|+\{|y-2|+2x\}\}+\{|y-2|+2x\}-6=0$ 的图象.

5.试分析方程 $\{2y+x+|x+1|\}+|x+1|-y+4=0$ 的图形

6.试画出方程

$$\{3y-a+|y+2x-2|\}+|y+2x-2|-a=0$$

的图象,其中 $a=6,4,2,0$.

# 4.3    三角形方程的特殊式

从三角形方程的一般式看来,即使三个顶点确定了,由于其内部一点选择的不同,方程(的形式)也不同,复杂程度也不同,这为我们的选择提供了方便.但是,无论如何,构造途径总是一般的:先求直线 $PA$,再求 $\angle BPC$ 的方程,再写出 $\triangle ABC$ 的方程. 而且,三角形的特征元素反映的也不明显,为了便于推求、简化和应用,我们须研究它的特殊式方程.

### 1.顶点式方程

本段我们探讨依据三角形顶点(坐标)构造的方程,且让特征点 $P$ 为任意点. 我们得到

**定理** 4    (林世保)设 $\triangle ABC$ 的顶点为 $A(x_1,y_1)$、$B(x_2,y_2)$、$C(x_3,y_3)$, $D$

为 $BC$ 上的一点, $P(x_P, y_P)$ 为 $AD$ 上的一点, $\lambda_1 = \dfrac{BD}{DC}$, $\lambda_2 = \dfrac{PD}{PA}$, 则 $\triangle ABC$ 的方程为

$$\langle f_1 + |f_2| \rangle + |f_2| + f_3 = 0 \qquad (4)$$

其中, $f_1 = a_1 x + b_1 y + c_1 (a_1^2 + b_1^2 \neq 0)$, $f_3 = a_3 x + b_3 y + c_3$,

$$f_2 = \begin{vmatrix} x & y & 1 \\ x_1 & y_1 & 1 \\ x_D & y_D & 1 \end{vmatrix} \qquad (5)$$

$$\begin{cases} a_i = \dfrac{-1}{\lambda_2(1+\lambda_1)^2}\big[\lambda_2(y_1 - y_2) + \lambda_1^2 \lambda_2(y_3 - y_1) + \\ \qquad ((-1)^{[\frac{i}{2}]} 2\lambda_1 + \lambda_1 \lambda_2(y_3 - y_2) \\ b_i = \dfrac{1}{\lambda_2(1+\lambda_1)^2}\big[\lambda_2(x_1 - x_2) + \lambda_1^2 \lambda_2(x_3 - x_1) + \\ \qquad ((-1)^{[\frac{i}{2}]} 2\lambda_1 + \lambda_1 \lambda_2(x_3 - x_2) \\ c_i = \dfrac{1}{\lambda_2(1+\lambda_1)^2}\big[\lambda_2(1 - \lambda_1^2)(x_2 y_1 - x_1 y_2) + \\ \qquad ((-1)^{[\frac{i}{2}]} 2\lambda_1 + \lambda_1 \lambda_2 + \lambda_1^2 \lambda_2)(x_2 y_3 - x_3 y_2)\big] - \dfrac{2\lambda_1}{1+\lambda_1}\triangle \end{cases} \qquad (6)$$

$i = 1, 2, 3$.

其中 $\triangle$ 为 $\triangle ABC$ 的面积, $\lambda_1 > 0$, $\lambda_2 > 0$.

**证明**　如图 4.10, 依定理条件, 可求出

$$D\left(\frac{x_2 + \lambda_1 x_3}{1 + \lambda_1}, \frac{y_2 + \lambda_1 y_3}{1 + \lambda_1}\right),$$

$$P\left(\frac{x_2 + \lambda_1 x_3 + \lambda_2 x_1 + \lambda_1 \lambda_2 x_1}{(1 + \lambda_1)(1 + \lambda_2)}, \frac{y_2 + \lambda_1 y_3 + \lambda_2 y_1 + \lambda_1 \lambda_2 y_1}{(1 + \lambda_1)(1 + \lambda_2)}\right),$$

这就给出了 $P(x_P, y_P)$ 的坐标, 显然, $(x_P, y_P)$ 满足

$$\begin{vmatrix} x & y & 1 \\ x_1 & y_1 & 1 \\ x_D & y_D & 1 \end{vmatrix} = 0 \qquad (※)$$

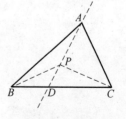

图 4.10

进而, 由 $x_P, y_P$ 表达式, 知 $(x_1, y_1, 1)$ 同 $(x_P, y_P, 1)$, $(x_D, y_D, 1)$ 线性相关, 可见 $(x_P, y_P)$ 满足 (※), 于是直线 $PA$ 的方程就是 $f_2 = 0$ (从而式 (5) 成立).

设 $\triangle ABC$ 的面积为 $\triangle$,由于 $\dfrac{BD}{DC} = \lambda_1$,易知

$$S_{\triangle ABD} = \frac{1}{2} \begin{vmatrix} x_1 & y_1 & 1 \\ x_2 & y_2 & 1 \\ x_D & y_D & 1 \end{vmatrix} = \frac{\lambda_1 \triangle}{1 + \lambda_1},$$

$$S_{\triangle ACD} = \frac{1}{2} \begin{vmatrix} x_1 & y_1 & 1 \\ x_D & y_D & 1 \\ x_3 & y_3 & 1 \end{vmatrix} = \frac{\triangle}{1 + \lambda_1}.$$

则

$$\begin{vmatrix} x_1 & y_1 & 1 \\ x_2 & y_2 & 1 \\ x_D & y_D & 1 \end{vmatrix} = \frac{2\lambda_1 \triangle}{1 + \lambda_1}, \quad \begin{vmatrix} x_1 & y_1 & 1 \\ x_D & y_D & 1 \\ x_3 & y_3 & 1 \end{vmatrix} = \frac{2\triangle}{1 + \lambda_1}.$$

现在,设 $\angle BPC$ 的方程为 $f_1 + | f_2 | = 0$,即

$$a_1 x + b_1 y + c_1 + | f_2 | = 0 \qquad\qquad (※※)$$

分别把 $B(x_2, y_2)$,$C(x_3, y_3)$,$P(x_P, y_P)$ 代入 $(※※)$,即得方程组

$$\begin{cases} x_2 a_1 + y_2 b_1 + c_1 = -\dfrac{2\lambda_1 \triangle}{1 + \lambda_1}, \\[2mm] x_3 a_1 + y_3 b_1 + c_1 = -\dfrac{2\triangle}{1 + \lambda_1}, \\[2mm] x_P a_1 + y_P b_1 + c_1 = 0. \end{cases}$$

其中

$$x_P = \frac{x_2 + \lambda_1 x_3 + \lambda_2 x_1 + \lambda_1 \lambda_2 x_1}{(1 + \lambda_1)(1 + \lambda_2)}, y_P = \frac{y_2 + \lambda_1 y_3 + \lambda_2 y_1 + \lambda_1 \lambda_2 y_1}{(1 + \lambda_1)(1 + \lambda_2)}.$$

解之,即为式(6)中的 $a_1, b_1, c_1$.

又把 $f_2, a_1, b_1, c_1$ 代入式(4),先算出

$$\langle\, f_1 + | f_2 | \,\rangle + | f_2 | \,(x_1, y_1) = \frac{4\lambda_1 \triangle}{\lambda_2 (1 + \lambda_1)^2}$$

$$\langle\, f_1 + | f_2 | \,\rangle + | f_2 | \,(x_2, y_2) = \frac{2\lambda \triangle}{1 + \lambda_1}$$

$$\langle\, f_1 + | f_2 | \,\rangle + | f_2 | \,(x_3, y_3) = \frac{2\triangle}{1 + \lambda_1}$$

再把 $(x_i, y_i)(i = 1, 2, 3)$ 分别代入式(4),即得方程组

绝对值方程

$$
\begin{cases}
x_1 a_3 + y_1 b_3 + c_3 = -\dfrac{4\lambda_1 \triangle}{\lambda_2 (1 + \lambda_1)^2}, \\[3mm]
x_2 a_3 + y_2 b_3 + c_3 = -\dfrac{2\lambda_1 \triangle}{1 + \lambda_1}, \\[3mm]
x_3 a_3 + y_3 b_3 + c_3 = -\dfrac{2\triangle}{1 + \lambda_1}.
\end{cases}
$$

解之,得 $a_3, b_3, c_3$ 如式(6)中所列.

所以式(4)就是 $\triangle ABC$ 的方程.

[**反思**]　定理4的公式(4)真是"好大一棵树",难记难算,证明过程的计算也是好繁好繁,但毕竟我们有了一个一般性的公式,它的好处在于:可用作理论研究,它有丰富的推论,它的推导过程也可应用.

**例1**　设 $\triangle ABC$ 的三个顶点分别为 $A(2,4), B(-4,1), C(4,-3)$,点 $P$ 的坐标为 $(2,0)$,求 $\triangle ABC$ 的方程.

**解**　求得 $PA, BC$ 所在的直线方程分别为

$$PA: x - 2 = 0; \quad BC: x + 2y + 2 = 0$$

$PA$ 与 $BC$ 交于 $D(2, -2)$.

$$\lambda_1 = \frac{BD}{DC} = \frac{\sqrt{(-4-2)^2 + (1+2)^2}}{\sqrt{(2-4)^2 + (-2+3)^2}} = \frac{\sqrt{6^2 + 3^2}}{\sqrt{2^2 + 1^2}} = 3,$$

$$\lambda_2 = \frac{PD}{PA} = \frac{1}{2},$$

$$
\triangle = \left| \frac{1}{2} \begin{vmatrix} 2 & 4 & 1 \\ -4 & 1 & 1 \\ 4 & -3 & 1 \end{vmatrix} \right| = \frac{1}{2} \left| \begin{vmatrix} 2 & 4 & 1 \\ -6 & -3 & 0 \\ 2 & -7 & 0 \end{vmatrix} \right| = \frac{3}{2} \left| \begin{vmatrix} 2 & 1 \\ 2 & -7 \end{vmatrix} \right| = 24.
$$

其中外层是绝对值号,内层是行列式号.

根据定理4(公式(4),(5),(6))算出各式的系数,即得 $\triangle ABC$ 的方程

$$\{ 5x + 6y - 10 + 4|x-2| \} + 4|x-2| + x - 2y - 8 = 0$$

### 2. 中线式方程

方程(4)太一般了,特征点 $P$ 可以"游荡"到三角形内的任意一点,这种一般性造成了它的复杂性.这种复杂性的第一步简化,是令取 $\lambda_1 = 1$,就构成中线式(系列)方程.

**定理5**　(林世保)设 $\triangle ABC$ 的顶点分别为 $A(x_1, y_1)$、$B(x_2, y_2)$、$C(x_3, y_3)$,$P$ 为中线 $AD$ 上的一点,$\lambda_2 = \dfrac{PD}{PA}$,则 $\triangle ABC$ 的方程为

$$\left\{ \frac{\lambda_2 + 1}{2\lambda_2} f_1 - \triangle + |f_2| \right\} + |f_2| + \frac{\lambda_2 - 1}{2\lambda_2} f_1 = \triangle \tag{7}$$

其中

$$f_1 = \begin{vmatrix} x & y & 1 \\ x_2 & y_2 & 1 \\ x_3 & y_3 & 1 \end{vmatrix}, f_2 = \begin{vmatrix} x & y & 1 \\ x_1 & y_1 & 1 \\ \dfrac{x_2 + x_3}{2} & \dfrac{y_2 + y_3}{2} & 1 \end{vmatrix} \tag{8}$$

而 $\triangle$ 为 $\triangle ABC$ 的面积，$\lambda_2 > 0$.

**证明**  由题设，将 $\lambda_1 = 1$ 我们来计算(应用公式(6)).

$$a_1 = -\frac{1}{4\lambda_2}[\lambda_2(y_1 - y_2) + \lambda_2(y_3 - y_1) + (2 + \lambda_2)(y_3 - y_2)]$$

$$= -\frac{1}{4\lambda_2}[2\lambda_2(y_3 - y_2) + 2(y_3 - y_2)] = \frac{\lambda_2 + 1}{2\lambda_2}(y_2 - y_3);$$

$$b_1 = \frac{\lambda_2 + 1}{2\lambda_2}(x_3 - x_2);$$

$$c_1 = \frac{1}{4\lambda_2}(2 + \lambda_2 + \lambda_2)(x_2 y_3 - x_3 y_2) - \triangle = \frac{\lambda_2 + 1}{2\lambda_2}(x_2 y_3 - x_3 y_2) - \triangle.$$

所以 $a_1 x + b_1 y + c_1 = \dfrac{\lambda_2 + 1}{2\lambda_2}[(y_2 - y_3)x + (x_3 - x_2)y + (x_2 y_3 - x_3 y_2)] -$

$\triangle = \dfrac{\lambda_2 + 1}{2\lambda_2} f_1 - \triangle.$

其中 $f_1 = \begin{vmatrix} x & y & 1 \\ x_2 & y_2 & 1 \\ x_3 & y_3 & 1 \end{vmatrix}.$

同样

$$a_3 = -\frac{1}{4\lambda_2}[\lambda_2(y_1 - y_2) + \lambda_2(y_3 - y_1) + (-2 + \lambda_2)(y_3 - y_2)]$$

$$= -\frac{1}{4\lambda_2}[(\lambda_2(y_1 - y_2 + y_3 - y_1 + y_3 - y_2) - 2(y_3 - y_2)]$$

$$= -\frac{1}{4\lambda_2}[2\lambda_2(y_3 - y_2) - 2(y_3 - y_2)]$$

$$= \frac{\lambda_2 - 1}{2\lambda_2}(y_2 - y_3);$$

$$b_3 = \frac{\lambda_2 - 1}{2\lambda_2}(x_3 - x_2);$$

$$c_3 = \frac{\lambda_2 - 1}{2\lambda_2}(-x_3 y_2 + x_2 y_3) - \triangle.$$

所以 $a_3 x + b_3 y + c_3 = \dfrac{\lambda_2 - 1}{2\lambda_2} f_1 - \triangle.$

对于式(8)中的$f_2$,我们只须把$A(x_1,y_1)$和$D(\dfrac{x_2+x_3}{2},\dfrac{y_2+y_3}{2})$代入检验:

$$f_2 = \begin{vmatrix} x & y & 1 \\ x_1 & y_1 & 1 \\ \dfrac{x_2+x_3}{2} & \dfrac{y_2+y_3}{2} & 1 \end{vmatrix} = 0.$$

显然,是成立的;因为$P(x_P,y_P)$在$AD$上,那么$f_2(x_P,y_P)=0$,可见,$f_2=0$就是直线$AP$,一同代入式(4),即得式(7).

如果在方程(7)中,特征点$P$取在中线$AD$的中点,那么$\lambda_2 = \dfrac{PD}{PA} = 1$,$\dfrac{\lambda_2-1}{2\lambda_2}f_1$项消失,方程中面积$\triangle$更显眼,因此称特征点在中线中点的方程为面积式方程.

**定理6** (林世保)设$\triangle ABC$的三个顶点为$A(x_1,y_1)$、$B(x_2,y_2)$、$C(x_3,y_3)$,$\triangle$为$\triangle ABC$的面积,特征点$P$在中线$AD$的中点,则$\triangle ABC$的方程为

$$\left\{ f_1 - \triangle + |f_2| \right\} + |f_2| = \triangle \tag{9}$$

其中

$$f_1 = \begin{vmatrix} x & y & 1 \\ x_2 & y_2 & 1 \\ x_3 & y_3 & 1 \end{vmatrix}, f_2 = \begin{vmatrix} x & y & 1 \\ x_1 & y_1 & 1 \\ \dfrac{x_2+x_3}{2} & \dfrac{y_2+y_3}{2} & 1 \end{vmatrix}.$$

**证明:** 只须把$\lambda_2 = 1$代入式(7),即得式(9).

**[说明]** 正如方程(7)有三个一样,方程(9)也有三个,其中$f_1$和$f_2$的表达式(因$P$的坐标)将会有变化:当$P$在中线$BE$上时(为$BE$中点):

$$f_1 = \begin{vmatrix} x & y & 1 \\ x_3 & y_3 & 1 \\ x_1 & y_1 & 1 \end{vmatrix}, f_2 = \begin{vmatrix} x & y & 1 \\ x_2 & y_2 & 1 \\ \dfrac{x_3+x_1}{2} & \dfrac{y_3+y_1}{2} & 1 \end{vmatrix}.$$

当$P$在中线$CF$上时(为$CF$中点):

$$f_1 = \begin{vmatrix} x & y & 1 \\ x_1 & y_1 & 1 \\ x_2 & y_2 & 1 \end{vmatrix}, f_2 = \begin{vmatrix} x & y & 1 \\ x_3 & y_3 & 1 \\ \dfrac{x_1+x_2}{2} & \dfrac{y_1+y_2}{2} & 1 \end{vmatrix}.$$

**例2** 设$\triangle ABC$的三顶点为$A(-4,2)$、$B(-3,-3)$、$C(3,-1)$,特征点为中线上的一点,且$\dfrac{PD}{PA}=3$,求$\triangle ABC$的方程.

**解**　由 $A$、$B$、$C$ 坐标,求出

$$f_1 = -2x + 6y + 12, f_2 = 4x + 4y + 8, \triangle = 16.$$

再把 $\lambda_2 = \dfrac{PD}{PA} = 3$ 代入式(7),化简即得 $\triangle ABC$ 的方程(中线式)为

$$\{ -2x + 6y - 12 + 6 \mid x + y + 12 \mid \} + 6 \mid x + y + 12 \mid - x + 3y = 8$$

**例3**　已知 $\triangle ABC$ 的三个顶点分别为 $A(-1,0)$、$B(0,-2)$、$C(1,0)$,求它的面积式方程.

**解**　应用公式(9),(特征点 $P$ 为中线 $AD$ 的中点)知

$$f_1 = y + 2x + 2, f_2 = \frac{1}{2}y - \frac{1}{2}x + \frac{1}{2}, \triangle = 2.$$

则 $\triangle ABC$ 的面积式方程是

$$\{ 2y + 4x + 4 + \mid y - x + 1 \mid \} + \mid y - x + 1 \mid = 4$$

如果特征点 $P$ 取在三角形重心,则得它的重心式方程.

**定理7**(杨正义)　$\triangle ABC$ 顶点为 $A(x_1, y_1)$、$B(x_2, y_2)$、$C(x_3, y_3)$,则 $\triangle ABC$ 的重心式方程为

$$\{ \frac{3}{2}f_1 - \triangle + \mid f_2 \mid \} + \mid f_2 \mid - \frac{1}{2}f_2 = \triangle \qquad (10)$$

其中 $f_1, f_2$ 的表达式由式(8)给出.

**证明**　把 $\lambda_2 = \dfrac{1}{2}$ 代入式(7)即得.

**例4**　$\triangle ABC$ 三个顶点分别为 $A(-2,3)$、$B(-2,-4)$、$C(4,-2)$,求 $\triangle ABC$ 的重心式方程.

**解**　分别求得

$$f_1 = -2x + + 6y + 20, f_2 = 6x + 3y + 3, \triangle = 21.$$

代入式(10),得 $\triangle ABC$ 的重心式方程为

$$\{ \frac{3}{2}(-2x + 6y + 20) - 21 + \mid 6x + 3y + 3 \mid \} + \mid 6x + 3y + 3 \mid -$$

$$\frac{1}{2}(-2x + 6y + 20) = 21$$

即　$\{ -3x + 9y + 9 + 3 \mid 2x + y + 1 \mid \} + 3 \mid 2x + y + 1 \mid + x - 3y = 31$

[反思]　本题求解中,求 $f_1, f_2$ 都是立足于以 $AD$ 为中线(特征点 $P$ 在中线 $AD$ 上),由于三角形边、角都是"平等"的,那么认为 $P$ 在中线 $BE$、$CF$ 上又如何?求出来的方程如果不是全同的,那么也应当是等价的,能否互化?究竟如何:我们算算看:

ⅰ)立足于 $P$ 在中线 $BE$ 上:

$$f_1 = \begin{vmatrix} x & y & 1 \\ 4 & -2 & 1 \\ -2 & 3 & 1 \end{vmatrix} = -5x - 6y + 8,$$

$$f_2 = \begin{vmatrix} x & y & 1 \\ -2 & -4 & 1 \\ 1 & \frac{1}{2} & 1 \end{vmatrix} = -\frac{9}{2}x + 3y + 3, \triangle = 21. \text{方程为}$$

$$\left\{ \frac{3}{2}(-5x - 6y + 8) - 21 + \left| -\frac{9}{2}x + 3y + 3 \right| \right\} + \left| -\frac{9}{2}x + 3y + 3 \right| -$$

$$\frac{1}{2}(-5x - 6y + 8) = 21$$

即

$$\left\{ -15x - 18y - 18 + 3|3x - y - 1| \right\} + 3|3x - y - 1| + 5x + 6y = 50$$

ⅱ）立足于 $P$ 在中线 $CF$ 上：

$$f_1 = \begin{vmatrix} x & y & 1 \\ -2 & 3 & 1 \\ -2 & -4 & 1 \end{vmatrix} = 7x + 14,$$

$$f_2 = \begin{vmatrix} x & y & 1 \\ 4 & -2 & 1 \\ -2 & -\frac{1}{2} & 1 \end{vmatrix} = -\frac{3}{2}x - 6y + 2,$$

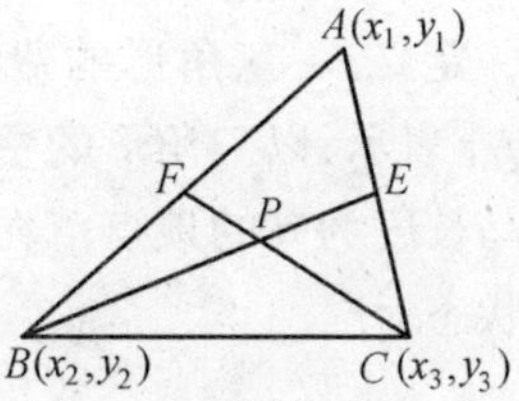

图 4.11

$$\triangle = 21.$$

方程为

$$\left\{ \frac{3}{2}(7x + 14) - 21 + \left| \frac{3}{2}x + 6y - 2 \right| \right\} + \left| \frac{3}{2} + 6y - 2 \right| - \frac{1}{2}(17x + 14) = 21$$

即

$$\left\{ 21x + 21 + |3x + 12y - 4| \right\} + |3x + 12y - 4| - 7x = 28$$

可见,同一个三角形(位置确定)的重心式方程,竟然也有不同的形式,显然,它们是等价的,但是,怎样互化呢?

### 3. 费马点式方程

当 $\triangle ABC$ 有一个角,比如 $\angle A \geqslant 120°$,这个角的顶点 $A$ 就是 $\triangle ABC$ 的费马点,当三角形的三个角均小于120°时,同三个边的张角均为120°的点,就是它的费马点,而费马点就是到三角形三个顶点距离之和最小的点.

如果把构造三角形时的特征点 $P$ 取在费马点 $F$,就得到三角形的费马点式方程.

**定理** 8(宋之宇) 设 $\triangle ABC$ 三内角均小于120°,以其费马点 $F$ 为原点,$FA$

95

为 $x$ 轴正方向,建立坐标系,设 $FA = p, FB = q, FC = r$,则 $\triangle ABC$ 的费马点式方程为

$$\left\{\sqrt{3}x + |\,y\,|\,\right\} + |\,y\,| + ax + by + c = 0 \tag{11}$$

其中 $-\sqrt{3} < a < \sqrt{3}, \dfrac{\sqrt{3}}{3}a - 1 < b < -\dfrac{\sqrt{3}}{3}a + 1, c < 0$ 且 $p = -\dfrac{c}{a + \sqrt{3}}, q = $

$\dfrac{2c}{a - \sqrt{3}b - \sqrt{3}}, r = \dfrac{2c}{a + \sqrt{3}b - \sqrt{3}}$. 或即

$$\begin{cases} a = \dfrac{\sqrt{3}(pr + pq - qr)}{pr + pq + 2qr} \\ b = \dfrac{3rq(r - q)}{(pr + pq + 2rq)(y + q)} \\ c = -\dfrac{\sqrt{3}(2pr + 2pq + rq)p}{pr + pq + 2qr} \end{cases}$$

**证明** 略.

**定义** 三角形的费马点与三顶点连线的长度叫做三角形的费马长度,用 $p, q, r$ 表示;以三角形的费马点为原点,费马长度为 $p$ 的顶点在 $x$ 轴的正半轴上,费马长度为 $q$ 的顶点落在第二象限所建立的平面直角坐标系称为三角形的标准状态.

**定理 9**(宋之宇) 方程(11)为三角形方程的充要条件是

$$-\sqrt{3} < a < \sqrt{3}, \frac{\sqrt{3}}{3}a - 1 < b < -\frac{\sqrt{3}}{3}a + 1, c < 0.$$

**证明** 略

**推论 1** 三角形的标准方程所反映的特征

(1) $\triangle ABC$ 三顶点的坐标是

$$A(p, 0) \text{、} B\left(-\frac{1}{2}q, \frac{\sqrt{3}}{2}q\right) \text{、} C\left(-\frac{1}{2}r, -\frac{\sqrt{3}}{2}r\right);$$

(2) $\triangle ABC$ 三边所在的直线方程为

$$AB: \sqrt{3}qx + (q + 2p)y - \sqrt{3}pq = 0;$$

$$BC: \sqrt{3}(q + r)x + (q - r)y + \sqrt{3}qr = 0;$$

$$CA: \sqrt{3}rx - (r + 2p)y - \sqrt{3}rp = 0.$$

(3) $\triangle ABC$ 三边长

$$|BC| = \sqrt{q^2 + r^2 + qr}, |CA| = \sqrt{r^2 + p^2 + rp}, |AB| = \sqrt{p^2 + q^2 + pq}.$$

(4) $\triangle ABC$ 的面积为

$$S_{\triangle ABC} = \frac{\sqrt{3}}{4}(pq + qr + rp).$$

**证明** 略

**推论** 2 方程(11)

ⅰ)当且仅当 $b + 1 = \sqrt{3}a$ 或 $b = 0$ 或 $b + 1 = -\sqrt{3}a$ 时为等腰三角形；

ⅱ)当且仅当 $a = -\frac{\sqrt{3}}{3}, b = 0$ 时为等边三角形.

**证明** 略

下面讨论它与面积式方程的关系.

先设定一个三角形 $A'_1 A'_2 A'_3$ 费马点式方程为

$$\langle \sqrt{3}x' + | y' | \rangle + | y' | - 1 = 0 \qquad (*)$$

易知它的顶点为

$$A'_1(\frac{\sqrt{3}}{3},0), A'_2(-\frac{\sqrt{3}}{3},0), A'_3(-\frac{\sqrt{3}}{3},-1).$$

取仿射变换

$$\begin{cases} a_1x + b_1y + c_1 = \sqrt{3}x' \\ a_2x + b_2y + c_2 = y' \end{cases}$$

不妨设 $A_1 \leftrightarrow A'_1, A_2 \leftrightarrow A'_2, A_3 \leftrightarrow A'_3$,将各对应点坐标代入变换式,得

$$a_1 = \frac{y_2 - y_3}{\pm \triangle}, b_1 = \frac{x_3 - x_2}{\pm \triangle}, c_1 = \frac{(x_1y_3 - x_3y_1) + (x_2y_1 - x_1y_2) + (x_2y_3 - x_1y_2)}{\pm 2\triangle},$$

$$a_2 = \frac{y_2 + y_3 - 2y_1}{\pm 2\triangle}, b_2 = \frac{2x_1 - x_2 - x_3}{\pm 2\triangle}, c_2 = \frac{x_2y_1 - x_1y_2 + x_3y_1 - x_1y_3}{\pm 2\triangle}.$$

于是可得

$$\sqrt{3}x' = a_1x + b_1y + c_1 = \frac{f_1 - \triangle}{\pm \triangle}, y' = a_2x + b_2y + c_2 = \frac{f_2}{\pm \triangle}.$$

代入(*),得

$$\langle \frac{f_1 - \triangle_1}{\pm \triangle} + \frac{| f_2 |}{\pm \triangle} \rangle + \left| \frac{f_2}{\pm \triangle} \right| - 1 = 0$$

即

$$\langle f_1 - \triangle + | f_2 | \rangle + | f_2 | = \triangle$$

特别地,当 $\triangle A_1A_2A_3$ 顶点坐标分别为 $A_1(0,2m), A_2(n,p), A_3(-n,-p)$ $(m > 0)$ 时,方程为

$$\langle ny - px + \frac{1}{2}\triangle - m | x | \rangle + m | x | = \frac{1}{2}\triangle$$

97

如果 $n < 0$，则为

$$\left\{ ny - px - mn - m\mid x\mid \right\} + m\mid x\mid = -mn$$

### 4. 关于"三边式方程"

在三角形方程的一般式和各种特殊式中，都没有明显地包含边方程的解析式，至使如果已知三边方程，还要先求顶点，再用顶点式写出. 起初想：在本章定理 1 的后面，曾给出，由特征直线 $f_2 = 0$ 和特征角 $\angle BPC: f_1 + \mid f_2 \mid = 0$ 来求三边 $h_1 = 0, h_2 = 0$ 和 $h_3 = 0$ 的公式

$$\begin{cases} h_1 = f_1 + 2f_2 + f_3 \\ h_2 = f_3 - f_1 \\ h_3 = f_1 - 2f_2 + f_3 \end{cases} \quad (\ast)$$

其系数行列式

$$\triangle = \begin{vmatrix} 1 & 2 & 1 \\ -1 & 0 & 1 \\ 1 & -2 & 1 \end{vmatrix} = 8 \neq 0.$$

因此，有唯一解 $(f_1, f_2, f_3)$ :

$$\begin{cases} f_1 = \dfrac{1}{4}(h_1 - 2h_2 + h_3) \\ f_2 = \dfrac{1}{4}(h_1 - h_3) \\ f_3 = \dfrac{1}{4}(h_1 + 2h_2 + h_3) \end{cases} \quad (\ast\ast)$$

那么就可以写出三角形方程吗？

为了说明这想法中的问题，我们看一例：这是本章 4.2 中的例 2：已知 $\triangle ABC$ 的顶点 $A(-1,4)$、$B(-2,0)$、$C(4,0)$，特征点为 $P(2,0)$，求出方程是

$$\left\{ 3y - 6 + \mid y + 2x - 2 \mid \right\} + \mid y + 2x - 2 \mid = 6$$

就是 $PA: f_2 = y + 2x - 2 = 0, f_1 = 3y - 6, f_3 = -6$. 据顶点坐标，直接写出边的方程：

$$AB: h_1 = 4x - y + 8 = 0,$$
$$AC: h_3 = 5y + 4x - 16 = 0,$$
$$BC: h_2 = y = 0.$$

现在用 $(\ast)$ 算一算看. 有

$h_3 = f_1 + 2f_2 + f_3 = 5y + 4x - 16,$

$h_1 = f_1 - 2f_2 + f_3 = (3y - 6) - 2(y + 2x - 2) - 6 = y - 4x - 8,$

$h_2 = f_3 - f_1 = -6 - (3y - 6) = -3y.$

绝对值方程

98

对比一下,即知:$h_3$ 与直接算出的是一致的,但 $h_1$ 与直接求出的 $AB$(即 $h_1$)差一个因数"$-1$",$h_2 = -3y$ 与直接求出 $BC$(即 $h_2 = y$)差一个因数"$-3$",这对于边的方程来说,是没有关系的,因为 $y - 4x - 8 = 0$ 与 $4x - y + 8 = 0$ 等价,$-3y = 0$ 与 $y = 0$ 等价.

可是一旦作为 $h_i$ 的表达式入算,那就完全不同了. 为此,我们取 $h_1 = y - 4x - 8, h_2 = -3y, h_3 = 5y + 4x - 16$ 入算,计算结果 $f_1, f_2, f_3$ 正好是方程中所含的,而取直接求出的

$$h_1 = 4x - y + 8, h_2 = y, h_3 = 5y + 4x - 16,$$

就不正确,非三角形方程中所含之 $f_1, f_2, f_3$.

因此,要想从已知的边的方程,用($**$)求三角形方程中所含的式子 $f_1, f_2, f_3$ 就须有法知道,应给它们配上怎样的常因数,可此法尚未找到.

### 习题 4.2

1. 已知 $\triangle ABC$ 的顶点分别为 $A(-3, -2), B(0, -4), C(2, 4)$,特征点 $P$ 在 $BC$ 边上的中线的中点,求 $\triangle ABC$ 的方程.

2. 试确定特征点 $P$ 在三角形 $ABC$ $\langle x + 4y - 4 + 3|x| \rangle + 3|x| + x - 4 = 0$ 中的位置.

3. 解:$\langle -4x + 10y - 14 + 6|x + 1| \rangle + 6|x + 1| - 4x - 5y - 14 = 0$

4. 若 $\triangle ABC$ 的三顶点分别为 $A(-2, 3), B(-2, -4), C(4, -2)$,求 $\triangle ABC$ 的重心式方程.

5. 设 $\triangle ABC$ 的顶点 $A$ 的坐标为 $(0, 3)$,费马点位于坐标原点,$PB = 2\sqrt{3}$,$PC = \dfrac{8}{3}\sqrt{3}$,求 $\triangle ABC$ 的方程.

6. 设 $\triangle ABC$ 的两顶点分别为 $B(x_2, y_2), C(x_3, y_3)$,特征点 $P$ 位于坐标原点,求证 $\triangle ABC$ 的方程为

$$\langle (y_2 - y_3)x - (x_2 - x_3)y + |(y_2 + y_3)x - (x_2 + x_3)y| \rangle + |(y_2 + y_3)x - (x_2 + x_3)y| = \triangle$$

7. 试证明本文中的定理 9.

## 4.4 建立三角形方程的仿射变换法

宋之宇老师给出通过平面仿射变换并借助于三角形标准方程

$$\left\{\sqrt{3}x+|\ y\ |\ \right\}+|\ y\ |+ax+by+c=0 \qquad (11)$$

来讨论三角形绝对值方程的一般形式.

1. 方程(11)为三角形方程的充要条件.

若方程(11)表示三角形,注意到 $D=\begin{vmatrix} a_1 & b_1 \\ a_2 & b_2 \end{vmatrix}\neq0$,在条件 $D\neq0$ 之下,作仿射变换

$$T:\begin{cases} a_1x+b_1y+c_1=\sqrt{3}x' \\ a_2x+b_2y+c_2=y' \end{cases}.$$

由平面仿射变换的性质知,它的逆变换

$$T^{-1}:\begin{cases} x=a'_1x'+b'_1y'+c'_1 \\ y=a'_2x'+b'_2y'+c'_2 \end{cases}$$

也是一个仿射变换,且

$$K=\begin{vmatrix} a'_1 & b'_1 \\ a'_2 & b'_2 \end{vmatrix}=\frac{\sqrt{3}}{D}\neq0.$$

在变换 $T$ 和 $T'$ 下方程(11)转化为方程

$$\left\{\sqrt{3}x'+|\ y'\ |\ \right\}+|\ y'\ |+a'_3x'+b'_3y'+c'_3=0 \qquad (12)$$

容易知道,如果 $D\neq0$,那么在仿射变换 $T$ 和 $T^{-1}$ 下,方程(11)和方程(12)是一一对应的.

**定理 10**(宋之宇)   若 $D=\begin{vmatrix} a_1 & b_1 \\ a_2 & b_2 \end{vmatrix}\neq0$,则在仿射变换 $T$ 和 $T^{-1}$ 下,方程(11)为三角形方程的充分要条件是方程(12)为三角形标准方程.

本定理由平面仿射几何基本定理可以证明,证略.

**推论**   三角形方程(11)表示的三角形面积 $S_\triangle$ 由等式

$$S_\triangle=\frac{\sqrt{3}}{|\ D\ |}S'_\triangle$$

给出. 这里 $S'_\triangle$ 是变换后三角形的标准方程(12)所表示的三角形面积.

三角形方程的构建,一般采用直接构造法,四川的宋之宇,则先用轨迹法求得特殊三角形的方程,然后再用仿射变换法,求一般三角形的方程.

设 $y=Ax+\alpha$(其中 $x=(x_1,x_2,\cdots,x_n)'$,$y=(y_1,y_2,\cdots,y_n)'$,$\alpha=(\alpha_1,\alpha_2,\cdots,\alpha_n)'$,$A$ 为 $n$ 阶系数方阵)为一线性变换,如 $|A|\neq0$,则 $y=Ax+\alpha$ 称为由 $x$ 到 $y$ 的仿射变换,且存在逆变换 $y=A^{-1}x-A^{-1}\alpha$. 我们知道,平面仿射变换将点变为点,线段变为线段,三角形仍变为三角形.

先推导等腰三角形方程,为此先证如下轨迹命题:

**引理**  设等腰 $\triangle ABC$ 底边 $BC = 2$，高 $AD = 2,O$ 为 $AD$ 中点,记平面上任意一点到 $BO$ 的距离为 $d_1$，到 $AD$ 的距离为 $d_2$,则 $P$ 在折线 $ABD$ 上的充要条件是(如图 $4.12$)

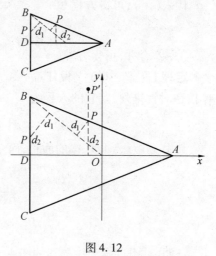

$$\sqrt{2}\,d_1 + d_2 = 1 \qquad (*)$$

**证明**  设 $P$ 在 $AB$ 上,则由于 $BO = \sqrt{2}, AO = 1,$

有

$$\frac{1}{2} \cdot \sqrt{2} \cdot d_1 + \frac{1}{2} \cdot 1 \cdot d_2 = \frac{1}{2} \cdot 1 \cdot 1$$

即

$$\sqrt{2}\,d_1 + d_2 = 1.$$

图 4.12

若 $P'$ 在 $AB$ 边外侧,则 $\sqrt{2}\,d'_1 + d'_2 > 1$,如 $P''$ 在 $AB$ 内侧($\triangle ABC$ 内),则 $\sqrt{2}\,d''_1 + d''_2 < 1$. 因此,$P$ 在 $AB$ 上的充要条件是 $(*)$,类似证 $P$ 在线段 $BD$ 上的情形.

**推论**  如图 $4.12$,以中线 $DA$ 中点为原点,$DA$ 为 $x$ 轴建立直角坐标系,则引理中的等腰 $\triangle ABC$ 的方程为

$$\left\{ x + |\,y\,| \right\} + |\,y\,| = 1 \qquad (**)$$

**证明**  如图 $4.12$,直线 $BO$、$AD$ 的方程分别为

$$x + y = 0, y = 0.$$

设 $P(x,y)$ 为折线 $ABD$ 上任一点,则 $y \geqslant 0, y = |\,y\,|,$

$$d_1 = \frac{|\,x + y\,|}{\sqrt{2}} = \frac{\left\{ x + |\,y\,| \right\}}{\sqrt{2}}$$

$$d_2 = |\,y\,| = y.$$

代入 $(*)$,可得方程 ①

$$\left\{ x + |\,y\,| \right\} + y = 1$$

类似得,直线 $CO$ 的方程为

$$x - y = 0.$$

设 $P(x,y)$ 为折线 $ACD$ 上一点,则 $y \leqslant 0, - y = |\,y\,|,$

$$d_1 = \frac{|\,x - y\,|}{\sqrt{2}} = \frac{\left\{ x + |\,y\,| \right\}}{\sqrt{2}}$$

$$d_2 = |\,y\,| = - y.$$

代入（＊）,可得方程②

$$\{x+|y|\}-y=1$$

①,②合并,可得方程（＊＊）.

**定理**11（宋之宇） 设任意 $\triangle A_1A_2A_3$ 顶点为 $A_i(x_i,y_i)(i=1,2,3)$，$A_1$、$A_2$、$A_3$ 按逆时针排列,则它的方程为

$$\{f_1-\triangle+|f_2|\}+|y|=\triangle \tag{13}$$

其中 $\triangle$ 为 $\triangle A_1A_2A_3$ 的面积,而

$$f_1=\begin{vmatrix} x & y & 1 \\ x_2 & y_2 & 1 \\ x_3 & y_3 & 1 \end{vmatrix}, f_2=\begin{vmatrix} x & y & 1 \\ x_1 & y_1 & 1 \\ \dfrac{x_2+x_3}{2} & \dfrac{y_2+y_3}{2} & 1 \end{vmatrix}.$$

**证明** 引理推论中描述的图 4.12 中的等腰 $\triangle ABC$ 的方程为

$$\{x'+|y'|\}+|y'|=1 \tag{＊＊＊}$$

而顶点为 $A(1,0)$，$B(-1,1)$，$C(-1,-1)$,取如下仿射变换

$$\begin{cases} x'=a_1x+b_1y+c_1 \\ y'=a_2x+b_2y+c_2 \end{cases} \left(\begin{vmatrix} a_1 & b_1 \\ a_2 & b_2 \end{vmatrix}\neq 0\right),$$

使得 $A\leftrightarrow A_1$，$B\leftrightarrow A_2$，$C\leftrightarrow A_3$,将各点坐标代入,即可求出 $a_1,b_1,c_1$ 和 $a_2,b_2,c_2$,进而算出

$$\begin{cases} x'=a_1x+b_1y+c_1=\dfrac{f_1-\triangle}{\triangle} \\ y'=a_2x+b_2y+c_2=\dfrac{f_2}{\triangle} \end{cases},$$

代入（＊＊＊）即得(13).

[**反思**] 在一般的情形下,应用仿射变换法求任意三角形的方程,可以从单位正三角形 $\triangle STU$ 出发,其中三条中线 $SL$、$TM$、$UN$ 交于原点 $O$(图 4.13).

设平面上任一点 $P$ 到直线 $SL$、$TM$、$UN$ 的距离分别为 $d_1$、$d_2$、$d_3$,则

Ⅰ. $P$ 在线段 $SN$ 上的充要条件是

$$d_1+3d_2-d_3=1.$$

Ⅱ. $P$ 在折线 $NTL$ 上的充要条件是

$$d_1+3d_2+d_3=1.$$

那么,$\triangle STU$ 方程可写成

$$\{\sqrt{3}+|y|\}+|y|-\frac{\sqrt{3}}{4}x=\frac{2}{3}$$

通过仿射变换,即得任意三角形方程

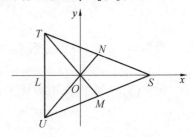

图 4.13

$$3 \left\{ m_2 - m_3 + | m_1 | \right\} + 3 | m_1 | - (m_2 - m_3) = 4\triangle$$

其中 $m_1 = 0, m_2 = 0, m_3 = 0$ 为三角形三中线方程,而 $\triangle$ 为三角形的面积.

**习题** 4.3

1. 判断下列方程是否为三角形方程,如果是三角形方程,求出它的顶点坐标、边长和面积.

(1) $\left\{ -2x - 3y + 5 + | x - 1 | \right\} + | x - 1 | + y + 3 = 0$

(2) $\left\{ -14x - 29y + 207 + | 2x - y - 9 | \right\} + | 2x - y - 9 | + 10x + 19y - 153 = 0$

2. 已知三角形的顶点分别为 $A(5, -1), B(-1, -7), C(1, 2)$,请用仿射变换法求此三角形的方程.

# 4.5  关于三角形方程的应用

**1. 三角形方程的"特征"形式**

(1) 形式较为对称的顶点式方程(宋之宇)

设 $\triangle A_1 A_2 A_3$ 顶点为 $A_i(x_i, y_i), i = 1, 2, 3.$ 则它的方程为

$$3 \left\{ | f_1 | + f_2 - f_3 \right\} + 3 | f_1 | \mp (f_2 - f_3) = 4\triangle \qquad \text{①}$$

其中

$$f_1 = \begin{vmatrix} x & y & 1 \\ x_1 & y_1 & 1 \\ \dfrac{x_2 + x_3}{2} & \dfrac{y_2 + y_3}{2} & 1 \end{vmatrix}, f_2 = \begin{vmatrix} x & y & 1 \\ x_2 & y_2 & 1 \\ \dfrac{x_3 + x_1}{2} & \dfrac{y_3 + y_1}{2} & 1 \end{vmatrix},$$

$$f_3 = \begin{vmatrix} x & y & 1 \\ x_3 & y_3 & 1 \\ \dfrac{x_1 + x_2}{2} & \dfrac{y_1 + y_2}{2} & 1 \end{vmatrix},$$

$\triangle$ 为三角形面积;当顶点按逆时针排列时,方程中 $(f_2 - f_3)$ 前取"−"号,否则,取"+"号.

(2) 易于求顶点的方程(冯跃峰)

设 $a > | f |, d \neq 0$,那么方程

$$\left\{ a | x - b | + c(x - b) + by + e \right\} + a | x - b | + f(x - b) = 1 \qquad \text{②}$$

的曲线为 $\triangle ABC$,其顶点为

$$A\left(b+\frac{1}{f-a},\frac{c-a}{d(a-f)}-\frac{e}{d}\right),B\left(b+\frac{1}{f+a},-\frac{c+a}{d(a+f)}-\frac{e}{d}\right),C\left(b,\frac{1-e}{d}\right).$$

他指出:由于 $\frac{b+1}{f-a}<b<\frac{b+1}{f+a}$,三角形没有垂直于 $x$ 轴的边,另外,易知,当 $a\leqslant|f|$ 或 $d=0$ 时,② 就不再是三角形方程了.

(3) 脱胎于四边形方程的方程(李裕民)

设 $a,b,n\in\mathrm{R}^+,c,d\in\mathrm{R}$ 且 $a>d$,李证明了(证明见本章后面),方程

$$(a-d)\big[(n+1)|x|-(n-1)x-2b\big]+\big\{2cx-2by-(a+d)\big[(n+1)$$

$$|x|-(n-1)x-2b\big]\big\}=0$$

的曲线就是四边形 $ABCD$,顶点为

$$A(0,2a),B(b,c),C(0,2d),D\left(-\frac{b}{n},-\frac{c}{n}\right).$$

当参数 $d=0$ 时,并取 $n=1$,就得 $\triangle ABD$ 的方程

$$a(|x|-b)+\{cx-by-a(|x|-b)\}=0 \qquad\qquad ③$$

其顶点坐标为

$$A(0,2a),B(b,c),D(-b,-c)\qquad(a,b\in\mathrm{R}^+).$$

这里,由顶点坐标可计算出各边、对角线的方程及长度、面积等等,并进而依边间关系进行分类.

例如:方程

$$5|x|+\{5|x|-8x+6y-15\}=15$$

化为

$$\frac{5}{2}(|x|-b)+\left\{4x-3y-\frac{5}{2}(|x|-3)\right\}=0$$

即知它表示的图形为 $\triangle ABC$,顶点为

$$A(0,5),B(3,4),C(-3,-4).$$

算出 $AB^2=3^2+1=10,BC^2=6^2+8^2=100,AC^2=3^2+9^2=90$,故 $\angle BAC=90°$.

**2. 一个多功能的三角形方程(林世保)**

设 $m>0,n,p\in\mathrm{R}$,则方程

$$\{my-px-mn-m|x|\}+m|x|=\frac{1}{2}\triangle \qquad\qquad ④$$

的曲线为 $\triangle ABC$,$\triangle$ 为面积,顶点为

$$A(0,2m),B(n,p),C(-n,-p).$$

绝对值方程

104

记 $\triangle ABC$ 边长 $BC = a, CA = b, AB = c$,则有

(1)$a = 2\sqrt{n^2 + p^2}, b = \sqrt{n^2 + (p + 2m)^2}, c = \sqrt{n^2 + (p - 2m)^2}$;

(2)$\triangle = 2m|n|$;

(3)当 $p = 0$ 时,$AB = AC(\triangle ABC$ 等腰);

(4)当 $p^2 + n^2 = 4m^2$ 时,$\angle A = 90^\circ(\triangle ABC$ 为直角三角形);

(5)当 $p = 0$ 且 $n = \dfrac{2m}{\sqrt{3}}$ 时,$\triangle ABC$ 为等边三角形;

(6)当 $p = 0$ 且 $n = 2m$ 时,$\triangle ABC$ 为等腰直角三角形;

(7)当 $n^2 + p^2 < 4m^2$ 时,$\angle A$ 为锐角;

(8)当 $n^2 + p^2 > 4m^2$ 时,$\triangle ABC$ 为钝角三角形.

这说明,方程④中的参数 $p, n, m$ 不仅可决定边 $a, b, c$ 和面积 $\triangle$,而且对三角形的形状,有了一定的判别功能.

但我们要求的"应用",还须进一步:比如:能否较容易地求出它的各心(首先,须较容易地证明各心的存在)?能否证明三角形中一系列的等式和不等式?甚至于,能否发现,通过其他渠道很好或尚未发现的三角形的其他性质?

### 3. 三角形方程的"标准形式"(牛秋宝)

记 $f_i = a_i x + b_i y + c_i(i = 1, 2, 3)$,则有三角形方程的一般形式

$$\left\langle f_1 + |f_2| \right\rangle + |f_2| + f_3 = 0$$

把特征点 $P$ 取在中线中点,则林世保得到的中线中点式方程

$$\left\langle f_1 + |f_2| \right\rangle + |f_2| = \triangle \qquad ⑤$$

其中 $f_2 = 0$ 表示中线(例如 $PA$)所在直线,$f_1 = 0$ 为过 $P$ 而平行于 $BC$ 的直线,$\triangle$ 为 $\triangle ABC$ 的面积.

河南的牛秋宝认为,它比较简单,因为,认定它为三角形方程的标准形式,因为三角形中线有三条,因而标准形式有三个,关键在于,牛秋保找到了它们的互化方法:

**定理** 12(牛秋宝)  设方程

$$\left\langle f_1 + |f_2| \right\rangle + |f_2| = \triangle \qquad ⑥$$

与

$$\left\langle f_1' + |f_2'| \right\rangle + |f_2'| = \triangle \qquad ⑦$$

(其中 $f_i = a_i x + b_i y + c_i, f_i' = a_i' x + b_i' y + c_i', i = 1, 2$)表示同一个三角形方程,则

$$\begin{cases} a'_1 = -\dfrac{1}{2}(a_1 \pm 2a_2) \\ b'_1 = -\dfrac{1}{2}(b_1 \pm 2b_2) \\ c'_1 = -\dfrac{1}{2}(c_1 \pm 2c_2 + \triangle) \end{cases}, \begin{cases} a'_2 = -\dfrac{1}{4}(3a_1 \mp 2a_2) \\ b'_2 = -\dfrac{1}{4}(3b_1 \mp 2b_2) \\ c'_2 = -\dfrac{1}{4}(3c_1 \mp 2c_2 + \triangle) \end{cases},$$

其中 $\triangle > 0$, $\left| \begin{array}{cc} a_1 & b_1 \\ a_2 & b_2 \end{array} \right| \ne 0$, $\left| \begin{array}{cc} a'_1 & b'_1 \\ a'_2 & b'_2 \end{array} \right| \ne 0$.

**证明**  应用杨正义的三角形方程一般形式中,边的方程表示方法,由 ⑥、⑦"折出"的边分别为(这里 $a_3, b_3 = 0, c_3$ 转化成了 $\triangle$):

$$\begin{cases} -a_1 x - b_1 y - c_1 = \triangle \\ (a_1 \pm 2a_2)x + (b_1 \pm 2b_2)y + c_1 \pm 2c_2 = \triangle \end{cases}$$

$$\begin{cases} -a'_1 x - b'_1 y - c'_1 = \triangle \\ (a'_1 \pm 2a'_2)x + (b'_1 \pm 2b'_2)y + c'_1 \pm 2c'_2 = \triangle \end{cases}$$

它们表示同一个三角形的边,系数应差一个非零常因数. 由 $-a_1 x - b_1 y - c_1 = \triangle$ 与 $-a'_1 x - b'_1 y - c'_1 = \triangle$ 比较,得不出有价值的东西,因此,交叉对比,有

$$\begin{cases} -a'_1 = k(a_1 \pm 2a_2) \\ -b'_1 = k(b_1 \pm 2b_2) \\ -c'_1 - \triangle = k(c_1 \pm 2c_2 - \triangle) \end{cases},$$

其中, $k \ne 0$ 为常数,即

$$\begin{cases} a'_1 = -\dfrac{1}{2}(a_1 \pm 2a_2) \\ b'_1 = -\dfrac{1}{2}(b_1 \pm 2b_2) \\ c'_1 = -\dfrac{1}{2}(c_1 \pm 2c_2 + \triangle) \end{cases}.$$

类似地证明后一组公式.

**例5**  已知 $\triangle ABC$ 的一个标准方程为

$$\left\{ 2x + 3y - 3 + |x - y + 2| \right\} + |x - y + 2| = 1$$

求另外两个标准方程.

**解**  这里 $a_1 = 2, a_2 = 1; b_1 = 3, b_2 = -1; c_1 = -3, c_2 = 2, \triangle = 1$,应用公式

$$a'_1 = -\frac{1}{2}(2 \pm 2 \times 1) = \begin{cases} -2 \\ 0 \end{cases}, a'_2 = \frac{1}{4}(3 \times 2 \mp 2) = \begin{cases} 1 \\ 2 \end{cases}, b'_1 = -\frac{1}{2}[3 \pm$$

$$(-2)] = \begin{cases} -\dfrac{1}{2}, \\ -\dfrac{5}{2}, \end{cases}$$

$$b_2{}' = \frac{1}{4}[9 \mp (-2)] = \begin{cases} \dfrac{11}{4} \\ \dfrac{7}{4} \end{cases}, c_1{}' = -\frac{1}{2}[-3 \pm 4 + 1] = \begin{cases} -1 \\ 3 \end{cases}, c_2{}' =$$

$$\frac{1}{4}[-9 \mp 4 + 1] = \begin{cases} -3 \\ -1 \end{cases}.$$

即得另两个方程为

$$\left\{ -2x - \frac{1}{2}y - 1 \left| x + \frac{11}{4}y - 3 \right| \right\} + \left| x + \frac{11}{4}y - 3 \right| = 1$$

$$\left\{ -\frac{5}{2}y + 3 + \left| 2x + \frac{7}{4}y - 1 \right| \right\} + \left| 2x + \frac{7}{4}y - 1 \right| = 1$$

在上述三角形方程中,有的包含了三角形某些基本元素(如顶点、边、中线、面积等),有些可计算出它的一些特征元素,从而容易给出初步应用(如证明三条中线共点,证明一些命题等等),然而,这些"应用",也可以认为与"方程"无关,因此,我们应当指出:

(1)三角形方程的应用,不在于它能如何"推导"那些综合法能导出的一般性质,而在于传统的综合法、解析法无法窥视的深刻性质和由于绝对值方程的出现而显示的深刻性质,如作为曲线,它有折点,作为闭曲线,它可分为内外部等. 我们还应借助方程,探索其深层性质.

(2)期待着在理论或实践中的有份量的应用.

(3)由于三角形构图简单,因此,传统综合方法在研究三角形方面,是最为得心应手,最为成功而且成果丰富的,相比之下,"三角形方程"往往相形见绌,而缺少必要性. 这种状况只有在它真的找到"非它不可"的应用或发现时,才能改变,另外,这种状况,随着图形的日渐复杂,也可能会发生变化.

## 习题 4.4

1. 求出方程 $\left\{ 5x + 6y - 10 + 4 \mid x - 2 \mid \right\} + 4 \mid x - 2 \mid + x - 2y - 18 = 0$ 的图形的面积.

2. 试确定特征 $P$ 在三角形 $ABC$ $\left\{ x + 4y - 4 + 3 \mid x \mid \right\} + 3 \mid x \mid + x - 4 = 0$ 中的位置.

3. 已知三角形 $ABC$ 的方程是 $\{3y - 6 + | y - 2x - 2 | \} + | y - 2x - 2 | - 6 = 0$，求它的顶点、边长和面积.

4. 已知 $\triangle ABC$ 与 $\triangle A'B'C'$ 的方程分别为

$$\{ - x + 6y - 12 + 5 | x | \} + 5 | x | - x + 2y - 12 = 0$$

$$\{ - x + 6y - 12 + 5 | x | \} + 5 | x | - x + 2y - 8 = 0$$

求证：$\triangle ABC \backsim \triangle A'B'C'$，并求出它们的相似比.

5. 设 $\triangle ABC$ 的三边长分别为 $a$、$b$、$c$，以 $BC$ 边所在的直线为 $x$ 轴，$BC$ 的中点为坐标原点建立直角坐标系，求 $\triangle ABC$ 的方程.

6. 已知 $A(3,6)$，$B(0,2)$，$C(5，-2)$，求 $\triangle ABC$ 的三个中线中点式方程.

# 四边形的方程

第五章

本章致力于四边形绝对值方程的研究,采用由特殊到一般的方法.

## 5.1　平行四边形方程

### 1. 对角线式方程

**定理** 1(冯跃峰)　设 $k = ad - bc \neq 0$,那么方程

$$|ax + by| + |cx + dy| = 1 \tag{1}$$

的曲线是中心(对角线交点)在原点的平行四边形 $ABCD$,顶点分别为

$$A\left(-\frac{d}{k}, \frac{c}{k}\right), B\left(-\frac{b}{k}, \frac{a}{k}\right),$$

$$C\left(\frac{d}{k}, -\frac{c}{k}\right), D\left(\frac{b}{k}, -\frac{a}{k}\right).$$

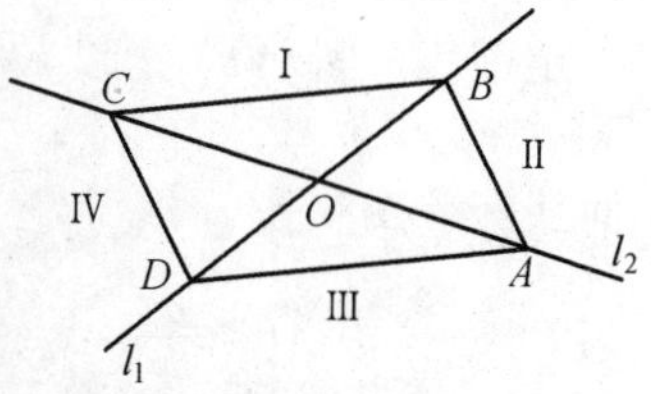

图 5.1

**证明**　如图 5.1(略去了坐标系)直线 $l_1 : ax + by = 0$,

$l_2 : cx + dy = 0$ 相交于 $O$,分坐标平面为四区域:

I. $\begin{cases} ax+by \geqslant 0 \\ cx+dy \geqslant 0 \end{cases}$, II. $\begin{cases} ax+by \leqslant 0 \\ cx+dy \geqslant 0 \end{cases}$, III. $\begin{cases} ax+by \leqslant 0 \\ cx+dy \leqslant 0 \end{cases}$, IV. $\begin{cases} ax+by \geqslant 0 \\ cx+dy \leqslant 0 \end{cases}$.

在 I 约束下,方程(1)化为

$$(a+c)x + (b+d)y = 1.$$

将它分别与 $l_1$、$l_2$ 的方程联立,即得交点

$$B\left(-\frac{b}{k}, \frac{a}{k}\right) \text{ 与 } C\left(\frac{d}{k}, -\frac{c}{k}\right).$$

其中 $k = ad - bc \neq 0$,由于

$$\begin{cases} a \cdot \left(-\dfrac{b}{k}\right) + b \cdot \dfrac{a}{k} = 0 \\ c \cdot \left(-\dfrac{b}{k}\right) + d \cdot \dfrac{a}{k} = 1 > 0 \end{cases} \text{ 及 } \begin{cases} a \cdot \dfrac{d}{k} + b \cdot \left(-\dfrac{c}{k}\right) = 1 > 0 \\ c \cdot \dfrac{d}{k} + d \cdot \left(-\dfrac{c}{k}\right) = 0 \end{cases},$$

从而 $B,C$ 在区域 I 的边界上,即射线 $OB,OC$ 为区域 I($\angle BOC$)的边界. 于是,在 I 的约束下,方程(1)只表示 I 内的线段 $BC$. 同理可知,方程(1)在 II、III、IV 的约束下,依次表示线段 $AB$、$AD$ 和 $CD$. 并分别求得顶点坐标 $C\left(\dfrac{d}{k}, -\dfrac{c}{k}\right)$,

$D\left(\dfrac{b}{k}, -\dfrac{a}{k}\right)$. 同时易证 $BC = AD$,$BC \parallel AD$. 知四边形 $ABCD$ 为平行四边形.

[反思] 按第一章定理5知,方程(1)的图形必为折线形,另外,由定理6,它若有折点,其坐标必满足

$$\begin{cases} ax+by = 0 \\ cx+dy = \pm 1 \end{cases} \text{ 或 } \begin{cases} cx+dy = 0 \\ ax+by = \pm 1 \end{cases},$$

解之,即得其四个折点(顶点),再验证其为平行四边形就可以了. 不难看出,验证过程虽然简洁,但其实质上,与证明过程是完全一样的.

作为定理 1 的推论,我们有

**定理 2**(冯跃峰) 设 $k = ad - bc \neq 0$,那么方程

$$|ax+by+e| + |cx+dy+f| = 1 \tag{2}$$

的曲线就是中心在 $O'(x_0, y_0)$ 的平行四边形 $ABCD$ 的方程,其顶点分别为

$$A\left(-\frac{d}{k} + x_0, \frac{c}{k} + y_0\right), B\left(-\frac{b}{k} + x_0, \frac{a}{k} + y_0\right),$$

$$C\left(\frac{d}{k} + x_0, -\frac{c}{k} + y_0\right), D\left(\frac{b}{k} + x_0, -\frac{a}{k} + y_0\right).$$

而 $(x_0, y_0)$ 是方程组

$$\begin{cases} ax+by+e = 0 \\ cx+dy+f = 0 \end{cases}$$

的解.

**证明** 将 $e = -ax_0 - by_0$,$f = -cx_0 - dy_0$ 代入(2),得

$$\mid a(x - x_0) + b(y - y_0) \mid + \mid c(x - x_0) + d(y - y_0) \mid = 1,$$

平移坐标轴,将原点 $O(0,0)$ 移至 $O'(x_0,y_0)$,由定理 1 及平移公式知结论成立.

由方程(2)可以很容易地写出平行四边形的各个要件:

Ⅰ.平行四边形(2)的对角线所在的直线方程为

$$AC:ax + by + e = 0, BD:cx + dy + f = 0,$$

对角线长为

$$\mid AC \mid = \frac{2\sqrt{a^2 + b^2}}{\mid k \mid}, \mid BD \mid = \frac{2\sqrt{c^2 + d^2}}{\mid k \mid},$$

两对角线夹角 $\alpha$ 满足

$$\cot \alpha = \left| \frac{ac - bd}{k} \right|.$$

**证明**　将定理 2 中 $A$、$C$ 坐标代入,即知它满足 $ax + by + e = 0$,类似知 $BD$ 方程即为 $cx + dy + f = 0$.应用两点间距离公式和直线夹角公式,即可证后面的结论

Ⅱ.平行四边形(2)的四边所在的直线方程为

$$(a - c)x + (b - d)y = \pm r, (a + c)x + (b + d)y = \pm r,$$

其中 $r = e - f + 1$.

**证明**　由定理 2 中 $A$、$B$ 坐标知,直线 $AB$ 斜率为

$$k_{AB} = \frac{a - c}{d - b},$$

则 $AB$ 的方程为

$$y - \frac{c}{k} - y_0 = \frac{a - c}{d - b}\left(x + \frac{d}{k} - x_0\right),$$

去分母,得

$$k(y - y_0)(d - b) = k(x - x_0)(a - c) + c(d - b) + d(a - c),$$

即

$$(y - y_0)(d - b) = (x - x_0)(a - c) + 1,$$

展开,应用 $-ax_0 - by_0 = e$, $-cx_0 - dy_0 = f$,即得

$$(a - c)x + (b - d)y = -e + f - 1 = -r.$$

同样可求出其他三边的方程.

[反思]　按理,欲知 $(a - c)x + (b - d)y = \pm r$ 是否 $AB$ 的方程,只须把 $A$、$B$ 坐标代入验算即可,可是当真的把,比如 $A$ 的坐标代入时,却不知如何下手去化简,最后只好应用点斜式或两点式来求 $AB$ 方程,这样反而来得简洁明快,读者不妨一试.

Ⅲ.平行四边形(2)的边长

111

$$|AB| = \frac{\sqrt{(a-c)^2 + (b-d)^2}}{|k|}, |BC| = \frac{\sqrt{(a+c)^2 + (b+d)^2}}{|k|},$$

事实上,应用两点距离公式计算即知. 同样,由于平行四边形(2)中心 $O'(x_0, y_0)$,应用三角形顶点面积公式,可得

Ⅳ. 平行四边形(2)的面积 $S_{平行四边形(2)} = 4S_{因为O'AB} = \frac{2}{|k|}$.

关于平行四边形各种特殊情形的判定,我们有

Ⅴ. 设 $k = ad - bc \neq 0$,则平行四边形(2)
$$|ax + by + e| + |cx + dy + f| = 1$$

为菱形 $\Leftrightarrow ac + bd = 0$,

为矩形 $\Leftrightarrow a^2 + b^2 = c^2 + d^2$.

事实上,由 $|AB| = |BC|$ 及 Ⅲ,立得 $ac + bd = 0$;反之亦然. 再由 $|AC| = |BD|$ 及 Ⅰ 中的公式,立得 $a^2 + b^2 = c^2 + d^2$,反之亦然.

若已知平行四边形的顶点,怎样写出它的方程?我们有

### 2. 中心 -- 顶点式方程

**定理** 3(冯跃峰) 中心在原点,有两相邻顶点的坐标分别为 $(x_1, y_1)$,$(x_2, y_2)$,的平行四边形的方程为
$$|y_1x - x_1y| + |y_2x - x_2y| = |x_1y_2 - x_2y_1| \tag{3}$$

**证明** 假定(1)确定的平行四边形 $ABCD$ 的顶点 $A$、$B$ 的坐标分别为 $A(x_1, y_1)$,$B(x_2, y_2)$,由定理 1 知
$$x_1 = -\frac{d}{k}, x_2 = -\frac{b}{k}, y_1 = \frac{c}{k}, y_2 = \frac{d}{k},$$

$(k = ad - bc \neq 0)$,记 $\lambda = x_2y_1 - x_1y_2 \neq 0$(因为 $(0,0)$,$(x_1, y_1)$,$(x_2, y_2)$ 三点不共线) 则由上式得
$$a = ky_2, b = -kx_2, c = ky_1, d = -kx_1,$$

所以
$$k = ad - bc = -k^2x_1y_2 + k^2x_2y_1 = k^2\lambda.$$

从而
$$k = \frac{1}{\lambda}.$$

所以
$$a = \frac{y_2}{\lambda}, b = -\frac{x_2}{\lambda}, c = \frac{y_1}{\lambda}, d = -\frac{x_1}{\lambda}.$$

将这些代入式(1) $|ax + by| + |cx + dy| = 1$,得
$$\left|\frac{y_2}{\lambda}x - \frac{x_2}{\lambda}y\right| + \left|\frac{y_1}{\lambda}x - \frac{x_1}{\lambda}y\right| = 1.$$

整理,即得式(3).

式(3)也可以写成行列式的形式,在下边的定理 4 中即如此.

绝对值方程

**定理**4(冯跃峰)　中心在$O'(a,b)$,有两相邻顶点坐标分别为$(x_1,y_1)$,$(x_2,y_2)$的平行四边形的方程为

$$\left\{\left|\begin{matrix} x-a & y-b \\ x_1-a & y_1-b \end{matrix}\right|\right\}+\left\{\left|\begin{matrix} x-a & y-b \\ x_2-a & y_2-b \end{matrix}\right|\right\}=\left\{\left|\begin{matrix} x_1-a & y_1-b \\ x_2-a & y_2-b \end{matrix}\right|\right\} \quad (4)$$

**证明**　应用(3),通过平移即可得到.

**推论**　中心在$O'(a,b)$,一顶点坐标为$(x_1,y_1)$的正方形的方程为

$$\left\{\left|\begin{matrix} x-a & y-b \\ x_1-a & y_1-b \end{matrix}\right|\right\}+\left\{\left|\begin{matrix} x-a & y-b \\ y_1-a & a-x_1 \end{matrix}\right|\right\}=\left\{\left|\begin{matrix} x_1-a & y_1-b \\ y_1-b & a-x_1 \end{matrix}\right|\right\} \quad (5)$$

**证明**　设正方形与$(x_1,y_1)$相邻的顶点为$(x_2,y_2)$,则有(图5.2)

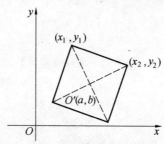

图5.2

$$\begin{cases} \dfrac{y_1-b}{x_1-a}\cdot\dfrac{y_2-b}{x_2-a}=-1 \\ (x_2-a)^2+(y_2-b)^2=(x_1-a)^2+(y_1-b)^2 \end{cases}.$$

由前一式解出

$$y_2-b=-\frac{(x_1-a)(x_2-a)}{y_1-b}.$$

代入后一式,得

$$(x_2-a)^2\left[1+\frac{(x_1-a)^2}{(y_1-b)^2}\right]=(x_1-a)^2+(y_1-b)^2,$$

解得$(x_2-a)^2=(y_1-b)^2$,再由第二式,得

$$\begin{cases} (x_2-a)^2=(y_1-b)^2 \\ (y_2-b)^2=(x_1-a)^2 \end{cases}.$$

所以 $\begin{cases} x_2=y_1-b+a \\ y_2=a+b-x_1 \end{cases}$ 或 $\begin{cases} x_2=a+b-y_1 \\ y_2=x_1-a+b \end{cases}.$

取前一组代入(4)即得欲证(取后一组,须略加变化).

113

**3. 重要例题**

**例1** 方程 $|x+y-3|+|2x-y|=1$ 的图形是什么？

**解** 解方程组

$$\begin{cases} x+y-3=0, \\ 2x-y=0, \end{cases}$$

得 $O'(1,2)$，可见它的图形是中心在 $O'(1,2)$ 的平行四边形 $ABCD$，其顶点分别为（可按定理 2 的顶点公式写）

$$A\left(\frac{2}{3},\frac{4}{3}\right), B\left(\frac{4}{3},\frac{5}{3}\right), C\left(\frac{4}{3},\frac{8}{3}\right), D\left(\frac{2}{3},\frac{7}{3}\right).$$

[反思] 顶点除可用定理 1 中的坐标公式外，也可通过解方程组

$$\begin{cases} x+y-3=0 \\ |2x-y|=1 \end{cases}, \begin{cases} 2x-y=0 \\ |x+y-3|=1 \end{cases}$$

求出.

**例2** 方程 $|x+2y-3|+|2x-y-1|=1$ 表示何种曲线？

**解** 首先由

$$\begin{cases} x+2y-3=0 \\ 2x-y-1=0 \end{cases}$$

解得 $(1,1)$，知它是以 $(1,1)$ 为中心的平行四边形 $ABCD$，顶点为

$$A\left(\frac{4}{5},\frac{3}{5}\right), B\left(\frac{7}{5},\frac{4}{5}\right), C\left(\frac{6}{5},\frac{7}{5}\right), D\left(\frac{3}{5},\frac{6}{5}\right).$$

其次，由性质 V 及 $ac+bd=1\times2+2\times(-1)=0$，及 $a^2+b^2=5=c^2+d^2$，知它是一个正方形.

例3 求中心在原点，边平行于坐标轴的单位正方形的方程.

**解** 正方形一顶点为 $\left(\frac{1}{2},\frac{1}{2}\right)$，在 (5) 中取 $a=b=0, x_1=y_1=\frac{1}{2}$，得

$$\left\{ \begin{vmatrix} x & y \\ \frac{1}{2} & \frac{1}{2} \end{vmatrix} \right\} + \left\{ \begin{vmatrix} x & y \\ \frac{1}{2} & -\frac{1}{2} \end{vmatrix} \right\} = \left\{ \begin{vmatrix} \frac{1}{2} & \frac{1}{2} \\ \frac{1}{2} & -\frac{1}{2} \end{vmatrix} \right\}$$

$$\left| \frac{1}{2}x - \frac{1}{2}y \right| + \left| -\frac{1}{2}x - \frac{1}{2}y \right| = \left| \frac{-1}{4} - \frac{1}{4} \right|.$$

即

$$|x-y|+|x+y|=1.$$

**例4** 已知 $A(-1,2), B(-2,1), C(3,2), D(4,3)$，求 $\square ABCD$ 的方程.

**解** 应用中点坐标公式：$\frac{-1+3}{2}=1, \frac{2+2}{2}=2$，即知 $\square ABCD$ 中心在 $O'(1,2)$，在方程 (4) 中，取

$$a = 1, b = 2, x_1 = -1, y_1 = 2, x_2 = -2, y_2 = 1,$$

就有

$$\left\{ \left| \begin{matrix} x-1 & y-2 \\ -1-1 & 2-2 \end{matrix} \right| \right\} + \left\{ \left| \begin{matrix} x-1 & y-2 \\ -2-1 & 1-2 \end{matrix} \right| \right\} = \left\{ \left| \begin{matrix} -1-1 & 2-2 \\ -2-1 & 1-2 \end{matrix} \right| \right\}$$

$$|2(y-2)| + |-x+1+3y-6| = |-2 \times (-1)|,$$

即

$$|2y-4| + |x-3y+5| = 2.$$

[反思]　对平行四边形来说,已知相邻两顶点及中心或已知四顶点,它的方程都是唯一确定的,但已知四顶点,有的顶点似不必要,实际上它只是指明了"对角线交点",即"中心"的位置. 因此,我们写不出"四顶点式"平行四边形方程,而是使用中心和一对相邻顶点,当已知四顶点时,"中心"是很容易求出的.

**例5**　已知平行四边形的两对角线所在直线为 $x+y-1=0, x-2y+4=0$,其面积为 $\dfrac{5}{3}$,且通过 $(1,0)$ 点,求此平行四边形的方程.

**解**　由定理 2 及性质 I,可设平行四边形方程为

$$|p(x+y-1)| + |q(x-2y+4)| = 1,$$

其中 $p > 0, q > 0$,将 $(1,0)$ 代入,得

$$|p(1+0-1)| + |q(1-0+4)| = 1.$$

则

$$|5q| = 1, q = \frac{1}{5}.$$

又由性质 IV(面积公式 $S_{\text{平行四边形}(2)} = \dfrac{2}{|k|}$),知 $\dfrac{5}{3} = \dfrac{2}{|k|}$,而 $k = p \cdot (-2q) - pq = -3pq$,从而

$$\begin{cases} \dfrac{2}{3pq} = \dfrac{5}{3} \\ q = \dfrac{1}{5} \end{cases}.$$

得

$$p = 2.$$

故所求方程为

$$|2(x+y-1)| + |\frac{1}{5}(x-2y+4)| = 1,$$

即

$$|10x+10y-10| + |x-2y+4| = 5.$$

[反思]　性质 I 告诉我们,对平行四边形 ABCD 的方程

115

$$|ax + by + e| + |cx + dy + f| = 1$$

来说,对角线(所在的直线)的方程就是

$$AC : ax + by + e = 0, BD : cx + dy + f = 0.$$

反之,如对角线所在的直线方程 $AC$、$BD$ 已选定,按定理 2,平行四边形也就定下来了(故其顶点可算出),但是,比如方程

$$ax + by + e = 0 \text{ 同 } cx + dy + f = 0$$

以及

$$p(ax + by + e) = 0 \text{ 同 } q(cx + dy + f) = 0$$

确定的对角线,是完全一致的(它们确定的中心亦同),但平行四边形

$$|ax + by + e| + |cx + dy + f| = 1$$

与

$$|p(ax + by + e)| + |q(cx + dy + f)| = 1 \qquad (*)$$

则随 $(p, q)$ 的变化而有不同, $(*)$ 将是一个具有同样两条对角线(所在直线)的平行四边形族.

本例的求解,应当加深我们的这个认识.

**例 6** 试证:平行四边形两对角线平方和等于四边的平方和.

**证明** 设平行四边形 $ABCD$ 的方程为

$$|ax + by + e| + |cx + dy + f| = 1.$$

应用相关的公式 Ⅰ、Ⅱ、Ⅲ,有

$$|AC|^2 = \frac{4(a^2 + b^2)}{k^2}, |BD|^2 = \frac{4(c^2 + d^2)}{k^2},$$

$$|AB|^2 = |CD|^2 = \frac{(a - c)^2 + (b - d)^2}{k^2},$$

$$|BC|^2 = |DA|^2 = \frac{(a + c)^2 + (b + d)^2}{k^2},$$

直接验证,即知结论成立.

### 4. 几点说明

(1)冯跃峰的方程.

$$|ax + by + e| + |cx + dy + f| = 1$$

$(ad - bc \neq 0)$ 是怎样想到的?

这里,我们并不去"揭示"他发现的实际过程,而是想弄清他发现的几种可能的途径.

其一是归纳事实的启示. 在这方程发现之前,我们早已给出过不少平行四边形的方程,如单位正方形

$$|x + y| + |x - y| = 1,$$

菱形

$$\frac{|x|}{a} + \frac{|y|}{b} = 1(a, b > 0),$$

矩形

$$|y - 2x| + |y + 2x| = 4,$$

等等,这完全可以启示他去作形如

$$|ax + by| + |cx + dy| = m(m > 0),$$
$$|ax + by + e| + |cx + dy + f| = 1$$

的方程的图形,从而发现它的一般性,都是平行四边形,于是作出猜想,然后再给以证明.

其二是演绎结论的启示,在此之前,娄伟光、叶年新、罗增儒等,早已找到了凸多边形的方程的一般表达式或构造方法,因此,把它用在特殊的四边形:平行四边形上,也就可以了.

(2)方程的"水平".

我们知道,笛卡尔坐标几何成功的主要标志(之一)是找到了若干光滑曲线的方程,特别是直线方程和圆锥曲线的标准方程

圆:$(x - a)^2 + (y - b)^2 = r^2$,

椭圆:$\dfrac{x^2}{a^2} + \dfrac{y^2}{b^2} = 1(a > b > 0)$,

双曲线:$\dfrac{x^2}{a^2} - \dfrac{y^2}{b^2} = 1(a, b > 0)$,

抛物线:$y^2 = 2px(p > 0)$.

特点是:它们充分地反映了图形的性质和数量特征;形式简洁明快,好记好用,形式优美;依据方程和其中的系数,可推导出圆锥曲线的大量的深刻的性质,从而使方程在实践及理论上,获得了丰富的应用.

事实上,我们的平行四边形方程

$$|ax + by + e| + |cx + dy + f| = 1$$

已达到较高的(甚至超过了圆锥曲线标准方程的)水平:

第一,它充分地反映了平行四边形的性质和数量特征;

第二,它简洁、明快,好记好用;

第三,还可用以探索和证明平行四边形一系列更为深刻的性质.

椐此,我们认为,平行四边形的方程,应当进入我们解析几何教材.


## 习题 5.1

1. 试用轨迹法(仿习题 2.1 的 3)求平行四边形的方程.

2. 试用弥合法(仿第二章 2.5 的例 1) 求平行四边形的方程.

3. 已知平行四边形 $ABCD$ 的顶点 $A(-1,0),B(0,2),C(3,0),D(2,-2)$, 求它的方程.

4. 已知平行四边形的三个顶点 $(-1,0),(0,2),(3,0)$, 求它的方程, 并画出图形.

5. 平行四边形 $ABCD$ 为菱形, 试证 $AC \perp BD$(用方程法).

6. 求椭圆 $\dfrac{x^2}{a^2} + \dfrac{y^2}{b^2} = 1$ 的内接菱形和外切矩形(边平行于 $x$ 轴) 的方程.

# 5.2    一般四边形方程(一)

四川杨正义认为, 四边形方程与三角形方程有关, 他证得了

**定理 5**(杨正义)    已知四边形 $ABCD$ 四顶点坐标 $(x_i,y_i)(i = 1,2,3,4)$, 设 $f_j = a_j x + b_j y + c_j (j = 1,2,3)$, 其中 $a_j,b_j,c_j$ 及下式中的常数 $r$ 由 $x_i,y_i$ 及四边形内对角线 $AC$ 上的一点 $P(m,n)$ 坐标 $m,n$ 决定, 则四边形 $ABCD$ 方程可写成如下形式

$$\left\{ f_1 + | f_2 | \right\} + r | f_2 | + f_3 = 0 \qquad (1)$$

证明过程大致就是如下的构造过程.

① 在四边形 $ABCD$ 内的对角线 $AC$ 上任取一点 $P(m,n)$(使点在 $\triangle ABD$ 内, 参看图 5.3), 则 $AP$ 所在的直线方程 $f_2 = 0$ 可定.

② 把 $B,P,D$ 坐标代入关于 $a_1,b_1,c_1$ 的方程

$$f_1 + | f_2 | = 0$$

得方程组

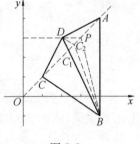

图 5.3

$$\begin{cases} f_1(x_2,y_2) + | f_2(x_2,y_2) | = 0 \\ f_1(m,n) = 0 \\ f_1(x_4,y_4) + | f_2(x_4,y_4) | = 0 \end{cases}$$

由于 $B,P,D$ 不共线, 从而 $a_1,b_1,c_1$, 即 $f_1$ 可定.

③ 将 $A,B,D$ 坐标分别代入关于 $a_3,b_3,c_3$ 的方程(1), 得方程组

$$\begin{cases} f_3 + | f_1 | = 0(因为 f_2(A) = 0) \\ f_3 + r | f_2(x_2,y_2) | = 0(因为 f_1 + | f_2 | (B) = 0) \\ f_3 + r | f_2(x_4,y_4) | = 0(因为 f_1 + | f_2 | (O) = 0) \end{cases}$$

因 $A,B,D$ 三点不共线, 从而 $a_3,b_3,c_3$, 即 $f_3$ 可定.

④ 现在,$f_1,f_2,f_3$ 已定,故把 $C$ 点坐标代入式(1),即可求出 $r$.

⑤ 用区域法证明,式(1) 就是四边形 $ABCD$ 的方程.

下面例举说明.

**例 1**　如图 5.3,凸四边形 $ABCD$ 顶点 $A(4,4)$,$B(4,-1)$,$C(1,1)$,$D(2,3)$,求其方程.

**解**　在对角线 $AC$ 上取点 $P(3,3)$,$(P$ 在 $\triangle ABD$ 内),则 $PA$ 方程为 $x-y=0(f_2=0)$,把 $B,P,D$ 坐标分别代入 $f_1+|f_2|=0$,得

$$\begin{cases} 4a_1 - b_1 + c_1 +|\ 4 - (-1)\ | = 0 \\ 3a_1 + 3b_1 + c_1 +|\ 3 - 3\ | = 0 \\ 2a_1 + 3b_1 + c_1 +|\ 2 - 3\ | = 0 \end{cases},$$

解得 $a_1 = 1, b_1 = \dfrac{3}{2}, c_1 = -\dfrac{15}{2}$,则 $f_1 = x + \dfrac{3}{2}y - \dfrac{15}{2}$.

把 $A,B,D$ 坐标代入

$$\Big\{ f_1 +|\ x - y\ | \Big\} + r|\ x - y\ | + f_3 = 0$$

得方程组

$$\begin{cases} 4a_3 + 4b_3 + c_3 + \dfrac{5}{2} = 0 \\ 4a_3 - b_3 + c_3 + 5r = 0 \\ 2a_3 + 3b_3 + c_3 + r = 0 \end{cases},$$

解得 $a_3 = -1, b_3 = r - \dfrac{1}{2}, c_3 = \dfrac{7}{2} - 4r$,从而 $f_3 = -x + (r - \dfrac{1}{2})y + (\dfrac{7}{2} - 4r)$ 确定,把 $C(1,1)$ 坐标代入式(1),得

$$\Big\{ x + \frac{3}{2}y - \frac{15}{2} +|\ x - y\ | \Big\} + r|\ x - y\ | + (-x) + (r - \frac{1}{2})y + (\frac{7}{2} - 4r) = 0$$

$$(*)$$

即

$$\Big\{ 1 + \frac{3}{2} \cdot 1 - \frac{15}{2} +|\ 1 - 1\ | \Big\} + r|\ 1 - 1\ | + (-1) + (r - \frac{1}{2}) \cdot 1 + \frac{7}{2} - 4r = 0$$

$$5 - 1 + r - \frac{1}{2} + \frac{7}{2} - 4r = 0.$$

所以

$$r = \frac{7}{3}.$$

因此,凸四边形 $ABCD$ 的方程为

$$\Big\{ x + \frac{3}{2}y - \frac{15}{2} +|\ x - y\ | \Big\} + \frac{7}{3}|\ x - y\ | - x + \frac{11}{6}y - \frac{35}{6} = 0$$

**例 2**  已知 $\triangle ABD$ 顶点为 $A(4,4),B(4,-1),D(2,3)$,求其方程.

**解**  在 $BD$ 边上任取一点 $C_1(\frac{7}{3},\frac{7}{3})$,作为第四顶点,则 $\triangle ABD$ 可看作"四边形"$ABC_1D$(图 5.3 中 $C_1$ 为 $BD$ 同 $AC$ 的交点).

仿例 1,求出式(1)和式(∗)后,把 $C_1(\frac{7}{3},\frac{7}{3})$ 代入,得

$$\left\langle \frac{7}{3}+\frac{3}{2}\cdot\frac{7}{3}-\frac{15}{2}+|\frac{7}{3}-\frac{7}{3}| \right\rangle +$$

$$r|\frac{7}{3}-\frac{7}{3}|-\frac{7}{3}+(r-\frac{1}{2})\cdot\frac{7}{3}+\frac{7}{2}-4r=0$$

$$(r-\frac{1}{2})\cdot\frac{7}{3}+\frac{7}{2}-4r=0,$$

即

$$\frac{5}{3}-\frac{7}{3}+\frac{7}{3}r-\frac{7}{6}+\frac{7}{2}-4r=0.$$

$$r=1.$$

从而,$\triangle ABD$ 的方程为

$$\left\langle f_1+|f_2| \right\rangle +r|f_2|+f_3=0 \quad (r=1)$$

即

$$\left\langle x+\frac{3}{2}y-\frac{15}{2}+|x-y| \right\rangle +|x-y|-x+\frac{1}{2}y-\frac{1}{2}=0$$

**例 3**  已知四边形 $ABC_2D$ 顶点为 $A(4,4),B(4,-1),C_2(\frac{8}{3},\frac{8}{3}),D(2,3)$,求凹四边形 $ABC_2D$ 的方程.

**解**  如图 5.3,仿例 1,在求出式(1),即式(∗)之后,把 $C_2(\frac{8}{3},\frac{8}{3})$ 代入,得

$$\left\langle \frac{8}{3}+\frac{3}{2}\cdot\frac{8}{3}-\frac{15}{2}+|\frac{8}{3}-\frac{8}{3}| \right\rangle +r|\frac{8}{3}-\frac{8}{3}|-\frac{8}{3}+(r-\frac{1}{2})\cdot\frac{8}{3}+\frac{7}{2}-4r=0$$

$$(r-\frac{1}{2})\cdot\frac{8}{3}+\frac{7}{2}-4r=0,$$

即

$$\frac{5}{6}-\frac{8}{3}+\frac{8}{3}r-\frac{4}{3}+\frac{7}{2}-4r=0,$$

$$r=\frac{1}{4}.$$

从而,凹四边形 $ABC_2D$ 的方程为

$$\left\{ f_1 + |f_2| \right\} + r|f_2| + f_3 = 0 \quad (r = \frac{1}{4})$$

即

$$\left\{ x + \frac{3}{2}y - \frac{15}{2} + |x - y| \right\} + \frac{1}{4}|x - y| - x - \frac{1}{4}y + \frac{5}{2} = 0$$

**[反思]** ① 这三例的设计,是相当巧妙的,它正好对应了"四边形"的三种情形:

凸四边形: $r > 1$;退化四边形(三角形): $r = 1$;凹四边形: $r < 1$.

于是杨正义受启发而做出猜想:

若方程(1)表示四边形,则 $r \geqslant 0$ 且 $a_1b_2 - a_2b_1 \neq 0$,进而: ⅰ)当 $0 \leqslant r < 1$ 时,表凹四边形;ⅱ)当 $r = 1$ 时,表退化四边形(三角形);ⅲ)当 $r > 1$ 时,表凸四边形.

可惜,这猜想并不正确,1994 年,他又著文作了如下修正: $r \geqslant 0$ 换成 $r > -1$,那么

ⅰ')当 $-1 < r < 1$ 时,表凹四边形;ⅱ)、ⅲ)与上面的猜想同.

例如,方程

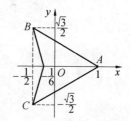

图 5.4

$$\left\{ 7\sqrt{3}x + |7y| \right\} - |y| - 5\sqrt{3}x - 2\sqrt{3} = 0$$

表示凹四边形 $ABCD$(如图 5.4),其中

$$A(1,0), B\left(-\frac{1}{2}, \frac{\sqrt{3}}{2}\right), C\left(-\frac{1}{6}, 0\right), D\left(-\frac{1}{2}, -\frac{\sqrt{3}}{2}\right).$$

对此,他给出了严格证明.

② 但是,当 $r > 1$ 时,它何时表示平行四边形、矩形、梯形和菱形等,则未进一步研究.

③ 我们已经获得了一层的四边形方程;因而,没有对(1)进行细致的讨论,而之所以介绍它,还在于它与"三角形方程"接轨,同时,包含了凹四边形方程. 但应做的是对同一个平行四边形,可求出形如 $|f_1| + |f_2| = 1$ 式的方程,和(1)型的方程,看会不会使 $\left\{ \right\}$ 消失?

对方程(1),杨正义还得到

**推论** (方程(1)的性质) 当方程(1)表示四边形时,则四边所在的直线方程为

$$[a_1 \pm (r+1)a_2 + a_3]x + [b_1 \pm (r+1)b_2 + b_3]y + c_1 \pm (r+1)c_2 + c_3 = 0.$$
$$[a_3 \pm (r-1)a_2 - a_1]x + [b_3 \pm (r-1)b_2 - b_1]y + c_3 \pm (r-1)c_2 - c_1 = 0.$$

**习题 5.2**

1. 已知 $A(-1,1)$，$B(1,1)$，$C(1,-1)$，$D(-2,-1)$，应用定理 5，求四边形 $ABCD$ 的方程.

2. 已知 $\triangle ABC$ 三顶点的坐标为 $A(0,2)$，$B(1,0)$，$C(4,0)$，求 $\triangle ABC$ 的绝对值方程.

3. 已知 $A(1,1)$，$B(-1,0)$，$D(0,-1)$，以及 $C(-1,-1)$，$C_1(-\frac{1}{2},-\frac{1}{2})$，$C_2(0,0)$，按方程 (1) 求四边形 $ABCD$，$ABC_1D$，$ABC_2D$ 的方程.

4. 已知 $\triangle ABC$ 的三顶点坐标为 $A(0,1)$、$B(-1,0)$，$C(1,0)$，求到三边距离之和为常数 $k$ 的点的轨迹方程，并讨论方程所表示的图形.

# 5.3　一般四边形方程(二)

**定理 6**(冯跃峰)　设 $R = ad - bc$，$S = aq - bp$，$T = cq - dp$，如果 $|R| > |S|$ 且 $|R| > |T|$，则方程

$$|ax + by| + |cx + dy| = px + qy + 1 \tag{2}$$

的曲线是对角线在原点的凸四边形，顶点为

$$A(\frac{-b}{R-S}, \frac{a}{R-S})，B(\frac{d}{R+T}, \frac{-c}{R+T})，C(\frac{b}{R+S}, \frac{-a}{R+S})，D(\frac{-d}{R-T}, \frac{c}{R-T}).$$

**证明**　仍用区域法，如图 5.5，两直线 $l_1: ax + by = 0$，$l_2: cx + dy = 0$ 相交于点 $O$ 并将坐标平面分为四个区域

$$\text{I} . \begin{cases} ax + by \geqslant 0 \\ cx + dy \geqslant 0, \end{cases} \qquad \text{II} . \begin{cases} ax + by \geqslant 0 \\ cx + dy \leqslant 0, \end{cases}$$

$$\text{III} . \begin{cases} ax + by \leqslant 0 \\ cx + dy \leqslant 0, \end{cases} \qquad \text{IV} . \begin{cases} ax + by \leqslant 0 \\ cx + dy \geqslant 0. \end{cases}$$

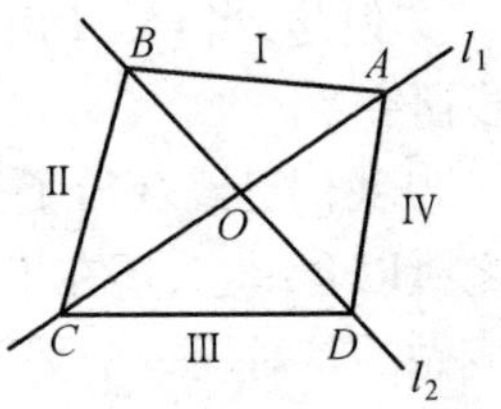

在 I 约束下，方程(2)化为

$$(a + c - p)x + (b + d - q)y = 1 \qquad ①$$

设直线 ① 与直线 $l_1$ 交于 $A$，与 $l_2$ 交于 $B$，则由

图 5.5

$$\begin{cases} (a + c - p)x + (b + d - q)y = 1 \\ ax + by = 0 \end{cases}$$

解出 $A(\frac{-b}{R-S}, \frac{a}{R-S})$，由 ① 与 $l_2$：

$$\begin{cases} (a + c - p)x + (b + d - q)y = 1 \\ cx + dy = 0 \end{cases}$$

解出 $B(\frac{d}{R+T},\frac{-c}{R+T})$，由题设条件知 $R$ 与 $R \pm T$，$R \pm S$ 同号，因此

$$\begin{cases} a \cdot \frac{-b}{R-S} + b \cdot \frac{a}{R-S} = 0 \\ c \cdot \frac{-b}{R-s} + d \cdot \frac{a}{R-S} = \frac{R}{R-S} > 0 \end{cases}, \begin{cases} c \cdot \frac{d}{R+T} + d \cdot \frac{-c}{R+T} = 0 \\ a \cdot \frac{d}{R+T} + b \cdot \frac{-c}{R+T} = \frac{R}{R+T} > 0 \end{cases}.$$

可见 $A$、$B$ 在区域 Ⅰ 内(边界上)，由区域法基本定理(第二章2.2中的定理1)，知方程①在 Ⅰ 内的图形，就是线段 $AB$，此即方程(2)在区域 Ⅰ 内的图形. 类似可证:方程(2)在区域 Ⅱ、Ⅲ、Ⅳ 内的图形分别为线段 $BC$、$CD$、$DA$. 此外，图形的凸性保证了对角线交点 $O$ 在图形内，从而有如上的区分;反之，对角线交点 $O$ 在线段 $AC$、$BD$ 内，从而图形是凸的.

作为定理6的推广，应用坐标轴的平移变换，容易得到

**定理7** 条件同定理6，设直线 $l_1:ax+by+e=0$ 与直线 $l_2:cx+dy+f=0$ 交于 $O'(x_0,y_0)$，则方程

$$|ax+by+e| + |cx+dy+f| = p(x-x_0) + q(y-y_0) + 1 \qquad (3)$$

的曲线是对角线交于 $O'(x_0,y_0)$ 的凸四边形 $ABCD$，顶点为

$$A(\frac{-b}{R-S}+x_0, \frac{a}{R-S}+y_0), B(\frac{d}{R+T}+x_0, \frac{-c}{R+T}+y_0),$$

$$C(\frac{b}{R+S}+x_0, \frac{-a}{R+S}+y_0), D(\frac{-d}{R-T}+x_0, \frac{c}{R-T}+y_0).$$

**证明** 将 $e = -ax_0 - by_0$，$f = -cx_0 - dy_0$ 代入(3)，得

$$|a(x-x_0)+b(y-y_0)| + |c(x-x_0)+d(y-y_0)| = p(x-x_0) + q(y-y_0) + 1,$$

应用平移公式 $x-x_0 = x'$，$y-y_0 = y'$，即知结论成立.

如下两条推论道出了它的几个数量指标和特殊情形.

**推论1** 方程(3)所表示的四边形中

ⅰ) 对角线所在的直线方程为

$$l_1:ax+by+e=0, l_2:cx+dy+f=0;$$

ⅱ) 对角线长度

$$|AC| = \frac{2|R|\sqrt{a^2+b^2}}{R^2-S^2}, |BD| = \frac{2|R|\sqrt{c^2+d^2}}{R^2-T^2},$$

$(R=ad-bc, S=aq-bp, T=cq-dp, |R|>|S|, |R|>|T|)$;

ⅲ) 设对角线夹角为 $\alpha$，则

$$\cot \alpha = |\frac{ac-bd}{ad-bc}|.$$

通过计算即知. 至于边长，则不好推出简洁公式.

**推论2** 四边形(3)为平行四边形的充要条件是 $p = q = 0$.

特别,(3)为矩形 $p = q = 0$ 且 $a^2 + b^2 = c^2 + d^2$.

**证明** 当 $p = q = 0$ 时,(3)化为 5.1 中的(2)式

$$|ax + by + e| + |cx + dy + f| = 1,$$

由定理2知,它的图形确为平行四边形,可见充分性显然. 下证必要性.

设(3)表示平行四边形 $ABCD$,则 $|O'A| = |O'C|$,$|O'B| = |O'D|$,由

$$\begin{cases} \dfrac{a^2}{(R-S)^2} + \dfrac{b^2}{(R-S)^2} = \dfrac{b^2}{(R+S)^2}\ \dfrac{a^2}{(R+S)^2}, \\ \dfrac{d^2}{(R+T)^2} + \dfrac{c^2}{(R+T)^2} = \dfrac{d^2}{(R-T)^2}\ \dfrac{c^2}{(R-T)^2}, \end{cases}$$

解出

$$\frac{4RS}{(R^2 - S^2)^2} = 0, \frac{4RT}{(R^2 - T^2)^2} = 0.$$

但 $R \neq 0$,只有 $S = T = 0$,即 $aq - bp = cq - dp = 0$,又 $R = ad - bc \neq 0$,故方程组(关于 $p$、$q$)只有零解,故 $p = q = 0$,进而 $a^2 + b^2 = c^2 + d^2$ 时 $|AC| = |BD|$.

**推论3** 四边形(3)为梯形的充要条件是 $|S| = |T| \neq 0$. 特别(3)为等腰梯形的充要条件是 $|S| = |T| \neq 0$ 且 $a^2 + b^2 = c^2 + d^2$.

**证明** 记(如图 5.5)四边形 $ABCD$ 对角线交点为 $O$,$k = \dfrac{|AO|}{|OC|}$,

$l = \dfrac{|BO|}{|OD|}$,于是 $ABCD$ 为梯形的充要条件是

$$\begin{cases} AB \parallel CD \\ AD \text{ 不平行于 } BC \end{cases} \text{或} \begin{cases} AB \text{ 不平行于 } CD \\ AD \parallel BC \end{cases} \Leftrightarrow k = l \neq 1 \text{ 或 } k = \frac{1}{l} \neq 1.$$

我们来计算

$$|AO|^2 = \frac{a^2 + b^2}{(R-S)^2}, \quad |OC|^2 = \frac{a^2 + b^2}{(R+S)^2},$$

$$|BO|^2 = \frac{d^2 + c^2}{(R+T)^2}, \quad |OD|^2 = \frac{c^2 + d^2}{(R-T)^2}.$$

所以

$$k^2 = \frac{(R+S)^2}{(R-S)^2}, l^2 = \frac{(R-T)^2}{(R+T)^2}.$$

那么由 $k^2 = l^2$,得 $(k+l)(k-l) = 0$,即

$$[(R+S)(R+T) + (R-S)(R-T)][(R+S)(R+T) - (R-S)(R-T)] = 0.$$

$$(2R^2 + 2ST)(2RS + 2RT) = 0. \quad (R^2 + ST) \cdot R \cdot (S + T) = 0.$$

因为 $|R| > |S|$,$|R| > |T|$,$R^2 > -ST$,$R \neq 0$,故 $S + T = 0$.

同样,由 $k^2 = \dfrac{1}{l^2}$ 得出 $(R^2 - ST) \cdot R \cdot (S - T) = 0, R^2 > ST, R \neq 0$,故

$$S - T = 0.$$

从而 $S \pm T = 0$ 即 $|S| = |T|$,又 $k \neq 1, l \neq 1$,从而 $S \neq 0, T \neq 0$,于是得 $|S| = |T| \neq 0$. 又上述推理过程都是可逆的,从而:四边形(3)为梯形 $\Leftrightarrow |S| = |T| \neq 0$.

又由推论 1 的 **ii**,知对角线长

$$|AC| = \frac{2|R|\sqrt{a^2 + b^2}}{R^2 - S^2},\ |BD| = \frac{2|R|\sqrt{c^2 + d^2}}{R^2 - T^2}.$$

从而"等腰梯形" $\Leftrightarrow$ 对角线相等的梯形 $\Leftrightarrow$

$$\begin{cases} |AC| = |BD| \\ |S| = |T| \neq 0 \end{cases} \Leftrightarrow \begin{cases} |S| = |T| \neq 0 \\ a^2 + b^2 = c^2 + d^2 \end{cases}.$$

**例 1** 已知 $A(60, -15), B(80, 0), C(60, 15), D(48, 0)$,求四边形 $ABCD$ 的方程.

**解** 对角线 $AC$ 的方程为 $x = 60, BD$ 的方程为 $y = 0$,交点为 $O'(60, 0)$, $ABCD$ 方程可设为

$$|a(x - 60)| + |c(y - 0)| = p(x - 60) + q(y - 0) + 1.$$

把 $A$、$C$ 坐标代入,得

$$|15c| = -15q + 1,\ |15c| = 15q + 1.$$

得 $q = 0, c = \pm\dfrac{1}{15}$,方程化为

$$|a(x - 60)| + |\frac{1}{15}y| = p(x - 60) + 1.$$

再把 $B$、$D$ 坐标代入,得

$$\begin{cases} |a(80 - 60)| + |\dfrac{1}{15} \cdot 0| = p(80 - 60) + 1 \\ |a(48 - 60)| + |\dfrac{1}{15} \cdot 0| = p(48 - 60) + 1 \end{cases},$$

$$\begin{cases} |20a| = 20p + 1 \\ |12a| = -12p + 1 \end{cases} \text{ 即 } \begin{cases} |a| = p + \dfrac{1}{20} \\ |a| = -p + \dfrac{1}{12} \end{cases}.$$

解得 $a = \pm\dfrac{1}{15}, p = \dfrac{1}{60}$,故得四边形 $ABCD$ 的方程为

$$|\frac{1}{15}(x - 60)| + |\frac{1}{15}y| = \frac{1}{60}(x - 60) + 1.$$

化简,为

$$|x-60|+|y|=\frac{x}{4}.$$

**例2**　已知 $A(1,2),B(-2,0),C(-2,-4),$ $D(1,0)$，求四边形 $ABCD$ 的方程.

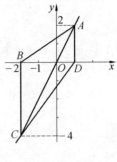

图 5.6

**解**　对角线 $AC$、$BD$ 方程分别为
$$2x-y=0,y=0,$$
交于点 $O(0,0),ABCD$ 的方程可设为
$$t_1|2x-y|+t_2|y|=px+qy+1.$$
把 $B$、$D$ 坐标代入,得
$$\begin{cases}4t_1=-2p+1\\2t_1=p+1\end{cases}.$$
解得 $t_1=\dfrac{3}{8},p=-\dfrac{1}{4}$,方程可化为
$$\frac{3}{8}|2x-y|+t_2|y|=-\frac{1}{4}x+qy+1.$$
再把 $A$、$C$ 坐标代入 $(2x-y=0$ 是成立),得
$$\begin{cases}2t_2=-\dfrac{1}{4}+2q+1\\4t_2=\dfrac{1}{2}+(-4q)+1\end{cases},$$
即
$$\begin{cases}2t_2=2q+\dfrac{3}{4}\\4t_2=-4q+\dfrac{3}{2}\end{cases}.$$
解得 $q=0,t_2=\dfrac{3}{8}$,故四边形 $ABCD$ 方程为
$$\frac{3}{8}|2x-y|+\frac{3}{8}|y|=-\frac{1}{4}x+1,$$
即
$$|6x-3y|+|3y|=8-2x.$$

[反思]　① 在定理 7 的方程(3)中,两个"‖"前面的系数都是"1",可在本题求解过程中,却加了待定系数 $t_1$ 和 $t_2$,这样做是为什么呢?

事实上,这里的问题在于,如果 $ax+by+c=0$ 是四边形对角线(所在直线)方程,那么 $t(ax+by+c)=0(t\neq0)$ 也是. 由于在四边形的方程(3)中,有待定的系数 $p$、$q$ 和常数"1",那么这些对角线方程中,到底哪一个适合它们,是需要用顶点坐标来确定的,从而加了 $t_1$ 和 $t_2$.

② 由图 5.6 可见,例 2 中的四边形 $ABCD$,由于 $AD /\!/ BC$,$AB$ 不平行于 $CD$,因此,是一个梯形. 在我们求出的方程

$$\frac{3}{8} \mid 2x - y \mid + \frac{3}{8} \mid y \mid = -\frac{1}{4}x + 1$$

中,$a = \frac{3}{4}, b = -\frac{3}{8}, c = 0, d = \frac{3}{8}, p = -\frac{1}{4}, q = 0.$

$$S = aq - bp = \frac{3}{4} \times 0 - (-\frac{3}{8})(-\frac{1}{4}) = -\frac{3}{32},$$

$$T = cq - dp = 0 \times 0 - \frac{3}{8} \times (-\frac{1}{4}) = \frac{3}{32}.$$

确有 $\mid S \mid = \mid T \mid = \frac{3}{32} \neq 0$.

**例 3** 已知 $A(2,4), B(0,3), C(-1, -2), D(4, -1)$,求四边形 $ABCD$ 的方程.

**解** 对角线方程为(图 5.7)

$AC : 2x - y = 0, BD : x + y - 3 = 0.$

于是,四边形 $ABCD$ 方程可设为(因"交点"$(1,2)$)

$$t_1 \mid 2x - y \mid + t_2 \mid x + y - 3 \mid = p(x - 1) + q(y - 2) + 1 \qquad (*)$$

将四顶点坐标代入,得

$$\begin{cases} 3t_2 = p + 2q + 1 \\ 3t_1 = -p + q + 1 \\ 6t_2 = -2p - 4q + 1 \\ 9t_1 = 3p - 3q + 1 \end{cases},$$

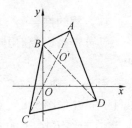

解得 $t_1 = \frac{2}{9}, t_2 = \frac{1}{4}, p = \frac{5}{36}, q = -\frac{7}{36}$

得四边形 $ABCD$ 方程为

图 5.7

$$\frac{2}{9} \mid 2x - y \mid + \frac{1}{4} \mid x + y - 3 \mid = \frac{5}{36}(x - 1) - \frac{7}{36}(y - 2) + 1,$$

即

$$\mid 16x - 8y \mid + \mid 9x + 9y - 27 \mid = 5x - 7y + 45.$$

**[反思]** 当把 $A$ 移动到 $O'(1,2)$ 时,把 $A(1,2)$ 代入式 $(*)$ 成为

$$0 = 1,$$

即矛盾等式;当把 $A$ 移动到 $O(0,0)$ 时,把 $A(0,0)$ 代入式 $(*)$,成为

$$3t_2 = -p - 2q + 1 \qquad (**)$$

而把 $C(-1, -2)$ 代入式 $(*)$,成为

$$6t_2 = -2 - 4q + 1 \qquad (***)$$

显然,两式是矛盾的($2(**) - (***)$ 为 $0 = 1$).

这说明,($*$)即(3)不可能是退化的四边形(即三角形)和凹四边形的方程,也说明,我们对方程(3)还缺乏必要的理论分析.

### 习题 5.3

1. 求下列四边形 $ABCD$ 的方程.

(1)$A(2,0),B(0,2),C(-2,0),D(0,-1)$.

(2)$A(2,0),B(0,2),C(-3,0),D(0,-3)$.

(3)$A(1,2),B(4,2),C(3,0),D(0,0)$.

(4)$A(-3,2),B(0,-3),C(3,2),D(0,1)$.

请对各题求解进行反思.

2. 对角线互相垂直的四边形的方程有何特征?

# 5.4　一般四边形方程(三)

### 1. 方程的推导

江苏李裕民,利用同三角形两边相关的一个轨迹定理,推导了四边形的方程.

**引理**　在 $\triangle ABC$ 中,$BC = 2a$,$BC$ 上的中线 $AM = b$(如图5.8),则与 $AM$ 在 $BC$ 同侧的动点 $P$,在折线 $BAC$ 上的充要条件为

$$a \cdot PE + b \cdot PF = S_{\triangle ABC},$$

其中 $PE$ 和 $PF$ 分别表示 $P$ 到 $BC$ 和 $AM$ 的距离.

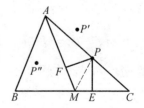

图5.8

**证明**　设 $P$ 在折线 $BAC$ 上,作 $PE \perp BC$ 于点 $E$,$PF \perp AM$ 于点 $F$,连接 $PM$,则

$$\frac{1}{2}a \cdot PE + \frac{1}{2}b \cdot PF = S_{\triangle PMC} + S_{\triangle PMA} = S_{\triangle AMC} = \frac{1}{2}S_{\triangle ABC}.$$

两边乘以 2 即得

$$a \cdot PE + b \cdot PF = S_{\triangle ABC}.$$

反之,若与 $AM$ 在 $BC$ 同侧的点 $P$ 在 $\triangle ABC$ 外(如 $P'$ 处),则易证 $a \cdot PE + b \cdot PF > S_{\triangle ABC}$;若 $P$ 在 $\triangle ABC$ 内(如 $P''$ 处),则可知 $a \cdot PE + b \cdot PF < S_{\triangle ABC}$.

证毕.

引理表明,在 $BC$ 同侧(与 $A$ 点),符合条件 $a \cdot PE + b \cdot PF = S_{\text{因为}ABC}$ 的点的轨迹,就是折线 $BAC$.

这样,就可以证明如下关于四边形的顶点式方程的如下

**定理** 8(李裕民) 设 $a, b, n$ 为正数,$c, d$ 为实数,且 $a > d$,则绝对值方程

$$(a - d)\big[(n+1)\,|x| - (n-1)x - 2b\big] + \zeta\, 2cx - 2by - (a+d)\big[(n+1)$$

$$|x| - (n-1)x - 2b\big]\big\} = 0 \tag{4}$$

的曲线为四边形 $ABCD$,顶点为

$$A(0, 2a), B(b, c), C(0, 2d), D\Big(-\frac{b}{n}, -\frac{c}{n}\Big).$$

**证明** 按顶点坐标,知坐标系如 5.9 所示,对角线 $AC$、$BD$

交于原点,设 $S_{ABCD} = \triangle$,那么 $S_{\text{因为}ABC} = n \cdot S_{\triangle ADC} = \dfrac{n\triangle}{n+1} =$

$\dfrac{1}{2}(2a + 2\,|d|\,)b = (a - d)b.$

设 $AC$ 中点为 $M(0, a+d)$,则可得直线方

程

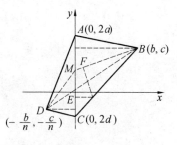

图 5.9

$BM: (c - a - d)x - by + b(a + d) = 0,$

$DM: (c + na + nd)x - by + b(a + d) = 0$

则当动点 $P(x, y)$ 在折线 $ABC$ 上时,$x \geq 0$,

由引理知

$$AM \cdot PE + BM \cdot PF = S_{\triangle SBC},$$

即(因为 $A = a - d$,$PE = x = |x|$,用两点距公式求 $BM$,点线距公式求 $PF$)

$$(a - d)\,|x| + \sqrt{(b - c)^2 + (c - a - d)^2} \cdot$$

$$\frac{|(c - a - d)x - by + b(a + d)|}{\sqrt{b^2 + (c - a - d)^2}} = S_{\text{因为}ABC}.$$

即

$$(a - d)\,|x| + |\,cx - by + (a + d)(b - x)\,| = S_{\triangle ABC}\ (x \geq 0) \qquad ①$$

当 $P(x, y)$ 在折线 $ADC$ 上时,有

$$(a - d)\,|x| + \sqrt{\Big(-\frac{b}{n} - c\Big)^2 + \Big(-\frac{c}{n} - a - d\Big)^2} \cdot$$

$$\frac{|(c + na + nd)x - by + b(a + d)|}{\sqrt{(c + na + nd)^2 + b^2}} = S_{\triangle AOC} = \frac{1}{n} S_{\text{因为}ABC},$$

即

$$(a - d)\,|nx| + |\,cx - by + (a + d)(b + nx)\,| = S_{\triangle ABC}\ (x \leq 0) \qquad ②$$

为了把两式合并,仔细比较①和②两式,由于在①中,$(a-d)$后面的$|x|$也可写成$|-x|$,因此,就须构造一个式子$f(x)$,它符合

$$f(x) = \begin{cases} -x & (x \geq 0) \\ nx & (x \leq 0) \end{cases},$$

这有点类似于 $-|x| = \begin{cases} -x & (x \geq 0) \\ x & (x \leq 0) \end{cases}.$

怎样构造呢?李裕民给出的是

$$f(x) = \frac{n-1}{2}x - \frac{n+1}{2}|x| \qquad\qquad ③$$

但没有说是"怎样想出来"(或怎样推算出来)的,有了③,①与②就可统一写成

$$(a-d)|f(x)| + |cx - by + (a+d)(b+f(x))| = S_{\triangle ABC} \qquad ④$$

但是,由于$\frac{n-1}{2}x \leq \frac{n+1}{2}|x|$,从而$f(x) \leq 0$,因此

$$|f(x)| = \frac{n+1}{2}|x| - \frac{n-1}{2}x \qquad\qquad ⑤$$

③、⑤代入④,得

$$(a-d)\left[\frac{n+1}{2}|x| - \frac{n-1}{2}x\right] + \Big\{ cx - by + (a+d)$$

$$\left(\frac{n-1}{2}x - \frac{n+1}{2}|x| + b\right) \Big\} = S_{\triangle ABC} \qquad ⑥$$

把$S_{\triangle ABC} = (a-d)b$代入⑥,两边乘以2,把$2(a-d)b$移到左边,并入第一个中括号中,并交换$\frac{n-1}{2}x$与$\frac{n+1}{2}|x|$的位置,提出一个"–"号,即得欲证式(4).

[反思] ① 定理8的证明,颇费周折,亏他是怎样想出来的. 我们认为,应当探索构造$f(x)$(③中的)的方法,并加以推广. 另外,这样合并两个表达式的方法,也是独特的.

② 初看此命题,$D$的坐标$(-\frac{b}{n}, -\frac{c}{n})$的选设,有些独特,为什么要用两个分数?后来明白了:是为了使 $\triangle ADC$ 的面积与 $\triangle ABC$ 拉上关系,为后来的"合并"预做安排. 当然,这是后来修改成的,也未可知.

③ 总之,定理的构造,他的发现和证明过程,都是非常值得我们玩味的.

**2. 参数与推论**

由参数$a, b, n \in \mathbf{R}^+, c, d \in \mathbf{R}(a > d)$,可确定四边形$ABCD$各元素

Ⅰ. 顶点$A(0, 2a), B(b, c), C(0, 2d), D(-\frac{b}{n}, -\frac{c}{n})$,显然,顶点的8个坐

标,不是互相独立的(只依 5 个独立参数).

Ⅱ. 边长

$$AB = \sqrt{b^2 + (c - 2a)^2}, BC = \sqrt{d^2 + (c - 2d)^2},$$

$$CD = \frac{1}{n} \sqrt{b^2 + (c + 2nd)^2}, DA = \frac{1}{n} \sqrt{b^2 + (c + 2na)^2}.$$

Ⅲ. 对角线长

$$AC = 2(n - d), BD = \frac{n + 1}{n} \sqrt{b^2 + c^2}.$$

显然,这些似乎同方程关系不大,有价值的是如下一些推论

**推论 1**   方程(4)表示梯形的充要条件是 $a = -nd$.

**推论 2**   若 $n = 1, d = -a$,则方程(4)表示平行四边形 $ABCD$,方程可写为

$$2a \mid x \mid + \mid cx - by \mid = 2ab.$$

**推论 3**   若 $n = 1, c = 0$,则方程(4)表示筝形,方程可化为

$$(a - d)(\mid x \mid - b) + \left\{ by + (\mid x \mid - b)(a + d) \right\} = 0$$

**推论 4**   如 $d = 0$,则方程(4)的曲线为三角形(这由图 5.9 上看得非常清楚),如果取 $n = 1$,则三角形的方程为

$$a(\mid x \mid - b) + \left\{ cx - by - a(\mid x \mid - b) \right\} = 0$$

[**反思**]   如果取 $d > 0$(仍保持 $d < a$),则从图 5.9 看,$ABCD$ 成为凹四边形. 从证明过程中,似看不出影响,这时,它的方程仍然是(4)吗?

**3. 例释**

**例 1**   写出顶点为 $A(0,6), B(3,3), C(0, -2), D(-1, -1)$ 的四边形的方程.

**解**   $a = b = c = n = 3, d = -1$,于是方程为

$$4(2 \mid x \mid - x - 3) + \left\{ 5x - 3y - 4 \mid x \mid - 6 \right\} = 0$$

**例 2**   求出方程

$$5 \mid x \mid + \left\{ 5 \mid x \mid - 8x + 6y - 15 \right\} = 15$$

的曲线.

**解**   方程可写为

$$\frac{5}{2}(\mid x \mid - 3) + \left\{ 4x - 3y - \frac{5}{2}(\mid x \mid - 3) \right\} = 0$$

知 $2a = 5, b = 3, c = 4, d = 0, n = 1$,可见它的曲线为 $\triangle ABD$,顶点为 $A(0, 5), B(3, 4), D(-3, -4)$.

**例 3**   写出顶点为 $A(0,6), B(3,3), C(0,2), D(-1, -1)$ 的四边形 $ABCD$ 的方程.

**解** $a = b = c = 3$(因为 $-\dfrac{3}{n} = -1$),$d = 1$,代入方程(4),约去 2,即的

方程

$$2(2 \mid x \mid - x - 3) + \Big\{ 3x - 3y - 4(2 \mid x \mid - x - 3) \Big\} = 0$$

它是不是我们要求的方程呢?我们检验一下. 先求图形的顶点:

① 令"$\mid x \mid$"中的 $x = 0$,则得方程组

$$\begin{cases} x = 0 \\ -6 + \mid -3y + 12 \mid = 0 \end{cases}$$

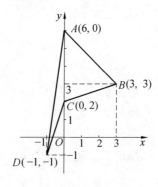

解得$(0,6)$ 和$(0,2)$.

② 令"$\{ \}$"中的式子为 0,得方程组

$$\begin{cases} 3x - 3y - 4(2 \mid x \mid - x - 3) = 0 \\ 2 \mid x \mid - x - 3 = 0 \end{cases}$$

即 $\begin{cases} 2 \mid x \mid - x - 3 = 0 \\ x = y \end{cases}$

图 5.10

解得$(3,3)$ 和$(-1, -1)$.

进而,再检验一下"边",例如,看 $AB$ 的中点 $Q(\dfrac{3}{2}, \dfrac{9}{2})$ 如何?有

$$2(3 - \frac{3}{2} - 3) + \Big\{ \frac{9}{2} - \frac{27}{2} - 4(3 - \frac{3}{2} - 3) \Big\} = -3 + \mid -9 + 6 \mid = 0$$

可见,点 $Q$ 是在图上.

[**反思**] 例 3 证实了猜想:当且仅当 $0 < d < a$ 时,方程(4)的图形为凹四
边形.

## 习题 5.4

1. 写出下列四边形 $ABCD$ 的方程.

(1)$A(0,2)$,$B(-1,3)$,$C(0,4)$,$D(1, -3)$.

(2)$A(0,4)$,$B(1, -3)$,$C(0, -2)$,$D(-1,3)$.

(3)$A(0,6)$,$B(-1, -2)$,$C(0,4)$,$D(1,2)$.

2. 求出方程

$$\Big\{ 3x - y - 3 + 3 \mid x \mid \Big\} - \mid x \mid + 1 = 0$$

的曲线.

# 5.5 射影变换与四边形方程

我们将要用到如下函数和二、三阶行列式的如下记号：

$$f_i = f_i(x,y) = a_i x + b_i y + c_i (i = 1,2,3),$$

$$H_{ij} = \begin{vmatrix} a_i & b_i \\ a_j & b_j \end{vmatrix} (i,j = 1,2,3),$$

$$H = \begin{vmatrix} a_1 & b_1 & c_1 \\ a_2 & b_2 & c_2 \\ a_3 & b_3 & c_3 \end{vmatrix}.$$

$$H_1 = H_1(x,y) = \begin{vmatrix} x & b_1 & c_1 \\ y & b_2 & c_2 \\ 1 & b_3 & c_3 \end{vmatrix}, H_2 = H_2(x,y) = \begin{vmatrix} a_1 & x & c_1 \\ a_2 & y & c_2 \\ a_3 & 1 & c_3 \end{vmatrix},$$

$$H_3 = H_3(x,y) = \begin{vmatrix} a_1 & b_1 & x \\ a_2 & b_2 & y \\ a_3 & b_3 & 1 \end{vmatrix},$$

那么,有

**定理 9**(孙四周)  方程

$$|f_1| + |f_2| = |f_3| \tag{5}$$

的图形为四边形的充要条件是

$$\mathrm{I}. H \neq 0,$$

$$\mathrm{II}. |H_{12}| > |H_{13}|, |H_{23}|.$$

**证明**  考虑基本正方形 $L_0$: $|x| + |y| = 1$,在通常的(欧氏)平面上加进"无穷远点"(即平行线的"交点"),即够成射影平面. 在这平面上引入射影变换:

$$\Gamma: \begin{cases} x = \dfrac{f_1(x',y')}{f_3(x',y')} \\ y = \dfrac{f_2(x',y')}{f_3(x',y')} \end{cases} (H \neq 0),$$

(这里:$f_i(x',y') = a_i x' + b_i y' + c_i, i = 1,2,3$),将点 $(x',y')$ 变成了点 $(x,y)$,它的逆变换

$$\Gamma^{-1}:\begin{cases} x' = \dfrac{H_1}{H_3} \\ y' = \dfrac{H_2}{H_3} \end{cases}.$$

也是射影变换,它把点$(x,y)$变成了点$(x',y')$,将变换式$\Gamma$代入$L_0$的方程$|x|+|y|=1$,就把点$(x,y)$的轨迹方程,变成了点$(x',y')$的轨迹方程

$$\left| \frac{f_1(x',y')}{f_3(x',y')} \right| + \left| \frac{f_2(x',y')}{f_3(x',y')} \right| = 1 \qquad (*)$$

就是

$$|f_1(x',y')|+|f_3(x',y')|=|f_3(x',y')|,$$

为习惯起见,仍把$(x',y')$记为$(x,y)$,就得到方程(5).

下面讨论(5)仍为四边形应满足的条件. 首先,变换$\Gamma$要求$H \neq 0$,其次,欲使$L_0$在变换$\Gamma$下仍是四边形,由$(*)$知,须得射影线不与无穷远相交,即$H_3(x,y) \neq 0$,而无穷远线是$H_3(x,y) \neq 0$,即

$$\begin{vmatrix} a_1 & b_1 & x \\ a_2 & b_2 & y \\ a_3 & b_3 & 1 \end{vmatrix} = 0.$$

按第3列展开(注意本节开头的符合),得

$$H_{23}x - H_{13} + H_{12} = 0,$$

这条"无穷远线"在两轴上的"截距"的绝对值均大于1,因此

当$x=0$时,$|x| = \dfrac{|H_{12}|}{|H_{13}|} > 1$,即$|H_{12}| > |H_{13}|$;

当$y=0$时,$|y| = \dfrac{|H_{12}|}{|H_{23}|} > 1$,即$|H_{12}| > |H_{13}|$.

上述推理过程可逆.

另外,由于四边形任意三顶点不共线,因此,由射影几何原理可知,把一个正方形$A_1A_2A_3A_4$四顶点分别变为任一四边形$B_1B_2B_3B_4$四顶点的射影变换是唯一存在的. 又由于射影变换在定理条件下,把线段变成线段,因此,任何四边形的方程都是存在的.

怎样求呢?先看一个例子.

**例1** 已知四边形$ABCD:A(0,3),B(2,2),C(0,-2),D(-2,0)$,试求它的方程.

**解** 四边形$ABCD$的方程是由射影变换式

$$\begin{cases} x' = \dfrac{f_1}{f_3} = \dfrac{a_1 x + b_1 y + c_1}{a_3 x + b_3 y + c_3} \\[3mm] y' = \dfrac{f_2}{f_3} = \dfrac{a_2 x + b_2 y + c_2}{a_3 x + b_3 y + c_3} \end{cases} \quad (**)$$

的分子和分母构成的:($**$) 把 $ABCD$ 上的点 $(x,y)$ 变换成了正方形 $A'B'C'D'$(即 $|x'|+|y'|=1$)上的点 $(x',y')$. 事实上,也就是把四顶点 $A$、$B$、$C$、$D$ 分别变成四顶点 $A'$、$B'$、$C'$、$D'$,

具体地说,就是

$$A(0,3) \leftrightarrow A'(1,0), \quad B(2,2) \leftrightarrow B'(1,0),$$
$$C(0,-2) \leftrightarrow C'(0,-1), \quad D(-2,0) \leftrightarrow D'(-1,0),$$

现在把坐标 $(x,y) \leftrightarrow (x',y')$ 分别代入变换式($**$)

$$\frac{a_1 x + b_1 y + c_1}{a_3 x + b_3 y + c_3} = x', \quad \frac{a_2 x + b_2 y + c_2}{a_3 x + b_3 y + c_3} = y',$$

得

$$\begin{cases} \dfrac{0 \cdot a_1 + 3b_1 + c_1}{0 \cdot a_3 + 3b_3 + c_3} = 0 \quad \dfrac{0 \cdot a_2 + 3b_2 + c_2}{0 \cdot a_3 + 3b_3 + c_3} = 1 \\[3mm] \dfrac{2 \cdot a_1 + 2b_1 + c_1}{2 \cdot a_3 + 2b_3 + c_3} = 1 \quad \dfrac{2 \cdot a_2 + 2b_2 + c_2}{2 \cdot a_3 + 2b_3 + c_3} = 0 \\[3mm] \dfrac{0 \cdot a_1 - 2b_1 + c_1}{0 \cdot a_3 - 2b_3 + c_3} = 0 \quad \dfrac{0 \cdot a_2 - 2b_2 + c_2}{0 \cdot a_3 - 2b_3 + c_3} = -1 \\[3mm] \dfrac{-2 \cdot a_1 + 0 \cdot b_1 + c_1}{-2 \cdot a_3 + 0 \cdot b_3 + c_3} = -1 \quad \dfrac{-2 \cdot a_2 + 0 \cdot b_2 + c_2}{-2 \cdot a_3 + 0 \cdot b_3 + c_3} = 0 \end{cases}$$

就是

$$\begin{cases} 3b_1 + c_1 = 0 \quad 3b_2 + c_2 = 3b_3 + c_3 \\ 2a_1 + 2b_1 + c_1 = 2a_3 + 2b_3 + c_3 \quad 2a_2 + 2b_2 + c_2 = 0 \\ -2b_1 + c_1 = 0 \quad -2b_2 + c_2 = 2b_3 - c_3 \\ -2a_1 + c_1 = 2a_3 \quad -c_3 - 2a_2 + c_2 = 0 \end{cases}$$

解之,得

$$a_1 = 12a_3 \quad b_1 = c_1 = 0$$
$$a_2 = -5a_3 \quad b_2 = 10a_3 \quad c_2 = -10a_3$$
$$a_3 = a_3 \quad b_3 = -2a_3 \quad c_3 = 26a_3$$

只须命 $a_3 = 1$,即得变换式

$$x' = \frac{12x}{x - 2y + 26}, \quad y' = \frac{-5x + 10y - 10}{x - 2y + 26},$$

代入方程 $|x'|+|y'|=1$,即得欲求方程

$$12 \mid x \mid + 5 \mid x - 2y + 2 \mid = \mid x - 2y + 26 \mid.$$

由此可知,根据顶点坐标求四边形方程的步骤是:

1. 确定顶点与正方形顶点的对应关系:四边形 $A_1A_2A_3A_4$, $A_i(x_i,y_i)$ ($i = 1, 2, 3, 4$),正方形 $\mid x' \mid + \mid y' \mid = 1$ 的顶点 $A'_1(0,1)$, $A'_2(1,0)$, $A'_3(0,-1)$, $A'(-1,0)$, $A_i \leftrightarrow A'_i$;

2. 将 $A_i$, $A'_i$ 坐标(一对一对)代入变换式:

$$\frac{f_1(x,y)}{f_3(x,y)} = x', \frac{f_2(x,y)}{f_3(x,y)} = y',$$

共得约束九个待定系数8个等式,选其中适当的一个为参数,即可把其余8个表出,给"参数"赋值,即可求出几个系数,从而确定变换式 $x'$, $y'$;

3. 代入 $\mid x' \mid + \mid y' \mid = 1$,即可求出方程.

**推论1** 方程(5)表示的四边形中

ⅰ)对角线为 $f_1 = 0$, $f_2 = 0$.

ⅱ)四顶点坐标为 $(x_i, y_i)$,

$$x_i = \frac{H_1(x_i', y_i')}{H_3(x_i', y_i')}, y_i = \frac{H_2(x_i', y_i')}{H_3(x_i', y_i')},$$

其中 $(x_1', y_1') = (0,1)$, $(x_2', y_2') = (0,1)$, $(x_3', y_3') = (0,-1)$, $(x_4', y_4') = (-1,0)$.

**证明** ⅰ)四边形(5)看作正方形 $\mid x' \mid + \mid y' \mid = 1$ 在变换 $\Gamma$ 下的象,其对角线 $x' = 0$, $y' = 0$ 的象分别为

$$\frac{f_1}{f_3} = 0 \text{ 和} \frac{f_2}{f_3} = 0, \text{即} f_1 = 0 \text{ 和} f_2 = 0.$$

ⅱ)四边形(5)的顶点分别为 $(0,1)$, $(1,0)$, $(0,-1)$, $(-1,0)$ 的象,故有上述结论.

**推论2** 方程(5)表示平行四边形的充要条件是 $a_3 = b_3 = 0$ 且 $c_3 \neq 0$, $H_{12} \neq 0$.

**推论3** 菱形方程为

$$\mid k_1\cos\theta \cdot x - k_1\sin\theta \cdot y + m \mid + \mid k_2\sin\theta \cdot x + k_2\cos\theta \cdot y + n \mid = 1 (k_1k_2 \neq 0),$$

$\theta$ 为其一条对角线的倾斜角,边长为 $\dfrac{\sqrt{2} \mid k_1k_2 \mid}{\sqrt{k_1^2 + k_2^2}}$.

**推论4** 矩形方程为

$$\mid (k_1\cos\alpha - k_2\sin\alpha)x - (k_1\sin\alpha + k_2\cos\alpha)y + m \mid \mid (k_1\cos\alpha + k_2\sin\alpha)x + (-k_1\sin\alpha) + k_2\cos\alpha)y + n \mid = 1 (k_1k_2 \neq 0)$$

其中 $\alpha$ 为矩形一边的倾斜角,特别,当 $\mid k_1 \mid = \mid k_2 \mid$ 时,它表示正方形.

**推论5** 正方形方程为

$$| x\cos\theta + y\sin\theta + m | + | x\sin\theta - y\cos\theta + n | = \frac{\sqrt{2}}{2}a,$$

其中,$a$ 为正方形边长,$\theta$ 为一条对角线的倾斜角.

[反思] 四边形方程自然是很好的,但遗憾的是:① 没有给出方程(5)表示凸或凹四边形的条件;

② 没有给出方程(5)表示梯形的条件;

③ 对"推论"均未证明.

这是后续的研究应做的工作.

### 习题5.5

1. 求如下四边形 $ABCD$ 的形如(5)的方程,其中四个顶点分别是 $A(0,5)$,$B(2,0)$,$C(0-1)$,$D(-2,0)$,

2. 求如下四边形 $ABCD$ 的型如(5)的方程,其中四个顶点分别是 $A(0,5)$,$B(2,0)$,$C(0,1)$,$D(-2,0)$.

# 5.6 四边形方程的简明形式

### 1. 林世保的方程

比起众多的"四边形方程"来,林世保的方程往往具有一般性和简单性.

**定理 10(林世保)** 记 $f_i = a_i x + b_i y + c_i (i = 1,2,3)$,则方程

$$| f_1 | + | f_2 | + f_3 = 0 \tag{6}$$

的曲线是凸四边形 $ABCD$. 其中 $a_1 b_2 \neq a_2 b_1$.

对角线所在的直线方程分别为

$$l_1 : f_1 = a_1 x + b_1 y + c_1 = 0, \quad l_2 : f_2 = a_2 x + b_2 y + c_2 = 0, \tag{①}$$

四条边所在的直线方程分别为

$$AB : (a_1 - a_2 + a_3) x + (b_1 - b_2 + b_3) y + (c_1 - c_2 + c_3) = 0 \tag{②}$$

$$BC : (-a_1 - a_2 + a_3) x + (-b_1 - b_2 + b_3) y + (-c_1 - c_2 + c_3) = 0 \tag{③}$$

$$CD : (-a_1 + a_2 + a_3) x + (-b_1 + b_2 + b_3) y + (-c_1 + c_2 + c_3) = 0 \tag{④}$$

$$DA : (a_1 + a_2 + a_3) x + (b_1 + b_2 + b_3) y + (c_1 + c_2 + c_3) = 0 \tag{⑤}$$

各顶点坐标分别为

$$A\left( -\frac{\begin{vmatrix} c_2 & c_1 - c_3 \\ b_2 & b_1 - b_3 \end{vmatrix}}{\begin{vmatrix} a_2 & a_1 - a_3 \\ b_2 & b_1 - b_3 \end{vmatrix}}, \frac{\begin{vmatrix} c_2 & c_1 - c_3 \\ a_2 & a_1 - a_3 \end{vmatrix}}{\begin{vmatrix} a_2 & a_1 - a_3 \\ b_2 & b_1 - b_3 \end{vmatrix}} \right), B\left( -\frac{\begin{vmatrix} c_1 & c_2 - c_3 \\ b_1 & b_2 - b_3 \end{vmatrix}}{\begin{vmatrix} a_1 & a_2 - a_3 \\ b_1 & b_2 - b_3 \end{vmatrix}}, \frac{\begin{vmatrix} c_1 & c_2 - c_3 \\ a_1 & a_2 - a_3 \end{vmatrix}}{\begin{vmatrix} a_1 & a_2 - a_3 \\ b_1 & b_2 - b_3 \end{vmatrix}} \right),$$

$$C\left(-\frac{\begin{vmatrix} c_2 & c_1+c_3 \\ b_2 & b_1+b_3 \end{vmatrix}}{\begin{vmatrix} a_2 & a_1+a_3 \\ b_2 & b_1+b_3 \end{vmatrix}}, \frac{\begin{vmatrix} c_2 & c_1+c_3 \\ a_2 & a_1+a_3 \end{vmatrix}}{\begin{vmatrix} a_2 & a_1+a_3 \\ b_2 & b_1+b_3 \end{vmatrix}}\right), D\left(-\frac{\begin{vmatrix} c_1 & c_2+c_3 \\ b_1 & b_2+b_3 \end{vmatrix}}{\begin{vmatrix} a_1 & a_2+a_3 \\ b_1 & b_2+b_3 \end{vmatrix}}, \frac{\begin{vmatrix} c_1 & c_2+c_3 \\ a_2 & a_2+a_3 \end{vmatrix}}{\begin{vmatrix} a_1 & a_2+a_3 \\ b_1 & b_2+b_3 \end{vmatrix}}\right).$$

**证明** 略去坐标系,如图 5.11,设 $AC,BD$ 所在的直线方程分别为

$$l_1 : f_1 = a_1 x + b_1 y + c_1 = 0, l_2 : f_2 = a_2 x + b_2 y + c_2 = 0,$$

直线 $l_1, l_2$ 把坐标平面分成四个区域:

$$\mathrm{I} : \begin{cases} f_1 \geqslant 0 \\ f_2 \geqslant 0 \end{cases}, \mathrm{II} : \begin{cases} f_1 \geqslant 0 \\ f_2 \leqslant 0 \end{cases}, \mathrm{III} : \begin{cases} f_1 \leqslant 0 \\ f_2 \leqslant 0 \end{cases}, \mathrm{IV} : \begin{cases} f_1 \leqslant 0 \\ f_2 \geqslant 0 \end{cases}.$$

在区域 I 内方程(6)可化为式⑤.

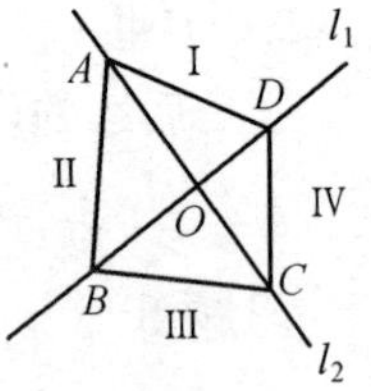

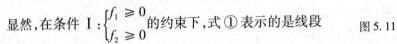

显然,在条件 $\mathrm{I} : \begin{cases} f_1 \geqslant 0 \\ f_2 \geqslant 0 \end{cases}$ 的约束下,式①表示的是线段

图 5.11

$AD$(包括端点 $A$、$D$).

同理,在条件 $\mathrm{II} : \begin{cases} f_1 \geqslant 0 \\ f_2 \leqslant 0 \end{cases}, \mathrm{III} : \begin{cases} f_1 \leqslant 0 \\ f_2 \leqslant 0 \end{cases}, \mathrm{IV} : \begin{cases} f_1 \leqslant 0 \\ f_2 \geqslant 0 \end{cases}$ 的约束下,方程(1)分别

化为③、④、⑤各式,它们分别表示线段 $AB$、$BC$ 和 $CD$. 故式(6)的图形是四边形 $ABCD$.

又,点 $B$ 的两坐标是方程组

$$\begin{cases} a_1 x + b_1 y = -c_1, \\ (a_1+a_2+a_3)x + (b_1+b_2+b_3)y = -(c_1+c_2+c_3) \end{cases}$$ 的解,$x_B = \dfrac{\triangle_B}{\triangle} =$

$$\frac{\begin{vmatrix} -c_1 & b_1 \\ -(c_2+c_3) & b_2+b_3 \end{vmatrix}}{\begin{vmatrix} a_1 & b_1 \\ a_2+a_3 & b_2+b_3 \end{vmatrix}} = -\frac{\begin{vmatrix} c_1 & b_1 \\ c_2+c_3 & b_2+b_3 \end{vmatrix}}{\begin{vmatrix} a_1 & b_1 \\ a_2+a_3 & b_2+b_3 \end{vmatrix}} = -\frac{\begin{vmatrix} c_1 & c_2+c_3 \\ b_1 & b_2+b_3 \end{vmatrix}}{\begin{vmatrix} a_1 & a_2+a_3 \\ b_1 & b_2+b_3 \end{vmatrix}},$$ 同理 $y_B =$

$\dfrac{\begin{vmatrix} c_1 & c_2+c_3 \\ a_2 & a_2+a_3 \end{vmatrix}}{\begin{vmatrix} a_1 & a_2+a_3 \\ b_1 & b_2+b_3 \end{vmatrix}}$,则点 $A$ 的坐标为 $B\left(-\dfrac{\begin{vmatrix} c_1 & c_2+c_3 \\ b_1 & b_2+b_3 \end{vmatrix}}{\begin{vmatrix} a_1 & a_2+a_3 \\ b_1 & b_2+b_3 \end{vmatrix}}, \dfrac{\begin{vmatrix} c_1 & c_2+c_3 \\ a_2 & a_2+a_3 \end{vmatrix}}{\begin{vmatrix} a_1 & a_2+a_3 \\ b_1 & b_2+b_3 \end{vmatrix}}\right)$,同理可求

出四边形 $C$、$D$、$A$ 的坐标如定理所述.

**例 1** 画出方程 $|10x - 15y| + |13x + 13y - 13| + 3x + 2y = 65$ 的图形,并求出各边所在的直线方程及顶点坐标.

**解** 设 $\begin{cases} 10x - 15y \geqslant 0, \\ 13x + 13y - 13 \geqslant 0, \end{cases}$ 得 $10x - 15y + 13x + 13y - 13 + 3x + 2y -$

$65 = 0$, 化简得 $x + 15y - 13 = 0$, 在区域 I 即

$$\begin{cases} 10x - 15y \geqslant 0, \\ 13x + 13y - 13 \geqslant 0 \end{cases}$$ 的约束下, 它表示的

是线段 $AD$(如图 5.12). 同理, 在条件

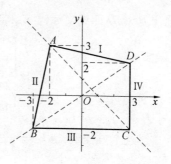

图 5.12

$$\text{II} : \begin{cases} f_1 \geqslant 0 \\ f_2 \leqslant 0 \end{cases}, \quad \text{III} : \begin{cases} f_1 \leqslant 0 \\ f_2 \leqslant 0 \end{cases}, \quad \text{IV} : \begin{cases} f_1 \leqslant 0 \\ f_2 \geqslant 0 \end{cases}$$

的约束下, 方程(1) 分别化为

$$5x - y + 13 = 0, y + 2 = 0, x - 3 = 0.$$

故原方程的图形是四边形, 四边所在的直线方程分别为

$AB: 5x - y + 13 = 0, BC: y + 2 = 0, CD: x - 3 = 0, DA: x + 15y - 13 = 0,$

因为 $a_1 = 10, b_1 = -15, c_1 = 0; a_2 = 13, b_2 = 13, c_2 = -13; a_3 = 3, b_3 = 2, c_3 = -65,$

所以 $x_A = -\dfrac{\begin{vmatrix} c_2 & c_1 - c_3 \\ b_2 & b_1 - b_3 \end{vmatrix}}{\begin{vmatrix} a_2 & a_1 - a_3 \\ b_2 & b_1 - b_3 \end{vmatrix}} = -\dfrac{\begin{vmatrix} -13 & 0 - (-65) \\ 13 & -15 - 2 \end{vmatrix}}{\begin{vmatrix} 13 & 10 - 3 \\ 13 & -15 - 2 \end{vmatrix}}$

$$= -\dfrac{\begin{vmatrix} -13 & 65 \\ 13 & -17 \end{vmatrix}}{\begin{vmatrix} 13 & 7 \\ 13 & -17 \end{vmatrix}} = -\dfrac{221 - 845}{-221 - 91} = -\dfrac{-624}{-312} = -2,$$

$$y_A = \dfrac{\begin{vmatrix} c_2 & c_1 - c_3 \\ a_2 & a_1 - a_3 \end{vmatrix}}{\begin{vmatrix} a_2 & a_1 - a_3 \\ b_2 & b_1 - b_3 \end{vmatrix}} = \dfrac{\begin{vmatrix} -13 & 0 - (-65) \\ 13 & 10 - 3 \end{vmatrix}}{\begin{vmatrix} 13 & 10 - 3 \\ 13 & -15 - 2 \end{vmatrix}} = \dfrac{\begin{vmatrix} -13 & 65 \\ 13 & 7 \end{vmatrix}}{\begin{vmatrix} 13 & 7 \\ 13 & -17 \end{vmatrix}}$$

$$= \dfrac{-91 - 845}{-221 - 91} = \dfrac{-936}{-312} = 3.$$

同理, 把 $a$、$b$、$c$ 的值代入顶点的坐标公式, 可求出四边形的顶点坐标分别为

$$A(-2, 3), B(-3, -2), C(3, -2), D(3, 2).$$

**例2** 已知四边形的四顶点分别为 $A(2, 3)$、$B(-2, 3)$、$C(-1, -3)$、$D(4, -1)$, 求四边形 $ABCD$ 的方程.

**解** 求得对角线 $AC$、$BD$ 的方程分别为

$$AC: 6x - 3y - 3 = 0, BD: 4x + 6y - 10 = 0.$$

取方程(6) 中 $c_3 = -1$, 设四边形 $ABCD$ 的方程为

$$k_1 \mid 6x - 3y - 3 \mid + k_2 \mid 4x + 6y - 10 \mid + k_3 x + k_4 y = 1.$$

把 $A$、$B$、$C$、$D$ 四点坐标代入,得方程组

$$\begin{cases} 16k_2 + 2k_3 + 3k_4 = 1, \\ 32k_2 - k_3 - 3k_4 = 1, \\ 24k_1 - 2k_3 + 3k_4 = 1, \\ 24k_1 + 4k_3 - k_4 = 1. \end{cases}$$

解这个方程组,得 $k_1 = \dfrac{4}{111}, k_2 = \dfrac{3}{74}, k_3 = \dfrac{2}{37}, k_4 = \dfrac{3}{37}$,则,四边形 $ABCD$ 的方程为

$$\frac{4}{111} \mid 6x - 3y - 3 \mid + \frac{3}{74} \mid 4x + 6y - 10 \mid + \frac{2}{37}x + \frac{3}{37}y = 1,$$

即

$$\mid 8x - 4y - 4 \mid + \mid 6x + 9y - 15 \mid + 2x + 3y - 37 = 0 \qquad ⑥$$

[反思] ① 取方程(6)中 $c_3 = -1$ 只是为了计算上的简洁. 如果方程中保留 $c_3$,则设四边形 $ABCD$ 的方程为

$$k_1 \mid 6x - 3y - 3 \mid + k_2 \mid 4x + 6y - 10 \mid + k_3 x + k_4 y = -c_3.$$

把 $A$、$B$、$C$、$D$ 四点坐标代入,得方程组

$$\begin{cases} 16k_2 + 2k_3 + 3k_4 = -c_3, \\ 32k_2 - k_3 - 3k_4 = -c_3, \\ 24k_1 - 2k_3 + 3k_4 = -c_3, \\ 24k_1 + 4k_3 - k_4 = -c_3. \end{cases}$$

解这个方程组,得

$$k_1 = -\frac{4c_3}{111}, k_2 = -\frac{3c_3}{74}, k_3 = -\frac{2c_3}{37}, k_4 = -\frac{3c_3}{37},$$

则,四边形 $ABCD$ 的方程为

$$\frac{4c_3}{111} \mid 6x - 3y - 3 \mid + \frac{3c_3}{74} \mid 4x + 6y - 10 \mid + \frac{2c_3}{37}x + \frac{3c_3}{37}y = -c_3,$$

即为 ⑥ 式.

这表明求四边形 $ABCD$ 的方程与非零的常数 $c_3$ 无关,这就是本章定理 7 中取 $c_3$ 为 $-1$ 的原故.

② 由于直线的方程不是唯一的(方程两边可以同乘以或除以不等零的实数),如果取对角线 $AC$、$BD$ 的方程分别为 $AC: 2x - y - 1 = 0, BD: 2x + 3y - 5 = 0$. 则设四边形 $ABCD$ 的方程为

$$k_1 \mid 2x - y - 1 \mid + k_2 \mid 2x + 3y - 5 \mid + k_3 x + k_4 y = 1.$$

把 $A$、$B$、$C$、$D$ 四点坐标代入,得方程组

$$\begin{cases} 8k_2 + 2k_3 + 3k_4 = 1, \\ 16k_2 - k_3 - 3k_4 = 1, \\ 8k_1 - 2k_3 + 3k_4 = 1, \\ 8k_1 + 4k_3 - k_4 = 1. \end{cases}$$

解这个方程组,得 $k_1 = \dfrac{4}{37}, k_2 = \dfrac{3}{37}, k_3 = \dfrac{2}{37}, k_4 = \dfrac{3}{37}.$

则,四边形 $ABCD$ 的方程为

$\dfrac{4}{37} \mid 2x - y - 1 \mid + \dfrac{3}{37} \mid 2x + 3y - 5 \mid + \dfrac{2}{37}x + \dfrac{3}{37}y = 1$,即为 ⑥ 式.

如果取对角线 $AC$、$BD$ 的方程分别为

$AC:2x - y - 1 = 0, BD:4x + 6y - 10 = 0$ 或

$AC:6x - 3y - 3 = 0, BD:2x + 3y - 5 = 0.$ 可设四边形 $ABCD$ 的方程为

$$k_1 \mid 2x - y - 1 \mid + k_2 \mid 4x + 6y - 10 \mid + k_3 x + k_4 y = 1$$

或

$$k_1 \mid 6x - 3y - 3 \mid + k_2 \mid 2x + 3y - 5 \mid + k_3 x + k_4 y = 1$$

再把 $A$、$B$、$C$、$D$ 四点坐标代入,求得四边形 $ABCD$ 的方程仍然为 ⑥ 式. 这表明求四边形 $ABCD$ 的方程与对角线表达式中的系数无关.

### 2. 四边形的顶点式方程

**定理 11**(林世保)  如果凸四边形 $ABCD$ 四顶点坐标分别为 $A(x_1, y_1)$、$B(x_2, y_2)$、$C(x_3, y_3)$、$D(x_4, y_4)$,那么它的方程为

$$2\triangle_1 \triangle_3 |f_1| + 2\triangle_2 \triangle_4 |f_2| + D_x x + D_y y = D \tag{7}$$

其中

$$D_x = \begin{vmatrix} \triangle_3 - \triangle_1 & \triangle_3 y_1 - \triangle_1 y_3 \\ \triangle_4 - \triangle_2 & \triangle_4 y_2 - \triangle_2 y_4 \end{vmatrix}, D_y = \begin{vmatrix} \triangle_3 x_1 - \triangle_1 x_3 & \triangle_3 - \triangle_1 \\ \triangle_4 x_2 - \triangle_2 x_4 & \triangle_4 - \triangle_2 \end{vmatrix},$$

$$D = \begin{vmatrix} \triangle_3 x_1 - \triangle_1 x_3 & \triangle_3 y_1 - \triangle_1 y_3 \\ \triangle_4 x_2 - \triangle_2 x_4 & \triangle_4 y_2 - \triangle_2 y_4 \end{vmatrix}, \triangle_1 = S_{\triangle ABD}, \triangle_2 = S_{\triangle BCA}, \triangle_3 = S_{\triangle CDB},$$

$$\triangle_4 = S_{\triangle DAC}, f_1 = \begin{vmatrix} x & y & 1 \\ x_1 & y_1 & 1 \\ x_3 & y_3 & 1 \end{vmatrix}, f_2 = \begin{vmatrix} x & y & 1 \\ x_2 & y_2 & 1 \\ x_4 & y_4 & 1 \end{vmatrix}.$$

**证明**  由本章定理 6,可设四边形 $ABCD$ 的方程为

$$k_1 \begin{vmatrix} x & y & 1 \\ x_1 & y_1 & 1 \\ x_3 & y_3 & 1 \end{vmatrix} + k_2 \begin{vmatrix} x & y & 1 \\ x_2 & y_2 & 1 \\ x_4 & y_4 & 1 \end{vmatrix} + k_3 x + k_4 y = 1 \tag{①}$$

分别把 $A(x_1, y_1)$、$C(x_3, y_3)$、$B(x_2, y_2)$、$D(x_4, y_4)$ 坐标代入,得

$$\begin{cases} k_2\begin{vmatrix} x_1 & y_1 & 1 \\ x_2 & y_2 & 1 \\ x_4 & y_4 & 1 \end{vmatrix} + k_3x_1 + k_4y_1 = 1, \\[12pt] k_2\begin{vmatrix} x_3 & y_3 & 1 \\ x_4 & y_4 & 1 \\ x_2 & y_2 & 1 \end{vmatrix} + k_3x_3 + k_4y_3 = 1, \\[12pt] k_1\begin{vmatrix} x_2 & y_2 & 1 \\ x_3 & y_3 & 1 \\ x_1 & y_1 & 1 \end{vmatrix} + k_3x_2 + k_4y_2 = 1, \\[12pt] k_2\begin{vmatrix} x_4 & y_4 & 1 \\ x_1 & y_1 & 1 \\ x_3 & y_3 & 1 \end{vmatrix} + k_3x_4 + k_4y_4 = 1. \end{cases}$$

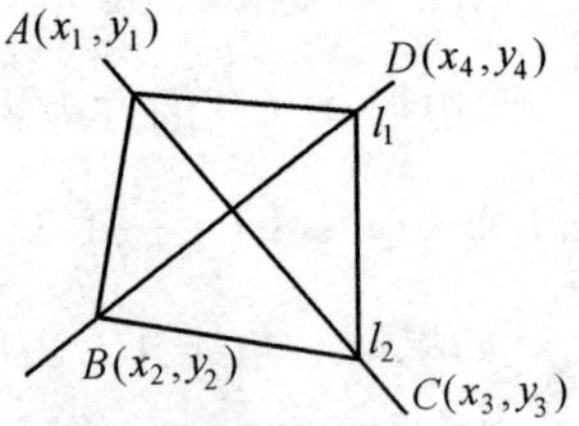

图 5.13

因为 $\begin{vmatrix} x_1 & y_1 & 1 \\ x_2 & y_2 & 1 \\ x_4 & y_4 & 1 \end{vmatrix} = 2\triangle_1$, $\begin{vmatrix} x_3 & y_3 & 1 \\ x_4 & y_4 & 1 \\ x_2 & y_2 & 1 \end{vmatrix} = 2\triangle_3$, $\begin{vmatrix} x_2 & y_2 & 1 \\ x_3 & y_3 & 1 \\ x_1 & y_1 & 1 \end{vmatrix} = 2\triangle_2$,

$\begin{vmatrix} x_4 & y_4 & 1 \\ x_1 & y_1 & 1 \\ x_3 & y_3 & 1 \end{vmatrix} = 2\triangle_4$,

所以方程组可化为

$$\begin{cases} 2\triangle_1 k_2 + k_3x_1 + k_4y_1 = 1, \\ 2\triangle_3 k_2 + k_3x_3 + k_4y_3 = 1, \\ 2\triangle_2 k_1 + k_3x_2 + k_4y_2 = 1, \\ 2\triangle_4 k_1 + k_3x_4 + k_4y_4 = 1. \end{cases}$$

消去 $k_1, k_2$ 得关于 $k_3, k_4$ 的方程组为

$$\begin{cases} (\triangle_3x_1 - \triangle_1x_3) \cdot k_3 + (\triangle_3y_1 - \triangle_1y_3) \cdot k_4 = \triangle_3 - \triangle_1, \\ (\triangle_4x_2 - \triangle_2x_4) \cdot k_3 + (\triangle_4y_2 - \triangle_2y_4) \cdot k_4 = \triangle_4 - \triangle_2. \end{cases}$$

解得 $k_3 = \dfrac{D_x}{D}, k_4 = \dfrac{D_y}{D}$,

其中 $D = \begin{vmatrix} \triangle_3x_1 - \triangle_1x_3 & \triangle_3y_1 - \triangle_1y_3 \\ \triangle_4x_2 - \triangle_2x_4 & \triangle_4y_2 - \triangle_2y_4 \end{vmatrix}$, $D_x = \begin{vmatrix} \triangle_3 - \triangle_1 & \triangle_3y_1 - \triangle_1y_3 \\ \triangle_4 - \triangle_2 & \triangle_4y_2 - \triangle_2y_4 \end{vmatrix}$,

$D_y = \begin{vmatrix} \triangle_3x_1 - \triangle_1x_3 & \triangle_3 - \triangle_1 \\ \triangle_4x_2 - \triangle_2x_4 & \triangle_4 - \triangle_2 \end{vmatrix}$.

绝对值方程

142

把 $k_3 = \dfrac{D_x}{D}, k_4 = \dfrac{D_y}{D}$ 代入

$$2\triangle_2 k_1 + k_3 x_2 + k_4 y_2 = 1 \text{ 及 } 2\triangle_1 k_2 + k_3 x_1 + k_4 y_1 = 1,$$

有

$$\begin{cases} 2\triangle_2 k_1 + k_3 x_2 + k_4 y_2 = 1 \\ 2\triangle_1 k_2 + k_3 x_1 + k_4 y_1 = 1 \end{cases} \Rightarrow \begin{cases} 2\triangle_2 k_1 = 1 - k_3 x_2 - k_4 y_2 \\ 2\triangle_1 k_2 = 1 - k_3 x_1 - k_4 y_1 \end{cases} \Rightarrow$$

$$\begin{cases} k_1 = \dfrac{1 - k_3 x_2 - k_4 y_2}{2\triangle_2} \\ k_2 = \dfrac{1 - k_3 x_1 - k_4 y_1}{2\triangle_1} \end{cases} \Rightarrow \begin{cases} k_1 = \dfrac{1 - \dfrac{D_x}{D} x_2 - \dfrac{D_y}{D} y_2}{2\triangle_2} \\ k_2 = \dfrac{1 - \dfrac{D_x}{D} x_1 - \dfrac{D_y}{D} y_1}{2\triangle_1} \end{cases} \Rightarrow \begin{cases} k_1 = \dfrac{D - D_x x_2 - D_y y_2}{2\triangle_2 D}, \\ k_2 = \dfrac{D - D_x x_1 - D_y y_1}{2\triangle_1 D}. \end{cases}$$

把 $k_1 = \dfrac{D - D_x x_2 - D_y y_2}{2\triangle_2 D}, k_2 = \dfrac{D - D_x x_1 - D_y y_1}{2\triangle_1 D}, k_3 = \dfrac{D_x}{D}, k_4 = \dfrac{D_y}{D}$ 代入

①式,得

$$\dfrac{D - D_x x_2 - D_y y_2}{2\triangle_2 D} \cdot |f_1| + \dfrac{D - D_x x_1 - D_y y_1}{2\triangle_1 D} \cdot |f_2| + \dfrac{D_x}{D} x + \dfrac{D_y}{D} y = 1,$$

即

$$\dfrac{D - D_x x_2 - D_y y_2}{2\triangle_2} \cdot |f_1| + \dfrac{D - D_x x_1 - D_y y_1}{2\triangle_1} \cdot |f_2| + D_x x + D_y y = D.$$

现在还要证明

$$\dfrac{D - D_x x_2 - D_y y_2}{2\triangle_2} = 2\triangle_1 \triangle_3, \dfrac{D - D_x x_1 - D_y y_1}{2\triangle_1} = 2\triangle_2 \triangle_4.$$

只需证明:

$$D - D_x x_2 - D_y y_2 = 4\triangle_1 \triangle_2 \triangle_3, D - D_x x_1 - D_y y_1 = 4\triangle_1 \triangle_2 \triangle_4.$$

先证明 $D - D_x x_2 - D_y y_2 = 4\triangle_1 \triangle_2 \triangle_3$. 事实上,有

$$D - D_x x_2 - D_y y_2$$

$$= \begin{vmatrix} \triangle_3 x_1 - \triangle_1 x_3 & \triangle_3 y_1 - \triangle_1 y_3 \\ \triangle_4 x_2 - \triangle_2 x_4 & \triangle_4 y_2 - \triangle_2 y_4 \end{vmatrix} - x_2 \begin{vmatrix} \triangle_3 - \triangle_1 & \triangle_3 y_1 - \triangle_1 y_3 \\ \triangle_4 - \triangle_2 & \triangle_4 y_2 - \triangle_2 y_4 \end{vmatrix}$$

$$- y_2 \begin{vmatrix} \triangle_3 x_1 - \triangle_1 x_3 & \triangle_3 - \triangle_1 \\ \triangle_4 x_2 - \triangle_2 x_4 & \triangle_4 - \triangle_2 \end{vmatrix}$$

$$= [(\triangle_3 x_1 - \triangle_1 x_3)(\triangle_4 y_2 - \triangle_2 y_4) - (\triangle_4 x_2 - \triangle_2 x_4)(\triangle_3 y_1 - \triangle_1 y_3)]$$

$$- x_2 [(\triangle_3 - \triangle_1)(\triangle_4 y_2 - \triangle_2 y_4) - (\triangle_4 - \triangle_2)(\triangle_3 y_1 - \triangle_1 y_3)]$$

$$- y_2 [(\triangle_4 - \triangle_2)(\triangle_3 x_1 - \triangle_1 x_3) - (\triangle_3 - \triangle_1)(\triangle_4 x_2 - \triangle_2 x_4)]$$

$$= \triangle_3 \triangle_4 x_1 y_2 - \triangle_2 \triangle_3 x_1 y_4 - \triangle_1 \triangle_4 x_3 y_2 + \triangle_1 \triangle_2 x_3 y_4$$

$$- \triangle_3 \triangle_4 x_2 y_1 + \triangle_1 \triangle_4 x_2 y_3 + \triangle_2 \triangle_3 x_4 y_1 - \triangle_1 \triangle_2 x_4 y_3$$
$$- \triangle_3 \triangle_4 x_2 y_2 + \triangle_2 \triangle_3 x_2 y_4 + \triangle_1 \triangle_4 x_2 y_2 - \triangle_1 \triangle_2 x_2 y_4$$
$$+ \triangle_3 \triangle_4 y_1 x_2 - \triangle_1 \triangle_4 x_2 y_3 - \triangle_2 \triangle_3 x_2 y_1 + \triangle_1 \triangle_2 x_2 y_3$$
$$- \triangle_3 \triangle_4 x_1 y_2 + \triangle_1 \triangle_4 x_3 y_2 + \triangle_2 \triangle_3 x_1 y_2 - \triangle_1 \triangle_2 x_3 y_2$$
$$+ \triangle_3 \triangle_4 x_2 y_2 - \triangle_2 \triangle_3 x_4 y_2 - \triangle_1 \triangle_4 x_2 y_2 + \triangle_1 \triangle_2 x_4 y_2$$
$$= \triangle_1 \triangle_2 (x_3 y_4 + x_2 y_3 + x_4 y_2 - x_4 y_3 - x_2 y_4 - x_3 y_2)$$
$$+ \triangle_2 \triangle_3 (x_4 y_1 + x_2 y_4 + x_1 y_2 - x_1 y_4 - x_2 y_1 - x_4 y_2)$$
$$+ \triangle_3 \triangle_4 (x_1 y_2 + x_2 y_2 + x_2 y_1 - x_2 y_1 - x_2 y_2 - x_1 y_2)$$
$$+ \triangle_1 \triangle_4 (x_2 y_3 + x_2 y_2 + x_3 y_2 - x_2 y_2 - x_3 y_2 - x_2 y_3).$$

因为

$$x_3 y_4 + x_2 y_3 + x_4 y_2 - x_4 y_3 - x_3 y_2 - x_2 y_4 = \begin{vmatrix} x_3 & y_3 & 1 \\ x_4 & y_4 & 1 \\ x_2 & y_2 & 1 \end{vmatrix} = 2\triangle_3,$$

$$x_4 y_1 + x_2 y_4 + x_1 y_2 - x_1 y_4 - x_2 y_1 - x_4 y_2 = \begin{vmatrix} x_1 & y_1 & 1 \\ x_2 & y_2 & 1 \\ x_4 & y_4 & 1 \end{vmatrix} = 2\triangle_1,$$

所以

$$\triangle_1 \triangle_2 (x_3 y_4 + x_2 y_3 + x_4 y_2 - x_4 y_3 - x_3 y_2 - x_2 y_4) = 2\triangle_1 \triangle_2 \triangle_3,$$
$$\triangle_2 \triangle_3 (x_4 y_1 + x_2 y_4 + x_1 y_2 - x_1 y_4 - x_2 y_1 - x_4 y_2) = 2\triangle_1 \triangle_2 \triangle_3,$$
$$\triangle_3 \triangle_4 (x_1 y_2 + x_2 y_2 + x_2 y_1 - x_1 y_2 - x_2 y_2 - x_2 y_1) = 0,$$
$$\triangle_1 \triangle_4 (x_2 y_3 + x_2 y_2 + x_3 y_2 - x_2 y_3 - x_2 y_2 - x_3 y_2) = 0,$$

所以

$$D - D_x x_2 - D_y y_2 = 4\triangle_1 \triangle_2 \triangle_3.$$

同理可证

$$D - D_x x_1 - D_y y_1 = 4\triangle_1 \triangle_2 \triangle_4.$$

即知方程(7)成立. 证毕.

应用定理 11,由四边形的四个顶点可以直接求出四边形的方程.

**例 6** 已知四边形的四顶点分别为 $A(1,3)$、$B(-3,1)$、$C(-2,-3)$、$D(0,-2)$,求四边形 $ABCD$ 的方程.

**解** 分别求得对角线所在的直线方程为
$$AC:6x - 3y + 3 = 0, BD:3x + 3y + 6 = 0.$$

再求得 $\triangle_1 = \triangle_2 = 9, \triangle_3 = \triangle_4 = 4.5$.

所以

$$k_1 = 2\triangle_1 \triangle_3 = 2 \times 9 \times 4.5 = 81, k_2 = 2\triangle_2 \triangle_4 = 2 \times 9 \times 4.5 = 81;$$

绝对值方程

144

$$D_x = \begin{vmatrix} \triangle_3 - \triangle_1 & \triangle_3 y_1 - \triangle_1 y_3 \\ \triangle_4 - \triangle_2 & \triangle_4 y_2 - \triangle_2 y_4 \end{vmatrix} = \begin{vmatrix} 4.5 - 9 & 4.5 \times 3 - 9 \times (-3) \\ 4.5 - 9 & 4.5 \times 1 - 9 \times (-2) \end{vmatrix}$$

$$= \begin{vmatrix} -4.5 & 40.5 \\ -4.5 & 22.5 \end{vmatrix} = -101.25 + 18.25 = 81;$$

$$D_y = \begin{vmatrix} \triangle_3 x_1 - \triangle_1 x_3 & \triangle_3 - \triangle_1 \\ \triangle_4 x_2 - \triangle_2 x_4 & \triangle_4 - \triangle_2 \end{vmatrix} = \begin{vmatrix} 4.5 \times 1 - 9 \times (-2) & 4.5 - 9 \\ 4.5 \times (-3) - 9 \times 0 & 4.5 - 9 \end{vmatrix}$$

$$= \begin{vmatrix} 22.5 & -4.5 \\ -13.5 & -4.5 \end{vmatrix} = -101.25 - 60.75 = -162;$$

$$D = \begin{vmatrix} \triangle_3 x_1 - \triangle_1 x_3 & \triangle_3 y_1 - \triangle_1 y_3 \\ \triangle_4 x_2 - \triangle_2 x_4 & \triangle_4 y_2 - \triangle_2 y_4 \end{vmatrix}$$

$$= \begin{vmatrix} 4.5 \times 1 - 9 \times (-2) & 4.5 \times 3 - 9 \times (-3) \\ 4.5 \times (-3) - 9 \times 0 & 4.5 \times 1 - 9 \times (-2) \end{vmatrix} = 1\,053.$$

则四边形 $ABCD$ 的方程为

$$81 \mid 6x - 3y + 3 \mid + 81 \mid 3x + 3y + 6 \mid + 81x - 162y = 1\,053.$$

即

$$\mid 6x - 3y + 3 \mid + \mid 3x + 3y + 6 \mid + x - 2y - 13 = 0.$$

本定理的优越性在于已知四边形的顶点坐标,可直接代入公式求得四边形的方程.

但,我们应当指出:应用本定理,求 $f_1$ 及 $f_2$ 时,只能由

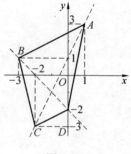

图 5.14

$$f_1 = \begin{vmatrix} x & y & 1 \\ x_1 & y_1 & 1 \\ x_3 & y_3 & 1 \end{vmatrix}, f_2 = \begin{vmatrix} x & y & 1 \\ x_2 & y_2 & 1 \\ x_4 & y_4 & 1 \end{vmatrix}$$

求得,求出后方程两边不能消去常数,如例 6 中求出 $f_1 = 6x - 3y + 3, f_2 = 3x + 3y + 6$ 后代入式(7),方程不能表为 $\mid 2x - y + 1 \mid + \mid x + y + 2 \mid + x - 2y - 13 = 0.$

### 习题 5.6

1. 画出方程 $\mid 7x - 7 \mid + \mid 3x + 9y - 9 \mid + 4x + 5y = 26$ 的图形,并求出各边所在的直线方程及顶点坐标.

2. 已知:$A(-1,2), B(-2,-1), C(0,-3), D(3,0)$,求四边形 $ABCD$ 的方程.

3. 已知:$A(-1,2), B(-3,-2), C(3,-2), D(1,2)$,求四边形 $ABCD$ 的

方程.

4. 已知:$A(1,2)$,$B(-3,0)$,$C(-1,-4)$,$D(3,0)$,求四边形 $ABCD$ 的方程.

5. (研究题) 证明:若记 $f_i = a_i x + b_i y + c_i (i = 1,2,3)$,则方程 $|f_1| + |f_2| + f_3 = 0$ 的曲线不能是凹四边形或三角形(退化四边形).

# 多边形的方程

在第二章,我们已经介绍了罗氏的弥合法以及他的多边形方程:设 $n(n \geqslant 3)$ 边形 $A_1 A_2 \cdots A_n$ 的顶点为 $A_i(x_i, y_i)$,且 $x_1 < x_j < x_k (j = 2, 3, \cdots, k-1, k+1, \cdots, n)$,其"上方"折线 $A_1 A_2 \cdots A_k$ 的方程为 $y = f(x)$,"下方"折线 $A_k A_{k-1} \cdots A_n A_1$ 方程为 $y = g(x)$,则多边形方程为

$$\left| y - \frac{f(x) + g(x)}{2} \right| + \frac{g(x) - f(x)}{2} = 0.$$

本章我们将系统地讨论这一问题.

## 6.1　最早的多边形方程

"绝对值方程"这一课题,杨之是通过《中等数学》发表的"绝对值方程"一文,在 1985 年提出来的. 但文章发出 10 个月,却毫无反响. 直到 1986 年 10 月《关于"绝对值方程"的几个问题和猜想》中提出:

奇数条边的多边形的方程不存在,特别,三角形的方程不存在.

才像抛砖引玉,引起热烈反响,不仅于 1987 年"招惹"来娄伟光的"三角形方程",且也促使他的"凸多边形的方程"在不久之后呱呱落地,他的方程由如下两条定理给出:

第六章

定理 1（娄伟光） 轴对称凸多边形有形如

$$\sum_{i=1}^{n} a_1 \left\{ y - k_i \mid x \mid \right\} + b \mid x \mid + cy = 1 \qquad (1)$$

的绝对值方程. 其中, $n$ 是多边形在 $y$ 轴右侧的顶点数, $B_i, A_i$ 为顶点, $a_i, k_i, b, c$ ($i = 1, 2, \cdots, n$) 为常数, $k_i$ 为 $OA_i$ 的斜率.

如下的证明过程, 反映了他的思考、解决此问题的大致思路.

**证明** 由于对称性, 先考虑 $y$ 轴右侧的顶点 (图 6.1) $A_1(x_1, y_1), \cdots, A_n(x_n, y_n)$, 设多边形与 $y$ 轴交于 $M(0, y_m)$ 和 $N(0, y_n)$ (可能是也可能不是顶点), 则 $OA_i$ 的方程为 $y - k_i x = 0$ ($i = 1, 2, \cdots, n$), 射线 $OA_1, OA_2, \cdots, OA_n$ 把右半平面分成 $n + 1$ 个凸的角形区域, 而凸多边形右侧每边恰好在一凸区域上 (顶点在边界上), 则对 $y$ 轴或其右侧的任一点 $P(x, y)$.

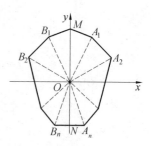

图 6.1

① 若它在 $\angle A_1 OM$ 上 (即在射线 $OA_1$ "上方", 如 $P_1$ ), 则 $y - k_1 x \geq 0, y - k_2 x \geq 0, \cdots, y - k_n x \geq 0$, 当 $P$ 在 $OA_1$ 上时, $y - k_1 x = 0$;

② 若它在 $\angle A_i OA_{i+1}$ 上, 即 $y - k_i x \leq 0$ 而 $y - k_{i+1} x \geq 0$, 则 $y - k_1 x \leq 0, y - k_2 x \leq 0, \cdots,$ 且 $y - k_{i+2} x \geq 0, \cdots, y - k_n x \geq 0$. 当 $P$ 在 $OA_i$ 上时, $y - k_i x = 0$;

③ 若它在 $\angle A_n ON$ 上, 即 $y - k_n x \leq 0$, 则 $y - k_1 x \leq 0, y - k_2 x \leq 0, \cdots, y - k_{n-1} x \leq 0$.

考虑方程

$$\sum_{i=1}^{n} a_i \mid y - k_i x \mid + bx + cy = 1 \quad (x \geq 0) \qquad ④$$

将 $M, A_1, A_2, \cdots, A_n, N$ 坐标分别代入 ④, 即得关于 $a_i, b, c$ 的方程组

$$\begin{cases} \sum_{i=1}^{n} \mid y_M \mid a_i + y_M c = 1 \\ \sum_{i=1}^{n} \mid y_j - k_i x_j \mid a_i + x_j b + y_j c = 1 \ (j = 1, 2, \cdots, n) \\ \sum_{i=1}^{n} \mid y_N \mid a_i + y_N c = 1 \end{cases} \qquad ⑤$$

这是有 $n + 2$ 个方程的 $n + 2$ 元方程组, 它的解的情况如何? 我们看看它的系数行列式:

$$D = \begin{vmatrix} |\,y_M\,| & |\,y_M\,| & \cdots & |\,y_M\,| & 0 & y_M \\ |\,y_1 - k_1 x_1\,| & |\,y_1 - k_2 x_1\,| & \cdots & |\,y_1 - k_n x_1\,| & x_1 & y_1 \\ |\,y_2 - k_1 x_2\,| & |\,y_2 - k_2 x_2\,| & \cdots & |\,y_2 - k_n x_2\,| & x_2 & y_2 \\ \vdots & \vdots & \vdots & \vdots & \vdots & \vdots \\ |\,y_n - k_1 x_n\,| & |\,y_n - k_2 x_n\,| & \cdots & |\,y_n - k_n x_n\,| & x_n & y_n \\ |\,y_N\,| & |\,y_N\,| & \cdots & |\,y_N\,| & 0 & y_N \end{vmatrix},$$

怎样算?先得去掉"| |":由我们建立的坐标系知 $y_M > 0$, $y_N < 0$. 另外,对于 $x_i \neq 0$(实际上是 $x_i > 0$), $y_j - k_i x_j$ 如何?由前面 ① ~ ③ 分析可见

$$y_j - k_i x_j \begin{cases} > 0 & i > j \\ = 0 & i = j. \\ < 0 & i < j \end{cases}$$

($i$ 是对射线编号,$j$ 是点的编号),这样,就可以去掉"| |"了.

$$D = \begin{vmatrix} y_M & y_M & \cdots & y_M & 0 & y_M \\ 0 & y_1 - k_2 x_1 & \cdots & y_1 - k_n x_1 & x_1 & y_1 \\ -y_2 + k_1 x_2 & 0 & \cdots & y_2 - k_n x_2 & x_2 & y_2 \\ \vdots & \vdots & \vdots & \vdots & \vdots & \vdots \\ -y_n + k_1 x_n & -y_n + k_2 x_n & \cdots & 0 & x_n & y_n \\ -y_N & -y_N & \cdots & -y_N & 0 & y_N \end{vmatrix},$$

将末列依次加到第 $1,2,\cdots,n$ 列,得

$$D = \begin{vmatrix} 2y_M & 2y_M & \cdots & 2y_M & 0 & y_M \\ y_1 & 2y_1 - k_2 x_1 & \cdots & 2y_1 - k_n x_1 & x_1 & y_1 \\ k_1 x_2 & y_2 & \cdots & 2y_2 - k_n x_2 & x_2 & y_2 \\ \vdots & \vdots & \vdots & \vdots & \vdots & \vdots \\ k_1 x_n & k_2 x_n & \vdots & y_n & x_n & y_n \\ 0 & 0 & \cdots & 0 & 0 & y_N \end{vmatrix},$$

第 1 行提出 $y_M$, 末行提出 $y_N$; 第 $n + 1$ 列乘以 $-k_1$ 加在第 1 列, 乘以 $-k_2$ 加在第 2 列,$\cdots$,乘以 $-k_n$ 加在第 $n$ 列,得

$$D = \begin{vmatrix} 2 & 2 & \cdots & 2 & 0 & 1 \\ 0 & 2(y_1 - k_2 x_1) & \cdots & 2(y_1 - k_n x_1) & x_1 & y_1 \\ 0 & 0 & \cdots & 2(y_2 - k_n x_2) & x_2 & y_2 \\ \vdots & \vdots & \vdots & \vdots & \vdots & \vdots \\ 0 & 0 & \cdots & 0 & x_n & y_n \\ 0 & 0 & \cdots & 0 & 0 & 1 \end{vmatrix} =$$

$$y_M y_N x_n \cdot 2^n (y_1 - k_2 x_1)(y_2 - k_n x_2) \cdots (y_{n-1} - k_n x_{n-1}) \neq 0.$$

又常数项不是 0(向量),因而,⑤ 有唯一的非 0 解.

那么,根据"区域法基本定理"(见第二章 2.2 定理 1),知 ④ 就是折线 $MA_1A_2 \cdots A_n N$ 的方程.

因折线 $MB_1B_2 \cdots B_n N$ 与 $MA_1A_2 \cdots A_n N$ 关于 $y$ 轴对称,它方程就是

$$\sum_{i=1}^{n} a_i \mid y + k_i x \mid - bx + cy = 1 (x \leqslant 0) \qquad ⑥$$

据弥合法基本定理(第二章 2.5 定理 5),④ 与 ⑥ 合并,即为方程(1).

[反思] ⅰ 如果用对称法(第二章 2.4 定理 4),由 ④ 可直接过度到方程(1);

ⅱ 定理 1(以及下面的定理 2)的构思和证明的过程,大致上反映了娄伟光发现、修改和完善的原始过程,以及在赵慈庚教授、庞宗昱教授和马鹏飞老师的指导和建议下加以修改的痕迹,特别地,在 1987 年的暑假期间,娄伟光曾携文专程到杨之家里,用了近乎 20 个小时,紧张地讨论如何修改,终于理清了思路,简化了叙述,文章《凸多边形的绝对值方程》也由近万言缩简到 5 000 字;

ⅲ 这是有步骤地构造图形的绝对值方程的文章,其中不仅奠定了"区域法"的基础,而且透露出对称法,弥合法的基本思想,这是应当指出的.

定理 2(娄伟光)  任一凸多边形都有形如

$$\sum_{i=1}^{n} a_i \left\{ y - \frac{k_i}{2}(\mid x \mid + x) \right\} + \left( \frac{b}{2} - \frac{1}{2x_0} \right) \mid x \mid + \left( \frac{b}{2} + \frac{1}{2x_0} \right) x + cy = 1 (2)$$

的绝对值方程. 其中,$n$ 是凸多边形在 $y$ 轴右侧的顶点数,$k_i$ 是射线 $OA_i$ 的斜率,$a_i (i = 1, 2, \cdots, n)$ 和 $b, c$ 是待定常数.

证明  考虑任一凸多边形,作直线 $l$ 交多边形边界 $M, N$(可以是或不是顶点,如图 6.2),使左侧只有顶点 $B$,右侧有 $n$ 个顶点,由上到下为 $A_1, A_2, \cdots, A_n$,且使 $\angle BMN$ 和 $\angle BNM$ 都是锐角,以 $l$ 为 $y$ 轴,过 $B$ 作 $l$ 垂线为 $x$ 轴,建立坐标系,设备顶点坐标分别为 $B(x_0, 0), M(0, y_m), A_1(x_1, y_1), \cdots, A_n(x_n, y_n), N(0, y_n)$. 那么,当 $x \geqslant 0$ 时,方程(2)化为 ④,由定理 1 的证明过程知,它恰为折线 $MA_1A_2 \cdots A_n N$ 的方程;当 $x \leqslant 0$ 时,方程(2)化为

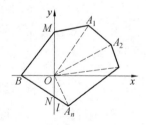

图 6.2

$$\sum_{i=1}^{n} a_i \mid y \mid + \frac{1}{x_0} x + cy = 1 (x \geqslant 0) \qquad ⑦$$

显然,$(x_0, 0)$ 正是它的解. 对于 $y \geqslant 0$,⑦ 化为

$$\frac{x}{x_0} + \left(\sum_{i=1}^{n} a_i + c\right)y = 1 \qquad \text{⑧}$$

在凸区域 $\{(x,y) \mid x \leqslant 0, y \geqslant 0\}$ 上有解 $(0, y_m)$ 和 $(x_0, 0)$,因而 ⑧(即 $y \geqslant$ 0 时的 ⑦) 就是线段 $BM$ 的方程,类似知,$y \leqslant 0$ 时,⑦ 就是线段 $BM$ 的方程. 可见 ⑦ 就是折线 $MBN$ 的方程. 按弥合法原理(第二章 2.5 的定理 6),由 ④ 和 ⑦即得方程(2).

通过坐标轴的平移和旋转,方程(1) 和(2) 可写成一般形式.

应用(1)、(2) 求具体多边形的方程,常采用待定系数法.

**例 1**  已知 $A(0,1), B(2,0), C(1, -1), D(-1, -1), E(-2, 0)$,求五边形 $ABCDE$ 的方程.

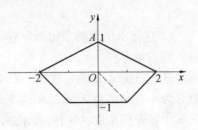

图 6.3

**解**  如图 6.3,建立坐标系,则 $OB$、$OC$ 的斜率分别为

$$k_1 = 0, k_2 = -1.$$

由(1) 知,五边形 $ABCDE$ 方程可设为

$$a\left\{y - 0 \mid x \mid\right\} + b\left\{y - (-1) \mid x \mid\right\} + c \mid x \mid + dy = 1 \text{ 即}$$

$$a \mid y \mid + b\left\{y + \mid x \mid\right\} + c \mid x \mid + dy = 1 \qquad (*)$$

将 $A$、$B$、$C$、$D$ 坐标代入,得

$$\begin{cases} a + b + d = 1 \\ 2b + 2c = 1 \\ a + c - d = 1 \\ a + b - d = 1 \end{cases}.$$

解得 $a = \dfrac{3}{4}, b = c = \dfrac{1}{4}, d = 0$ 代入 $(*)$ 即得五边形 $ABCDE$ 方程

$$3 \mid y \mid + \left\{y + \mid x \mid\right\} + \mid x \mid = 4$$

**例 2**  已知 $A(1,3), B(3,2), C(3,0), D(2,-1), E(0,-1), F(-1,0), G(0,2)$,求七边形 $ABCDEFG$ 的方程.

**解**  由各顶点坐标知,坐标系符合定理要求,可算出斜率 $k_{OA} = 3, k_{OB} = \dfrac{2}{3}, k_{OC} = 0, k_{OD} = -\dfrac{1}{2}$,则折线 $GABCDE$ 方程可设为

$$a_1 \mid y - 3x \mid + a_2 \left| y - \frac{2}{3}x \right| + a_3 \mid y \mid + a_4 \left| y + \frac{x}{2} \right| + bx + cy = 1.$$

将 $G, A, B, C, D$ 坐标代入得方程组,可解得

$$a_1 = \frac{3}{28}, a_2 = \frac{1}{7}, a_3 = \frac{1}{6}, a_4 = \frac{1}{3}, b = c = -\frac{1}{4}.$$

于是可写出方程,考虑 $F(-1,0)$,(知 $x_0 = -1$)应用定理2,即得方程

$$\frac{2}{28}\left\{ y - \frac{3}{2}(|x|+x) \right\} + \frac{1}{7}\left\{ y - \frac{1}{3}(|x|+x) \right\} + \frac{1}{6}|y| + \frac{1}{3}\left\{ y + \frac{1}{4}(|x|+x) \right\} + \frac{3}{8}|x| - \frac{5}{8}x - \frac{1}{4}y = 1$$

[反思] ① 两道例题的求解过程反映了已知顶点求凸多边形方程的一般步骤;

② 这样求出来的多边形方程,在多项中含有二层绝对值符号,这是它不尽如人意的地方;

③ 从定理的证明过程看,"凸多边形"的条件,只是为了保证"右半平面可划分为不重叠的角区域",而这个条件某些凹多边形也是可以满足的. 下边的习题中将安排几道,供研究和求解.

④ 方程的性质、重要特例、如何分类等等,尚未好好研究.

## 习题 6.1

1. 应用方程(1)或(2),计算如下多边形的方程:

(1)$\triangle ABC$,其中 $A(0,1)$,$B(1,-1)$,$C(-1,-1)$.

(2)菱形 $ABCD$:$A(0,2)$,$B(1,0)$,$C(0,-2)$,$D(-1,0)$.

(3)平行四边形 $ABCD$:$A(0,2)$,$B(2,2)$,$C(0,-2)$,$D(-2,-2)$.

(4)梯形 $ABCD$:$A(1,1)$,$B(2,-1)$,$C(-2,-1)$,$D(-1,1)$.

2. 求四边形 $ABCD$ 的方程,其中 $A(2,3)$,$B(3,2)$,$C(2,1)$,$D(1,2)$.

3. 求六边形 $ABCDEF$ 的方程:其中 $A(2,3)$,$B(1,0)$,$C(2,-3)$,$D(-2,-3)$,$E(-1,0)$,$F(-2,3)$.

4. (研究题)方程(1)的图形是平行四边形、梯形的条件各是什么?

5. (研究题)方程(1)的图形是正多边形的条件是什么?

6. (研究题)方程(1)、(2)表示凹多边形的条件是什么?它能表示怎样的凹多边形?

## 6.2 一层的方程

娄伟光的凸多边形方程并不复杂,且好求好用,但它毕竟是二层的方程,叶年新则构造了一层的凸多边形方程.

首先,可构造向上、下、左、右凸的方程(如图6.4).

**引理** 设 $\dfrac{b_i}{a_i}(i=1,2,\cdots,n)$ 两两不等,则如下方程

i )$y = \sum\limits_{i=1}^{n} |\, a_i x - b_i \,|$,

ii )$y = -\sum\limits_{i=1}^{n} |\, a_i x - b_i \,|$,

iii )$x = \sum\limits_{i=1}^{n} |\, a_i y - b_i \,|$,

iv )$x = -\sum\limits_{i=1}^{n} |\, a_i y - b_i \,|$

的图形分别是下凸、上凸、右凸和左凸折线.

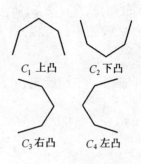

$C_1$ 上凸　　$C_2$ 下凸

$C_3$ 右凸　　$C_4$ 左凸

图 6.4

**证明** 不妨设 $a_i > 0 (i = 1,2,\cdots,n)$ 及

$\dfrac{b_1}{a_1} < \dfrac{b_2}{a_2} < \cdots < \dfrac{b_n}{a_n}$(否则,可将诸 $|\, a_i x - b_i \,|$ 重排),则将 i )分段写出

$$y = \begin{cases} (-a_1 - \cdots - a_n)x + (b_1 + \cdots + b_n) & x \leqslant \dfrac{b_1}{a_1} \\[2mm] (a_1 - a_2 - \cdots - a_n)x + (-b_1 + b_2 + \cdots + b_n) & \dfrac{b_1}{a_1} < x \leqslant \dfrac{b_2}{a_2} \\[2mm] (a_1 + a_2 - a_3 - \cdots - a_n)x + (-b_1 - b_2 + b_3 + \cdots + b_n) & \dfrac{b_2}{a_2} < x \leqslant \dfrac{b_3}{a_3} \quad (*) \\ \qquad\qquad\vdots \\ (a_1 + a_2 + a_3 \cdots + a_n)x + (-b_1 - b_2 - b_3 \cdots - b_n) & \dfrac{b_n}{a_n} < x \end{cases}$$

因为 $-a_1 - a_2 - \cdots - a_n < a_1 - a_2 - \cdots - a_n < \cdots < a_1 + a_2 + \cdots + a_n$,

所以 $y = \sum\limits_{i=1}^{n} |\, a_i x - b_i \,|$ 的斜率由负到正顺次增大,因此其图形如图 6.4 的 $C_2$,开口向上,下凸,类似证明 ii )、iii )、iv ).

关于"绝对值函数"的图形 —— 简单折线,我们在第三章作为基本图形,已进行过初步的讨论,这里,作为构造凸多边形的一种方法,作深入的研究.

**定理** 3(叶年新)　设 $\dfrac{b_i}{a_i}(i=1,2,\cdots,n)$ 两两不等,$\dfrac{d_j}{c_j}(j=1,2,\cdots,m)$ 两两不等,且 $h > \min\sum\limits_{i=1}^{n} |\, a_i x - b_i \,| + \min\sum\limits_{j=1}^{m} |\, c_j y - d_j \,|$,则方程

$$\sum_{i=1}^{n} |\, a_i x - b_i \,| + \sum_{j=1}^{m} |\, c_j y - d_j \,| = h \tag{3}$$

的图象是一个凸多边形.

[说明]　叶年新的证明,艰深而繁复,许多地方似有跳步(可能是编辑对文章作了删节),难于读通,但是,为了让有兴趣的读者,能了解和研究这个珍贵的证明,从而开发它,简化它,改进它,以至发现新的证明,加以叶年新的文章《一类凸多边形的方程》未必好找,所以我们把它抄在下边,只是为化简,引用几个符号.

证明　不妨设 $a_1, a_2, \cdots, a_n, c_1, c_2, \cdots, c_n > 0, \dfrac{b_1}{a_1} < \dfrac{b_2}{a_2} < \cdots < \dfrac{b_n}{a_n}, \dfrac{d_1}{c_1} < \dfrac{d_2}{c_2} < \cdots < \dfrac{d_m}{c_m}$.并记 $A_S = a_1 + a_2 + \cdots + a_S, B_S = b_1 + b_2 + \cdots + b_S, C_S = c_1 + c_2 + \cdots + c_S, D_S = d_1 + d_2 + \cdots + d_S$.那么关于 $A_S$ 和 $C_S$ 有如下四种情形,存在正整数 $k$ 和 $t$,使得

$1^\circ$ $A_{k-1} < A_n - A_{k-1}, A_k > A_n - A_k$; $C_{t-1} < C_m - C_{t-1}, C_t > C_m - C_t$;

$2^\circ$ $A_k = A_n - A_k, C_{t-1} < C_m - C_{t-1}, C_t > C_m - C_t$;

$3^\circ$ $A_{k-1} < A_n - A_{k-1}, A_k > A_n - A_k, C_t = C_m - C_t$;

$4^\circ$ $A_k = A_n - A_k, C_t = C_m - C_t$.

我们仅对 $3^\circ$ 进行证明,其余情况,可类似证明.设

$$y = \sum_{i=1}^{n} |a_i x - b_i| \qquad (\mathrm{I})$$

由引理1知,Ⅰ 的图象是下凸折线,因

$$A_{k-1} < A_n - A_{k-1}, A_k > A_n - A_k,$$

故 Ⅰ 的图象如图6.5,且当 $x = \dfrac{b_k}{a_k}$ 时,$y$ 取最小值.

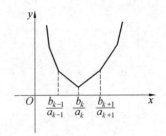

图 6.5

再看 $x = \displaystyle\sum_{j=1}^{m} |c_j y - d_j|$ (Ⅱ),据引理3,为左凸(开口向右)折线,因 $C_t = C_m - C_t$,图象如图6.6所示,当 $y \in \left[\dfrac{d_t}{c_t}, \dfrac{d_{t+1}}{c_{t+1}}\right]$ 时,$x$ 取最小值.取直线 $x = \dfrac{b_k}{a_k}$ 和 $y = \dfrac{d_t}{c_t}$,平面一分为四(如图6.7),这里考虑 $x \leqslant \dfrac{b_k}{a_k}$ 且

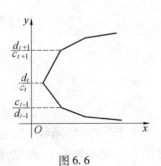

图 6.6

$y \geqslant \dfrac{d_t}{c_t}$ 这一部分(ⅰ)(其他三部分可类似讨论).当 $x = \dfrac{b_k}{a_k}$ 时,(Ⅰ)取最小值,从而在(3)即(Ⅰ + Ⅱ = h):

$$\sum_{i=1}^{n} |a_i x - b_i| + \sum_{j=1}^{m} |c_j y - d_j| = h$$

中,(Ⅱ) 必取最大值(因 Ⅰ + Ⅱ = 常数): $\text{Ⅰ}_{\min}$ + $\text{Ⅱ}_{\max}$ = $h$.

但 $\text{Ⅰ}_{\min}$ + $\text{Ⅱ}_{\min}$ < $h$, 所以 $\text{Ⅱ}_{\max}$ = $h$ − $\text{Ⅰ}_{\min}$ > $\text{Ⅱ}_{\min}$ (自己的最大值大于自己的最小值).

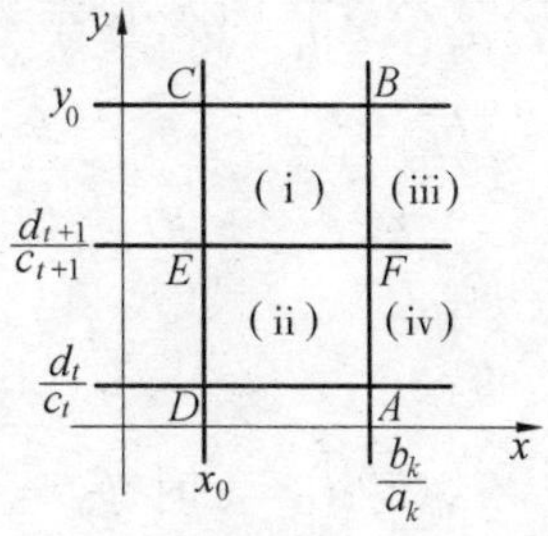

由图 6.6 知, 在 $y \geq \dfrac{d_t}{c_t}$ 的区域上, Ⅱ 取最大的

点比 $\dfrac{d_{t+1}}{c_{t+1}}$ 大, 且仅有一个. 设这点为 $y_0$, 则因当 $x$ <

$\dfrac{b_k}{a_k}$, $\text{Ⅰ}$ > $\text{Ⅰ}_{\min}$, 从而 $\text{Ⅱ}$ < $\sum_{j=1}^{m} |c_j y_0 - d_j|$. 而在

图 6.7

$[\dfrac{d_{t+1}}{c_{t+1}}, y_0]$ 上, 由图 6.6 知, $x = \sum_{j=1}^{m} |c_j y_0 - d_j|$ 严格递增. 在 $[\dfrac{d_t}{c_t}, \dfrac{d_{t+1}}{c_{t+1}}]$ 上, $x = \sum_{j=1}^{m}$

$|c_j y - d_j|$ 的值不变, 因此当 $\sum_{j=1}^{m} |c_j y - d_j|$ 减小时, $y$ 值减小, 因此符合(3) 的

点 $(x, y)$, 必在直线 $y = \dfrac{d_t}{c_t}$ 与 $y = y_0$ 之间. 以 $x_0$ 表 $y = \sum_{i=1}^{n} |a_i x - b_i|$ 在域 $x \leq$

$\dfrac{b_k}{a_k}$ 上取最大值的点, 则同理可知, 符合(3) 的点 $(x, y)$, 也必在直线 $x = x_0$ 与

$x = \dfrac{b_k}{a_k}$ 之间(如图 6.7), 就是说, 满足(3) 的点 $(x, y)$ 必位于图 6.7 中的矩形

$ABCD$ 上.

当 $y \in [\dfrac{d_t}{c_t}, \dfrac{d_{t+1}}{c_{t+1}}]$ 时, 由图 6.6 知, $x = \sum_{j=1}^{m} |c_j y - d_j|$ 值不变, 因此, (3) 的

图形为图 6.7 中的 $DE$ 段.

以下证明在矩形 $EFBC$ 上, (3) 的图形为一条上凸折线.

事实上, 由于在这矩形上, Ⅱ(即 $\sum_{j=1}^{m} |c_j y - d_j|$ 严格递增, 故当 $y$ 增大时, Ⅰ

增大, 从而(3) 中的 Ⅰ(即 $\sum_{i=1}^{n} |a_i x - b_i|$) 减小, 由于在 $x_0 \leq x \leq \dfrac{b_k}{a_k}$ 上, Ⅰ 严

格递减(见图 6.5), 故当 Ⅰ 减小时, $x$ 值增大, 这样即知, 在(3) 中, $y$ 增大时, $x$

也增大, 故在矩形 $EFBC$ 上, (3) 给出的函数($y = f(x)$ 或 $x = g(y)$) 是严格递

增的, 而且是连续函数. 设此函数的图象同直线

$$y = \frac{d_{t+2}}{c_{t+2}}, y = \frac{d_{t+3}}{c_{t+3}}, \cdots, y = y_0$$

交点的横坐标分别为 $x_1, x_2, \cdots, x_S$，则有 $x_0 < x_1 < \cdots < x_S$，于是 $x_0, x_1, \cdots, x_S$ 与 $\dfrac{b_1}{a_1}, \dfrac{b_2}{a_2}, \cdots, \dfrac{b_k}{a_k}$ 的关系是"互相交叉"：

$$\frac{b_{l-1}}{a_{l-1}} \leqslant x_0 < \frac{b_l}{a_l} < \frac{b_{l+1}}{a_{l+1}} < \cdots < \frac{b_{l+j_1}}{a_{l+j_1}} \leqslant x_1 < \frac{b_{l+j_1+1}}{a_{l+j_1+1}} < \cdots < \frac{b_{l+j_1+j_2}}{a_{l+j_1+j_2}} \leqslant x_2 < \cdots$$

$$< \frac{b_k}{a_k}.$$

约定: $l = 1$ 时，$b_0 = a_0 = 0$，$\dfrac{b_0}{a_0}$ 为 $-\infty$，对 $P \leqslant m$，设 $\dfrac{d_P}{c_P} < y_0 \leqslant \dfrac{d_{P+1}}{c_{P+1}}$. 约定

$P = m$ 时，$d_{m+1} = c_{m+1} = 0$，$\dfrac{d_{m+1}}{c_{m+1}}$ 为 $+\infty$.

仍记 $A_S = a_1 + a_2 + \cdots + a_S$，记 $A_n - A_S = a_{S+1} + \cdots + a_n = A'_S$，同样 $B_S = b_1 + b_2 + \cdots + b_S, B'_S = B_n - B_S, C_S = c_1 + c_2 + \cdots + c_S, C'_S = C_m - C_S, D_S = d_1 + d_2 + \cdots + d_S, D'_S = D_m - D_S(S \leqslant m, n)$.

设 $\dfrac{b_{l-1}}{a_{l-1}} \leqslant x_0 < x < \dfrac{b_l}{a_l}, \dfrac{d_{t+1}}{c_{t+1}} \leqslant y < \dfrac{d_{t+2}}{c_{t+2}}$，我们从方程(3) 中，解出 $y$，

$|a_1x - b_1| + \cdots + |a_{l-1}x - b_{l-1}| + |a_lx - b_l| + \cdots + |a_nx - b_n| + |c_1y - d_1| + \cdots + |c_{t+1}y - d_{t+1}| + |c_{t+2}y - d_{t+2}| + \cdots + |c_my - d_m| = h$

由条件知 $a_1x - d_1 \geqslant 0, \cdots, a_{l-1}x - b_{l-1} \geqslant 0, a_lx - b_l \leqslant 0, \cdots, a_nx - b_n \leqslant 0$，且 $c_1y - d_1 \geqslant 0, \cdots, c_{t+1}y - d_{t+1} \geqslant 0, c_{t+2}y - d_{t+2} \leqslant 0, , \cdots, c_my - d_m \leqslant 0$，去掉"| |"，得

$a_1x - b_1 + \cdots + a_{l-1}x - b_{l-1} - a_lx + b_l - \cdots - a_nx + b_n + c_1y - d_1 + \cdots + c_{t+1}y - d_{t+1} - c_{t+2}y + d_{t+2} - \cdots - c_my + d_m = h.$

应用上述符号，得

$(A_{l-1} - A'_{l-1})x - (B_{l-1} - B'_{l-1}) + (C_{t+1} - C'_{t+1})y - (D_{t+1} - D'_{t+1}) = h.$

从而可解出 $y$，

$$y = \frac{A_{l-1} - A'_{l-1}}{-C_{t+1} + C'_{t+1}} + E_l \qquad x_0 \leqslant x < \frac{b_l}{a_l},$$

$$E_l = \frac{B_{l-1} - B'_{l-1} + D_{t+1} - D'_{t+1} + h}{C_{t+1} - C'_{t+1}}.$$

其他区间的计算，是类似的. 这样，我们就可以把(3) 中 $x$ 的函数 $y$，写成分段函数的形式.

$$y = f(x) = \begin{cases} \dfrac{A_{l-1} - A'_{l-1}}{-C_{t+1} + C'_{t+1}}x + E_l & x_0 \leqslant x < \dfrac{b_l}{a_l} \\[2ex] \dfrac{A_l - A'_l}{-C_{t+1} + C'_{t+1}}x + E_{l+1} & \dfrac{b_l}{a_l} \leqslant x < \dfrac{b_{l+1}}{a_{l+1}} \\[1ex] \vdots \\ \dfrac{A_{l+j_1} - A'_{l-j_1}}{-C_{t+1} + C'_{t+1}}x + E_{l+j_1} & \dfrac{b_{l+j_1}}{a_{l+j_1}} \leqslant x < x_1 \\[2ex] \dfrac{A_{l+j_1} - A'_{l+j_1}}{-C_{t+2} + C'_{t+2}}x + E_{l+j_1+1} & x_1 \leqslant x \leqslant \dfrac{b_{l+j_1+1}}{a_{l+j_1+1}} \\[1ex] \vdots \\ \dfrac{A_{k-1} - A'_{k-1}}{-C_P + C'_P}x - E_k & \dfrac{b_{k-1}}{a_{k-1}} \leqslant x < \dfrac{b_k}{a_k} \text{ 或 } x_S \leqslant x < \dfrac{b_k}{a_k} \end{cases}$$

($x_S$ 是直线 $y = y_0$ 与函数 $y = f(x)$ 图象交点的横坐标)

由于 $a_1, a_2, \cdots, a_n > 0, A_{k-1} > A'_{k-1}$, 从而

$A_{l-1} - A'_{l-1} < A_l - A'_l < \cdots < A_{l+j_1} - A'_{l+j_1} < \cdots < A_{k-1} - A'_{k-1} < 0$, 又 $c_1$, $c_2, \cdots, c_m > 0, C_t = C'_t$.

所以 $0 > -C_{t+1} + C'_{t+1} > -C_{t+2} + C'_{t+2} > \cdots > -C_P + C'_P$.

所以 $\dfrac{A_{l-1} - A'_{l-1}}{-C_{t+1} + C'_{t+1}} > \dfrac{A_l - A'_l}{-C_{t+1} + C'_{t+1}} > \cdots > \dfrac{A_{l+j_1} - A'_{l-j_1}}{-C_{t+1} + C'_{t+1}} > \dfrac{A_{l+j_1} - A'_{l+j_1}}{-C_{t+2} + C'_{t+2}}$

$> \dfrac{A_{k-1} - A'_{k-1}}{-C_P + C'_P} > 0$.

各段斜率均为正, 且顺次减少, 因此, (3) 在矩形 $EFBC$ 上的图形是一段上凸折线, 从而在矩形 $ABCD$ 上为上凸折线.

同理可证 (3) 在 (ⅱ): $x \leqslant \dfrac{b_k}{a_k}, y \leqslant \dfrac{d_t}{c_t}$ 上的图

象是下凸折线, 在 (ⅲ), $x \geqslant \dfrac{b_k}{a_k}, y = \dfrac{d_t}{c_t}$ 上是上凸

折线, 在 (ⅳ), $x \geqslant \dfrac{b_k}{a_k}, y \leqslant \dfrac{d_t}{c_t}$ 上又是下凸折线

(图 6.8), 又由于函数 $y = f(x)$ 的连续性, 四条折线是互相连接的.

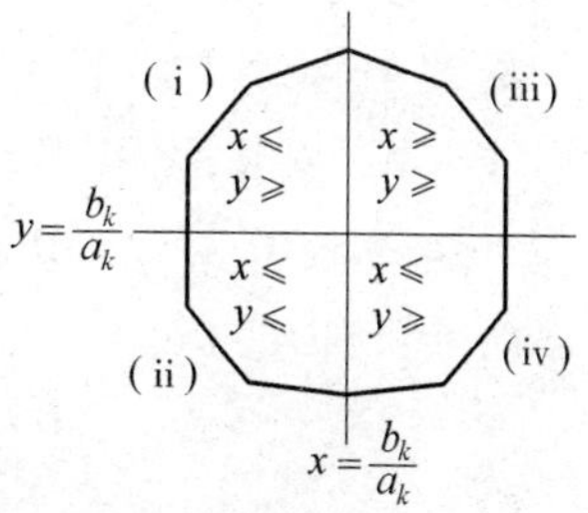

图 6.8

所以, (3) 的图形是一个凸多边形.

[反思] ① 定理的证明过程, 颇不简单, 里边还不无疑点;

② 方程 (3) 如何应用, 那么多条件, 如何去满足, 也都是个问题;

③ (3) 表示的凸多边形, 有何性质?

1.(研究题)对方程(3)进行多侧面的研究,特别是如下三点:

ⅰ)例举说明如何应用(已知多边形求方程,已知方程求多边形图形).

ⅱ)透彻地弄清定理3的证明过程,证明可否改进或简化?

ⅲ)(3)表示的凸多边形有何性质性质?怎样分类?

# 6.3　凸五边形方程(一)

在研究一般多边形方程之后,我们应当再回过头来具体地研究几种特殊多边形的方程,在第四、五章,我们分别研究了三角形和四边形的方程.本节研究凸五边形的方程.

**定理4**(林世保)　已知 $A_i(x_i,y_i)(i=1,2,\cdots,5)$ 确定的二元一次式 $f_i = a_jx+b_jy+c_j(j=1,2,\cdots,4)$,则凸五边形 $A_1A_2A_3A_4A_5$ 的方程可表示为

$$\left\{f_1+\mid f_2\mid\right\}+\mid f_2\mid+\mid f_3\mid+f_4=0 \tag{4}$$

其中,各边的方程为

ⅰ) $f_1+2f_2+f_3+f_4=0$, ⅱ) $f_1-2f_2+f_3+f_4=0$,
ⅲ) $f_1-2f_2-f_3+f_4=0$, ⅳ) $f_1+f_3-f_4=0$, ⅴ) $f_1+2f_2-f_3+f_4=0$.

**证明**　不妨设 $b_1>0,b_2>0,b_3>0$,如图6.9,延长五边形 $A_1A_2A_3A_4A_5$ 的边 $A_2A_3$、$A_5A_4$ 交于点 $M$(可以证明凸五边形总有一对隔邻边延长以后交于形外一点,故不妨设 $A_2A_3$、$A_5A_4$ 延长后相交),在 $A_1K$ 上取点 $K'$,考虑射线 $K'A_3$、$K'A_4$,设 $K'A_3$、$K'A_4$ 所在直线方程为

$$f_1-f_2=0, f_1+f_2=0.$$

两式可合并为

$$f_1+\mid f_2\mid=0 \qquad ①$$

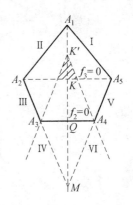

图6.9

因 $\mid f_2\mid\geqslant 0$,故欲使①有解,必须 $f_1\leqslant 0$,由于(按作法,可见图6.9)三直线 $f_1\mp f_2=0$ 与 $f_1=0$ 共点于 $K'$(事实上,如 $f_1(K')\pm f_2(K')=0$,两式相加: $f_1(k')=0$;反之,如 $f_1(k')=0$,由①知 $f_2(k')=0$),设 $k'$ 坐标为 $(x'_k,y'_k)$,则①可表在区域 $y\leqslant y'_k$ 中两直线上的线段 $K'A_3$ 和 $K'A_4$(即 $\angle A_3K'A_4$ 的两边),这样,将 $A_3,A_4,K'$ 三坐标分别代入①,因 $f_2$ 可消去,从而得关于 $a_1,b_1,c_1$ 的方

程组

$$\begin{cases} f_1(x_3,y_3) = 0 \\ f_1(x_4,y_4) = 0 \\ f_1(x'_k,y'_k) = 0 \end{cases},$$

由于 $A_3,A_4,K'$ 不共线,从而 $f_1$ 可唯一确定.

又设 $A_1Q$ 所在直线的方程为 $f_2 = 0$,$A_2A_5$ 所在直线方程为 $f_3 = 0$,直线 $A_1M$, $A_2A_5$ 及 $\angle A_3K'A_4$ 两边,把平面分成七个部分(区域)(如图 6.9).

O. 有阴影的三角形区域(当 $K'$ 取在 $K$ 时,它缩为一点);

$$\text{I.}\begin{cases} f_1 +\mid f_2 \mid \geqslant 0 \\ f_2 \leqslant 0 \\ f_3 \geqslant 0 \end{cases}; \text{II.}\begin{cases} f_1 +\mid f_2 \mid \geqslant 0 \\ f_2 \geqslant 0 \\ f_3 \geqslant 0 \end{cases}; \text{III.}\begin{cases} f_1 +\mid f_2 \mid \geqslant 0 \\ f_2 \geqslant 0 \\ f_3 \leqslant 0 \end{cases};$$

$$\text{IV.}\begin{cases} f_1 +\mid f_2 \mid \leqslant 0 \\ f_2 \geqslant 0 \\ f_3 \leqslant 0 \end{cases}; \text{IV}'.\begin{cases} f_1 +\mid f_2 \mid \leqslant 0 \\ f_2 \leqslant 0 \\ f_3 \leqslant 0 \end{cases}; \text{V.}\begin{cases} f_1 +\mid f_2 \mid \geqslant 0 \\ f_2 \leqslant 0 \\ f_3 \leqslant 0 \end{cases}.$$

在 IV 或 IV' 的约束下,方程(4) 均可化为方程

$$-f_1 - f_3 + f_4 = 0 \text{ 即 } f_1 + f_3 - f_4 = 0.$$

说明 $A_3Q$ 与 $QA_4$ 共线,即正好合成一边 $A_3A_4$.

类似可知,在 I、II、III、V 的约束下,方程可化为 i、ii、iii、iv、v;且可验证:直线 $A_1A_5$、$A_1A_2$ 与 $f_2 = 0$ 共线于点 $A$;直线 $f_3 = 0$ 与 $A_1A_2$、$A_2A_3$ 共点于点 $A_2$;同时与 $A_1A_5$、$A_5A_4$ 共点于点 $A_5$;$\angle A_3K'A_4$(即 $f_1 +\mid f_2 \mid = 0$) 两边分别同 $A_2A_3$、$A_3A_4$ 共点于 $A_3$ 和同 $A_3A_4$、$A_5A_4$ 共点于 $A_4$(相应的方程组有解),按区域法基本定理,知(4) 就是以 i ~ v 为边的凸五边形 $A_1A_2A_3A_4A_5$ 的方程.

由定理证明过程可知:方程(4) 表示凸五边形的充要条件是:

(1) $a_1b_2 - a_2b_1 \neq 0$;

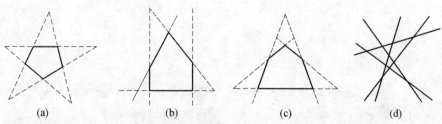

(a)　　　　(b)　　　　(c)　　　　(d)

图 6.10

(2) 直线 i ~ v 中,任何三条不共线,且可以"围"出一个凸五边形(即须排除,比如图 6.10 所示的情形 $d$ 等等).

(3) 交出的凸五边形五顶点坐标满足方程(4).

已知凸五边形 $A_1A_2A_3A_4A_5$ 各顶点坐标,怎样求方程(4) 呢?我们建议,按如下步骤:

（一）由 $A_1$、$A_2$ 求 $f_3$;由 $A_2$、$A_3$、$A_5$、$A_4$ 求 $M$;再由 $M$ 与 $A_1$ 求 $f_2$;

（二）设 $f_2 = 0$ 与 $f_3 = 0$ 交于 $K$,在 $A_1K$ 上取 $K'$,用 $A_3$、$K'$、$A_4$ 坐标代入角方程 $f_1 + |f_2| = 0$ 中,求 $f_1$;

（三）将 $A_1$、$A_2$、$A_3$、$A_4$、$A_5$ 坐标代入方程

$$k_1 \left\{ f_1 + |f_2| \right\} + k_1 |f_2| + k_2 |f_3| + f_4 = 0$$

（其中 $f_1,f_2,f_3$ 已求出）,得关于 $k_1,k_2,a_4,b_4,c_4$ 的五元方程组,解之,即可得方程(4).

**例1**　设五边形 $ABCDE$ 的顶点为 $A(0,1)$,$B(-1,0)$,$C(-\frac{1}{2}, -1)$, $D(\frac{1}{2}, -1)$,$E(1,0)$,求它的方程.

**解**　分别求得直线方程

$BE: y = 0 (f_3 = 0)$,$AO: x = 0 (f_2 = 0)$.

干脆取 $K'$ 为 $A(0,1)$,设 $\angle CAD$ 的方程为

$a_1x + b_1y + c_1 + |x| = 0 \quad (f_1 + |f_2| = 0)$.

将 $A$、$C$、$D$ 三点坐标代入,得

$$\begin{cases} b_1 + c_1 = 0 \\ -\frac{1}{2}a_1 - b_1 + c_1 + \frac{1}{2} = 0, \\ \frac{1}{2}a_1 - b_1 + c_1 + \frac{1}{2} = 0 \end{cases}$$

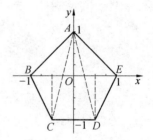

图 6.11

解得 $a_1 = 0, b_1 = \frac{1}{4}, c_1 = -\frac{1}{4}$. 故 $\angle CAD$ 的方程为 $\frac{1}{4}y + |x| - \frac{1}{4} = 0$, $4|x| + y - 1 = 0$.

再设五边形的方程为

$$\left\{ y - 1 + |4x| \right\} k_1 + |4x| k_1 + |y| k_2 + a_4x + b_4y + c_4 = 0$$

将 $A$、$B$、$C$、$D$、$E$ 五点坐标分别代入上面的方程,得

$$\begin{cases} k_2 + b_4 + c_4 = 0 \\ 7k_1 + a_4 + c_4 = 0 \\ 7k_1 - a_4 + c_4 = 0 \\ 2k_1 + k_2 + \dfrac{1}{2}a_4 - b_4 + c_4 = 0 \\ 2k_1 + k_2 - \dfrac{1}{2}a_4 - b_4 + c_4 = 0 \end{cases},$$

解之得，$k_1 = 1, k_2 = 6, a_4 = 0, b_4 = 1, c_4 = -7$，从而得五边形 $ABCDE$ 的方程为

$$\left\{ y - 1 + 4\,|\,x\,|\,\right\} + 4\,|\,x\,| + 6\,|\,y\,| + y - 7 = 0$$

**例2** 已知 $A(1,3), B(-1,2), C(-2,-1), D(1,-2), E(2,1)$，求五边形 $ABCDE$ 的方程.

**解** 如图 6.12，易得如下直线方程 $BE:3y + x - 5 = 0(f_3 = 0)$，由于 $BC \parallel DE$，而 $OA \parallel BC, K'$ 取在 $A$，得 $OA:y - 3x = 0(f_2 = 0)$.

可设 $\angle CAD$ 的方程为 $a_1 x + b_1 y + c_1 + |\,y - 3x\,| = 0(f_1 + |\,f_2\,| = 0)$.

将 $A、C、D$ 坐标代入，求得 $a_1 = \dfrac{1}{3}, b_1 = 1, c_1 =$

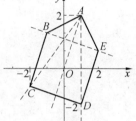

图 6.12

$-\dfrac{10}{3}$，从而得 $\angle CAD$ 的方程为 $x + 3y - 10 + 3\,|\,y - 3x\,| = 0$. 于是，五边形 $ABCDE$ 的方程可写为

$$\left\{ x + 3y - 10 + |\,3y - 9x\,| \right\} k_1 + |\,3y - 9x\,| k_1 + |\,9y + 3x - 5\,| k_2 + a_4 y + b_4 y + c_4 = 0$$

将 $A、B、C、D、E$ 坐标代入，解所获五元一次方程组，得

$$k_1 = 1, k_2 = 3, a_4 = 2, b_4 = 6, c_4 = -35.$$

从而，所求方程为

$$\left\{ x + 3y - 10 + |\,3y - 9x\,| \right\} + |\,3y - 9x\,| + |\,9y + 3x - 15\,| + 6y + 2x - 35 = 0$$

[**反思**] 解题过程似乎长了一点，有无简便的方法？

**习题 6.3**

1. 已知 $A(0,1), B(2,0), C(1,-1), D(-1,-1), E(-2,0)$，求五边形 $ABCDE$ 的方程.

2. 五边形 $ABCDE$ 的五点坐标分别是 $A(0,3)$, $B(-4,0)$, $C(-2,-4)$, $D(2,-4)$, $E(4,0)$, 求五边形 $ABCDE$ 的方程.

3. (研究题) 由第五章 5.2 中杨正义的定理 5, 猜想方程

$$\langle f_1 + |f_2| \rangle + r|f_2| + |f_3| + f_4 = 0$$

ⅰ) 当 $0 \le r < 1$ 时, 表示凹六边形;

ⅱ) 当 $r = 1$ 时, 表示退化六边形(五边形);

ⅲ) 当 $r > 1$ 时, 表示凸六边形.

这个猜想正确吗?

# 6.4  凸五边形方程(二)

从林世保的凸五边形的方程中可求出边的方程, 但一则, 它是二层方程, 二则, 用起来较繁. 这里我们介绍李氏的一层方程.

约定. 两两相交但不共点的直线的倾斜角为 $\alpha_1$, $\alpha_2$, $\alpha_3 : 0 \le \alpha_1 < \alpha_2 < \alpha_3 < \pi$, 相应的直线为

$f_i = f_i(x,y) = a_i x + b_i y + c_i = k_i(x\sin\alpha_i - y\cos\alpha_i) + c_i = 0, k_i > 0, i = 1, 2, 3.$

另记 $f_4 = a_4 x + b_4 y + c_4 = 0$, 记 $d_{ij} = \begin{vmatrix} a_i & b_i \\ a_j & b_j \end{vmatrix}$, $i, j \in \mathbf{N}, 1 \le i < j \le 4$, 则

$$d_{12} = a_1 b_2 - a_2 b_1 = k_1\sin\alpha_1 \cdot (-k_2\cos\alpha_2) - k_2\sin\alpha_2 \cdot (-k_1\cos\alpha_1) =$$
$$k_1 k_2(\sin\alpha_2\cos\alpha_1 - \sin\alpha_1\cos\alpha_2) =$$
$$k_1 k_2\sin(\alpha_2 - \alpha_1) > 0(因为 \alpha_2 - \alpha_1 > 0);$$

同理

$$d_{13} = k_1 k_3\sin(\alpha_3 - \alpha_1) > 0; \quad d_{23} = k_2 k_3\sin(\alpha_3 - \alpha_2) > 0.$$

考虑"条件"

$(A)\, d_{12} + d_{13} > |d_{14}|, d_{12} + d_{23} > |d_{24}|, d_{13} + d_{23} > |d_{34}|.$

$(B_1)\, c_2 = c_3 = 0, c_4 = -|c_1| < 0, d_{12} - d_{23} > -\dfrac{c_4}{c_1}d_{24}, d_{13} - d_{23} > -\dfrac{c_4}{c_1}d_{34}.$

$(B_2)\, c_1 = c_3 = 0, c_4 = -|c_2| < 0, d_{12} - d_{13} > \dfrac{c_4}{c_2}d_{14}, d_{23} - d_{13} > -\dfrac{c_4}{c_2}d_{34}.$

$(B_3)\, c_1 = c_2 = 0, c_4 = -|c_3| < 0, d_{13} - d_{12} > \dfrac{c_4}{c_3}d_{14}, d_{23} - d_{12} > \dfrac{c_4}{c_3}d_{24}.$

于是, 我们有

**定理 5** (李煜钟)  若条件 $A$ 成立, 并且 $B_1$、$B_2$、$B_3$ 之一成立, 则方程

$$| f_1 | +| f_2 | +| f_3 | + f_4 = 0 \qquad\qquad (5)$$

表示有一个顶点在原点的凸五边形.

**证明** 考虑条件 $A$ 及 $B_1$ 成立,且 $c_1 < 0$ 的情形,这时

$$d_{12} + d_{13} >| d_{14} |, d_{12} + d_{23} >| d_{24} |, d_{13} + d_{23} >| d_{34} |$$

且 $c_2 = c_3 = 0, c_4 = c_1 < 0$,从而 $\dfrac{c_4}{c_1} = 1$,则 $d_{12} - d_{23} + d_{24} > 0, d_{13} - d_{23} + d_{34} > 0$.

三条(两两相交但不共点的) 直线 $,f_1 = 0, f_2 = 0, f_3 = 0$ 将平面分成 7 个区域 $G_1, G_2, \cdots, G_7$,在它们的约束下,(5) 分别化为(图 6.13,标"$-$"表示 $f < 0$,"$+$"表示 $f > 0$,当 $c_i = 0$ 时 $,f_i$ 记为 $\varphi_i$,则

一般有 $\varphi_i = f_i - c_i (i = 1,2,3,4))$

$$G_1: - \varphi_1 - \varphi_2 + \varphi_3 + \varphi_4 = 0 \qquad ①$$
$$G_2: - \varphi_1 - \varphi_2 - \varphi_3 + \varphi_4 = 0 \qquad ②$$
$$G_3: - \varphi_1 + \varphi_2 - \varphi_3 + \varphi_4 = 0 \qquad ③$$
$$G_4: - \varphi_1 + \varphi_2 + \varphi_3 + \varphi_4 = 0 \qquad ④$$
$$G_5: \varphi_1 - \varphi_2 - \varphi_3 + \varphi_4 + 2c_1 = 0 \qquad ⑤$$
$$G_6: \varphi_1 + \varphi_2 - \varphi_3 + \varphi_4 + 2c_1 = 0 \qquad ⑥$$
$$G_7: \varphi_1 + \varphi_2 + \varphi_3 + \varphi_4 + 2c_1 = 0 \qquad ⑦$$

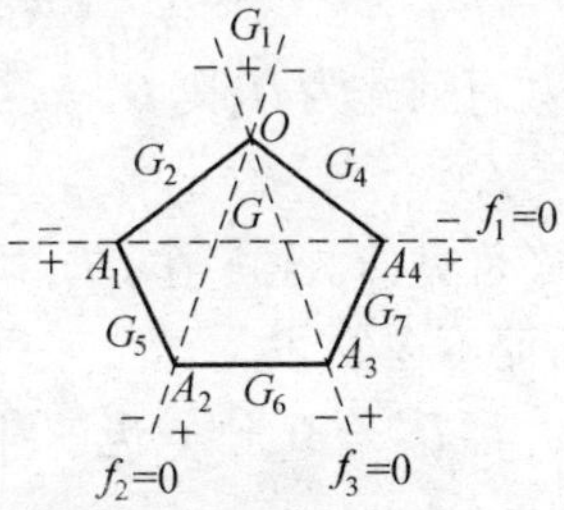

图 6.13

以 $D_{ij}$ 表示由 $(i)(j)$ 构成的方程组中 $,x,y$ 系数的行列式,则

$$D_{12} = \begin{vmatrix} - a_1 - a_2 + a_3 + a_4 & - b_1 - b_2 + b_3 + b_4 \\ - a_1 - a_2 - a_3 + a_4 & - b_1 - b_2 - b_3 + b_4 \end{vmatrix} =$$

$$\begin{vmatrix} 2a_3 & 2b_3 \\ - a_1 - a_2 - a_3 + a_4 & - b_1 - b_2 - b_3 + b_4 \end{vmatrix} =$$

$$2 \begin{vmatrix} a_3 & b_3 \\ - a_1 - a_2 + a_4 & - b_1 - b_2 + b_4 \end{vmatrix} =$$

$$2 \left( \begin{vmatrix} a_3 & b_3 \\ - a_1 & - b_1 \end{vmatrix} + \begin{vmatrix} a_3 & b_3 \\ - a_2 & - b_2 \end{vmatrix} + \begin{vmatrix} a_3 & b_3 \\ a_4 & b_4 \end{vmatrix} \right) =$$

$$2(d_{13} + d_{23} + d_{34}) > 0.$$

(因为 $A$ 中有 $d_{13} + d_{23} >| d_{34} | = \pm d_{34}$,所以 $d_{13} + d_{23} + d_{34} > 0$).

同理: $D_{23} = - 2(d_{12} - d_{23} + d_{34}) < 0$;

$$D_{34} = - 2(d_{13} - d_{23} + d_{34}) < 0;$$
$$D_{14} = - 2(d_{12} - d_{13} + d_{14}) < 0.$$

总之,均不等于 0,从而方程组 ①②,②③,③④,④① 均各有唯一解,因为是齐次的,故只有 0 解 $(0,0)$,说明 ①、②、③、④ 为四条共点于 $(0,0)$ 的直线.

由于 $D_{25} = 2(d_{12} + d_{13} - d_{14}) > 0$，从而方程组 ②⑤ 有唯一解，记 $(x_1, y_1)$. 但 ⑤ - ②:$2\varphi_1 + 2c_1 = 0$ 即 $f_1 = \varphi_1 + c_1 = 0$，从而 $f(x_1, y_1) = 0$，但

$$f_2(x_1, y_1) = \frac{c_1(d_{12} - d_{23} + d_{24})}{d_{12} + d_{13} - d_{14}} < 0, f_3(x_1, y_1) = \frac{c_1(d_{13} + d_{23} - d_{34})}{d_{12} + d_{13} - d_{14}} < 0,$$

所以点 $(x_1, y_1)$ 在 $f_1 = 0, f_2 < 0, f_3 < 0$ 的区域上.

同理:方程组 ⑤⑥ 的唯一解 $(x_2, y_2)$ 在 $f_2 = 0, f_1 > 0, f_3 < 0$ 的区域上;方程组 ⑥⑦ 的唯一解 $(x_3, y_3)$ 在 $f_3 = 0, f_1 > 0, f_2 > 0$ 的区域上;方程组 ④⑦ 的唯一解 $(x_4, y_4)$ 在 $f_1 = 0, f_2 > 0, f_3 > 0$ 的区域上.

记方程组"$f_1 = 0$ 与 ①" 即

$$\begin{cases} f_1 = 0 \\ -\varphi_1 - \varphi_2 + \varphi_3 + \varphi_4 = 0 \end{cases} \qquad (*)$$

系数行列式为 $D$，则 $D_1 = -d_{12} + d_{13} + d_{14}$，若 $D_1 \neq 0$，则它有唯一解 $(x_P, y_P)$，有

$$f_2(x_P, y_P)f_3(x_P, y_P) = C_1^2 D_1^{-2}(d_{12} + d_{13} + d_{24})(d_{13} + d_{23} + d_{34} > 0).$$

可见 $(x_P, y_P)$ 在 $f_2 f_3 > 0$(即 $f_2 > 0, f_3 > 0$ 或 $f_2 < 0, f_3 < 0$) 限定的区域内，而不在 $G_1$ 内.

若 $D_1 = 0$，则它无解. 同理知，方程组 $f_1 = 0$ 与 ③，即

$$\begin{cases} f_1 = 0 \\ -\varphi_1 + \varphi_2 - \varphi_3 + \varphi_4 = 0 \end{cases}$$

的解(如有的话) 点 $(x_Q, y_Q)$ 也不在 $G_1$ 内.

通过如上分析可知:在 $G_1$、$G_3$ 约束下，方程(5) 的图形，恰有一点即 $O(0, 0)$. 在 $G_2$、$G_4$、$G_5$、$G_6$、$G_7$ 的约束下，(1) 表示的正是直线 ②④⑤⑥⑦ 分别在相应区域内的部分，即线段 $OA_1, OA_4, A_1A_2, A_2A_3, A_3A_4$.

以下证明 $OA_1A_2A_3A_4$ 是一个凸五边形:就是要证明点 $A_2$、$A_3$、$A_4$ 在直线 $OA_1$ 同侧;点 $A_4$、$O$、$A_1$ 在直线 $A_2A_3$ 同侧;点 $O$、$A_1$、$A_2$ 在直线 $A_3A_4$ 同侧;点 $A_1$、$A_2$、$A_3$ 在直线 $OA_4$ 同侧;点 $A_3$、$A_4$、$O$ 在直线 $A_1A_2$ 同侧.

事实上，$OA_1$ 方程为 ②:

$$g(x, y) = (-a_1 - a_2 - a_3 + a_4)x + (-b_1 - b_2 - b_3 + b_4)y = 0.$$

则

$$g(x_2, y_2) = \frac{4c_1(d_{12} - d_{23} + d_{24})}{d_{12} + d_{23} - d_{24}} < 0,$$

$$g(x_3, y_3) = \frac{4c_1(d_{13} + d_{23} + d_{34})}{d_{12} + d_{23} - d_{34}} < 0,$$

$$g(x_4, y_4) = \frac{4c_1(d_{12} - d_{23} + d_{24})}{d_{12} + d_{13} + d_{14}} < 0.$$

可见，$A_2$、$A_3$、$A_4$ 在直线 $OA_1$ 同侧，类似证其他.

这里,我们来计算一下:先求 $(x_2, y_2)$,如图 6.13,它是方程组 ⑤、⑥ 的解,即

$$\begin{cases} \varphi_1 - \varphi_2 - \varphi_3 + \varphi_4 + 2c_1 = 0 \\ \varphi_1 + \varphi_2 - \varphi_3 + \varphi_4 + 2c_1 = 0 \end{cases}$$

化简即知为

$$\begin{cases} \varphi_2 = 0 \\ \varphi_1 - \varphi_3 + \varphi_4 + 2c_1 = 0 \end{cases} \text{即} \begin{cases} a_2 x + b_2 y = 0 \\ (a_1 - a_3 + a_4) x + (b_1 - b_3 + b_4) y + 2c_1 = 0 \end{cases}.$$

系数行列式

$$D_{56} = \begin{vmatrix} a_2 & b_2 \\ a_1 - a_3 + a_4 & b_1 - b_3 + b_4 \end{vmatrix} = -d_{12} - d_{23} + d_{24}.$$

$$D_{56}(x) = \begin{vmatrix} 0 & b_2 \\ -2c_1 & b_1 - b_3 + b_4 \end{vmatrix} = 2c_1 b_2,$$

$$D_{56}(y) = \begin{vmatrix} a_2 & 0 \\ a_1 - a_3 + a_4 & -2c_1 \end{vmatrix} = -2c_1 a_2.$$

所以

$$x_2 = \frac{2c_1 b_2}{D_{56}}, y_2 = \frac{-2c_1 a_2}{D_{56}}.$$

所以

$$g(x_2, y_2) = (-a_1 - a_2 - a_3 + a_4) \cdot \frac{2c_1 b_2}{D_{56}} +$$

$$(-b_1 - b_2 - b_3 + b_4) \cdot \frac{-2c_1 a_2}{D_{56}}$$

$$= \frac{2c_1}{D_{56}}(-a_1 b_2 - a_2 b_2 - a_3 b_2 + a_4 b_2 + a_2 b_1 + a_2 b_2 + a_2 b_3 - a_2 b_4)$$

$$= \frac{2c_1}{D_{56}}(-d_{12} + d_{23} - d_{24})$$

$$= \frac{2c_1(-d_{12} + d_{23} - d_{24})}{-d_{12} - d_{23} + d_{24}}$$

$$= \frac{2c_1(d_{12} - d_{23} + d_{24})}{d_{12} + d_{23} - d_{24}}.$$

类似,求出 $(x_3, y_3)$、$(x_4, y_4)$ 即可类似计算 $g(x_3, y_3)$、$g(x_4, y_4)$.

这就证明了"凸性",条件 $(A, B_2)$ 或 $(A, B_3)$ 成立的情况,可类似证明.

[反思] 这里应用"并行推理"叙述,还如此冗繁(真正著文、审稿是不能略去计算过程的,每种情形均须算到底). 定理的条件也不简明,说明还有很大的、简化的余地,表述和证明都如此.

通过坐标轴平移,不难证明

**定理** 5′(李煜钟) 在定理 1 相同的条件下,方程

$$|f'_1| + |f'_2| + |f'_3| + f'_4 = 0 \qquad\qquad (5')$$

的图形是一个顶点在 $(x_0, y_0)$ 的凸五边形. 其中

$$f'_i = f_i(x - x_0, y - y_0) = a_i(x - x_0) + b_i(y - y_0) + c_i (i = 1, 2, 3, 4).$$

**例** 已知凸五边形 $ABCDE$ 顶点如图 6.14 所示, 求其方程.

**解** 可求出三条对角线方程

$$BE: x = 0 (f'_1 = 0);$$
$$AC: x + 2y - 1 = 0 (f'_2 = 0);$$
$$AD: x - 2y - 1 = 0 (f'_3 = 0).$$

按方程 $(5')$, 可构造方程

$$|x| + k|x + 2y - 1| + l|x -$$
$$2y - 1| + a_4 x + b_4 y + c_4 = 0,$$

把五个点坐标分别代入, 得

$$\begin{cases} 1 + a_4 + c_4 = 0 \\ 3k + 5l + 2b_4 + c_4 = 0 \\ 1 + 4l - a_4 + b_4 + c_4 = 0 \\ 1 + 4k - a_4 - b_4 + c_4 = 0 \\ 5k + 3l - 2b_4 + c_4 = 0 \end{cases},$$

解之得 $k = l = \dfrac{1}{6}, a_4 = \dfrac{1}{3}, b_4 = 0, c_4 = -\dfrac{4}{3}$, 则凸五边形 $ABCDE$ 方程为

$$|x| + \frac{1}{6}|x + 2y - 1| + \frac{1}{6}|x - 2y - 1| + \frac{1}{3}x - \frac{4}{3} = 0, 即$$

$$6|x| + |x + 2y - 1| + |x - 2y - 1| + 2x - 8 = 0.$$

[反思] ① 加上 $k$、$l$ 这些待定系数, 是由于"对角线方程" $f_2 = 0$, 也可以是 $kf_2 = 0 (k \neq 0)$; $f_3 = 0$, 也可以是 $lf_3 = 0 (l \neq 0)$, 至于 $f_1 = 0$, 因 $f_2 = 0, f_3 = 0$ 都加了, 它加不加参数均可, 而 $f_4 = 0$ 的参数, 已含在 $a_4, b_4, c_4$ 中了.

② 本题中的对角线方程, 因为并非以 $A$ 为原点求出的, 它们本身已是 $f'_i = 0$ 了. 如误认为是 $f_i = 0$, 再以 $x - 1$ 去代换 $x$ 求 $f'_i = 0$, 那就错了. 笔者就曾犯过这个错误.

李煜钟的方程, 不仅是一层的, 而且对其图形为凸五边形的充要条件, 进行了细致的刻画, 并在证明中进行了严格、深入的讨论, 实在难能可贵. 当然, 其表述的繁复也为改进留下了空间.

**习题 6.4**

1. (研究题) 对条件 $AB_2$, $AB_3$ 下的定理加以证明.

2. (研究题) 对条件 $A$ 及 $B_1B_2B_3$ 进行分析, 能否简化?

# 6.5　凸六边形方程

下面我们将介绍的林世保和杨学枝的凸六边形方程, 与李煜钟的凸五边形方程形式上是完全一样的. 那么, 本质的区别在哪里?请仔细研究它的条件.

为克服"绝对值方程"的天然的繁琐性. 我们引用系列符号, 请大家细心琢磨.

记 $f_i = a_i x + b_i y + c_i (i = 1, 2, 3, 4)$, $k_{ij} = \begin{vmatrix} a_i & b_i \\ a_j & b_j \end{vmatrix}$, $m_{ij} = \begin{vmatrix} b_i & c_i \\ b_j & c_j \end{vmatrix}$,

$n_{ij} = \begin{vmatrix} c_i & a_i \\ c_j & a_j \end{vmatrix} (i, j = 1, 2, 3, 4)$, 再以 $T$ 表 $K$、$M$ 或 $N$, 记

$T_1 = t_{12} + t_{13} + t_{14}$, $T'_1 = t_{12} - t_{13} + t_{14}$, $T''_1 = t_{12} + t_{13} - t_{14}$, $T'''_1 = t_{12} - t_{13} - t_{14}$, (就是打"′"第 1 个"+"变"−";打"″"第二个"+"变"−";打"‴"两个"+"均变"−". 下同)

$T_2 = t_{21} + t_{23} + t_{24}$, $T'_2 = t_{21} - t_{23} + t_{24}$, $T''_2 = t_{21} + t_{23} - t_{24}$, $T'''_2 = t_{21} - t_{23} - t_{24}$, (第 1 下标为 2 时, 第 2 下标依次为 1, 2, 3).

$T_3 = t_{31} + t_{32} + t_{34}$, $T'_3 = t_{31} - t_{32} + t_{34}$, $T''_3 = t_{31} + t_{32} - t_{34}$, $T'''_3 = t_{31} - t_{32} - t_{33}$, (第 1 下标为 3 时, 第 2 下标依次为 1, 2, 4).

每个大写字母后, 跟的是同一个字母的小写. 例如

$$M_1 = m_{12} + m_{13} + m_{14}, \quad K'_2 = k_{21} - k_{23} + k_{24}.$$

等等. 有了这一套符号, 我们的定理和证明, 就可以表述得十分简洁明快.

**定理** 6(林世保、杨学枝)　如果 $| k_{12} + k_{13} | > | k_{14} |$, $| k_{21} + k_{23} | > | k_{24} |$, $| k_{31} - k_{32} | > | k_{34} |$, 那么方程

$$| f_1 | + | f_2 | + | f_3 | + f_4 = 0 \tag{6}$$

的图形为一个凸六边形 $ABCDEF$, 其顶点为

$$A\left(\frac{M_1}{K_1}, \frac{N_1}{K_1}\right), B\left(\frac{M_2}{K_2}, \frac{N_2}{K_2}\right), C\left(\frac{M'_3}{K'_3}, \frac{N'_3}{K'_3}\right),$$

$$D\left(\frac{M''_1}{K''_1}, \frac{N''_1}{K''_1}\right), E\left(\frac{M''_2}{K''_2}, \frac{N''_2}{K''_2}\right), F\left(\frac{M'''_3}{K'''_3}, \frac{N'''_3}{K'''_3}\right),$$

各边直线方程

$AB:f_1 + f_2 + f_3 + f_4 = 0$   ①     $BC:f_1 - f_2 + f_3 + f_4 = 0$   ②

$CD:f_1 - f_2 - f_3 + f_4 = 0$   ③     $DE: -f_1 - f_2 - f_3 + f_4 = 0,$   ④

$EF: -f_1 + f_2 - f_3 + f_4 = 0$   ⑤     $FA: -f_1 + f_2 + f_3 + f_4 = 0$   ⑥

主对角线 $(AD, BE, CF)$ 方程 $AD:f_1 = 0, BE:f_2 = 0, CF:f_3 = 0.$

    **证明**    不妨设 $a_1, a_2, a_3 > 0$，直线 $AD, BE, CF$ 把平面分成七个区域，六个外围区域分别是

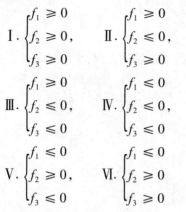
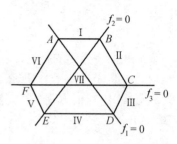

$$\text{I}.\begin{cases} f_1 \geqslant 0 \\ f_2 \geqslant 0, \\ f_3 \geqslant 0 \end{cases} \quad \text{II}.\begin{cases} f_1 \geqslant 0 \\ f_2 \leqslant 0, \\ f_3 \geqslant 0 \end{cases}$$

$$\text{III}.\begin{cases} f_1 \geqslant 0 \\ f_2 \leqslant 0, \\ f_3 \leqslant 0 \end{cases} \quad \text{IV}.\begin{cases} f_1 \leqslant 0 \\ f_2 \leqslant 0, \\ f_3 \leqslant 0 \end{cases}$$

$$\text{V}.\begin{cases} f_1 \leqslant 0 \\ f_2 \geqslant 0, \\ f_3 \leqslant 0 \end{cases} \quad \text{VI}.\begin{cases} f_1 \leqslant 0 \\ f_2 \geqslant 0, \\ f_3 \geqslant 0 \end{cases}$$

图 6.15

在区域 I 条件约束下，方程(6)化为① $f_1 + f_2 + f_3 + f_4 = 0$，它同直线 $AD:$ $f_1 = 0$ 交于 $A(x_1, y_1)$，则

$$\begin{cases} a_1 x_1 + b_1 y_1 + c_1 = 0 \\ (a_2 + a_3 + a_4)x_1 + (b_2 + b_3 + b_4)y_1 + (c_2 + c_3 + c_4) = 0 \end{cases}$$

按开头的记号，有

$$x_1 = \frac{D_x}{D}, y_1 = \frac{D_y}{D}.$$

其中 $D = \begin{vmatrix} a_1 & b_1 \\ a_2 + a_3 + a_4 & b_2 + b_3 + b_4 \end{vmatrix} = k_{12} + k_{13} + k_{14} = K_1 \neq 0,$

(否则，如 $k_{12} + k_{13} + k_{14} = 0$，则 $k_{12} + k_{13} = -k_{14}$，从而 $|k_{12} + k_{13}| = |k_{14}|$ 与 $|k_{12} + k_{13}| > |k_{14}|$ 矛盾).

$$D_x = \begin{vmatrix} -c_1 & b_1 \\ -(c_2 + c_3 + c_4) & b_2 + b_3 + b_4 \end{vmatrix} = \begin{vmatrix} b_1 & c_1 \\ b_2 + b_3 + b_4 & c_2 + c_3 + c_4 \end{vmatrix} =$$

$m_{12} + m_{13} + m_{14} = M_1.$

    所以              $x_1 = \dfrac{M_1}{K_1}.$

类似计算出 $y_1 = \dfrac{N_1}{K_1}.$

    同样，可从① 与 $BC$ 即 $f_2 = 0$ 组成分成组

$$\begin{cases} f_2 = 0 \\ f_1 + f_3 + f_4 = 0 \end{cases}$$

中算出 $B(x_2, y_2)$ 坐标,事实上,从

$$\begin{cases} a_2 x_2 + b_2 y_2 + c_2 = 0 \\ (a_1 + a_3 + a_4) x_2 + (b_1 + b_3 + b_4) y_2 + (c_1 + c_3 + c_4) = 0 \end{cases}$$

立即算出

$$x_2 = \frac{M_2}{K_2}, y_2 = \frac{N_2}{K_2}.$$

这样,即知

$$A(\frac{M_1}{K_1}, \frac{N_1}{K_1}), B(\frac{M_2}{K_2}, \frac{N_2}{K_2}).$$

两点在区域 Ⅰ 的边界上,根据区域法原理,即知在条件 Ⅰ 约束下,方程 (6) 恰表示线段 $AB$. 同理可证,在区域 Ⅱ,Ⅲ,Ⅳ,Ⅴ,Ⅵ 条件约束下,方程(6) 分别表示线段 $BC, CD, DE, EF, FA$.

在证明过程中,同时证明了 ① ~ ⑥ 为六边形的方程并求出了它的六个顶点.

下边证明六边形 $ABCDEF$ 是凸的. 不妨设

$a_1 + a_2 + a_3 + a_4 > 0$ 且 $a_1 - a_2 + a_3 + a_4 > 0$,由于 $| k_{21} + k_{23} | > | k_{24} |$,

即 $\begin{vmatrix} a_2 & b_2 \\ a_1 & b_1 \end{vmatrix} + \begin{vmatrix} a_2 & b_2 \\ a_3 & b_3 \end{vmatrix} + \begin{vmatrix} a_2 & b_2 \\ a_4 & b_4 \end{vmatrix} > 0$,知 $a_2 b_1 + a_2 b_3 + a_2 b_4 - a_1 b_2 - a_3 b_2 -$

$a_4 b_2 > 0$,它等价于

$$k_{AB} = -\frac{b_1 + b_2 + b_3 + b_4}{a_1 + a_2 + a_3 + a_4} > -\frac{b_1 - b_2 + b_3 + b_4}{a_1 - a_2 + a_3 + a_4} = k_{BC},$$

即直线 $AB$ 斜率大于直线 $BC$ 斜率,同理可证 $k_{FA} > k_{AB}$. 可见整个多边形在直线 $AB$ 同侧;同理可证,整个多边形分别在 $BC, CD, DE, EF, FA$ 同侧,因此,它是凸多边形.

**推论** 符号、条件同定理6,则方程

$$| f_1 | + | f_2 | + | f_3 | = 1$$

的曲线是平行六边形.

**证明** 在方程(6) 中,取 $a_4 = b_4 = 0, c_4 = -1$,则直线 $AB$ 方程为

$AB:(a_1 + a_2 + a_3)x + (b_1 + b_2 + b_3)y + c_1 + c_2 + c_3 = 1$,

$DE:(-a_1 - a_2 - a_3)x + (-b_1 - b_2 - b_3)y - c_1 - c_2 - c_3 = 1$.

可见 $k_{AB} = k_{BE}$,故 $AB /\!/ DE$. 同理可证 $BC /\!/ EF, CD /\!/ FA$. 证毕.

**例1** 方程 $| x + y - 1 | + | y - 2x - 2 | + | 2y - x + 1 | + x - 2y - 8 = 0$ 表示何种曲线?顶点何在?

**解** 按定理,它是个凸六边形(条件验证略).各边方程为

$$AB:2y - x - 10 = 0, BC:x - 2 = 0, CD:5x - 4y - 8 = 0,$$

$$DE:x - 2y - 2 = 0, EF:x + 4y + 10 = 0 \quad FA:x + \frac{8}{3} = 0.$$

解相应的方程组,即可得顶点为

$$A\left(-\frac{8}{3}, \frac{11}{3}\right), B(2,6), C\left(2, \frac{1}{2}\right),$$

$$D\left(\frac{4}{3}, -\frac{1}{3}\right), E(-2, -2), F\left(-\frac{8}{3}, -\frac{11}{6}\right).$$

[反思] 本题应用"求折点的基本定理(第一章定理6)"也可以解,先令 $x + y - 1 = 0$,则有方程组

$$\begin{cases} |x + y - 1| + |y - 2x - 2| + |2y - x + 1| + x - 2y - 8 = 0, \\ x + y - 1 = 0 \end{cases}$$

将 $y = 1 - x$ 代入第1方程,得

$$|3x + 1| + |3x - 3| + 3x - 10 = 0,$$

分三区间: $\left(-\infty, -\frac{1}{3}\right], \left(-\frac{1}{3}, 1\right], (1, +\infty)$,在区间 $\left(-\infty, -\frac{1}{3}\right]$ 上,解得

$x = -\frac{8}{3}, y = \frac{11}{3}$;在区间 $\left(-\frac{1}{3}, 1\right]$ 上无解;在区间 $(1, +\infty)$ 上解得 $x = \frac{4}{3}$,

$y = -\frac{1}{3}$,从而得顶点

$$A\left(-\frac{8}{3}, \frac{11}{3}\right), D\left(\frac{4}{3}, -\frac{1}{3}\right).$$

再令 $y - 2x - 2 = 0$,由方程组

$$\begin{cases} |x + y - 1| + |2y - x + 1| + x - 2y - 8 = 0, \\ y - 2x - 2 = 0 \end{cases}$$

解得 $B(2,6), E(-2, -2)$,由方程组

$$\begin{cases} |x + y - 1| + |y - 2x - 2| + x - 2y - 8 = 0, \\ 2y - x + 1 = 0 \end{cases}$$

解得 $C\left(2, \frac{1}{2}\right), F\left(-\frac{8}{3}, -\frac{11}{6}\right).$

此法"理论"不多,但计算麻烦一点.

例2 已知 $A(-1,2), B(0,2), C\left(\frac{20}{13}, \frac{10}{13}\right), D\left(\frac{9}{5}, -\frac{4}{5}\right), E(0, -2), F\left(-\frac{12}{7}, -\frac{6}{7}\right)$,求六边形 $ABCDEF$ 的方程.

**解** 求出主对角线方程(如图6.16)

$AD: y + x - 1 = 0, BE: x = 0, CF: 2y - x = 0.$
则可设这六边形方程为

$$k_1 \mid y + x - 1 \mid + \ k_2 \mid x \mid + k_3 \mid 2y - x \mid + a_4 x +$$
$b_4 y + c_4 = 0.$

将 6 个顶点坐标代入,得

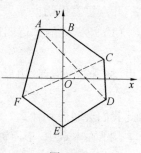

图 6.16

$$\begin{cases} k_2 + 5k_3 - a_4 + 2b_4 + c_4 = 0 \\ k_1 + 4k_3 + 2b_4 + c_4 = 0 \\ 17k_1 + 20k_2 + 20a_4 + 10b_4 + 13c_4 = 0 \\ 9k_2 + 17k_3 + 9a_4 - 4b_4 + 5c_4 = 0 \\ 3k_1 + 4k_3 - 2b_4 + c_4 = 0 \\ 25k_1 + 12k_2 - 12a_4 - 6b_4 + 7c_4 = 0 \end{cases}$$

解之,得 $k_1 = k_2 = 2, k_3 = a_4 = b_4 = 1, c_4 = -8$,从而得六边形 $ABCDEF$ 的方程为

$$2 \mid x + y - 1 \mid + 2 \mid x \mid + \mid x - 2y \mid + x + y - 8 = 0.$$

**例3** 半径为 1 的正六边形 $ABCDEF$ 位置如图 6.17 所示,求其方程.

**解** 三条主对角线方程为

$AD: y + \sqrt{3}x = 0, BE: y = 0, CF: y - \sqrt{3}x = 0.$
方程可设为(作为平行六边形)

$$k_1 \mid y - \sqrt{3}x \mid + k_2 \mid y + \sqrt{3}x \mid + k_3 \mid y \mid = 1.$$

把顶点 $A\left(-\dfrac{1}{2}, \dfrac{\sqrt{3}}{2}\right), B(-1, 0), C\left(-\dfrac{1}{2},\right.$

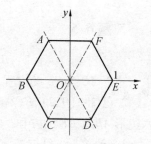

图 6.17

$\left.-\dfrac{\sqrt{3}}{2}\right)$ 代入,得方程

$$\begin{cases} \sqrt{3}k_1 + \dfrac{\sqrt{3}}{2}k_3 = 1 \\ \sqrt{3}k_1 + \sqrt{3}k_2 = 1 \\ \sqrt{3}k_2 + \dfrac{\sqrt{3}}{2}k_3 = 1 \end{cases}$$

解得 $k_1 = k_2 = \dfrac{\sqrt{3}}{6}, k_3 = \dfrac{\sqrt{3}}{3}$,从而得单位正六边形 $ABCDEF$ 方程

$$\mid y - \sqrt{3}x \mid + \mid y + \sqrt{3}x \mid + \mid 2y \mid = 2\sqrt{3}.$$

[**反思**] 这同第二章 2.1 中,用"轨迹法"求出的最简方程(13) 是一致的.

**几点重要说明:**

(1) 冯跃峰的平行四边形方程为

$$|f_1| + |f_2| = 1.$$

这里,林、杨的平行六边形方程为

$$|f_1| + |f_2| + |f_3| = 1,$$

由此我们会联想到什么?

(2) 在本章中,李煜钟的凸五边形方程和林世保、杨之二位求得的凸六边形方程都是

$$|f_1| + |f_2| + |f_3| + f_4 = 0,$$

只有条件有所不同,这说明什么问题?一个合理的猜想是什么?再想到孙四周在第四章的四边形方程可写成

$$|f_1| + |f_2| + f_3 = 0,$$

(满足一定的条件),能否把这些条件系统化,规律化,做出一般猜想,并加以证明呢?


## 习题 6.5

1. 已知点 $A(-1,2)$, $B(1,2)$, $C(2,0)$, $D(0,-2)$, $E(-2,-2)$, $F(-3,0)$, 求六边形 $ABCDEF$ 的方程.

2. 已知 $A(0,2)$, $B(2,0)$, $C(1,-1)$, $D(0,-2)$, $E(-2,0)$, $F(-1,1)$, 求六边形 $ABCDEF$ 的方程.

3. (研究题) 已知 $f_i = a_i x + b_i y + c_i (i = 1,2,3,4)$, 试研究方程

$$\sum_{i=1}^{4} |f_i| = 1$$

的图形为平行八边形的条件?

4. (研究题) 能否依据关于平行四边形 $|f_1| + |f_2| = 1$, 平行六边形 $\sum_{i=1}^{3} |f_i| = 1$ 及题 3 的结果, 对平行 $2n$ 边形 (即 $\sum_{i=1}^{2n} |f_i| = 1$) 作一个猜想.

5. 试研究"几个重要说明"中的 (2).

# 6.6　正多边形的方程

### 1. 正偶边形的方程

**引理**　对于任意正整数 $n$，有 $1 + 2\sum_{i=1}^{[\frac{n-1}{2}]} \cos\frac{i\pi}{n} = \begin{cases} \csc\frac{\pi}{2n}(n \text{ 为奇数}) \\ \cot\frac{\pi}{2n}(n \text{ 为偶数}) \end{cases}$,

其中 $[\frac{n-1}{2}]$ 表示 $\frac{n-1}{2}$ 的整数部分.

**证明**　注意到三角恒等式 $\sin(k+\frac{1}{2})\frac{\pi}{n} - \sin(k-\frac{1}{2})\frac{\pi}{n} = 2\cos\frac{k\pi}{n}\sin\frac{\pi}{2n}$，其中 $k = 1, 2, \cdots, [\frac{n-1}{2}]$.

把以上所得的 $\frac{n-1}{2} + 1$ 个恒等式相加，得

$$\sin([\frac{n-1}{2}] + \frac{1}{2})\frac{\pi}{n} + \sin\frac{\pi}{2n} = \sum_{i=0}^{[\frac{n-1}{2}]} \cos\frac{i\pi}{n} \cdot 2\sin\frac{\pi}{2n}, 则$$

$$2\sum_{i=0}^{[\frac{n-1}{2}]} \cos\frac{i\pi}{n} - 1 = \frac{\sin([\frac{n-1}{2}] + \frac{1}{2})\frac{\pi}{n}}{\sin\frac{\pi}{2n}},$$

因此，有

$$1 + 2\sum_{i=1}^{[\frac{n-1}{2}]} \cos\frac{i\pi}{n} = \frac{\sin([\frac{n-1}{2}] + \frac{1}{2})\frac{\pi}{n}}{\sin\frac{\pi}{2n}}.$$

当 $n$ 为奇数时，设 $n = 2k - 1$，则

$$\frac{\sin([\frac{n-1}{2}] + \frac{1}{2})\frac{\pi}{n}}{\sin\frac{\pi}{2n}} = \frac{\sin(k-1+\frac{1}{2})\frac{\pi}{2k-1}}{\sin\frac{\pi}{2n}} = \frac{\sin\frac{\pi}{2}}{\sin\frac{\pi}{2n}} = \cos\frac{\pi}{2n};$$

当 $n$ 为偶数时，设 $n = 2k$，则

$$\frac{\sin([\frac{n-1}{2}] + \frac{1}{2})\frac{\pi}{n}}{\sin\frac{\pi}{2n}} = \frac{\sin(k-1+\frac{1}{2})\frac{\pi}{2k}}{\sin\frac{\pi}{2n}} = \frac{\sin(\frac{\pi}{2} - \frac{\pi}{4k})}{\sin\frac{\pi}{2n}} = \frac{\cos\frac{\pi}{2n}}{\sin\frac{\pi}{2n}} =$$

$\cot\dfrac{\pi}{2n}$.

**定理** 7(林世保、杨学枝)   设正 $2n(n \in \mathrm{N}, n \geqslant 2)$ 边形 $A_1A_2\cdots A_{2n}$ 的半径为 $R$，中心位于直角坐标系的原点上，$A_1$ 位于 $x$ 轴的正半轴上，各顶点按逆时针顺序依次排列为 $A_1, A_2, \cdots, A_{2n}$，则正 $2n$ 边形 $A_1A_2\cdots A_{2n}$ 的方程为

$$\sum_{i=0}^{n-1}\left| y\cos\frac{i\pi}{n} - x\sin\frac{i\pi}{n} \right| = R\cot\frac{\pi}{2n} \tag{7}$$

**证明**   如图 6.18，正 $2n$ 边形 $A_1A_2\cdots A_{2n}$ 的 $2n$ 个顶点均匀地分布在以原点为圆心，$R$ 为半径的圆上，其各顶点坐标为 $A_{i+1}(R\cos\frac{i\pi}{n}, R\sin\frac{i\pi}{n})(i = 1, 2, \cdots, 2n - 1)$，过原点的对角线 $A_{i+1}A_{n+i+1}(i = 1, 2, \cdots, 2n - 1)$ 所在的直线方程为

$$y\cos\frac{i\pi}{n} - x\sin\frac{i\pi}{n} = 0.$$

直线 $A_iA_{n+i}$ 把平面分成 $2n$ 个区域，把这 $2n$ 个区域从 $x$ 轴的正半轴开始沿逆时针方向顺次编号为 $<1>, <2>, \cdots, <2n>$. 不失一般性，取第 $[\frac{n-1}{2}]$ 区域进行讨论. 在第 $[\frac{n-1}{2}]$ 区域上(包括边界，下同)，有

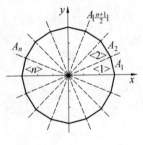

图 6.18

$$y\cos\frac{i\pi}{n} - x\sin\frac{i\pi}{n} \geqslant 0$$

$(i = 1, 2, \cdots, [\frac{n-1}{2}] - 1)$.

$$y\cos\frac{i\pi}{n} - x\sin\frac{i\pi}{n} \leqslant 0 \tag{$*$}$$

$(i = [\frac{n-1}{2}], [\frac{n-1}{2}] - 1, \cdots, n - 1)$

在条件($*$)的约束下，方程(7)可化为

$$y + 2y\sum_{i=1}^{[\frac{n+1}{2}]}\cos\frac{i\pi}{n} = R\cot\frac{\pi}{2n}(n \text{ 为奇数}) \tag{①}$$

及

$$x + y + 2y\sum_{i=1}^{[\frac{n-1}{2}]}\cos\frac{i\pi}{n} = R\cot\frac{\pi}{2n}(n \text{ 为偶数}) \tag{②}$$

再证明①②两式仅表示在第 $[\frac{n-1}{2}]$ 区域上的线段 $A_{[\frac{n-1}{2}]}A_{[\frac{n-1}{2}]+1}$.

当 $n$ 为奇数时，应用引理，(7) 式可化为 $y = R\cos\dfrac{\pi}{2n}$；

当 $n$ 为偶数时,应用引理,(7) 式可化为 $x\operatorname{tg}\dfrac{\pi}{2n} + y = R.$

显然,以上两式表示的是 $n$ 分别为奇数、偶数时,正 $2n$ 边形的 $A_{\left[\frac{n-1}{2}\right]}A_{\left[\frac{n-1}{2}\right]+1}$ 所在的直线方程,在条件( $*$ )的约束下,它们就是表示在第$\left[\dfrac{n-1}{2}\right]$ 区域上的正 $2n$ 边形的边 $A_{\left[\frac{n-1}{2}\right]}A_{\left[\frac{n-1}{2}\right]+1}$ 的方程.

根据正多边形的对称性,用同样的方法可以证明,分别在区域 $< 1 >$, $< 2 >$,$\cdots$,$< 2n >$ 上,(7) 分别表示正 $2n$ 边形的边 $A_1A_2,A_2A_3,\cdots,A_{2n}A_1.$ 所以方程(7) 表示的曲线为正 $2n$ 边形 $A_1A_2\cdots A_{2n}$ 的方程.

应用定理,很容易求出半径为单位长,中心位于原点且一顶点在 $x$ 轴正半轴的正偶边形的方程. 如:

正方形:

$|x| + |y| = 1;$

正六边形:

$|2y| + |y - \sqrt{3}x| + |y + \sqrt{3}x| = 2\sqrt{3};$

正八边形:

$|x| + |y| + \dfrac{\sqrt{2}}{2}(|y - x| + |y + x|) = \sqrt{2} + 1;$

正十二边形:

$|2y| + |2x| + |\sqrt{3}y - x| + |y - \sqrt{3}x| + |\sqrt{3}y + x| + |y - \sqrt{3}x| = 2\sqrt{3} + 4.$

# 四面体的方程

如果说对于多边形,因为可以画出来,我们还可以用"综合法"加以研究的话,那么,除了对柱、锥、台以外,对于一般多面体的研究,则实际上没有可行的办法,因此,对多面体的性质,至今知之甚少,与我们对多边形的了解,是不可同日而语的. 而能表示多面体性质的方程的构造,则为我们研究多面体,提供了一种途径. 杨之早在 1991 年就提出了对三元一次绝对值方程研究的倡议.

1993 年,山东的李煜钟,河南的牛秋宝、张付彬等,开始构造四面体、四棱锥等的方程,引发了多面体方程的研究. 成果很多,但发表的很少. 这里,我们只能依据若干未发表的文献,来叙述这方面的研究. 本章首先研究四面体方程.

## 7.1  四面体方程的一般形式

**引理**(空间区域法基本定理)  设 ▲$LMN$(▲ 表三角形面)三边在凸区域 $G$ 边界面上(其他点不在界面上),若 ▲$LMN$ 上有三个不共线点满足绝对值方程 $F(x,y,z) = 0$,而 $F = 0$ 在 $G$ 上等价于平面方程 $f = ax + by + cz + d = 0$,则 $F = 0$ 就是 ▲$LMN$ 的方程.

以下用 $Smt$ 表示四面体,记 $f_i = a_i x + b_i y + c_i z + d_i = 0 (i = $

1,2,3,4),那么,有

**定理**1(李煜钟) 已知 $SmtA_1A_2A_3A_4$ 顶点坐标 $A_j(x_j,y_j,z_j)(i=1,2,3,4)$, 若 $f_i$ 可由 $A_j(x_j,y_j,z_j)(i,j=1,2,3,4)$ 完全确定,则其绝对值方程为

$$\{f_1+|f_2|\}+\{f_3+|f_2|\}+f_4=0 \tag{1}$$

**证明** 方程(1)按如下方法构造(如图7.1),在 $SmtA_1A_2A_3A_4$ 内任取一点 $P(x_0,y_0,z_0)$,则可确定平面

$$PA_1A_4:f_2=0 \qquad ①$$

构造方程

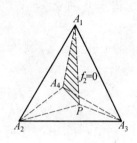

图7.1

$$F_2=f_1+|f_2|=0 \qquad ②$$
$$F_3=f_3+|f_2|=0 \qquad ③$$

$f_2$ 已由 $P$、$A_1$、$A_4$ 确定;将 $P$、$A_1$、$A_2$、$A_3$ 代入②(因四点不共面),可确定 $f_1$,再将 $P$、$A_2$、$A_3$、$A_4$ 代入,可确定 $f_3$,构造(1),把 $A_1$、$A_2$、$A_3$、$A_4$ 四点代入(1),即可确定 $f_4$. 于是(1)构造完毕.

下面证明.(1)确为 $SmtA_1A_2A_3A_4$ 的方程. 为此,先看②即 $F_2=f_1+|f_2|=0$ 的图形:去掉"||",得

$$F_2=\begin{cases}f_1+f_2=0(f_2\geq0) & <2.1>\\ f_1-f_2=0(f_2\leq0) & <2.2>\end{cases}$$

对 $<2.2>$,如果 $a_1=a_2,b_1=b_2,c_1=c_2$(则必然 $d_1=d_2$),从而 $f_1\equiv f_2$,那么 $F_2=f_1+|f_2|=f_1-f_2\equiv0$,这时 $f_2\leq0$,有 $f_2(x_2,y_2,z_2)\leq0$,$f_2(x_3,y_3,z_3)\leq0$,这同 $A_2$、$A_3$ 分居平面 $PA_1A_4$ 两侧是矛盾的,可见,$<2.2>$ 中 $x,y,z$ 的系数,至少有一个不为零. $<2.1>$ 也是同样的,因此 $<2.1>$ 和 $<2.2>$ 都是平面方程:$<2.1>$ 是平面 $PA_1A_2$ 的方程,$<2.2>$ 是平面 $PA_1A_3$ 的方程,则②即 $F_2=f_1+|f_2|=0$ 就是二面角 $A_2-A_1P-A_3$ 的方程,同样,③即 $F_3=f_3+|f_2|=0$ 为 二面角 $A_2-A_4P-A_3$ 的方程.

这样一来,四射线 $PA_1$、$PA_2$、$PA_3$、$PA_4$ 将空间分成四个凸区域:

$G_1=\{(x,y,z)|F_2<0,F_3>0\}$;

$G_2=\{(x,y,z)|F_2<0,F_3<0\}$;

$G_3=\{(x,y,z)|F_2>0,F_3>0,F_2>0\}$;

$G_4=\{(x,y,z)|F_2>0,F_3>0,F_2<0\}$.

$SmtA_1A_2A_3A_4$ 的每个面都恰在一个区域中(图7.1).

▲$A_1A_2A_3\in G_1$,▲$A_2A_3A_4\in G_2$;对另外面,不妨设(即规定 $f_2$ 的正反侧)▲$A_1A_2A_4\in G_3$,则 ▲$A_1A_3A_4\in G_4$(三角形面的边都在三面角的边界面上).

现在令 $(x,y,z)\in G_1$,则 $F_2<0$ 而 $F_3>0$,那么(1)去掉"小绝"后,为

$$-f_1 - |f_2| + f_3 + |f_2| + f_4 = 0,$$

即
$$-f_1 + f_3 + f_4 = 0.$$

$(-a_1 + a_3 + a_4)x + (-b_1 + b_3 + b_4)y + (-c_1 + c_3 + c_4)z + (-d_1 + d_3 + d_4) = 0,$

若 $-a_1 + a_3 + a_4 = 0, -b_1 + b_3 + b_4 = 0, -c_1 + c_3 + c_4 = 0$,则必 $-d_1 + d_3 + d_4 = 0$,那么

$$F_2 = f_1 + |f_2| = f_3 + f_4 + |f_2| = f_4 + F_3.$$

将 $D(x_4, y_4, z_4)$ 代入,因 $D$ 在 $F_3 = 0$ 上,所以 $F_3(x_4, y_4, z_4) = 0$,又由(1)知 $f_4(x, y, z) < 0$,得

$$F_2(x_4, y_4, z_4) = f_4(x_4, y_4, z_4) + F_3(x_4, y_4, z_4) = f_4(x_4, y_4, z_4) < 0.$$

这与 $A_4$ 在 $G_1$ 之外(从而 $F_2(x_4, y_4, z_4) > 0$)是矛盾的. 从而三个系数 $-a_1 + a_3 + a_4, -b_1 + b_3 + b_4, -c_1 + c_3 + c_4$ 中,至少一个不为0,那么

$$-f_1 + f_3 + f_4 = 0.$$

确为平面方程,按"区域法"原理,(1) 在区域 $G_1$ 上的图形就是 ▲$A_1 A_2 A_3$.

在 $G_3$ 上($F_2 > 0, F_3 > 0, f_2 > 0$),(1) 化为
$$f_1 + |f_2| + f_3 + |f_2| + f_4 = 0,$$

即
$$( * )f_1 + 2|f_2| + f_3 + f_4 = 0$$

若有
$$( * )\begin{cases} a_1 + 2a_2 + a_3 + a_4 = 0 \\ b_1 + 2b_2 + b_3 + b_4 = 0 \\ c_1 + 2c_2 + c_3 + c_4 = 0 \\ d_1 + 2d_2 + d_3 + d_4 = 0 \end{cases},$$

由于 $A_2(x_2, y_2, z_2)$ 同在二面价 ②、③ 上,即
$$F_2(x_2, y_2, z_2) = f_1(x_2, y_2, z_2) + |f_2(x_2, y_2, z_2)| = 0;$$
$$F_3(x_2, y_2, z_2) = f_3(x_2, y_2, z_2) + |f_2(x_2, y_2, z_2)| = 0.$$

两式相加,注意到( * )$f_1 + f_3 = -(2f_2 + f_4)$,得
$$2|f_2(x_2, y_2, z_2)| - [2f_2(x_2, y_2, z_2) + f_4(x_2, y_2, z_2)] = 0.$$

注意到,由(1)$f_4 = -|F_2| - |F_3|$,那么
$$f_4(x_2, y_2, z_2) = -|F_2(x_2, y_2, z_2)| - |F_3(x_2, y_2, z_2)| = 0 - 0 = 0,$$

从而,有
$$|f_2(x_2, y_2, z_2)| - f_2(x_2, y_2, z_2) = 0,$$

按定义
$$f_2(x_2, y_2, z_2) > 0(因为 A_2 \in 面 A_1 P A_4, f_2 \neq 0)$$

由于 $A_3(x_3,y_3,z_3)$ 适合 ②($F_2 = 0$)、③($F_3 = 0$),作同样处理,知

$$f_2(x_3,y_3,z_3) > 0.$$

这同 $A_2$、$A_3$ 在面 $A_1PA_4$ 异侧矛盾.

可见,方程(＊)中 $x,y,z$ 系数至少一个不为 0,它是个平面方程. 按区域法原理;(1)在区域 $G_3$ 上的图形,就是 ▲$A_1A_2A_4$.

类似可证:(1)在 $G_2$、$G_4$ 上的图形分别为 ▲$A_2A_3A_4$,▲$A_1A_3A_4$. 所以(1)就是 $SmtA_1A_2A_3A_4$ 的方程.

证明过程即得推论:

**推论** 1 方程(1)表示的 $SmtA_1A_2A_3A_4$ 的面(所在的平面)方程为

平面 $A_1A_2A_3$:$-f_1 + f_3 + f_4 = 0$,平面 $A_2A_3A_4$:$f_1 - f_3 + f_4 = 0$,

平面 $A_1A_2A_4$:$f_1 + 2f_2 + f_3 + f_4 = 0$,平面 $A_1A_3A_4$:$f_1 - 2f_2 + f_3 + f_4 = 0$.

[**反思**] 这里给出的是最简单的多面体的方程,方程本身似不复杂,李煜钟的方程的证明(由于十分的严格),却是好大一棵树,证明过程中,涉及到平面方程

$$ax + by + cz + d = 0(a^2 + b^2 + c^2 \neq 0).$$

这也是大家熟知的,而"空间区域法原理"(引理)和二面角方程,以及三面角概念等,这是我们在第 1 章未交代的.

**例** 1 已知四个点坐标为 $A(0,0,2)$,$B(-1,0,-2)$,$C(1,-1,-2)$,$D(1,1,-2)$,求 $SmtABCD$ 的方程.

**解** 在 $Smt$ 内取点 $P$ 为 $(0,0,0)$,则 $f_2 = x - y = 0$,

把 $A$、$B$、$C$、$P$ 坐标代入 $f_1 + |f_2| = 0$,

即

$$a_1x + b_1y + c_1z + d_1 + |x - y| = 0,$$

得

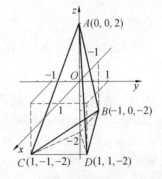

图 7.2

$$\begin{cases} 2c_1 + d_1 = 0 \\ -a_1 - 2c_1 + d_1 + 1 = 0 \\ a_1 - b_1 - 2c_1 + d_1 + 2 = 0 \\ d_1 = 0 \end{cases},$$

得 $a_1 = 1$,$b_1 = 3$,$c_1 = d_1 = 0$,则二面角 $B - PA - C$ 的方程为

$$x + 3y + |x - y| = 0.$$

将 $B$、$C$、$D$、$P$ 坐标代入 $f_3 + |f_2| = 0$ 即

$$a_3x + b_3y + c_3z + d_3 + |x - y| = 0,$$

得方程组

$$\begin{cases} d_3 = 0 \\ -a_3 - 2c_3 + d_3 + 1 = 0 \\ a_3 - b_3 - 2c_3 + d_3 + 2 = 0 \\ 2a_3 + b_3 - 2c_3 + d_3 = 0 \end{cases},$$

解得 $a_3 = 0, b_3 = 1, c_3 = \dfrac{1}{2}, d_3 = 0$，得二面角 $B-PD-C$ 的方程为

$$y + \frac{1}{2}z + |x - y| = 0.$$

将 $A$、$B$、$C$、$D$ 坐标代入

$$\{ x + 3y + |x - y| \} + \{ y + \frac{1}{2}z + |x - y| \} + a_4 x + b_4 y + c_4 z + d_4 = 0$$

得组

$$\begin{cases} 2c_4 + d_4 + 1 = 0 \\ -a_4 - 2c_4 + d_4 = 0 \\ a_4 - b_4 - 2c_4 + d_4 = 0 \\ a_4 + b_4 - 2c_4 + d_4 + 4 = 0 \end{cases}$$

解得 $a_4 = -1, b_4 = -2, c_4 = 0, d_4 = -1$，则 $SmtABCD$ 的一个方程为

$$\{ x + 3y + |x - y| \} + \{ y + \frac{1}{2}z + |x - y| \} - (x + 2y + 1) = 0$$

[反思]　① 如取 $P(0,0,1)$，可得方程

$$\{ x + 3y + |x - y| \} + \{ y + \frac{1}{3}z - \frac{1}{3} + |x - y| \} - (x + 2y - \frac{1}{6}z + \frac{2}{3}) = 0$$

② 为了适合其他条件,可设方程

$$k \{ f_1 + |f_2| \} + l \{ f_3 + |f_2| \} + f_4 = 0$$

可见,已知四顶点求出的四面体方程,会有无穷多个.

推论2　已知四面体方程(1),则可由推论1的四个面方程中,任取三个为一组,求出一个顶点坐标,共得4组,求出四顶点,任取2个构成一组,共 $C_4^2 = 6$ 组,表示6条棱的方程.

记 $\triangle_{ijk} = \begin{vmatrix} a_i & b_i & c_i \\ a_j & b_j & c_j \\ a_k & b_k & c_k \end{vmatrix} (1 \leqslant i < j < k \leqslant 4)$，那么有

定理2（李煜钟猜想）　方程(1)表示四面体的一个充要条件是如下四个（两个等式,两个不等式）：

$$\triangle_{123} + \triangle_{124} \neq 0, \triangle_{123} + \triangle_{234} \neq 0, \triangle_{124} \pm \triangle_{123} + \triangle_{234} = 0.$$

李煜钟没有证,怎样证?条件可否简化?

**习题 7.1**

1. 已知 $A(3,0,0)$，$B(0,3,0)$，$C(0,0,3)$，$O(0,0,0)$，求 $SmtABCO$ 的方程.
2. (研究题) 试证定理 2.

# 7.2　四面体三层方程

以下仍记 $f_i = a_i x + b_i y + c_i z + d_i$，那么它在点 $A(x_0, y_0, z_0)$ 处的值可以记为 $f_i(A) = f_i(x_0, y_0, z_0)$，则有

**引理** 1　设 $f_1 = 0$ 与 $f_2 = 0$ 为相交于 $l$ 的平面，则
$$|f_1| + f_2 = 0 \qquad\qquad (*)$$
的图形是以 $l$ 为棱的二面角，$\pm f_1 + f_2 = 0$ 为它的两个面，且在其内部 $|f_1| + f_2 < 0$；在其外部 $|f_1| + f_2 > 0$.

**证明**　根据平面束理论，$\lambda f_1 + f_2 = 0(\lambda \in R)$ 是与 $f_1 = 0$ 与 $f_2 = 0$ 共交线 $l$ 的平面. 当 $f_1 \geqslant 0$ 时，$(*)$ 化为 $\alpha{:}f_1 + f_2 = 0$，当 $f_2 \leqslant 0$ 时，化为 $\beta{:}-f_1 + f_2 = 0$，因此，构成二面角

$\alpha l\beta{:} \pm f_1 + f_2 = 0$ 即 $|f_1| + f_2 = 0$. 它两面上任何点，显然使 $|f_1| + f_2 = 0$，成立.

现设有点 $A \in \alpha, B \in \beta$，则有
$$|f_1(A)| + f_2(A) = 0,$$
可见 $f_2(A) = -f_1(A) < 0$，同理 $f_2(B) < 0$，连 $AB$，交平面 $f_1 = 0$ 于 $P$，则 $f_1(P) = 0$，那么
$$|f_1(P)| + f_2(P) = 0 + f_2(P) < 0$$
(由于 $f_2$ 的连续性)，同样，由于 $|f_1| + f_2$ 的连续性，在 $AB$ 上任一点，进而对二面角内任一点，都有 $|f_1| + f_2 < 0$，从而，对二面角外任一点，$|f_1| + f_2 > 0$.

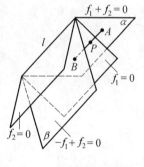

图 7.3

**引理** 2　设 $f_1 = 0, f_2 = 0, f_3 = 0$ 是相交于一点 $G$(但交线不重合)的三个平面，则方程
$$|f_1| + \langle |f_1| + f_2 \rangle + f_3 = 0 \qquad\qquad (**)$$
的图形为以 $G$ 为顶点的三面角. 在三面角的内部，为
$$|f_1| + \langle |f_1| + f_2 \rangle + f_3 < 0$$
在三面角的外部为
$$|f_1| + \langle |f_1| + f_2 \rangle + f_3 > 0$$

**证明** 当 $|f_1| + f_2 \leqslant 0$ 时, $(**)$ 化为
$$-f_2 + f_3 = 0,$$
可见, $(**)$ 在区域 $|f_1| + f_2 \leqslant 0$ 内的图形, 就是这个平面的一部分: 一个角 (面); 当 $|f_1| + f_2 > 0$ 时, 又分两种情形:
$$f_1 > 0: (**) \text{ 化为 } 2f_1 + f_2 + f_3 = 0;$$
$$f_1 < 0: (**) \text{ 化为 } -2f_1 + f_2 + f_3 = 0.$$
它们表示一个角 (面). 这样, 三面角的三个面的方程为
$$① -f_2 + f_3 = 0, ② 2f_1 + f_2 + f_3 = 0, ③ -2f_1 + f_2 + f_3 = 0.$$
且可证, 在三面角内部 $(**)$ 左边 $< 0$, 在其外部, $(**)$ 左边 $> 0$.

**定理 3**(牛秋宝) 已知 $Smt\,VABC$ 顶点坐标, 则它的方程可写成如下形式
$$|f_1| + \langle |f_1| + f_2 \rangle + \langle |f_1| + \langle |f_1| + f_2 \rangle + f_3 \rangle = \triangle \qquad (2)$$
其中 $f_i = a_i x + b_i y + c_i z + d_i (i = 1, 2, 3)$ 和 $\triangle$ 均可由 坐标确定.

**证明** 先构造方程 $(2)$, 然后再证明它就是 $Smt\,VABC$ 的方程.

如图 $7.4$, 设 $Smt\,VABC$ 各顶点坐标已知, $D$、$E$、$F$ 分别是 $BC$、$CA$、$AB$ 的中点. 设 $BE$ 与 $DF$ 交于 $H$.

设平面 $VBE$ 方程为 $f_1 = 0$. 我们约定 $f_1(A) = \triangle > 0$, 则 $C$ 与 $A$ 在平面 $VBE$ 异侧, $f_1(C) < 0$, 又 $C$ 与 $A$ 关于点 $E$ 对称, 可知 $f_1(C) =$

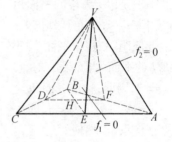

图 7.4

$-\triangle$ (比如 $\triangle$ 表示 $A$ 到平面 $VBE$ 距离的 $\sqrt{a_1^2 + b_1^2 + c_1^2}$ 倍, 则 $f_1(C)$ 表示到平面 $VBE$ 距离 $\sqrt{a_1^2 + b_1^2 + c_1^2}$ 倍).

设平面 $VDF$ 方程为
$$f_2 = \lambda(a_2 x + b_2 y + c_2 z + d_2) = 0 (\lambda \neq 0).$$
由于方程中有一个参数 $\lambda$, 可设 $f_2(A) = -f_1(A) = -\triangle$, 于是 $f_2(C) = -\triangle$, $f_2(B) = \triangle$ (与如上同样解释).

设过 $VH$ 中点 $G$, 且与平面 $ABC$ 平行的平面的方程为
$$f_3 = \mu(a_3 x + b_3 y + c_3 z + d_3) = 0 (\mu \neq 0),$$
由于方程中含有一个参数 $\mu$, 故可使 $f_3(A) = -\triangle$. 易知 $f_3(B) = f_3(C) = -\triangle$, $f_3(V) = \triangle$.

于是可构造方程 $(2)$
$$|f_1| + \langle |f_1| + f_2 \rangle + \langle |f_1| + \langle |f_1| + f_2 \rangle + f_3 \rangle = \triangle$$
下面证明, 它就是 $Smt\,VABC$ 的方程.

由引理 $2$ 知

$$F_1 = |f_1| + \left\langle |f_1| + f_2 \right\rangle + f_3 = 0$$

表示三面角 $G - ABC$. (首先, $G$ 同在三个面 $f_1 = 0$, $f_2 = 0$, $f_3 = 0$ 上, 故 $f_1(G) = f_2(G) = f_3(G) = 0$, 从而有 $F_1(G) = 0$. 又, 例如对 $A$, 有 $f_1(A) = \triangle$, $f_2(A) = -\triangle$, $f_3(A) = -\triangle$, 从而

$$F_1(A) = |\triangle| + \left\langle |\triangle| - \triangle \right\rangle - \triangle = 0$$

对 $B$, 有 $f_1(B) = \triangle$, $f_2(B) = \triangle$, $f_3(B) = -\triangle$, 于是

$$F_1(B) = 0 + \left\langle 0 - \triangle \right\rangle - \triangle = \triangle - \triangle = 0$$

对 $C$, 有 $f_1(C) = -\triangle$, $f_2(C) = -\triangle$, $f_3(C) = -\triangle$, 于是

$$F_1(C) = |-\triangle| + \left\langle |-\triangle| - \triangle \right\rangle - \triangle = 0$$

证毕).

在这三面角 $G - ABC$: $F_1 = 0$ 内部

$$|f_1| + \left\langle |f_1| + f_2 \right\rangle + f_3 < 0$$

那么, 方程 (2) 化为

$$|f_1| + \left\langle |f_1| + f_2 \right\rangle - |f_1| - \left\langle |f_1| + f_2 \right\rangle - f_3 = \triangle$$

即

$$-f_3 = \triangle, f_3 = -\triangle.$$

它是与 $f_3 = 0$ 平行的平面. 又, 按构造方法知, $A, B, C$ 在这平面上, 按区域法原理, (2) 在这三面角区域的图形就是 $\blacktriangle ABC$.

在三面角 $G - ABC$ 外部, $F_1 > 0$, 则方程 (2) 化为

$$|f_1| + \left\langle |f_1| + f_2 \right\rangle + |f_1| + \left\langle |f_1| + f_2 \right\rangle + f_3 = \triangle$$

即

$$F_2 = 2|f_1| + 2\left\langle |f_1| + f_2 \right\rangle + f_3 = \triangle$$

由引理 2 知, 它也是一个三面角的方程 (写成

$$|f_1| + \left\langle |f_1| + f_2 \right\rangle + f_3' = 0$$

$f'_3 = \dfrac{f_3}{2} - \triangle$, 即可知). 由于 $f_1(V) = f_2(V) = 0$, $f_3 = 0$ 平分 $VA$, $V$ 与 $A$ 在 $f_3 = 0$ 异侧, 从而 $f_3(V) = -f_3(A) = \triangle$,

$$F_2(V) = 2 \times 0 + 2\left\langle 0 + 0 \right\rangle + \triangle = \triangle$$

可见, $V$ 满足 $F_2 = 0$. 又 $f_1(A) = \triangle$, $f_2(A) = -\triangle$, $f_3(A) = -\triangle$, 则

$$F_2(A) = 2\triangle + 2\left\langle \triangle - \triangle \right\rangle - \triangle = \triangle$$

对 $B$，有 $f_1(B) = 0, f_2(B) = \triangle, f_3(B) = -\triangle$，于是
$$F_2(B) = 2 \times 0 + 2\{0 + \triangle\} - \triangle = \triangle$$
对 $C$，有 $f_1(C) = -\triangle, f_2(C) = -\triangle, f_3(C) = -\triangle$，于是
$$F_2 = 2 - |-\triangle| + 2\{|-\triangle| - \triangle\} - \triangle = \triangle$$
可见，$F_2 = \triangle$ 就是三面角 $V-ABC$ 的方程，按区域法原理，方程(2)在三面角 $G-ABC$(即 $F_1 = 0$)外部，它的图形就是三面角 $V-ABC$ 被 $G-ABC$ 截出的有限部分(由 $\blacktriangle VAB$、$\blacktriangle VBC$、$\blacktriangle VCA$ 构成的).

这就证明了(2)确是 $Smt\,VABC$ 的方程.

**例 1** 已知 $V(0,0,4), B(0,4,0), A(4,0,0), O(0,0,0)$，求 $Smt\,VABO$ 的方程.

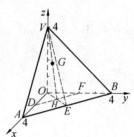

图 7.5

**解** ⅰ)如图 7.5，设 $E$ 为 $AB$ 中点，作平面 $VOE: f_1 = x - y = 0$；

ⅱ)设 $DF$ 为 $\triangle OAB$ 的中位线，作平面 $VDF$：
$$f_2 = \lambda(\frac{1}{2}x + \frac{1}{2}y + \frac{1}{4}z - 1) = 0.$$
$$所以 f_1(A) = 4 = \triangle.$$
$$所以 f_2(A) = \lambda(\frac{1}{2} \times 4 + \frac{1}{2} \times 0 + \frac{1}{4} \times 0 - 1) = -\triangle = -4.$$
$$所以 \lambda = -4.$$
平面 $VDF$ 为 $f_2 = -2x - 2y - z + 4 = 0$.

ⅲ)过 $VH$ 中点 $G(1,1,2)$ 作平面 $AOB$ 的平行平面：
$$f_3 = \mu(z - 2) = 9.$$
因为 $f_3(A) = \mu(0 - 2) = -\triangle = -4, \mu = 2$，
所以 $f_3 = 2z - 4 = 0$.

ⅳ)按方程(2)，即可构造 $Smt\,VABO$ 的方程
$$|x - y| + \{|x - y| - 2x - 2y - z + 4\} + \{|x - y| + \{|x - y| - 2x - 2y - z + 4\} + 2z - 4\} = 4$$

[**反思**] 为了构造这个三元一次三层的绝对值方程，采用了一种独特的方法：待定常数($\triangle$)法，最后体现在选择方程 $\lambda f_2 = 0, \mu f_3 = 0$ 中的常因数，以便适合相关的要求上. 另外，我们求出的是个直角四面体方程，方程中是怎样体现出来的?

为了解决方程(2)成为四面体方程的条件问题，我们有

**定理 4(牛秋宝)** 方程(2)成为四面体方程的充分必要条件是 $\triangle > 0$ 且

由 $f_1 = 0, f_2 = 0, f_3 = 0$ 构成的方程组的系数行列式不等于 0.

**证明** 依

$$F_1 = f_1 + \left\{ \mid f_1 \mid + f_2 \right\} + f_3 > 0$$

$F_1 > 0$ 且 $\mid f_1 \mid + f_2 < 0$；$F_1 > 0, \mid f_1 \mid + f_2 > 0$ 且 $f_1 < 0$ 和 $F_1 > 0$ 且 $\mid f_1 \mid + f_2 > 0$ 且 $f_1 > 0$ 依次去掉(2) 中的"$\mid \mid$",分别得方程

$$- f_3 = \triangle \qquad\qquad ①$$
$$- 2f_2 + f_3 = \triangle \qquad\qquad ②$$
$$- 4f_1 + 2f_2 + f_3 = \triangle \qquad\qquad ③$$
$$4f_1 + 2f_2 + f_3 = \triangle \qquad\qquad ④$$

由于方程组 $f_1 = 0, f_2 = 0, f_3 = 0$ 的系数行列式

$$D = \begin{vmatrix} a_1 & b_1 & c_1 \\ a_2 & b_2 & c_2 \\ a_3 & b_3 & c_3 \end{vmatrix} \neq 0,$$

可见 ①②③④ 中,每个的 $x, y, z$ 的系数都不全为 0:它们都是平面方程. 我们断定,其中任意三个平面交于一点,这可由 $D \neq 0$ 推知. 事实上,例如 ②③④ 构成的方程组的行列式

$$\begin{vmatrix} -2a_2 + a_3 & -2b_2 + b_3 & -2c_2 + c_3 \\ -4a_1 + 2a_2 + a_3 & -4b_1 + 2b_2 + b_3 & -4c_1 + 2c_2 + c_3 \\ 4a_1 + 2a_2 + a_3 & 4b_1 + 2b_2 + b_3 & 4c_1 + 2c_2 + c_3 \end{vmatrix} =$$

$$\begin{vmatrix} -2a_2 + a_3 & -2b_2 + b_3 & -2c_2 + c_3 \\ -4a_1 + 4a_2 & -4b_1 + 4b_2 & -4c_1 + 4c_2 \\ 8a_1 & 8b_1 & 8c_1 \end{vmatrix} =$$

$$32 \begin{vmatrix} -2a_2 + a_3 & -2b_2 + b_3 & -2c_2 + c_3 \\ a_2 & b_2 & c_2 \\ a_1 & b_1 & c_1 \end{vmatrix} =$$

$$32 \begin{vmatrix} a_3 & b_3 & c_3 \\ a_2 & b_2 & c_2 \\ a_1 & b_1 & c_1 \end{vmatrix} = -32D \neq 0.$$

可见 ②③④ 交于一点,不妨设为 $V$,类似可知,①②③ 交于一点(设为 $C$),①②④ 交于一点(设为 $A$).

这样,四个平面 ①②③④ 中每个三共点,共汇于四点(易知,如有任何两点重合,则 $D = 0$),于是每个面被划分为七部分,其中只有三角形面部分为有限区域,可见,只有这些区域内的点满足(2),而其它区域的不满足(2).

1. 已知点 $A(0,0,2)$，$B(-1,0,-2)$，$C(1,-1,-2)$，$D(1,1,-2)$，应用方程(2)，构造 $SmtABCD$ 的方程.

2. (研究题)(2) 成为正四面体的条件是什么？

3. (研究题) 严格证明定理 4 的充分性和必要性.

# 7.3  四面体重心式方程

本节介绍宋之宇和杨正义的方程及相应的方法.

方法是：先构造一个特殊四面体的方程，然后再用仿射变换求一般的方程.原理是：四面体在空间仿射变换下仍是四面体，且点成一一对应.

**定理 5**(宋之宇、杨正义)    设 $SmtA_1A_2A_3A_4$ 顶点坐标为 $A_i(x_i,y_i,z_i)(i=0,2,3,4)$，则它的方程为

$$\left\{ \alpha_2 - \alpha_3 + \mid \alpha_2 + \alpha_3 \mid \right\} + \left\{ 2\alpha_1 + \alpha_2 - \alpha_3 + \mid \alpha_2 + \alpha_3 \mid \right\} - \alpha_1 - \alpha_2 + \alpha_3 = 3V(V>0) \tag{3}$$

其中

$$\alpha_1 = \begin{vmatrix} x & y & z & 1 \\ x_2 & y_2 & z_2 & 1 \\ x_3 & y_3 & z_3 & 1 \\ x_{14} & y_{14} & z_{14} & 1 \end{vmatrix}, \quad \alpha_2 = \begin{vmatrix} x & y & z & 1 \\ x_1 & y_1 & z_1 & 1 \\ x_3 & y_3 & z_3 & 1 \\ x_{24} & y_{24} & z_{24} & 1 \end{vmatrix},$$

$$\alpha_3 = \begin{vmatrix} x & y & z & 1 \\ x_1 & y_1 & z_1 & 1 \\ x_2 & y_2 & z_2 & 1 \\ x_{34} & y_{34} & z_{34} & 1 \end{vmatrix}, \quad V = \frac{1}{6} \cdot \begin{vmatrix} x_1 & y_1 & z_1 & 1 \\ x_2 & y_2 & z_2 & 1 \\ x_3 & y_3 & z_3 & 1 \\ x_4 & y_4 & z_4 & 1 \end{vmatrix} \quad ①$$

($V$ 为四面体体积，其中 $t_{ij} = \dfrac{t_i+t_j}{2}$).

**证明**    按本章 7.1 叙述的李煜钟的方法，构造 $SmtA'_1A'_2A'_3A'_4$（其中 $A'_1(1,0,0)$，$A'_2(0,1,0)$，$A'_3(0,0,1)$，$A'_4(-1,-1,-1)$）的形如

$$\left\{ f_1 + \mid f_2 \mid \right\} + \left\{ f_3 + \mid f_2 \mid \right\} + f_4 = 0$$

的方程，得

$$\left\{ -(y'+z') + \mid y'-z' \mid \right\} + \left\{ 2x' - (y'+z') + \mid y'-z' \mid \right\} - x0' +$$

绝对值方程

$(y' + z') = 1$   ②

作空间仿射变换 $T:A_i \rightarrow A'_i (i = 0,2,3,4)$，则 $T$ 把 $SmtA_1A_2A_3A_4$ 变为 $SmtA'_1A'_2A'_3A'_4$，则 $A'_i$、$A_i$ 坐标可唯一地确定 $T$ 的变换式：

$$\begin{cases} x' = a_1x + b_1y + c_1z + d_1 \\ y' = a_2x + b_2y + c_2z + d_2 \\ z' = a_3x + b_3y + c_3z + d_3 \end{cases} \quad ③$$

现在我们具体地计算变换式中的系数：将

$A_1(x_1,y_1,z_1) \rightarrow A'_1(1,0,0)$，$A_2(x_1,y_2,z_2) \rightarrow A'_2(0,1,0)$，

$A_3(x_3,y_3,z_3) \rightarrow A'_3(0,0,1)$，$A_4(x_4,y_4,z_2) \rightarrow A'_4(-1,-1,-1)$

坐标，分别代入 ③ 中的第 1 式，得

$$\begin{cases} x_1a_1 + y_1b_1 + z_1c_1 + d_1 = 1 \\ x_2a_1 + y_2b_1 + z_2c_1 + d_1 = 0 \\ x_3a_1 + y_3b_1 + z_3c_1 + d_1 = 0 \\ x_4a_1 + y_4b_1 + z_4c_1 + d_1 = -1 \end{cases} \quad ④$$

记 ④ 的系数行列式为 $\triangle$，则

$$\triangle = \begin{vmatrix} x_1 & y_1 & z_1 & 1 \\ x_2 & y_2 & z_2 & 1 \\ x_3 & y_3 & z_3 & 1 \\ x_4 & y_4 & z_4 & 1 \end{vmatrix} \quad ⑤$$

再记关于 $a_1, b_1, c_1, d_1$ 的行列式，分别为 $\triangle_a, \triangle_b, \triangle_c, \triangle_d$，则

$$\triangle_a = \begin{vmatrix} 1 & y_1 & z_1 & 1 \\ 0 & y_2 & z_2 & 1 \\ 0 & y_3 & z_3 & 1 \\ -1 & y_4 & z_4 & 1 \end{vmatrix}, \triangle_b = \begin{vmatrix} x_1 & 1 & z_1 & 1 \\ x_2 & 0 & z_2 & 1 \\ x_3 & 0 & z_3 & 1 \\ x_4 & -1 & z_4 & 1 \end{vmatrix},$$

$$\triangle_c = \begin{vmatrix} x_1 & y_1 & 1 & 1 \\ x_2 & y_2 & 0 & 1 \\ x_3 & y_3 & 0 & 1 \\ x_4 & y_4 & -1 & 1 \end{vmatrix}, \triangle_d = \begin{vmatrix} x_1 & y_1 & z_1 & 1 \\ x_2 & y_2 & z_2 & 0 \\ x_3 & y_3 & z_3 & 0 \\ x_4 & y_4 & z_4 & -1 \end{vmatrix} \quad ⑥$$

那么（设 $\triangle \neq 0$）

$$a_1 = \frac{\triangle_a}{\triangle}, b_1 = \frac{\triangle_b}{\triangle}, c_1 = \frac{\triangle_c}{\triangle}, d_1 = \frac{\triangle_d}{\triangle} \quad ⑦$$

为了计算 $x'$，我们对行列式加以变换：

$$\triangle_a = \begin{vmatrix} 1 & y_1 & z_1 & 1 \\ 0 & y_2 & z_2 & 1 \\ 0 & y_3 & z_3 & 1 \\ -1 & y_4 & z_4 & 1 \end{vmatrix} = \begin{vmatrix} 1 & y_1 & z_1 & 1 \\ 0 & y_2 & z_2 & 1 \\ 0 & y_3 & z_3 & 1 \\ 0 & y_1+y_4 & z_1+z_4 & 2 \end{vmatrix} =$$

$$2\begin{vmatrix} 1 & 0 & 0 & 0 \\ 0 & y_2 & z_2 & 1 \\ 0 & y_3 & z_3 & 1 \\ 0 & y_{14} & z_{14} & 1 \end{vmatrix} = 2\begin{vmatrix} 1 & 0 & 0 & 0 \\ x_2 & y_2 & z_2 & 1 \\ x_3 & y_3 & z_3 & 1 \\ x_{14} & y_{14} & z_{14} & 1 \end{vmatrix}.$$

同样算出

$$\triangle_b = 2\begin{vmatrix} 0 & 1 & 0 & 0 \\ x_2 & y_2 & z_2 & 1 \\ x_3 & y_3 & z_3 & 1 \\ x_{14} & y_{14} & z_{14} & 1 \end{vmatrix}, \triangle_c = 2\begin{vmatrix} 0 & 0 & 1 & 0 \\ x_2 & y_2 & z_2 & 1 \\ x_3 & y_3 & z_3 & 1 \\ x_{14} & y_{14} & z_{14} & 1 \end{vmatrix},$$

$$\triangle_d = 2\begin{vmatrix} 0 & 0 & 0 & 1 \\ x_2 & y_2 & z_2 & 1 \\ x_3 & y_3 & z_3 & 1 \\ x_{14} & y_{14} & z_{14} & 1 \end{vmatrix}, \triangle = 6V(V>0) \qquad\qquad ⑧$$

将 ⑦ 代入 ③ 的第 1 式,再将 ⑧ 代入,注意 ① 中 $\alpha_1$ 的表达式,有

$$x' = \frac{\triangle_a}{\triangle}x + \frac{\triangle_b}{\triangle}y + \frac{\triangle_c}{\triangle}z + \frac{\triangle_d}{\triangle} = \frac{1}{\triangle}(\triangle_a x + \triangle_b y + \triangle_c z + \triangle_d) =$$

$$\frac{2}{6V}\left(\begin{vmatrix} 1 & 0 & 0 & 0 \\ x_2 & y_2 & z_2 & 1 \\ x_3 & y_3 & z_3 & 1 \\ x_{14} & y_{14} & z_{14} & 1 \end{vmatrix}x + \begin{vmatrix} 0 & 1 & 0 & 0 \\ x_2 & y_2 & z_2 & 1 \\ x_3 & y_3 & z_3 & 1 \\ x_{14} & y_{14} & z_{14} & 1 \end{vmatrix}y + \begin{vmatrix} 0 & 0 & 1 & 0 \\ x_2 & y_2 & z_2 & 1 \\ x_3 & y_3 & z_3 & 1 \\ x_{14} & y_{14} & z_{14} & 1 \end{vmatrix}z + \right.$$

$$\left.\begin{vmatrix} 0 & 0 & 0 & 1 \\ x_2 & y_2 & z_2 & 1 \\ x_3 & y_3 & z_3 & 1 \\ x_{14} & y_{14} & z_{14} & 1 \end{vmatrix} \cdot 1\right) = \frac{1}{3V}\begin{vmatrix} x & y & z & 1 \\ x_2 & y_2 & z_2 & 1 \\ x_3 & y_3 & z_3 & 1 \\ x_{14} & y_{14} & z_{14} & 1 \end{vmatrix} = \frac{1}{3V}\alpha_1.$$

类似算出:

$$y' = -\frac{\alpha_2}{3V}(由于交换第 1、2 两行而产生),$$

$$z' = -\frac{\alpha_3}{3V} \qquad\qquad ⑨$$

将 ⑨ 中各式代入 ②,得

$$\frac{1}{3\mid V\mid}\left\{\alpha_2-\alpha_3+\mid\alpha_2+\alpha_3\mid\right\}+\frac{1}{3\mid V\mid}\left\{2\alpha_1+\alpha_2-\alpha_3+\mid\alpha_2+\alpha_3\mid\right\}-$$

$$\frac{\alpha_1}{3V}-\frac{\alpha_2}{3V}+\frac{\alpha_3}{3V}=1 \tag{⑩}$$

我们约定,在 ⑩ 中,保持 $V>0$(这是完全可以办到的:只须在方程组 ③ 中适当调动方程的顺序,即可使 ① 中的 $V>0$). 这样就有 $\mid V\mid=V$,⑩ 两边同乘以 $3V>0$,即得(3). 证毕.

我们指出,方程(3)中的 $\alpha_i$ 有明显的几何意义,事实上,$\alpha_i=0(i=1,2,3)$ 可称为四面体的中截面(四面体任一棱与对棱中点确定的平面).

令 $f_1=\alpha_2-\alpha_3,f_2=\alpha_2+\alpha_3,f_3=2\alpha_1+\alpha_2-\alpha_3,f_4=-\alpha_1-\alpha_2+\alpha_3-3V$,方程可化为

$$\left\{f_1+\mid f_2\mid\right\}+\left\{f_3+\mid f_2\mid\right\}+f_4=0 \tag{3'}$$

就成为李煜钟(见方程(1))的方程.

**例 1** 已知 $A(1,0,0),B(0,1,0),C(0,1,-1),D(0,-1,-1)$,求 $SmtABCD$ 的方程.

**解** 算出

$$V=\frac{1}{6}\begin{vmatrix}0&1&0&1\\1&0&0&1\\0&1&-1&1\\0&-1&-1&1\end{vmatrix}=\frac{1}{3},$$

$$\alpha_1=-\frac{1}{2}x+\frac{1}{2}y+z+\frac{1}{2},\alpha_2=-\frac{3}{2}x-\frac{1}{2}y+\frac{1}{2},\alpha_3=x+y-z-1.$$

得方程

$$\left\{-\frac{5}{2}x-\frac{3}{2}y+z+\frac{3}{2}+\left|\frac{1}{2}x-\frac{1}{2}y+z+\frac{1}{2}\right|\right\}+\left\{-\frac{7}{2}x-\frac{1}{2}y+3z+\frac{5}{2}\right.$$

$$+\left|\frac{1}{2}x-\frac{1}{2}y+z+\frac{1}{2}\right|\right\}+3x+y-2z-3=0$$

即

$$\left\{-5x-3y+2z+3+\mid x-y+2z+1\mid\right\}+\left\{-7x-y+6z+5+\mid x-y\right.$$

$$+2z+1\mid\right\}+6x+2y-4z-6=0.$$

**习题 7.3**

1. 已知 $A(0,0,3),B(1,-2,-1),C(2,3,-1),D(-2,3,-1)$,求

$SmtABCD$ 的方程(用方程(3)).

2.(研究题)探讨方程(3)表示正四面体、直角四面体、正三棱锥的条件.

# 7.4 四面式方程

本节介绍邹黎明通过四面体的四个面构造的方程.

**定理6**(邹黎明) 已知 $SmtA_1A_2A_3A_4$ 的顶点 $A_i$ 对的面为 $f_i = 0$($i = 1,2,3,4$),$P(x_0,y_0,z_0)$ 为其内一点,则它的方程可写为

$$f_1 + r_1F + |f_1 - r_1F| = 0 \tag{4}$$

其中

$$F = f_2 + r_2(f_3 + r_3f_4 + |f_3 - r_3f_4|) - \left\{ f_2 - r_2(f_3 + r_3f_4 + ||f_3 - r_3f_4|) \right\}$$

参数 $r_1,r_2,r_3$ 是这样确定的:将 $P$ 点坐标代入方程 $f_3 - r_3f_4 = 0$,确定 $r_3$;再将 $P$ 点坐标代入方程 $f_2 - r_2(f_3 + r_3f_4 + |f_3 - r_3f_4|) = 0$(即 $f_2 - r_2(f_3 + r_3f_4) = 0$),求 $r_2$;最后,再代入 $f_1 - r_1F = 0$(即 $f_1 - r_1[f_2 + r_2(f_3 + r_3f_4)] = 0$)求 $r_1$.

**证明**(如图7.5) I.当 $f_1 - r_1F \geqslant 0$ 时,方程(4)化为 $2f_1 = 0$ 即 $f_1 = 0$,说明满足(4)的点在三面角区域

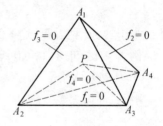

图7.5

$$P - A_2A_3A_4 : \begin{cases} f_1 - 2r_1f_2 \geqslant 0 \\ f_1 - 4r_1r_2f_3 \geqslant 0 \\ f_1 - 4r_1r_2r_3f_4 \geqslant 0 \end{cases}$$

内满足 $f_1 = 0$.

II.当 $f_1 - r_1F \leqslant 0$ 时,方程(4)化为 $2r_1F = 0$,即

$$f_2 + r_2(f_3 + r_3f_4 + |f_3 - r_3f_4|) - \left\{ f_2 - r_2(f_3 + r_3f_4 + |f_3 - r_3f_4|) \right\} = 0$$

又分两种情形:

1° 若 $f_2 - r_2(f_3 + r_3f_4 + |f_3 - r_3f_4|) \leqslant 0$,方程 $F = 0$ 化为 $2f_2 = 0$ 即 $f_2 = 0$,说明满足(4)的点在三面角区域

$$P - A_1A_3A_4 : \begin{cases} f_1 - 2r_1f_2 \leqslant 0 \\ f_2 - 2r_2f_3 \leqslant 0 \\ f_2 - 2r_2r_3f_4 \leqslant 0 \end{cases}$$

内,满足 $f_2 = 0$.

2° 若 $f_2 - r_2(f_3 + r_3f_4 + |f_3 - r_3f_4|) \geqslant 0$,方程 $F = 0$ 化为

$$2r_2(f_3 + r_3f_4 + | f_3 - r_3f_4 |) = 0$$

即

$$f_3 + r_3f_4 + | f_3 - r_3f_4 | = 0 \qquad\qquad (*)$$

又分两种情形：

① 若 $f_3 - r_3f_4 \geqslant 0$，方程 $(*)$ 化为 $f_3 = 0$，说明满足方程(4) 的点在三面角区域

$$P - A_1A_2A_4 : \begin{cases} f_1 - 4r_1r_2f_3 \leqslant 0 \\ f_3 - r_3f_4 \geqslant 0 \\ f_2 - 2r_2f_3 \geqslant 0 \end{cases}$$

内，满足 $f_3 = 0$；

② 若 $f_3 - r_3f_4 \leqslant 0$，方程 $(*)$ 化为 $f_4 = 0$，说明满足(4) 的点在三面角区域

$$P - A_1A_2A_3 : \begin{cases} f_1 - 4r_1r_2f_3 \leqslant 0 \\ f_3 - r_3f_4 \leqslant 0 \\ f_2 - 2r_2r_3f_3 \geqslant 0 \end{cases}$$

内，满足方程 $f_4 = 0$.

综上知，(4) 确为 $SmtA_1A_2A_3A_4$ 的方程.

**例 1** 已知 $SmtA_1A_2A_3A_4$ 的顶点 $A_1(0,0,3)$，$A_2(1, -2, -1)$，$A_3(2,3, -1)$，$A_4(-2,3, -1)$，求其方程.

**解** 如图 7.6. 算出各面所在的平面方程

$f_1 = z + 1 = 0( \triangle A_2A_3A_4)$；

$f_2 = 4y + 3z - 9 = 0( \triangle A_1A_3A_4)$；

$f_3 = 20x + 12y - z + 3 = 0( \triangle A_1A_2A_4)$；

$f_4 = 20x - 4y + 7z - 21 = 0( \triangle A_1A_2A_3)$.

取 $A_1A_2$ 中点 $M$ 和 $A_3A_4$ 中点 $N$ 的连线的中点(即 $SmtA_1A_2A_3A_4$ 的重心)

为 $P(\frac{1}{4},1,0)$，把 $P$ 坐标代入方程

$f_3 - r_3f_4 = 0$，得 $r_3 = -1$；再把 $P$ 坐标代入 $f_2 - r_2(f_3 + r_3f_4) = 0$，解得 $r_2 = -\frac{1}{8}$；再把 $P$ 坐标代入 $f_1 - r_1[f_2 +$

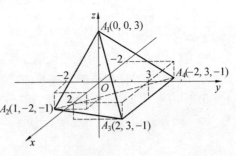

图 7.6

$r_2(f_3 + r_3f_4)] = 0$，解得 $r_1 = -\frac{1}{10}$，最后，代入 $Smt$ 方程(4)，得

191

$$z + 1 + (-\frac{1}{10})\Big[4y + 3z - 9 - \frac{1}{8}(20x + 12y - z + 3) - (20x - 4y + 7z - 21)$$

$$+| 20x + 12y - z + 3 + 20x - 4y + 7z - 21 | ) - \Big\{ 4y + 3z - 9 + \frac{1}{8}(20x - 12y - $$

$$z + 3 - (20x - 4y + 7z - 21) +| 20x + 12y - z + 3 + 20x - 4y + 7z - 21 | ) \Big\} = $$
0

好大一棵树!略加化简,成为

$$\Big\{ 2y + 2z - 12 - \Big| 5x + y + \frac{3}{4}z - \frac{9}{4} \Big| \Big\} + \Big| 5x + y + \frac{3}{4}z - \frac{9}{4} \Big| - 2y + 8z + 22 = 0$$

[**反思**]  ① 邹黎明的方程是三元一次三层的绝对值方程,它的好处在于是通过面(所在平面)的方程构造的,对于面来说,它是齐次的.

② 按方程(4)构造的四面体方程,往往是"好大一棵树",原因是它大体按一个模式反复迭代构造的,显示出构造的很强的规律性. 例如方程(4)可以这样构造:

$L = f_3 + r_3 f_4 + |f_3 - r_3 f_4|, F = f_2 + r_2 L + |f_2 - r_2 L|, f_1 + r_1 F + |f_1 - r_1 F| = 0.$
加以推广,就是他的"二元构造法".

③ 有趣的是:这种构造的每个"产物",都具有一定的几何意义,如 $f_1 = 0$ 与 $f_2 = 0$ 为两个平面,如果相交,则 $f_1 + rf_2 = 0, f_1 - rf_2 = 0$ 也是过公共交线的平面, $f_1 + rf_2 + |f_1 - rf_2| = 0$ 就是二面角的方程等.

## 习题 7.4

1. (研究题) 在本节的例中,已知 $Smt$ 面方程: $f_1 = z + 1 = 0, f_2 = 4y + 3z - 9 = 0, f_3 = 20x + 12y - z + 3 = 0, f_4 = 20x - 4y + 7z - 21 = 0$, 求出的 $r_3 = -\frac{1}{3}$,

$r_2 = \frac{1}{6}, r_1 = \frac{21}{2}$, 试问: 在 $SmtA_1 A_2 A_3 A_4 (A_1(0,0,3), A_2(1, -2, -1), A_3(2,3, -1), A_4(-2,3, -1))$ 中, $P$ 取的是哪一点?

2. (研究题) 仔细分析定理 6 证明过程中,划分的四个三面角区域: $I$ , $II$ $1°$ , $II$ $2°①$ 和 $II 2°②$, 在图形(如图 7.5)中,加以标注. (提示,用去掉(4)中逐层"| |"的办法,并确定平面的"正负面").

# 7.5  四面体的体积式方程

**定理** 7(林世保)  设 $SmtA_1 A_2 A_3 A_4$ 顶点坐标分别为 $A_i(x_i, y_i, z_i)(i = 0, 2,$

3,4),由顶点坐标可确定平面 $f_j = a_j x + b_j y + c_j z + d_j (j = 0,2,3,4)$，则 $SmtA_1A_2A_3A_4$ 的方程

$$\Big\langle \big\langle |f_1| - 2f_2 \big\rangle + |f_1| + f_3 - 3V \Big\rangle + \big\langle |f_1| - 2f_2 \big\rangle + |f_1| = 3V \qquad (5)$$

其中

$$f_1 = \begin{vmatrix} x & y & z & 1 \\ x_1 & y_1 & z_1 & 1 \\ x_2 & y_2 & z_2 & 1 \\ x_{34} & y_{34} & z_{34} & 1 \end{vmatrix},$$

$$f_2 = \begin{vmatrix} x & y & z & 1 \\ x_1 & y_1 & z_1 & 1 \\ x_{23} & y_{23} & z_{23} & 1 \\ x_{24} & y_{24} & z_{24} & 1 \end{vmatrix},$$

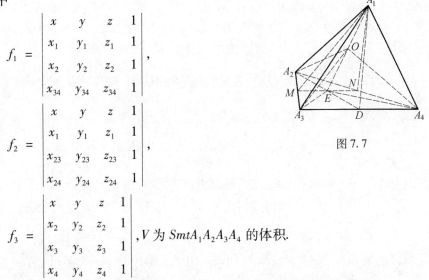

图 7.7

$$f_3 = \begin{vmatrix} x & y & z & 1 \\ x_2 & y_2 & z_2 & 1 \\ x_3 & y_3 & z_3 & 1 \\ x_4 & y_4 & z_4 & 1 \end{vmatrix}, V \text{ 为 } SmtA_1A_2A_3A_4 \text{ 的体积}.$$

**证明**　如图 7.7，设四面体 $SmtA_1A_2A_3A_4$ 的顶点坐标分别为 $A_i(x_i, y_i, z_i)$ $(i = 0,2,3,4)$，$D$ 为 $A_3A_4$ 中点，$E$ 为 $A_2D$ 中点，$O$ 为 $A_1E$ 中点，$MN /\!/ A_3A_4$，易知如下平面的方程

$$A_1DA_2 : f_1 = 0, A_1MN : f_2 = 0, A_2A_3A_4 : f_3 = 0.$$

首先证明方程

$$F_2 = |f_1| - 2f_2 \qquad ①$$

的曲面是二面角 $A_3 - A_1E - A_4$. 当 $f_1 \geqslant 0$ 时，方程 ① 化为

$$f_1 - 2f_2 = 0 \qquad ②$$

把 $A_1$、$E$ 两点坐标代入 ②，易得 $f_1 = f_2 = 0$，所以 $A_1$、$E$ 两点坐标满足 ②，再把 $A_4$ 点坐标代入 ② 式，根据体积公式，② 等价于 $6V_{A_1-A_2A_3A_4} - 2 \times 6V_{V-MNA_4} = 0$，成立，故 $A_4$ 点满足 ② 式. 由于 $A_1$、$E$、$A_4$ 三点不共点也不共线，故 ② 式表示的是平面 $A_1EA_4$，所以 ② 式在条件 $f_1 \geqslant 0$ 的约束下表示平面 $A_1EA_4$ 的区域 $f_1 \geqslant 0$ 内的"半"平面. 同理，当 $f_1 \leqslant 0$ 时，方程 ① 表示的是平面 $A_1EA_3$ 在区域 $f_1 \leqslant 0$ 内的部分，综之，方程 ① 的曲面是二折面角 $A_3 - A_1E - A_4$.

其次证明方程

$$F_3 = \big\langle |f_1| - 2f_2 \big\rangle + |f_1| + f_3 - 3V = 0 \qquad ③$$

的曲面是三面角 $O - A_2A_3A_4$.

193

当 $F_2 = |f_1| - 2f_2 \leqslant 0$ 时,方程 ③ 可化为

$$2f_2 + f_3 - 3V = 0 \qquad\qquad ④$$

把 $O$ 点坐标代入 ④ 式,$f_2 = 0$,④ 式此时为 $6V_{O-A_2A_3A_4} - 3V = 0$,由于 $O$ 是 $A_1E$ 中点,则 $V = 2V_{O-A_2A_3A_4}$,故 $O$ 点坐标满足方程 ④. 用同样的方法不难证明并验证 $A_3$、$A_4$ 两点坐标也满足方程 ④,又由于 $O$、$A_3$、$A_4$ 三点不共点也不共线,所以方程 ④ 表示平面 $OA_3A_4$,在约束条件为 $F_2 \leqslant OF$ 时,方程 ③ 表示平面 $OA_3A_4$ 在该区域(二面角 $A_3 - A_1E - A_4$)内的部分.

同理,当 $\begin{cases} F_2 \geqslant 0 \\ f_1 \geqslant 0 \end{cases}$ 时,方程 ③ 表示的是平面 $OA_2A_4$ 在其约束条件所表示的区域内(二面角 $A_2 - OE - A_4$)的部分;

当 $\begin{cases} F_2 \geqslant 0 \\ f_1 \leqslant 0 \end{cases}$ 时,③ 式表示的是平面 $OA_2A_3$ 在其约束条件下所表示的区域(二面角 $A_2 - OE - A_4$)内的部分,所以方程 ③ 的曲面是三面角 $O - A_2A_3A_4$.

最后证明方程(5)的曲面是四面体 $A_1 - A_2A_3A_4$. 设把坐标空间分成以下四个区域:

ⅰ)三面角 $O - A_2A_3A_4 : F_3 \leqslant 0$; ⅱ)三面角 $O - A_1A_3A_4 : \begin{cases} F_3 \leqslant 0 \\ F_2 \leqslant 0 \end{cases}$;

ⅲ)三面角 $O - A_1A_2A_4 : \begin{cases} F_3 \geqslant 0 \\ F_2 \geqslant 0 \\ f_1 \geqslant 0 \end{cases}$ ⅳ)三面角 $O - A_1A_2A_3 : \begin{cases} F_3 \geqslant 0 \\ F_2 \geqslant 0 \\ f_1 \leqslant 0 \end{cases}$.

在区域 ⅰ)内,方程(5)可化为 $f_3 = 0$,这时方程(5)表示平面 $A_2A_3A_4(f_3 = 0)$ 在该区域(三面角 $O - A_2A_3A_4$)内的部分,即 ▲$A_2A_3A_4$. 在区域 ⅱ)内,方程(5)可化为

$$2|f_1| + f_3 = 6V \qquad\qquad ⑤$$

对于点 $A_1$ 坐标知 $f_1 = 0$,故 $f_3 = 6V$,从而 $A_1$ 点坐标满足方程 ⑤;对于点 $A_3$ 坐标,有 $f_3 = 0$,从而 $2|f_1| = 2 \times 6|V_{A_1-A_2A_3D}| = 2 \times 6 \times \frac{1}{2}V = 6V$

($D$ 是 $A_3A_4$ 中点),故 $A_3$ 点坐标满足方程 ⑤;同理,$A_4$ 点坐标也满足方程 ⑤. 由于 $A_1$、$A_3$、$A_4$ 三点不共点也不共线,此时方程 ⑤ 表示平面 $A_1A_3A_4$,此时进而知方程(5)表示平面 $A_1A_3A_4$ 在区域 ⅱ)内的部分,即 ▲$A_1A_3A_4$.

同理,可以验证方程(5)在区域 ⅲ)内表示平面 $A_1A_2A_4$ 在该区域内的部分,即 ▲$A_1A_2A_4$. 方程(5)在区域 ⅳ)内表示平面 $A_1A_2A_3$ 在该区域内的部分,即 ▲$A_1A_2A_3$.

总之,(方程)的曲面是四面体 $A_1 - A_2A_3A_4$. 证毕.

绝对值方程

194

**例**1   设四面体 $A_1 - A_2A_3A_4$ 的顶点分别是 $A_1(0,0,1)$ , $A_2(0,1,0)$ , $A_3(-1,$
$-1,0)$ , $A_4(1,-1,0)$ ,求四面体 $A_1 - A_2A_3A_4$ 的方程.

**解**   分别求得

$$f_1 = -2x, f_2 = -y, f_3 = 4z, 3V = 2.$$

则四面体 $A_1 - A_2A_3A_4$ 的方程为

$$\left\{ \left\{ |x| + y \right\} + |x| + 2z - 1 \right\} + \left\{ |x| + y \right\} + |x| = 1$$

## 习题 7.5

1. 已知 $A(0,0,3)$ , $B(1,-2,-1)$ , $C(2,3,-1)$ , $D(-2,3,-1)$ , 求
$SmtA_1A_2A_3A_4$ 的方程(用方程(3)).

2. 已知点 $A(0,0,3)$ , $B(2,-3,-1)$ , $C(2,3,-1)$ , $D(-2,3,1)$ , 应用方程
(5), 构造 $SmtABCD$ 的方程.

# 多面体的方程

**在**上一章研究"四面体方程"的基础上,本章我们向"多面体"进军,这是一个"综合"法和其他数学方法难以大显身手的领域,我们推导出一系列的方程,有望为多面体的解析研究奠定基础.

## 8.1　对称八面体的方程

在绝对值方程研究的初期,杨之根据 $|x| = 1$ 表示两条平行线, $|x| + |y| = 1$ 表示正方形这一事实,推测方程 $|x| + |y| + |z| = 1$ 可能是正方体或正八面体,后来画出图形(图 8.1),才知它的图形是正八面体而不是正方体(正六面体).

20 世纪 90 年代初,有人对此进行了研究,其中有系统成果的是湖南刘伍济和湖北的徐宁,以下用 *Bmt* 表示八面体.

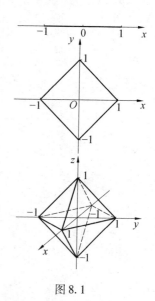

图 8.1

**1. 刘伍济的工作**

**定理** 1（刘伍济） 方程

$$\frac{|x|}{a}+\frac{|y|}{b}+\frac{|z|}{c}=1(a,b,c>0) \tag{1}$$

的图形为（中心对称）$BmtSABCDT$，其顶点坐标为 $S(0,0,c)$，$A(a,0,0)$，$B(0,b,0)$，$C(-a,0,0)$，$D(0,-b,0)$，$T(0,0,-c)$.

**证明** 首先，三个坐标平面，把空间分成八个直三面角区域（八个卦限），在其中，方程(1) 可分别为

Ⅰ. $O-SAB$：$x>0,y>0,z>0$，(1) 化为

$$\frac{x}{a}+\frac{y}{b}+\frac{z}{c}=1,\text{表 }▲SAB;$$

Ⅱ. $O-SBC$：$x<0,y>0,z>0$，(1) 化为

$$-\frac{x}{a}+\frac{y}{b}+\frac{z}{c}=1,\text{表 }▲SBC;$$

Ⅲ. $O-SCD$：$x<0,y<0,z>0$，(1) 化为

$$-\frac{x}{a}-\frac{y}{b}+\frac{z}{c}=1,\text{表 }▲SCD;$$

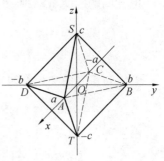

图 8.2

Ⅳ. $O-SDA$：$x>0,y<0,z>0$，(1) 化为

$$\frac{x}{a}-\frac{y}{b}+\frac{z}{c}=1,\text{表 }▲SDA;$$

Ⅴ. $O-TAB$：$x>0,y>0,z<0$，(1) 化为

$$\frac{x}{a}+\frac{y}{b}-\frac{z}{c}=1,\text{表 }▲TAB;$$

Ⅵ. $O-TBC$：$x<0,y>0,z<0$，(1) 化为

$$-\frac{x}{a}+\frac{y}{b}-\frac{z}{c}=1,\text{表 }▲TBC;$$

Ⅶ. $O-TCD$：$x<0,y<0,z<0$，(1) 化为

$$-\frac{x}{a}-\frac{y}{b}-\frac{z}{c}=1,\text{表 }▲TCD;$$

Ⅷ. $O-TDA$：$x>0,y<0,z<0$，(1) 化为

$$\frac{x}{a}-\frac{y}{b}-\frac{z}{c}=1,\text{表 }▲TDA.$$

综上所述，即知(1) 为 $BmtSABCDT$ 的方程.

方程中，可以很容易地推知它的如下性质：

① 关于原点中心对称，对称面互相平行；

② 有三个对称平面，对称平面两两垂直；

③ 同时它在三个坐标平面上的图形（菱形）分别内接于三个椭圆.

一些数量指标:

④ 沿 $x$、$y$、$z$ 轴的对角线长依次为 $2a,2b,2c$;

⑤ 三组棱长分别为 $\sqrt{a^2+b^2}$,$\sqrt{a^2+c^2}$,$\sqrt{b^2+c^2}$;

⑥ 各面都是全等三角形,每个面的面积为 $\triangle = \dfrac{1}{2}\sqrt{a^2b^2+b^2c^2+c^2a^2}$;

⑦ 体积 $V = \dfrac{4}{3}abc$;

⑧ 棱间的距离有四种:共面的 $\dfrac{4ab}{\sqrt{a^2+b^2}}$,$\dfrac{4bc}{\sqrt{b^2+c^2}}$,$\dfrac{4ca}{\sqrt{c^2+a^2}}$;异面两棱间距离为 $\dfrac{2abc}{\sqrt{\triangle}}$;

⑨ 棱与棱间的夹角有四种类型,如:

$$\cos\angle(SA,BC) = \frac{a^2}{\pm\sqrt{a^2+b^2}\cdot\sqrt{b^2+c^2}};$$

$$\cos\angle(SA,CD) = \frac{b^2}{\pm\sqrt{a^2+b^2}\cdot\sqrt{b^2+c^2}};$$

$$\cos\angle(SA,BT) = \frac{c^2}{\pm\sqrt{a^2+c^2}\cdot\sqrt{b^2+c^2}};$$

$$\cos\angle(SA,CT) = \pm1.$$

⑩ 所有棱与面所成角也仅有四种类型,如

$$\sin\angle(SA,\blacktriangle SBC) = \frac{abc}{\triangle\sqrt{a^2+c^2}}\left(\triangle=\frac{1}{2}\sqrt{a^2+b^2+c^2}\right);$$

$$\sin\angle(SB,\blacktriangle SCD) = \frac{abc}{\triangle\sqrt{b^2+c^2}};$$

$$\sin\angle(AB,\blacktriangle SBC) = \frac{abc}{\triangle\sqrt{a^2+b^2}};$$

$$\sin\angle(SA,\blacktriangle TBC) = 0.$$

⑪ 所有二平面所成角,也仅有四种类型:其余弦值分别为 $\pm1$,$\pm\left(1-\dfrac{a^2b^2}{2\triangle^2}\right)$,$\pm\left(1-\dfrac{b^2c^2}{2\triangle^2}\right)$,$\pm\left(1-\dfrac{c^2a^2}{2\triangle^2}\right)$.

**推论 1** 当 $a=b=c>0$ 时,(1)成为正八面体方程
$$|x|+|y|+|z| = a(a>0).$$

**推论 2** $P(x_0,y_0,z_0)$ 为任意一点,则方程
$$\frac{|x-x_0|}{a}+\frac{|y-y_0|}{b}+\frac{|z-z_0|}{c} = 1(a,b,c>0)$$

为以 $P$ 为对称中心的对称八面体方程.

**2. 徐宁的工作**

**定理** 2(徐宁)　记 $f_i = a_i x + b_i y + c_i z (i = 1,2,3)$,设

$$\triangle = \begin{vmatrix} a_1 & b_1 & c_1 \\ a_2 & b_2 & c_2 \\ a_3 & b_3 & c_3 \end{vmatrix} \neq 0,$$

那么,方程

$$| f_1 | + | f_2 | + | f_3 | = 1 \tag{2}$$

的图形是中心(对角线交点)在原点的中心对称凸八面体. 顶点为

$$A(\frac{\triangle_{21}}{\triangle}, \frac{\triangle_{22}}{\triangle}, \frac{\triangle_{23}}{\triangle}), B(\frac{-\triangle_{11}}{\triangle}, \frac{-\triangle_{12}}{\triangle}, \frac{-\triangle_{13}}{\triangle}), C(\frac{-\triangle_{21}}{\triangle}, \frac{-\triangle_{22}}{\triangle}, \frac{-\triangle_{23}}{\triangle}),$$

$$D(\frac{\triangle_{11}}{\triangle}, \frac{\triangle_{12}}{\triangle}, \frac{\triangle_{13}}{\triangle}), E(\frac{\triangle_{31}}{\triangle}, \frac{\triangle_{32}}{\triangle}, \frac{\triangle_{33}}{\triangle}), \qquad F(\frac{-\triangle_{31}}{\triangle}, \frac{-\triangle_{32}}{\triangle}, \frac{-\triangle_{33}}{\triangle}).$$

$\triangle_{ij}$ 表行列式 $\triangle$ 中,第 $i$ 行、第 $j$ 列的元素的代数余子式.

**证明**　不妨设 $a_1, a_2, a_3 > 0$,如图 8.3,则三个平面 $f_1 = 0, f_2 = 0, f_3 = 0$ 汇于一点 $O$,并将空间划分为 8 个(三面)角区域:

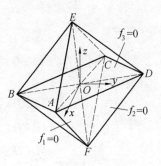

$$\text{I.} \begin{cases} f_1 \geqslant 0 \\ f_2 \geqslant 0, \\ f_3 \geqslant 0 \end{cases} \quad \text{II.} \begin{cases} f_1 \leqslant 0 \\ f_2 \geqslant 0, \\ f_3 \geqslant 0 \end{cases} \quad \text{III.} \begin{cases} f_1 \leqslant 0 \\ f_2 \leqslant 0, \\ f_3 \geqslant 0 \end{cases}$$

$$\text{IV.} \begin{cases} f_1 \geqslant 0 \\ f_2 \leqslant 0, \\ f_3 \geqslant 0 \end{cases} \quad \text{V.} \begin{cases} f_1 \geqslant 0 \\ f_2 \leqslant 0, \\ f_3 \leqslant 0 \end{cases} \quad \text{VI.} \begin{cases} f_1 \leqslant 0 \\ f_2 \leqslant 0, \\ f_3 \leqslant 0 \end{cases}$$

$$\text{VII.} \begin{cases} f_1 \leqslant 0 \\ f_2 \geqslant 0, \\ f_3 \leqslant 0 \end{cases} \quad \text{VIII.} \begin{cases} f_1 \geqslant 0 \\ f_2 \geqslant 0. \\ f_3 \leqslant 0 \end{cases}$$

图 8.3

在 I 的约束下,方程(2)可化为

$$f_1 + f_2 + f_3 = 1 \qquad\qquad ①$$

设平面①与 $f_1 = 0, f_3 = 0$ 交于 $A$,与 $f_2 = 0, f_3 = 0$ 交于 $D$,与 $f_1 = 0, f_2 = 0$ 交于 $E$(图 8.3). 考虑

$$\begin{cases} f_1 + f_2 + f_3 = 1 \\ f_1 = 0 \\ f_3 = 0 \end{cases}$$

即

$$\begin{cases} f_1 = a_1x + b_1y + c_1z = 0 \\ f_2 = a_2x + b_2y + c_2z = 1, \\ f_3 = a_3x + b_3y + c_3z = 0 \end{cases}$$

则

$$\triangle = \begin{vmatrix} a_1 & b_1 & c_1 \\ a_2 & b_2 & c_2 \\ a_3 & b_3 & c_3 \end{vmatrix} \neq 0,$$

$$\triangle_x = \begin{vmatrix} 0 & b_1 & c_1 \\ 1 & b_2 & c_2 \\ 0 & b_3 & c_3 \end{vmatrix} = \triangle_{21}, x = \frac{\triangle_{21}}{\triangle}.$$

类似知,$y = \dfrac{\triangle_{22}}{\triangle}, z = \dfrac{\triangle_{23}}{\triangle}$. 类似求出 $D$、$E$ 坐标,即

$$A\left(\frac{\triangle_{21}}{\triangle}, \frac{\triangle_{22}}{\triangle}, \frac{\triangle_{23}}{\triangle}\right), D\left(\frac{\triangle_{11}}{\triangle}, \frac{\triangle_{12}}{\triangle}, \frac{\triangle_{13}}{\triangle}\right), E\left(\frac{\triangle_{31}}{\triangle}, \frac{\triangle_{32}}{\triangle}, \frac{\triangle_{33}}{\triangle}\right).$$

这样,就有

$$\begin{cases} f_1(A) = a_1 \cdot \dfrac{\triangle_{21}}{\triangle} + b_1 \cdot \dfrac{\triangle_{22}}{\triangle} + c_1 \cdot \dfrac{\triangle_{23}}{\triangle} = 0 \\ f_2(A) = 1 > 0 \\ f_3(A) = 0 \end{cases}$$

同样可知

$$\begin{cases} f_1(D) = 1 > 0 \\ f_2(D) = 0 \\ f_3(D) = 0 \end{cases}, \begin{cases} f_1(E) = 0 \\ f_2(E) = 0 \\ f_3(E) = 1 > 0 \end{cases}.$$

可见,$A, D, E$ 在区域 I 的边界上,于是在 I 的约束下,平面 ① 只有一块即 $\blacktriangle ADE$ 满足(2),或说(2)在区域 I 内的图形为 $\blacktriangle ADE$.

同样可知,方程(2)在区域 II、III、$\cdots$、VIII 内的图形依次为 $\blacktriangle ABE$、$\blacktriangle BCE$、$\blacktriangle CDF$、$\blacktriangle CDE$、$\blacktriangle BCF$、$\blacktriangle ABF$、$\blacktriangle ADF$. $B, C, F$ 三点坐标可由相应方程组求得. 证毕.

**推论 1** 记 $f_i' = a_ix + b_iy + c_iz + d_i$, $\triangle \neq 0$,则方程

$$|f_1'| + |f_2'| + |f_3'| = 1 \tag{2'}$$

的图形是中心在 $O'(x_0, y_0, z_0)$ 的中心八面体. 其顶点依次为

$$A'\left(\frac{\triangle_{21}}{\triangle} + x_0, \frac{\triangle_{22}}{\triangle} + y_0, \frac{\triangle_{23}}{\triangle} + z_0\right), \qquad B'\left(\frac{-\triangle_{11}}{\triangle} + x_0, \frac{-\triangle_{12}}{\triangle} + y_0, \frac{-\triangle_{13}}{\triangle} + z_0\right),$$

$$C'\left(\frac{-\triangle_{21}}{\triangle} + x_0, \frac{-\triangle_{22}}{\triangle} + y_0, \frac{-\triangle_{23}}{\triangle} + z_0\right), D'\left(\frac{\triangle_{11}}{\triangle} + x_0, \frac{\triangle_{12}}{\triangle} + y_0, \frac{\triangle_{13}}{\triangle} + z_0\right),$$

$$E'(\frac{\triangle_{31}}{\triangle} + x_0, \frac{\triangle_{32}}{\triangle} + y_0, \frac{\triangle_{33}}{\triangle} + z_0), \qquad F'(\frac{-\triangle_{31}}{\triangle} + x_0, \frac{-\triangle_{32}}{\triangle} + y_0, \frac{-\triangle_{33}}{\triangle} + z_0).$$

而$(x_0, y_0, z_0)$为方程组

$$\begin{cases} f'_1 = 0 \\ f'_2 = 0 \\ f'_3 = 0 \end{cases} \qquad ②$$

的解.

**证明**  将$P(x_0, y_0, z_0)$代入②,得$d_1 = -a_i x_0 - b_i y_0 - c_i z_0 (i = 1,2,3)$,再代入$(2')$,得

$$\sum_{i=1}^{3} |a_i(x - x_0) + b_i(y - y_0) + c_i(z - z_0)| = 1 \qquad ③$$

平移坐标轴,使$P(x_0, y_0, z_0)$为新原点,式③就成为(2).由定理2及平移原理,知$(2')$为中心在$P$的中心对称八面体方程.

**推论2**  $(2')$的图形为正八面体的充要条件是

$$\sum_{j=1}^{3} \triangle_{ij} \triangle_{i+1,j} = 0 (i = 1,2,3, \triangle_{4j} = \triangle_{1j});$$

$$\sum_{j=1}^{3} (\triangle_{2j} - \triangle_{1j})^2 = \sum_{j=1}^{3} (\triangle_{2j} + \triangle_{3j})^2;$$

$$\sum_{j=1}^{3} (\triangle_{2j} - \triangle_{3j})^2 = \sum_{j=1}^{3} (\triangle_{1j} + \triangle_{3j})^2.$$

**证明**  由"正多面体"定义知,$Bmt(2')$为正$Bmt$当仅当$A'B' = A'D' = A'E' = A'F' = D'E' = D'F'$.由推论1及两点距离公式,即知.

**推论3**  八面体$(2')$各面方程为

$$f'_1 + f'_2 + f'_3 = \pm 1$$
$$f'_1 - f'_2 - f'_3 = \pm 1$$
$$f'_1 + f'_2 - f'_3 = \pm 1$$
$$f'_1 - f'_2 + f'_3 = \pm 1$$

**证明**  由推论1知,$Bmt(2')$一个侧面$A'D'E'$所在平面法矢量为

$$\vec{n} = (a_1 + a_2 + a_3, b_1 + b_2 + b_3, c_1 + c_2 + c_3),$$

则面$A'D'E'$的方程为

$$f_1 + f_2 + f_3 = (a_1 + a_2 + a_3)(x_0 + \frac{\triangle_{21}}{\triangle} + (b_1 + b_2 + b_3)\frac{\triangle_{22}}{\triangle} +$$

$$(c_1 + c_2 + c_3)\frac{\triangle_{23}}{\triangle}.$$

将右边行列式展开,由$d_i = -a_i x_0 - b_i y_0 - c_i z_0 (i = 1,2,3)$,据拉普拉斯定

理,即得

$$f_1 + f_2 + f_3 = -d_1 - d_2 - d_3 + \frac{1}{\triangle}\left[(a_1 + a_2 + a_3)\triangle_{21} + (b_1 + b_2 + b_3)\right.$$

$$\left.\triangle_{22} + (c_1 + c_2 + c_3)\triangle_{23}\right] = -d_1 - d_2 - d_3 + \frac{\triangle}{\triangle}$$

所以 $\qquad (f_1 + d_1) + (f_2 + d_2) + (f_3 + d_3) = 1.$

即

$$f'_1 + f'_2 + f'_3 = 1.$$

类似得其他七个面方程.

以下推论给出一些数量指标:

**推论 4** 对 $Bmt(2')$ 与 $Bmt(2)$ 来说,有

ⅰ) 体积 $V = \dfrac{4}{3|\triangle|}$;

ⅱ) 棱截面面积

$$S_{ABCD} = \frac{2}{|\triangle|}\sqrt{a_3^2 + b_3^2 + c_3^2}, S_{DEBF} = \frac{2}{|\triangle|}\sqrt{a_2^2 + b_2^2 + c_2^2}, S_{AECF} =$$

$$\frac{2}{|\triangle|}\sqrt{a_1^2 + b_1^2 + c_1^2}.$$

ⅲ) 各面面积

$$S_{CBF}^2 = S_{ADE}^2 = \frac{1}{4\triangle^2}\left[(a_1 + a_2 + a_3)^2 + (b_1 + b_2 + b_3)^2 + (c_1 + c_2 + c_3)^2\right];$$

$$S_{ADF}^2 = S_{BCE}^2 = \frac{1}{4\triangle^2}\left[(a_1 + a_2 - a_3)^2 + (b_1 + b_2 - b_3)^2 + (c_1 + c_2 - c_3)^2\right];$$

$$S_{ABF}^2 = S_{DCE}^2 = \frac{1}{4\triangle^2}\left[(a_1 - a_2 + a_3)^2 + (b_1 - b_2 + b_3)^2 + (c_1 - c_2 + c_3)^2\right];$$

$$S_{ABE}^2 = S_{CDF}^2 = \frac{1}{4\triangle^2}\left[(a_1 - a_2 - a_3)^2 + (b_1 - b_2 - b_3)^2 + (c_1 - c_2 - c_3)^2\right].$$

证明 ⅰ) 有

$$V_{E-ABC} = \frac{1}{6}|(\overrightarrow{AB} \times \overrightarrow{AC}) \cdot \overrightarrow{AE}|,$$

这里

$$\overrightarrow{AB} = \frac{-1}{\triangle}(\triangle_{11} + \triangle_{21}, \triangle_{12} + \triangle_{22}, \triangle_{13} + \triangle_{23});$$

$$\overrightarrow{AC} = \frac{-2}{\triangle}(\triangle_{21}, \triangle_{22}, \triangle_{23});$$

$$\overrightarrow{AE} = \frac{1}{\triangle}(\triangle_{31} - \triangle_{21}, \triangle_{32} - \triangle_{22}, \triangle_{33} - \triangle_{23});$$

绝对值方程

所以

$$V_{E-ABC} = \frac{1}{6} |(\overrightarrow{AB} \times \overrightarrow{AC}) \cdot \overrightarrow{AE}|$$

$$= \frac{1}{6} \left\{ \begin{vmatrix} \dfrac{-\triangle_{11} - \triangle_{21}}{\triangle} & \dfrac{-\triangle_{12} - \triangle_{22}}{\triangle} & \dfrac{-\triangle_{13} - \triangle_{23}}{\triangle} \\ \dfrac{-2\triangle_{21}}{\triangle} & \dfrac{-2\triangle_{22}}{\triangle} & \dfrac{-2\triangle_{23}}{\triangle} \\ \dfrac{-\triangle_{31} - \triangle_{21}}{\triangle} & \dfrac{-\triangle_{32} - \triangle_{22}}{\triangle} & \dfrac{-\triangle_{33} - \triangle_{23}}{\triangle} \end{vmatrix} \right\}$$

$$= \frac{1}{3|\triangle|^3} \left\{ \begin{vmatrix} \triangle_{11} & \triangle_{13} & \triangle_{11} \\ \triangle_{21} & \triangle_{22} & \triangle_{23} \\ \triangle_{31} & \triangle_{32} & \triangle_{33} \end{vmatrix} \right\}$$

$$= \frac{1}{3|\triangle|^3} \cdot \triangle^2$$

$$= \frac{1}{3|\triangle|}$$

由 $V = 4V_{E-ABC}$ 即知 i ) 结论正确.

ii ) 设 $Bmt(2)$ 的顶点 $E\left(\dfrac{\triangle_{31}}{\triangle}, \dfrac{\triangle_{32}}{\triangle}, \dfrac{\triangle_{33}}{\triangle}\right)$ 到棱截面 $ABCD$ 即 $f_3 = 0$ 的距离为 $h$, 则

$$h = \frac{|f_3(E)|}{\sqrt{a_3^2 + b_3^2 + c_3^2}} = \frac{1}{\sqrt{a_3^2 + b_3^2 + c_3^2}}.$$

由 $V = \dfrac{4}{3|\triangle|} = 2V_{E-ABCD} = 2 \cdot \dfrac{1}{3} S_{ABCD} \cdot h = \dfrac{2}{3} S_{ABCD} \cdot \dfrac{1}{\sqrt{a_3^2 + b_3^2 + c_3^2}}$, 得

$$S_{ABCD} = \frac{2}{|\triangle|} \sqrt{a_3^2 + b_3^2 + c_3^2}.$$

类似证其他, 而 $Bmt(2')$ 中的结论是完全一样的.

iii ) 由推论 3 知, 平面 $A'D'E'$ 的方程为

$$f'_1 + f'_2 + f'_3 - 1 = 0.$$

设 $C'$ 到平面 $A'D'E'$ 距离为 $h'$, 则

$$h' = \frac{|f'_1(C') + f'_2(C') + f'_3(C') - 1|}{[(a_1 + a_2 + a_3)^2 + (b_1 + b_2 + b_3)^2 + (c_1 + c_2 + c_3)^2]^{\frac{1}{2}}} = \frac{|3 - 1|}{[(a_1 + a_2 + a_3)^2 + (b_1 + b_2 + b_3)^2 + (c_1 + c_2 + c_3)^2]^{\frac{1}{2}}}$$

应用公式(因为 $V_{C'-A'D'E'} = V_{C-ADE}$, $S_{A'D'E'} = S_{ADE}$), 得

$$V_{C-ADE} = \frac{1}{3\mid\triangle\mid} = \frac{1}{3}S_{ADE} \cdot h'.$$

即得欲证. 其余可类似证明.

**推论**5 对 $Bmt(2)$ 与 $(2')$ 来说,对角线长:

$$d_{AC} = \frac{2}{\mid\triangle\mid}\sqrt{\triangle_{21}^2 + \triangle_{22}^2 + \triangle_{23}^2}, d_{BD} = \frac{2}{\mid\triangle\mid}\sqrt{\triangle_{11}^2 + \triangle_{12}^2 + \triangle_{13}^2},$$

$$d_{EF} = \frac{2}{\mid\triangle\mid}\sqrt{\triangle_{31}^2 + \triangle_{32}^2 + \triangle_{33}^2}.$$

对角线方程为

$$A'C': \begin{cases} f'_1 = 0 \\ f'_3 = 0 \end{cases}, B'D': \begin{cases} f'_2 = 0 \\ f'_3 = 0 \end{cases}, E'F': \begin{cases} f'_1 = 0 \\ f'_2 = 0 \end{cases}.$$

证略.

**定理**3(徐宁) 设 $BmtAB\cdots F$ 有三个相邻顶点,比如 $A$、$B$、$E$ 坐标分别为 $A(x_1,y_1,z_1)$,$B(x_2,y_2,z_2)$,$E(x_3,y_3,z_3)$,则它的方程为

$$\left\{\begin{vmatrix} x & y & z \\ x_1 & y_1 & z_1 \\ x_2 & y_2 & z_2 \end{vmatrix}\right\} + \left\{\begin{vmatrix} x & y & z \\ x_2 & y_2 & z_2 \\ x_3 & y_3 & z_3 \end{vmatrix}\right\} + \left\{\begin{vmatrix} x & y & z \\ x_3 & y_3 & z_3 \\ x_1 & y_1 & z_1 \end{vmatrix}\right\} = \left\{\begin{vmatrix} x & y & z \\ x_2 & y_2 & z_2 \\ x_3 & y_3 & z_3 \end{vmatrix}\right\}$$

$$(3)$$

**证明** 由定理2,有

$$x_1 = \frac{\triangle_{21}}{\triangle}, x_2 = \frac{-\triangle_{11}}{\triangle}, x_3 = \frac{\triangle_{31}}{\triangle};$$

$$y_1 = \frac{\triangle_{22}}{\triangle}, y_2 = \frac{-\triangle_{12}}{\triangle}, y_3 = \frac{\triangle_{32}}{\triangle};$$

$$z_1 = \frac{\triangle_{23}}{\triangle}, z_2 = \frac{-\triangle_{13}}{\triangle}, z_3 = \frac{\triangle_{33}}{\triangle};$$

③

注意,这里的

$$\triangle = \begin{vmatrix} a_1 & b_1 & c_1 \\ a_2 & b_2 & c_2 \\ a_3 & b_3 & c_3 \end{vmatrix}, \text{记 } \triangle' = \begin{vmatrix} x_1 & y_1 & z_1 \\ x_2 & y_2 & z_2 \\ x_3 & y_3 & z_3 \end{vmatrix},$$

则由 ③,得

$$\triangle' = \frac{1}{\triangle^3}\begin{vmatrix} \triangle_{21} & \triangle_{22} & \triangle_{23} \\ -\triangle_{11} & -\triangle_{12} & -\triangle_{13} \\ \triangle_{31} & \triangle_{32} & \triangle_{33} \end{vmatrix} =$$

$$\frac{1}{\triangle^3}\begin{vmatrix} \triangle_{11} & \triangle_{13} & \triangle_{13} \\ \triangle_{21} & \triangle_{22} & \triangle_{23} \\ \triangle_{31} & \triangle_{32} & \triangle_{33} \end{vmatrix},$$

$$\triangle'\triangle = \frac{1}{\triangle^3}\begin{vmatrix} \triangle_{11} & \triangle_{13} & \triangle_{13} \\ \triangle_{21} & \triangle_{22} & \triangle_{23} \\ \triangle_{31} & \triangle_{32} & \triangle_{33} \end{vmatrix} \cdot \begin{vmatrix} a_1 & a_2 & a_3 \\ b_1 & b_2 & b_3 \\ c_1 & c_2 & c_3 \end{vmatrix} =$$

$$\frac{1}{\triangle^3}\begin{vmatrix} a_1\triangle_{11}+b_1\triangle_{12}+c_1\triangle_{13} & a_2\triangle_{11}+b_2\triangle_{12}+c_2\triangle_{13} & a_3\triangle_{11}+b_3\triangle_{12}+c_3\triangle_{13} \\ a_1\triangle_{21}+b_1\triangle_{22}+c_1\triangle_{23} & a_2\triangle_{21}+b_2\triangle_{22}+c_2\triangle_{23} & a_3\triangle_{21}+b_3\triangle_{22}+c_3\triangle_{23} \\ a_1\triangle_{31}+b_1\triangle_{32}+c_1\triangle_{33} & a_2\triangle_{31}+b_2\triangle_{32}+c_2\triangle_{33} & a_3\triangle_{31}+b_3\triangle_{32}+c_3\triangle_{33} \end{vmatrix} =$$

$$\frac{1}{\triangle^3}\begin{vmatrix} \triangle & 0 & 0 \\ 0 & \triangle & 0 \\ 0 & 0 & \triangle \end{vmatrix} = 1$$

所以 $$\triangle' = \frac{1}{\triangle}.$$

我们来计算：

$$y_1z_2 - y_2z_1 = \frac{1}{\triangle^2}[(a_3c_1-a_1c_3)(a_2b_3-a_3b_2)+(a_3c_2-a_2c_3)(a_3b_1-a_1b_3)] =$$

$$\frac{1}{\triangle^2}[a_3c_1a_2b_3 - a_3^2c_1b_2 - a_1c_3a_2b_3 + a_1c_3a_3b_2 + a_3^2b_1c_2 -$$

$$a_3c_2a_1b_3 - a_2a_3c_3b_1 + a_1a_2b_3c_3] =$$

$$\frac{a^3}{\triangle^2}(a_2b_3c_1 + a_1c_3b_2 + a_3b_1c_2 - a_3c_1b_2 - a_1b_3c_2 - a_2b_1c_3) =$$

$$\frac{a_3}{\triangle^2}\cdot\triangle = a_3\cdot\triangle'.$$

所以 $$a_3 = \frac{y_1z_2-y_2z_1}{\triangle'} = \frac{\triangle'_{31}}{\triangle'}.$$

同样：

$$a_1 = \frac{\triangle'_{11}}{\triangle'}, a_2 = \frac{\triangle'_{21}}{\triangle'}, b_1 = \frac{\triangle'_{12}}{\triangle'}, b_3 = \frac{\triangle'_{22}}{\triangle'}, b_3 = \frac{\triangle'_{32}}{\triangle'}, c_3 = \frac{\triangle'_{33}}{\triangle'}.$$

（$\triangle'_{ij}$ 表示 $\triangle'$ 中第 $i$ 行 $j$ 列元素的代数余子式）.

把 $a_i, b_i, c_i$ 代入方程(2)，即得方程(3).

**推论** 如 $Bmt$ 的中心在 $O'(x_0, y_0, z_0)$，三个相邻顶点坐标为 $(x_1, y_1, z_1)$，$(x_2, y_2, z_2)$，$(x_3, y_3, z_3)$，则把方程(3)中，$x, x_i$ 分别换成 $x-x_0, x_i-x_0; y, y_i$ 分别换成 $y-y_0, y_i-y_0; z, z_i$ 分别换成 $z-z_0, z_i-z_0$，即得它的方程.

205

**习题** 8.1

1. 写出顶点分别在 $A(0,0,4)$，$B(3,0,0)$，$C(0,5,0)$，$D(-3,0,0)$，$E(0,-5,0)$，$F(0,0,-4)$ 的 $BmtABCDEF$ 的方程.

2. 求对称八面体 $\dfrac{|x|}{6} + \dfrac{|y|}{4} + \dfrac{|z|}{5} = 1$ 的体积与表面积.

3. 已知 $A(3,1,-1)$，$B(1,3,-2)$，$C(-3,-1,2)$，求以原点 $O$ 为对称中心的正八面体 $BmtABCDEF$ 的方程.

4.（研究题）试用非向量法，证明推论 3.

5.（研究题）在定理 2、3 中，方程的图形为三条对角线互相垂直的中心对称八面体（菱形八面体）的条件是什么?

# 8.2　凸四面角与四棱锥的方程

### 1. 凸四面角的方程

**定理** 4（李煜钟）　记 $f_i = a_i x + b_i y + c_i z + d_i$，方程组 $f_i = 0(i = 1,2,3)$ 系数行列式记 $\triangle$，若 $\triangle \neq 0$，则方程

$$|f_1| + |f_2| + f_3 = 0 \tag{4}$$

的图形是凸四面角.

**证明**　由于 $\triangle \neq 0$，三个平面 $f_1 = 0$，$f_2 = 0$，$f_3 = 0$ 交于一点，设这个点为 $P(x_0, y_0, z_0)$，由于 (4) 中的

$$f_3 = -|f_1| - |f_2| \leqslant 0,$$

因此，曲面 (4) 整个位于区域 $G = \{(x,y,z) \,|\, f_3 \leqslant 0\}$ 之内；而平面 $f_1 = 0$，$f_2 = 0$ 将 $G$ 划分为如下四区域，而且在每个区域上方程 (4) 分别化成的方程如下

$$G_1 : f_1 \geqslant 0, f_2 \geqslant 0 : f_1 + f_2 + f_3 = 0 \qquad ①$$
$$G_2 : f_1 \leqslant 0, f_2 \leqslant 0 : f_1 + f_2 - f_3 = 0 \qquad ②$$
$$G_3 : f_1 \geqslant 0, f_2 \leqslant 0 : f_1 - f_2 + f_3 = 0 \qquad ③$$
$$G_4 : f_1 \leqslant 0, f_2 \geqslant 0 : f_1 - f_2 - f_3 = 0 \qquad ④$$

由于平面 $f_1 = 0$，$f_2 = 0$，$f_3 = 0$ 共点于 $P$，因此，平面 ① 也与 $f_1 = 0$ 及 $f_2 = 0$ 均相交，设交线分别为 $l_1$ 和 $l_2$，（图 8.4），则 $l_1$ 和 $l_2$ 为区域 $G_1 \cap G$ 的边界，事实上，在 $l_1$ 和 $l_2$ 上分别取点 $A_1$ 和 $A_2$，那么

$$f_1(A_1) = 0, f_1(A_1) + f_2(A_1) + f_3(A_1) = 0,$$

从而

$$f_2(A_1) = -(f_1(A_1) + f_3(A_1)) = -f_3(A_1) > 0 \, (\text{因为 } A_1 \in G).$$

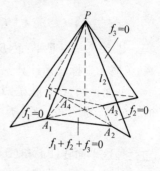

同理：$f_2(A_2) = 0$；

$$f_1(A_2) = -f_3(A_2) > 0.$$

因此 $l_1$ 与 $l_2$ 为边界不假，可见在 ① 约束下，方程(4) 的图形是平面 ① 在 $G_1 \cap G$ 内的部分，即 $\angle A_1 PA$ 限定的部分，即四面角的一个面.

同样可证，在 ②③④ 的约束下，方程(4) 的图形分别为四面角的面 $\angle A_2 PA_1$、$\angle A_3 PA_4$、$\angle A_4 PA_1$，可见，(4) 的图形为一个凸四面角 $P - A_1 A_2 A_3 A_4$.

图 8.4

同理也可证明，(4) 的图形为凸四面角，则 $\triangle \neq 0$，且有

Ⅰ. 各面方程为 ① ~ ④；

Ⅱ. 各棱方程为 ① 与 ③；① 与 ④；② 与 ③；② 与 ④；

Ⅲ. 顶点坐标是 $f_1 = 0$，$f_2 = 0$，$f_3 = 0$；

Ⅳ. 两对角面方程为 $f_1 = 0$，$f_2 = 0$.

为了推导四棱锥方程，牛秋宝和张付彬按如下方法，先构造四面角方程：设 $V - ABCD$ 为四棱锥，$AC$ 是底面上一条形内的对角线，设 $\angle A < 180°$，$H$ 为 $AC$ 上一点（$H$ 须在 $\triangle ABD$ 内部），连 $VH$，在其上任取一点 $G$（图 8.5）.

设平面 $AGH$（即 $AGC$，$AVC$）方程为

$$f_1 = 0.$$

（注意：$f_i = a_i x + b_i y + c_i z + d_i$）考虑方程

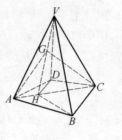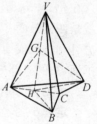

$$|f_1| + f_2 = 0 \qquad ②$$

（因 $f_1$ 已由 $A$、$G$、$H$ 确定，则因 $G$、$H$、$B$、$D$ 不共面，可确定 $f_2$，$a_2$、$b_2$、$c_2$ 不全为0），② 是二面角 $B - GH - D$ 的方程，在其内部 $|f_1| + f_2 < 0$，在其外部 $|f_1| + f_2 > 0$.

图 8.5

考虑方程

$$F = \lambda |f_1| + \langle |f_1| + f_2 \rangle + f_3 = 0 \qquad (5)$$

（其中 $\lambda$，$a_3$、$b_3$、$c_3$、$d_3$ 五个常数，可由 $G$、$A$、$B$、$C$、$D$ 五点确定）. 可以证明，(5) 就是四面角 $G - ABCD$ 的方程，在其内部 $F < 0$，在其外部 $F > 0$.

[反思] 有趣的是，李煜钟的四面角方程(4) 是一层方程，而牛秋宝、张付彬的方程(5)，确是二层方程，且含有参数 $\lambda$，当 $\lambda$ 取某些值时，四面角可能是凹的.

### 2. 四棱锥的方程

最后考虑方程 $|F| + F + f_4 = 0$，即

$$\left\{\left\langle|f_1|+f_2\right\rangle+\lambda|f_1|+f_3\right\}+\left\langle|f_1|+f_2\right\rangle+\lambda|f_1|+f_3+f_4=0 \quad (6)$$

其中,$f_4=0$ 是平面 $ABCD$ 的方程,则 $\mu f_4=0$ 也是它的方程. 从而可适当选择 $\mu$(把 $V$ 坐标代入计算),使 $V$ 坐标适合(6).

下面证明,(6) 就是四棱锥 $V-ABCD$ 的方程. 事实上,当(6) 中的 $F<0$ 时,(6) 化为 $-F+F+f_4=0$,即

$$f_4=0.$$

它就是这平面在四面角(5) 即 $G-ABCD$ 内的部分:四边形面 $ABCD$,可见,方程 (6) 在区域(5)(即 $G-ABCD$) 内的图形为四边形面 $ABCD$.

当(6) 中的 $F\geq 0$ 时,(6) 化为

$$\left\langle|f_1|+f_2\right\rangle+\lambda|f_1|+\left(f_3+\frac{1}{2}f_4\right)=0 \qquad ③$$

它与(5) 的形式是完全一样的(把 $f_3+\dfrac{1}{2}f_4$ 看作 $f_3$),因此,它确是四面角的方程.

由于 $f_4=0$ 是平面 $ABCD$ 的方程,故 $f_4(A)=f_4(B)=f_4(C)=f_4(D)=0$,(5) 是四面角 $G-ABCD$ 方程,因此 $F(A)=F(B)=F(C)=F(D)=0$,因此,$A$、$C$、$B$、$D$ 坐标都满足方程 ③,由于在引入 $f_4=0$ 时,适当选择的参数 $\mu$(已含在 $a_4,b_4,c_4,d_4$ 之中) 使 $V$ 坐标满足(6),从而也满足(6) 化成的 ③,可见 ③ 就是四棱锥面 $V-ABCD$ 的方程,但它是四棱锥面 $G-ABCD$ 之外($F\geq 0$) 的部分,因此,就成为四棱锥 $V-ABCD$ 的侧面,即(6) 在区域 $F\geq 0$ 部分的图形,为锥面 ③ 的一部分,即 $V-ABCD$ 的侧面.

可见,有如下

**定理 5**(李煜钟) 设 $f_i=a_ix+b_iy+c_iz+d_i(i=1,2,3,4)$ 为平面方程,则按如上方法构造(其系数分别由顶点坐标,内点 $H$ 和 $G$ 坐标依次确定) 的方程(6) 就是四棱锥 $V-ABCD$ 的方程.

下面先看一个例.

**例 1** 求四棱锥 $V-ABCD$ 的方程,其中 $V(0,0,4)$,$A(0,0,0)$,$B(4,0,0)$,$C(4,4,0)$,$D(0,4,0)$.

**解** 如图 8.6,在 $AC$ 上取点 $H(1,1,0)$,在 $VH$ 上取点 $G\left(\dfrac{1}{2},\dfrac{1}{2},2\right)$,则得

平面 $AGH$:$f_1=x-y=0$,

设二面角 $B-GH-D$ 方程为

$$|f_1|+f_2=0$$

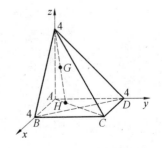

图 8.6

即

$$| x - y | + a_2 x + b_2 y + c_2 z + d_2 = 0$$

把 $G$、$H$、$B$、$D$ 坐标代入,得

$$\begin{cases} \dfrac{1}{2}a_2 + \dfrac{1}{2}b_2 + 2c_2 + d_2 = 0 \\ a_2 + b_2 + d_2 = 0 \\ 4 + 4a_2 + d_2 = 0 \\ 4 + 4b_2 + d_2 = 0 \end{cases}$$

解得 $a_2 = b_2 = -2, c_2 = -1, d_2 = 4$,即 $f_2 = -2x - 2y - z + 4 = 0$. 可设四面角 $G - ABCD$ 方程为

$$\lambda \mid f_1 \mid + \left\{ \mid f_1 \mid + f_2 \right\} + f_3 = 0 \text{ 即}$$

$$\lambda \mid x - y \mid + \left\{ \mid x - y \mid - 2x - 2y - z + 4 \right\} + a_3 x + b_3 y + c_3 z + d_3 = 0$$

把 $G$、$A$、$B$、$C$、$D$ 五点坐标代入,得

$$\begin{cases} \dfrac{1}{2}a_3 + \dfrac{1}{2}b_3 + 2c_3 + d_3 = 0 \\ 4 + d_3 = 0 \\ 4\lambda + 4a_3 + d_3 = 0 \\ 12 + 4a_3 + 4b_3 + d_3 = 0 \\ 4\lambda + 4b_3 + d_3 = 0 \end{cases}$$ ,

解得 $\lambda = 2, a_3 = b_3 = -1, c_3 = \dfrac{5}{2}, d_3 = -4$,即

$$f_3 = -x - y + \dfrac{5}{2}z - 4 = 0.$$

可知,四面角 $G - ABCD$ 的方程为

$$2 \mid x - y \mid + \left\{ \mid x - y \mid - 2x - 2y - z + 4 \right\} - x - y + \dfrac{5}{2}z - 4 = 0$$

又平面 $ABCD$ 方程 $f_4 = z = 0$,可取 $c_4 z = 0$,则四棱锥 $V - ABCD$ 方程为

$$\left\{ \left\{ \mid x - y \mid - 2x - 2y - z + 4 \right\} + 2 \mid x - y \mid - x - y + \dfrac{5}{2}z - 4 \right\} + \left\{ \mid x - \right.$$

$$y \mid - 2x - 2y - z + 4 \right\} + 2 \mid x - y \mid - x - y - \dfrac{5}{2}z - 4 = 0$$

把 $V(0,0,4)$ 代入,得 $6 + 6 + 4c_4 = 0$. 所以

$$c_4 = -3.$$

得四棱锥 $V - ABCD$ 的方程为

$$\left\{ \left\{ \mid x - y \mid - 2x - 2y - z + 4 \right\} + 2 \mid x - y \mid - x - y + \dfrac{5}{2}z - 4 \right\} + \left\{ \mid x - y \mid - \right.$$

209

$$2x - 2y - z + 4 \Big\} + 2|x - y| - x - y - \frac{1}{2}z - 4 = 0$$

好大一棵树！这里得到的是一个凸的直四棱锥的方程. 我们看一个凹四棱锥的情况.

**例2**  求四棱锥 $V - ABC'D$ 的方程，其中 $V(0,0,4)$，$A(0,0,0)$，$B(4,0,0)$，$C'(\frac{5}{4}, \frac{5}{4}, 0)$，$D(0,4,0)$.

**解**  其他顶点同例1，$C'$ 已处在 $\triangle ABD$ 之内，$ABC'D$ 为凹四边形（图 8.6）. 因求四面体求 $G - ABCD$ 之前，未涉及 $C$ 点，因而 $C$ 换成 $C'$ 无关紧要. 因此，前面结果相同. 现设四面角 $G - ABC'D$ 方程为

$$\lambda |x - y| + \Big\langle |x - y| - 2x - 2y - z + 4 \Big\rangle + a_3 x + b_3 y + c_3 z + d_3 = 0$$

把 $G$、$A$、$B$、$C'$、$D$ 五点坐标代入，可求得

$\lambda = -\frac{1}{5}$，$a_3 = b_3 = \frac{6}{5}$，$c_3 = \frac{7}{5}$，$d_3 = -4$，则 $f_3 = \frac{6}{5}x + \frac{6}{5}y + \frac{7}{5}z - 4 = 0$，于是四面体 $G - ABC'D$ 方程为

$$-\frac{1}{5}|x - y| + \Big\langle |x - y| - 2x - 2y - z + 4 \Big\rangle + \frac{6}{5} + \frac{6}{5}y + \frac{7}{5}z - 4 = 0$$

最后由于四边形 $ABCD$ 方程 $F_4 = c_4 z = 0$，故可设四棱锥 $V - ABCD$ 方程为

$$\Big\langle \Big\langle |x - y| - 2x - 2y - z + 4 \Big\rangle - \frac{1}{5}|x - y| + \frac{6}{5}x + \frac{6}{5}y + \frac{7}{5}z - 4 \Big\rangle +$$

$$\Big\langle |x - y| - 2x - 2y - z + 4 \Big\rangle + \frac{6}{5}x + \frac{6}{5}y + \frac{7}{5}z - 4 + c_4 z = 0.$$

把 $V(0,0,4)$ 代入，得

$$\frac{8}{5} + \frac{28}{5} - 4 + 4c_4 = 0, c_4 = -\frac{4}{5}.$$

求得四棱锥方程为

$$\Big\langle \Big\langle |x - y| - 2x - 2y - z + 4 \Big\rangle - \frac{1}{5}|x - y| + \frac{6}{5}x + \frac{6}{5}y + \frac{7}{5}z - 4 \Big\rangle +$$

$$\Big\langle |x - y| - 2x - 2y - z + 4 \Big\rangle + \frac{6}{5}x + \frac{6}{5}y + \frac{3}{5}z - 4 = 0. \qquad \langle * * \rangle$$

**例3**  求四面体 $V - ABD$ 的方程，其中 $V(0,0,4)$，$A(0,0,0)$，$B(4,0,0)$，$D(0,4,0)$.

**解**  同前两例，可设"四面角" $G - ABC''D$（$C''$ 为 $AC$ 与 $BD$ 交点 $(2,2,0)$）方程为

$$\lambda |x - y| + \Big\langle |x - y| - 2x - 2y - z + 4 \Big\rangle + a_3 x + b_3 y + c_3 z + d_3 = 0$$

把 $G$、$A$、$B$、$C''(2,2,0)$、$D$ 坐标代入，得方程组

$$\begin{cases} \dfrac{1}{2}a_3 + \dfrac{1}{2}b_3 + 2c_3 + d_3 = 0 \\ 4 + d_3 = 0 \\ 4\lambda + 4a_3 + d_3 = 0 \\ 4 + 2a_3 + 2b_3 + d_3 = 0 \\ 4\lambda + 4b_3 + d_3 = 0 \end{cases}$$

解得 $a_3 = b_3 = 0, c_3 = 2, d_3 = -4, \lambda = 1, f_3 = 2z - 4$,又平面 $ABC''D$ 方程为 $f_4 = c_4 z$,从而可设"四棱锥"即四面体 $V - ABC''D = VABCD$ 方程为

$$\zeta\zeta\mid x - y\mid - 2x - 2y - z + 4\} + 1 \cdot \mid x - y \mid + 2z - 4\} + \zeta\mid x - y \mid - 2x - 2y - z + 4\} + 1 \cdot \mid x - y \mid + 2z - 4 + c_4 z = 0$$

把 $V(0,0,4)$ 代入,得

$$4 + 4 + 4c_4 = 0,$$

所以

$$c_4 = -2.$$

从而得"四棱锥" $V - ABC''D$ 即四面体 $VABCD$ 的方程为

$$\zeta\zeta\mid x - y\mid - 2x - 2y - z + 4\} + \mid x - y \mid + 2z - 4\} + \zeta\mid x - y \mid - 2x - 2y - z + 4\} + \mid x - y \mid - 4 = 0 \qquad\qquad < * * * >$$

[反思]　对比例 1 ~ 例 3 的结果,有同有异,相同的是都是"好大一棵树",而且是三层绝对值方程,$f_1, f_2$ 都相同,抽象看可统一于方程(6),相异处在于

|  | 图形 | $\lambda$ 值 | $f_3 = 0$ |
|---|---|---|---|
| < * > | 凸四棱锥 | $\lambda = 2$ | $-x - y + \dfrac{5}{2}z - 4 = 0$ |
| < * * > | 凹四棱锥 | $\lambda = -\dfrac{1}{5}$ | $\dfrac{6}{5}x + \dfrac{6}{5}y + \dfrac{7}{5}z - 4 = 0$ |
| < * * * > | 四面体(退化四棱锥) | $\lambda = 1$ | $2z - 4 = 0$ |

这里,$f_3 = 0$ 的变化,看不出什么规律,$\lambda$ 似乎有一定的几何意义,与四棱锥的凸性有关:对凸四棱锥(凸四边形)$\lambda > 1$;对凹四边形,$\lambda < 0$;对退化的四棱锥即三棱锥,$\lambda = 1$. 但对 $\lambda$ 为:$0 \leqslant \lambda < 1$ 的情形,尚不了解. 似有必要专门研究.

### 3. 对 $\lambda$ 的讨论

关于 $\lambda$ 的取值范围及相应的四棱锥凹凸性的研究. 四棱锥的凹凸性相应于侧面四面角也即底面四边形的凹凸性. 我们把点 $G$、$H$、$A$、$B$、$D$ 固定,而让 $C$ 在射线 $HO$ 上运动(图 8.6,$O$ 是对角线交点),那么,$\lambda$ 可看作 $C$ 点坐标的函数. 设五个点的坐标依次为

$$G(x_0, y_0, z_0), A(x_1, y_1, z_1), B(x_2, y_2, z_2),$$
$$C(x_3, y_3, z_3), D(x_4, y_4, z_4),$$

把它们代入四面角 $G - ABCD$ 的方程

$$\lambda \mid f_1 \mid + \left\{ \mid f_1 \mid + f_3 \right\} + f_3 = 0$$

得以 $\lambda, a_3, b_3, c_3, d_3$ 为未知数的五元方程组

$$x_0 a_3 + y_0 b_3 + z_0 c_3 + d_3 = 0$$

（因为 $G$ 在 $f_1 = 0$ 上, $G$ 在二面角 $\mid f_1 \mid + f_2 = 0$ 上）；

$$f_2(A) + x_1 a_3 + y_1 b_3 + z_1 c_3 + d_3 = 0$$

（因为 $A$ 在 $f_1 = 0$ 上; $A$ 在二面角 $\mid f_1 \mid + f_2 = 0$ 之外, $\mid f_2(A) \mid = f_2(A) > 0$）；

$$f_1(B)\lambda + x_2 a_3 + y_2 b_3 + z_2 c_3 + d_3 = 0$$

（因为 $B$ 在 $f_1 = 0$ "正侧", $f_1(B) > 0$, $B$ 在二面角 $\mid f_1 \mid + f_2 = 0$ 上）；

$$-f_2(C) + x_3 a_3 + y_3 b_3 + z_3 c_3 + d_3 = 0$$

（因为 $C$ 在平面 $f_1 = 0$ 上, $f_1(C) = 0$; $C$ 在二面角 $\mid f_1 \mid + f_2 = 0$ 内, $f_2(C) + \mid f_1(C) \mid < 0, f_2(C) < 0$）；

$$-f_1(D)\lambda + x_4 a_3 + y_4 b_3 + z_4 c_3 + d_3 = 0$$

（因为 $D$ 在平面 $f_1 = 0$ "负侧", $f_1(D) < 0$, $D$ 在二面角 $\mid f_1 \mid + f_2 = 0$ 上）.

就是

$$\begin{cases} & x_0 a_3 + y_0 b_3 + z_0 c_3 + d_3 = 0 \\ & x_1 a_3 + y_1 b_3 + z_1 c_3 + d_3 = -f_2(A) \\ f_1(B) \cdot \lambda + & x_2 a_3 + y_2 b_3 + z_2 c_3 + d_3 = 0 \\ & x_3 a_3 + y_3 b_3 + z_3 c_3 + d_3 = f_2(C) \\ -f_1(D)\lambda + & x_4 a_3 + y_4 b_3 + z_4 c_3 + d_3 = 0 \end{cases}$$

其中

$$f_1(B) = a_1 x_2 + b_1 y_2 + c_1 z_2 + d_1;$$
$$f_1(D) = a_1 x_4 + b_1 y_4 + c_1 z_4 + d_1;$$
$$f_2(A) = a_2 x_1 + b_2 y_1 + c_2 z_1 + d_2;$$
$$f_2(C) = a_2 x_3 + b_2 y_3 + c_2 z_3 + d_2.$$

我们来计算方程组的系数行列式

$$\triangle = \begin{vmatrix} 0 & x_0 & y_0 & z_0 & 1 \\ 0 & x_1 & y_1 & z_1 & 1 \\ f_1(B) & x_2 & y_2 & z_2 & 1 \\ 0 & x_3 & y_3 & z_3 & 1 \\ -f_1(D) & x_4 & y_4 & z_4 & 1 \end{vmatrix} （用 Laplace 定理, 按第 1 列展开） =$$

$$f_1(B)\begin{vmatrix} x_0 & y_0 & z_0 & 1 \\ x_1 & y_1 & z_1 & 1 \\ x_3 & y_3 & z_3 & 1 \\ x_4 & y_4 & z_4 & 1 \end{vmatrix} - f_1(D)\begin{vmatrix} x_0 & y_0 & z_0 & 1 \\ x_1 & y_1 & z_1 & 1 \\ x_2 & y_2 & z_2 & 1 \\ x_3 & y_3 & z_3 & 1 \end{vmatrix} =$$

$$6f_1(B)V_{GACD} - 6f_1(D)V_{GABC}.$$

适当调动行序, 使 $V_{GACD} > 0, V_{GABC} > 0$, 则它们分别表示 $SmtGACD$ 和 $SmtGABC$ 的体积. 又 $f_1(B) > 0, f_1(D) > 0$, 故

$$\triangle > 0,$$

可见, 方程组有唯一解, 即 $\lambda$ 唯一存在.

下面求 $\lambda = \dfrac{\triangle_\lambda}{\triangle}$ 的分子.

$$\triangle_\lambda = \begin{vmatrix} 0 & x_0 & y_0 & z_0 & 1 \\ -f_2(A) & x_1 & y_1 & z_1 & 1 \\ 0 & x_2 & y_2 & z_2 & 1 \\ f_2(C) & x_3 & y_3 & z_3 & 1 \\ 0 & x_4 & y_4 & z_4 & 1 \end{vmatrix} = f_2(A)\begin{vmatrix} x_0 & y_0 & z_0 & 1 \\ x_2 & y_2 & z_2 & 1 \\ x_3 & y_3 & z_3 & 1 \\ x_4 & y_4 & z_4 & 1 \end{vmatrix} -$$

$$f_2(C)\begin{vmatrix} x_0 & y_0 & z_0 & 1 \\ x_1 & y_1 & z_1 & 1 \\ x_2 & y_2 & z_2 & 1 \\ x_4 & y_4 & z_4 & 1 \end{vmatrix} = 6f_2(A)V_{GBCD} - 6f_2(C)V_{GABD} \neq 0.$$

这里由于 $f_1(A) > 0, f_2(C) < 0, V_{GBCD} > 0, V_{GABD} > 0$, 由于方程

$$|f_1| + f_2 = 0,$$

可得: $f_1(B) + f_2(B) = 0$, 故 $f_1(B) = -f_2(B)$; 又 $f_1(D) < 0$, 得 $-f_1(D) + f_2(D) = 0$, 故 $f_1(D) = f_2(D)$.

所以 $$\lambda = \frac{\triangle_\lambda}{\triangle} = \frac{f_2(A)V_{GBCD} - f_2(C)V_{GABD}}{f_1(B)V_{GACD} - f_1(C)V_{GABC}}.$$

由于 $GBCD$、$GABD$、$GACD$、$GABC$ 等高, 约去它们的高及 $\dfrac{1}{3}$, 以 $S_{BCD}$、$S_{ABD}$、$S_{ACD}$、$S_{ABC}$ 表示它们底面面积, 加之 $f_1(B) = -f_2(B)$, $f_1(D) = f_2(D)$, 有

$$\lambda = \frac{f_2(A)S_{BCD} - f_2(C)S_{ABD}}{-f_2(B)S_{ACD} - f_2(D)S_{ABC}} \qquad (\triangle)$$

由于 $f_2 = 0$ (作为构成二面角 $|f_1| + f_2 = 0$ 的一个"要素") 它表示, 过 $GH$ 的一个平面 (图 8.5). 那么 $f_2 = 0$ 与底面 $ABCD$ 的交线 $l$ 就是过 $H$ 的一条直线, 而 $f_2(A)$、$f_2(B)$、$f_2(C)$、$f_2(D)$ 作为到 $f_2 = 0$ 距离 (有向) 的一个倍数 (事实上,

$f_2(A) = \sqrt{a_2^2 + b_2^2 + c_2^2} \cdot H_A$ 等),与诸点到 $l$ 的距离成正比:各点到 $l$ 距离分别为 $h_A$、$h_B$、$h_C$、$h_D$(图 8.7),则

$$\frac{h_A}{f_2(A)} = \frac{h_B}{-f_2(B)} = \frac{h_C}{-f_2(C)} = \frac{h_D}{-f_2(D)},$$

则公式(△)化为

$$\lambda = \frac{h_A S_{BCD} + h_C S_{ABD}}{h_B S_{ACD} + h_D S_{ABC}} \qquad (\triangle\triangle)$$

记 $O$ 到 $l$ 距离为 $h_O$,则由图 8.7 可见

$$\frac{h_O - h_D}{h_B - h_O} = \frac{DO}{BO} = \frac{S_{ACD}}{S_{ABC}},$$

可化为

$$h_B S_{ACD} - h_O A_{ACD} = h_O S_{ABC} - h_D S_{ABC},$$

$$h_B S_{ACD} + h_O A_{ABC} = h_O(S_{ABC} + S_{ACD}) = h_O S_{ABCD} = h_O(S_{BCD} + S_{ABD}).$$

从而,(△△)化为

$$\lambda = \frac{h_A S_{BCD} + h_C S_{ABD}}{h_O(S_{BCD} + S_{ABD})} \qquad (\triangle\triangle\triangle)$$

又(图 8.7)$h_A : h_O : h_C = AH : HO : HC$,$S_{ABD} : S_{BCD} = AO : OC$(其中 $OC$、$AH$ 方向为正).由前一式,可设

$$h_A = k \cdot AH, h_O = k \cdot HO, h_C = k \cdot HC(k > 0),$$

由后一式,可设

$$S_{ABD} = l \cdot AO, S_{BCD} = l \cdot OC, AO + OC = AC,$$

由(△△△)得

$$\lambda = \frac{k \cdot AH \cdot l \cdot OC + k \cdot HC \cdot l \cdot AO}{k \cdot HO(l \cdot OC + l \cdot AO)} = \frac{AH \cdot OC + HC \cdot AO}{HO(AO + OC)}(约去 kl \neq 0).$$

所以

$$\lambda = \frac{AH \cdot OC + HC \cdot AO}{HO \cdot AC} \qquad (\triangle\triangle\triangle\triangle)$$

应用最后一个公式,结合图 8.7,可作如下讨论:

ⅰ)当 $C$ 与 $O$ 重合时,$OC = 0$,$HC = HO$,$AO = AC$ 从而

$$\lambda = \frac{AH \cdot 0 + HO \cdot AC}{HO \cdot AC} = 1.$$

ⅱ)当 $C$ 与 $H$ 重合时,$HC = 0$,$AH = AC$,$OC = OH = -HO$,

所以

$$\lambda = \frac{AC \cdot (-HO) + 0 \times AO}{HO \cdot AC} = -1.$$

在它的表达式(△△△△)中,$AH$、$AO$、$HO$ 是常量,$AC$、$HC$、$OC$ 则是变量,当 $HC \to +\infty$ 时,$OC \to +\infty$,$AC \to +\infty$ 且为同阶无穷大,从而

$$\lim_{HC \to +\infty} \lambda = \lim_{HC \to +\infty} \frac{AH \cdot \dfrac{OC}{HC} + \dfrac{HC}{HC} \cdot AO}{HO \cdot \dfrac{AC}{HC}} = \frac{AH + AO}{HO} = 1 + \frac{2AH}{HO} > 1,$$

这样,对 $\lambda$ 的取值,就可分为如下几段:

当 $-1 < \lambda < 1$ 时,四棱锥是凹的;当 $\lambda = 1$ 时,四棱锥 $V-ABCD$ 退化为三棱锥 $V-ABD$;当 $1 < \lambda \leqslant 1 + \dfrac{2AH}{HO}$ 时,四棱锥是凸的.

[**反思**] ① 牛秋宝与张付彬二位在杨之讨论四边形方程一般式中,所含参数 $\lambda$ 的方法的启发之下,对四棱锥方程(6)中所含参数 $\lambda$ 的研究讨论方法,是异常绝妙的. 很多思想方法值得进一步发掘和应用.

② 但是还有遗留问题,如 $-1 < \lambda < 1 + \dfrac{2AH}{HO}$,中间含有 $\lambda = 0$,会如何?四边形 $ABCD$ 的凹凸性,取决于 $C$ 在射线 $HO$ 上的位置,还须具体讨论.

**习题 8.2**

1. 求四面体 $VABD$ 的方程,其中 $V(0,0,5)$,$A(0,0,0)$,$B(3,0,0)$,$C(3,4,0)$,$D(0,4,0)$.

2. (研究题) 研究反思中的(2).

# 8.3　平行六面体的方程

通常认为,平行四边形在空间的自然推广,是平行六面体,可是从"绝对值方程"视角看,却是中心对称八面体. 平行六面体却不是"自然"推广. 以下平行六面体记作"$Plt$".

**1. 先介绍刘玉记的方程**

**定理 6**(刘玉记)　设 $f_i = a_i x + b_i y + c_i z + d_i$($i = 1,2,3$)的系数可由 $PltAC_1$ 顶点作标确定,则它的方程可写成如下一般形式

$$\{ f_1 + | f_2 | + | f_3 | \} + \{ -f_1 + | f_2 | + | f_3 | \} = 4a \quad (a > 0) \quad (7)$$

先证一个引理

**引理 1**　方程

$$\{ 2y + | x + z | + | x - z | \} + \{ -2y + | x + z | + | x - z | \} = 4a(a > 0)$$

$$(8)$$

215

的图形是一个正方体.

**证明**　如图 8.8. $AC_1$ 是以原点为中心的立方体,每个坐标轴垂直穿过一组对面中心. 设棱长为 $2a$. 有如下平面方程:

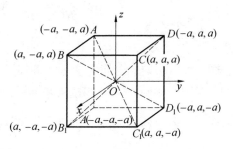

图 8.8

$$AB_1C_1D:x + z = 0;$$
$$A_1BCD_1:x - z = 0;$$
$$ABC_1D_1:y + z = 0;$$
$$A_1B_1CD:y - z = 0;$$
$$AA_1C_1C:y - x = 0;$$
$$BB_1D_1D:y + x = 0.$$

如上六个平面交于唯一的点 $(0,0,0)$,将空间分成六个四面角区域:

①$O - ABCD:x + z > 0,x - z < 0,y + z > 0,y - z < 0;$

②$O - A_1B_1C_1D_1:x + z < 0,x - z > 0,y + z < 0,y - z > 0;$

③$O - AA_1D_1D:x + z < 0,x - z < 0,y - z > 0,y + x < 0;$

④$O - BB_1C_1C:x + z > 0,x - z > 0,y - x < 0,y + x > 0;$

⑤$O - DD_1C_1C:y - x > 0,y + x > 0,y + z > 0,y - z > 0;$

⑥$O - ABB_1A_1:y - x < 0,y + x < 0,y + z < 0,y - z < 0;$

分别将顶点 $A_1,B_1,\cdots,D_1$ 坐标代入,(8) 式均被满足. 在区域 ① 中,(8) 化为

$$\{2y + x + z - x + z\} + \{-2y + x + z - x + z\} = 4a$$

$$\{2y + 2z\} + \{-2y + 2z\} = 4a$$

$$2y + 2z - 2y + 2z = 4a$$

最后化为 $z = a$.

平面 $z = a$ 在四面角 $O - ABCD$ 限制下,图形正好是正方形面 $ABCD$,即方程(8) 在区域 ① 中的图形,正是正方体的面 $ABCD$. 类似可知,方程(8) 在区域 ② ~ ⑥ 中的图形,正好为正方体的面 $A_1B_1C_1D_1$、$AA_1D_1D$、$\cdots$、$ABB_1A_1$. 可见,(8) 的图形为一个正方体(即图 8.8 所示的正方体 $PltAC_1$).

**定理 6 的证明**　设有 $PltABCDA_1B_1C_1D_1$,有 8 个顶点坐标可确定(7) 中 $f_1$、$f_2$、$f_3$ 的系数. 按如上引理的方法构造如图 8.8 所示正方体 $A'B'\cdots D'_1$(记号加上撇) 的方程

$$\{2y' + |x' + z'| + |x' - z'|\} + \{-2y' + |x' + z'| + |x' - z'|\} = 4a$$

$$(8')$$

其中 $a > 0$.

现在建立仿射变换 $T$,使 $T(PltAC_1) = $ 正方体 $A'C'_1$,即

$$T(A) = A', T(B) = B', T(C) = C', T(D) = D',$$
$$T(A_1) = A'_1, T(B_1) = B'_1, T(C_1) = C'_1, T(D_1) = D'_1.$$

其变换式为

$$T: \begin{cases} x' = \dfrac{1}{2}(f_2 + f_3) \\[2mm] y' = \dfrac{1}{2}f_1 \\[2mm] z' = \dfrac{1}{2}(f_3 - f_3) \end{cases}.$$

把变换式中 $x', y', z'$ 代表式代入 $(8')$，即得 $(7)$，那么，给定方程 $(7)$，它一定表示平行六面体吗? 有

**定理** 7(刘玉记)　设 $f_i = a_i x + b_i y + c_i z + d_i (i = 1,2,3, a > 0)$，则方程

$$\langle f_1 + |f_2| + |f_3| \rangle + \langle -f_1 + |f_2| + |f_3| \rangle = 4a(a > 0) \tag{7}$$

表示 $Plt$ 的充要条件是

$$\triangle = \begin{vmatrix} a_1 & b_1 & c_1 \\ a_2 & b_2 & c_2 \\ a_3 & b_3 & c_3 \end{vmatrix} \neq 0.$$

**证明**　必要性:如 $(7)$ 的图形是 $Plt$，因 $(7)$ 左边 $\geq 0$，故 $a \geq 0$，若 $a = 0$，则

$$\pm f_1 + |f_2| + |f_3| = 0,$$

即

$$\begin{cases} f_1 = 0 \\ f_2 = 0, \\ f_3 = 0 \end{cases}$$

三个平面或交于一点，或交于一条直线，均非 $Plt$，故 $a > 0$. 去掉 "| |"，$(7)$ 可分 6 种情形(分别在 6 个区域内)，连同 $(7)$ 化成的方程(记 $F_1 = f_1 + |f_2| + |f_3|$，$F_2 = -f_1 + |f_2| + |f_3|$，还有一种情形 $F_1 < 0, F_2 < 0$，无解):

①$F_1 < 0, F_2 > 0, (7)$ 化为 $f_1 = -2a$;

②$F_1 > 0, F_2 < 0, (7)$ 化为 $f_1 = 2a$;

③$F_1 > 0, F_2 > 0, (7)$ 化为 $|f_2| + |f_3| = 2a,$;

ⅰ)$f_2 > 0, f_3 > 0$，进而化为 $f_2 + f_3 = 2a$;

ⅱ)$f_2 > 0, f_3 < 0$，进而化为 $f_2 - f_3 = 2a$;

ⅲ)$f_2 < 0, f_3 > 0$，进而化为 $-f_2 + f_3 = 2a$;

ⅳ)$f_2 < 0, f_3 < 0$，进而化为 $-f_2 - f_3 = 2a$.

由于 $(7)$ 表示 $Plt$，故方程组 ①③ⅰ，③ⅲ，即

$$\begin{cases} f_1 = -2a \\ f_2 + f_3 = 2a \\ -f_2 + f_3 = 2a \end{cases} \quad 即 \begin{cases} f_1 = -2a \\ f_2 = 0 \\ f_3 = 2a \end{cases},$$

有唯一解($Plt$ 的一个顶点坐标),从而 $\triangle \neq 0$.

充分性:设 $a > 0$ 且 $\triangle \neq 0$,则平面组

①,③ⅰ,③ⅲ;②,③ⅱ,③ⅳ;①,②,③ⅲ;①,②,③ⅱ;

②,③ⅰ,③ⅲ;②,③ⅱ,③ⅲ;①,③ⅰ,③ⅱ;②,③ⅰ,③ⅳ.

各交于一点,即它的八个顶点. 又平面② // 平面①,平面③ⅰ // 平面③ⅱ,平面③ⅲ // 平面③ⅳ,因此,(7) 的图形确为平行六面体.

**2. 再介绍邹黎明的方程**

**引理2** 设已知 $A(1,1,1),B(1,-1,1),C(-1,-1,1),D(-1,1,1),$
$A_1(1,1,-1),B_1(1,-1,-1),C_1(-1,-1,-1),D_1(-1,1,-1),$则正方体方程为

$$|2z| + |x-y| + |x+y| - \left\{ |2z| - |x-y| - |x+y| \right\} = 4 \quad (8^*)$$

**证明** 若 $|2z| - |x-y| - |x+y| \geq 0$,则 $(8^*)$ 化为

$$|x-y| + |x+y| = 2,$$

如 $x+y \geq 0, x-y \geq 0$,化为 $x = 1$,此时 $|2z| - |x-y| - |x+y| \geq 0$,化为 $|z| - x \geq 0$,于是形成四面角 $D - ABB_1A_1$:

$$\begin{cases} x+y \geq 0 \\ x-y \geq 0 \\ |z| - x \geq 0 \end{cases},$$

即 $(8^*)$ 在四面角 $D - ABB_1A$ 内的图形正好是平面 $x = 1$ 被四面角侧面截出的正方形 $ABB_1A_1$. 类似讨论即可知,$(8^*)$ 的图形由三对平面 $|x| = 1$, $|y| = 1$ 和 $|z| = 1$ 分别在 6 个区域中的正方形块,即正方体.

类似证明.

**引理3** 顶点为 $A_i(\pm a, \pm b, \pm c)(a > 0, b > 0, c > 0, i = 1,2,\cdots,8)$ 的长方体 $A_1 A_2 \cdots A_8$ 的方程为

$$|2abz| + |bcx| + |acy| + \left\{ |bcx| - |acy| \right\} - \left\lfloor |2abz| - |bcx| - |acy| \right.$$
$$\left. | - \left\{ |bcx| - |acy| \right\} \right\rfloor = 4abc \quad (9)$$

**证明** 类似于引理2的讨论,即知化成的平行六个平面为 $|x| = a$, $|y| = a$, $|z| = a$ 分别在六个四面角区域

$$\begin{cases} bx + |ay| \geq 0 \\ az + |cx| \geq 0 \end{cases}, \begin{cases} bx + |ay| \leq 0 \\ cx + |az| \geq 0 \end{cases}, \begin{cases} ay + |bx| \geq 0 \\ cy + |bz| \leq 0 \end{cases}, \begin{cases} ay + |bx| \leq 0 \\ cy + |bz| \geq 0 \end{cases},$$

$$\begin{cases} az + |cx| \le 0 \\ bz + |cy| \le 0 \end{cases}, \begin{cases} az + |cx| \ge 0 \\ bz + |cy| \ge 0 \end{cases}.$$

内的图形正好是连结的六个矩形块,且对面如 $x = a$ 和 $x = -a$ 互相平行,邻面垂直. 因此就是长方体 $A_1 A_2 \cdots A_8$ 的方程.

**定理** 7(邹黎明) 设 $PltAC_1$ 的八个顶点为(如图 8.9)

$$A(a_1, b_1, c_1), \quad B(a_1, b_1 + h, c_1), \quad C(a_2, b_2, c_1), \quad D(a_2, b_2 - h, c_1),$$
$$A_1(-a_2, -b_2, -c_2), \quad B_1(-a_2, h - b_2, -c_1),$$
$$C_1(-a_1, -b_1, -c_1), \quad D_1(-a_1, -b_1 - h, -c_1),$$

其中 $a_1 > 0, b_1 < 0, c_1 > 0, a_1 > a_2, b_2 > 0, h > 0$.

设 $f_1 = 2c_1 hx - (a_1 + a_2)hz, f_2 = 2c_1(b_2 - b_1 - h)x - 2c_1(a_2 - a_1)y + (2a_2 b_1 + a_2 h + a_1 h)z$,则 $PltAC_1$ 的方程为

$$|2(a_1 - a_2)hz| + |f_1| + |f_2| + \langle |f_1| - |f_2| \rangle - \langle |2(a_1 - a_2)hz| -$$
$$|f_1| - |f_2| - \langle |f_1| - |f_2| \rangle \rangle = 4c_1(a_1 - a_2)h \tag{9}$$

**证明** 若

$$|2(a_1 - a_2)hz| - |f_1| - |f_2| - \langle |f_1| - |f_2| \rangle \ge 0$$

则(9)化为

$$|f_1| + |f_2| + \langle |f_1| - |f_2| \rangle = 2c_1(a_1 - a_2)j$$

$1°$ 当 $|f_1| - |f_2| \le 0$ 时,得 $|f_2| = c_1(a_1 - a_2)h$,所以有

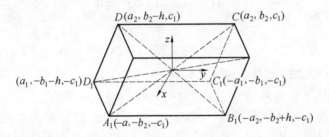

图 8.9

$$f_2 = c_1(a_1 - a_2)h \tag{9.1}$$

或

$$f_2 = -c_1(a_1 - a_2)h \tag{9.2}$$

分别位于四面角区域

$$\begin{cases} f_2 - f_1 \geqslant 0 \\ f_2 + f_1 \geqslant 0 \\ f_2 - (a_1 - a_2)hz \leqslant 0 \\ f_2 + (a_1 - a_2)hz \leqslant 0 \end{cases} \text{或} \begin{cases} f_1 + f_2 \leqslant 0 \\ -f_1 + f_2 \leqslant 0 \\ (a_1 - a_2)hz + f_2 \geqslant 0 \\ -(a_1 - a_2)hz + f_2 \geqslant 0 \end{cases}$$

（这里每组后两个不等式,是由

$$|2(a_1 - a_2)hz| - |f_1| - |f_2| - \{|f_1| - |f_2|\} \geqslant 0$$

得来的. 因若 $|f_1| - |f_2| \leqslant 0$, 则上式化为 $|2(a_1 - a_2)hz| - 2|f_2| \geqslant 0$ 即 $|(a_1 - a_2)hz| - |f_2| \geqslant 0$, 然后再分成两组）

而方程 $f_2 - f_1 = 0, f_1 + f_2 = 0, f_2 - (a_1 - a_2)hz = 0 = 0, f_2 + (a_1 - a_2)hz = 0 = 0$ 分别是平面（图 8.9）$ODD_1$（即 $DD_1B_1B$）、$OAA_1$（即 $AA_1C_1C$）、$OA_1D_1$（即 $A_1D_1CB$）、$OAD$（即 $ADC_1B_1$）的方程,因此 $(9.1)$ 和 $(9.2)$,分别为四面角区域 $O - AA_1D_1D$ 与 $O - BB_1C_1C$ 内的平行四边形块 ■$DAA_1D_1$ 和 ■$BCC_1B_1$ 的方程.

$2°$ 当 $|f_1| - |f_2| \geqslant 0$ 时,即得 $|f_1| = c_1(a_1 - a_3)h$. 类似讨论:知它是（块）■$ABB_1A_1$ 与 ■$DCC_1D_1$ 的方程,若

$$|2(a_1 - a_2)hz| - |f_1| - |f_2| - \{|f_1| - |f_2|\} \leqslant 0$$

则 $(9)$ 化为 $2|2(a_1 - a_2)hz| = 4c_1(a_1 - a_2)h$.

因为 $a_1 > a_2, h > 0$, 故 $(a_1 - a_2)h > 0$, 从而得 $|z| = c(c_1 > 0)$, 即平面

$z = \pm c_1$. 分别在四面角区域 $\begin{cases} (a_1 - a_2)hz - f_1 \leqslant 0 \\ (a_1 - a_2)hz + f_1 \leqslant 0 \\ (a_1 - a_2)hz - f_2 \leqslant 0 \\ (a_1 - a_2)hz + f_2 \leqslant 0 \end{cases}$ 和 $\begin{cases} (a_1 - a_2)hz + f_1 \geqslant 0 \\ (a_1 - a_2)hz - f_1 \geqslant 0 \\ (a_1 - a_2)hz + f_2 \geqslant 0 \\ (a_1 - a_2)hz - f_2 \geqslant 0, \end{cases}$ 内

的部分,表示块 ■$ABCD$ 和 ■$A_1B_1C_1D_1$.

容易知道 $(a_1 - a_2)hz - f_1 = 0, (a_1 - a_2)hz + f_1 = 0, f_2 - (a_1 - a_2)hz = 0, f_2 + (a_1 - a_2)hz = 0, f_1 - f_2 = 0, f_1 + f_2 = 0$, 正好分别为对角面 $ABC_1D$、$A_1B_1CD$、$BCD_1A_1$、$B_1C_1DA$、$BB_1D_1D$ 和 $CC_1A_1A$ 的方程. 从而可知 $(9)$ 就是 $PltAC_1$ 的方程

[反思] 对比方程 $(7)$ 和 $(9)$,显然,$(7)$ 看来要简单和规律些,但要指出两点,① 应用 $(9)$,可从顶点坐标直接写出方程,给列方程带来方便,② 从邹氏发现的"二元构造法"看来,它也是很有规律的.


习题 8.3

1. 写出各棱分别平行于坐标轴的单位正方体的方程.

2. 已知:$A(2,3,1),B(-2,3,1),C(-2,-3,1),D(2,-3,1),A'(2,3,-1),B'(-2,3,-1),C'(-2,-3,-1),D'(-2,3,-1)$,求长方体 $ABCD-A'B'C'D'$ 的方程.

3. 已知:$A(3,2,4),B(3,3,4),C(4,3,4),D(4,2,4),A'(-4,-3,-2),B'(-4,-2,-4),C'(-3,-2,-4),D'(-3,-3,-4)$,求平行六面体 $ABCD-A'B'C'D'$ 的方程.

# 8.4  柱锥台的方程

牛秋宝和刘瑞燕,把多边形方程研究的结果,推广到空间,成功推导了圆柱锥台和棱柱锥台的方程,且都具有统一形式.本节介绍他们的工作.

**1. 柱的方程**

**引理 1**  设柱面的准线为 $\begin{cases} f(x,y) = 0 \\ z = 0 \end{cases}$,母线的方向余弦(或与方向余弦成比例的)或方向数为 $(l,m,n)$,则柱面的方程为

$$f(x - \frac{l}{n}z, y - \frac{m}{n}z) = 0 \qquad ①$$

**证明**  设 $P(x,y,z)$ 为柱面上任一点,过 $P$ 的母线与 $xoy$(即 $z = 0$)平面交于 $P_0(x_0,y_0,0)$,则这条母线方程为

$$\frac{x - x_0}{l} = \frac{y - y_0}{m} = \frac{z - 0}{n}.$$

所以 $\qquad x_0 = x - \frac{l}{n}z, y_0 = y - \frac{m}{n}z$

因 $P_0(x_0,y_0,0)$ 在准线 $f(x,y) = 0, z = 0$ 上,代入即得 ①.

下面求棱柱 $A_1A_2\cdots A_n - A'_1A'_2\cdots A'_n$ 的方程.

不妨设下底面 $A_1A_2\cdots A_n$ 在 $xoy$ 平面上,$n$ 边形 $A_1A_2\cdots A_n$ 的绝对值方程为

$$\begin{cases} f(x,y) = 0 \\ z = 0 \end{cases}.$$

设棱柱侧棱的方向余弦(方向数)为 $(l,m,n)$,高为 $h$,由引理 1 知,棱柱侧面绝对值方程为

$$F_1 = f(x - \frac{l}{n}z, y - \frac{m}{m}z) = 0 \qquad ②$$

(约定,在柱面内部 $F_1 < 0$).

又,棱柱下底与上底面所在平面方程分别为 $z = 0$ 和 $z = h(h > 0)$,则两平面方程可统一写成

$$F_2 = \left| z - \frac{h}{2} \right| - \frac{h}{2} = 0 \qquad \text{③}$$

可知,在两平面间,有 $F_2 < 0$,在两平面之外,有 $F_2 > 0$.(事实上,设 $0 < z < h$,则 $-\frac{h}{2} < z - \frac{h}{2} < \frac{h}{2}$,故 $\left| z - \frac{h}{2} \right| < \frac{h}{2}$,从而 $F_2 < 0$).

考虑方程

$$|F_1 - F_2| = 2|F_1| + 2|F_2| + F_1 + F_2 \qquad (10)$$

当 $F_1 - F_2 \geqslant 0$ 时,(10) 化为

$$|F_1| + |F_2| + F_2 = 0 \qquad \text{④}$$

但 $|F_1| \geqslant 0$,$|F|_2 + F_2 \geqslant 0$,可见 $|F_1| = 0$,$|F|_2 + F_2 = 0$,即

$$\begin{cases} F_1 = 0 \\ F_2 \leqslant 0 \end{cases} \qquad \text{⑤}$$

因为 $F_1 = 0$ 表示柱面,那么⑤就表示柱面在上下底面之间的部分,即④仍是棱柱侧面的方程.

当 $F_1 - F_2 \leqslant 0$ 时,(10) 化为

$$|F_1| + |F_2| + F_1 = 0 \qquad \text{⑥}$$

⑥ 等价于

$$\begin{cases} F_2 = 0 \\ F_1 \leqslant 0 \end{cases}$$

它是两底面所在平面被柱面截出的内部块的方程,即两底面的方程,即方程(6) 为棱柱上、下底面方程,于是有

**定理 8**(牛秋宝、刘瑞燕)　设棱柱 $A_1 A_2 \cdots A_n - A'_1 A'_2 \cdots A'_n$ 下底面多边形方程为 $\begin{cases} f(x, y) = 0 \\ z = 0 \end{cases}$(多边形内部 $f < 0$),侧棱方向余弦(方向数) 为 $(l, m, n)$,棱柱高为 $h$,则棱柱 $A_1 A_2 \cdots A_n - A'_1 A'_2 \cdots A'_n$ 方程为(10) 即

$$|F_1 - F_2| = 2|F_1| + 2|F_2| + F_1 + F_2$$

其中

$$F_1 = f\left( x - \frac{l}{n}z, y - \frac{m}{n}z \right),$$

$$F_2 = \left| z - \frac{h}{2} \right| - \frac{h}{2}.$$

**例 1**　求 $PltAC_1$(平行六面体) 的方程,其中顶点为(图 8.10)

$$A(1,0,0), B(1,1,0), C(0,1,0), D(0,0,0),$$
$$A_1(1,1,2), B_1(1,2,2), C_1(0,2,2), D_1(0,1,2).$$

**解**　底 $ABCD$ 为正方形,方程

$$\begin{cases} |x-y|+|x+y-1| = 0(f = 0) \\ z = 0 \end{cases}$$

侧棱方向数为 $A_1$ 的坐标减去 $A$ 的坐标：

$$(1,1,2) - (1,0,0) = (0,1,2).$$

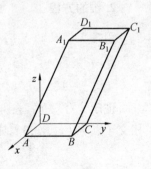

图 8.10

由引理 1 知：柱面 $A - C_1$ 的方程为 $(l = 0, m = 1, n = 2)$

$$F_1 = \left| x - \frac{0}{2}z - y + \frac{1}{2}z \right| + \left| x - \frac{0}{2}z + y - \frac{1}{2}z - 1 \right| - 1 = 0,$$

即

$$F_1 = \left| x - y + \frac{1}{2}z \right| + \left| x + y - \frac{1}{2}z - 1 \right| - 1 = 0.$$

又两底面方程为（高 $h = 2$）

$$F_2 = |z-1| - 1 = 0.$$

应用定理 8，知 $PltAC_1$ 的方程为

$$\zeta \left| x - y + \frac{1}{2}z \right| + \left| x + y - \frac{1}{2}z - 1 \right| - |z-1| \zeta = 2\zeta \left| x - y + \frac{1}{2}z \right| + $$

$$\left| x + y - \frac{1}{2}z - 1 \right| - 1 \zeta + 2\zeta |z-1| - 1 \zeta + \left| x - y + \frac{z}{2} \right| + \left| x + y - \frac{z}{2} - 1 \right| + $$

$$|z-1| - 2.$$

[反思]　也是"好大一棵树"！这是由于某些结构反复出现造成的. 由于侧面和底面方程都是一层方程，因此，这里求出的是二层方程，因为在定理证明过程中，对底面方程 $f = 0$，$z = 0$，并没有要求 $f = 0$ 一定是"多边形方程"，因此，对任何曲线都是可以的. 这样求出的可能是非线性的绝对值方程.

**例 2**　求半径为 1，高为 2，轴在 $z$ 轴上的圆柱的方程.

**解**　底面圆的方程为 $\begin{cases} f = x^2 + y^2 - 1 = 0 \\ z = 0 \end{cases}$，母线方向数为 $(0,0,1)$，可见，

圆柱侧面方程为

$$F_1 = \left( x - \frac{0}{1}z \right)^2 + \left( y - \frac{0}{1}z \right)^2 - 1 = x^2 + y^2 - 1 = 0,$$

$h = 2$，上下底面方程为

$$F_2 = |z-1| - 1.$$

从而，所求圆柱方程为

$$\zeta x^2 + y^2 - |z-1| \zeta = 2|x^2 + y^2 - 1| + $$

$$2\zeta |z-1| - 1 \zeta + x^2 + y^2 + |z-1| - 2$$

## 2. 锥的方程

**引理 2**　以 $V(a,b,c)$ 为顶点，$\begin{cases} f(x,y) = 0 \\ z = 0 \end{cases}$ 为准线的锥面方程是

$$f\left(\frac{cx - az}{c - z}, \frac{cy - bz}{c - z}\right) = 0 \qquad\qquad ①$$

**证明**　设 $P(x,y,z)$ 为锥面上任一点，母线 $VP$ 与 $xoy$ 平面（即平面 $z = 0$）相交于点 $P_0(x_0, y_0, 0)$，则 $f(x_0, y_0) = 0$，而 $VP$ 的方程为

$$\frac{x - a}{x_0 - a} = \frac{y - b}{y_0 - b} = \frac{z - c}{0 - c},$$

解之，得

$$x_0 = \frac{cx - az}{c - z}, y_0 = \frac{cy - bz}{c - z}.$$

代入 $f(x_0, y_0) = 0$，即得 ①.

下面求棱锥的方程.

设棱锥 $V - A_1 A_2 \cdots A_n$ 的底在 $xoy$ 平面（即 $z = 0$）上，其绝对值方程为 $\begin{cases} f(x,y) = 0 \\ z = 0 \end{cases}$（约定在多边形内 $f < 0$）.

顶点 $V(a,b,c)$ 的 $c > 0$，则锥面（顶点下方）方程为（引理 2）

$$\begin{cases} f\left(\dfrac{cx - az}{c - z}, \dfrac{cy - bz}{c - z}\right) = 0 \\ c - z > 0 \end{cases} \qquad\qquad ②$$

② 是 $x, y, z$ 的分式绝对值方程. 我们把 ② 去分母后得到的一次绝对值方程，记作

$$F_1 = F_1(x, y, z) = 0$$

（由 $f = 0$ 即 ② 化整的方程），由于化整时，须乘以 $c - z > 0$，从而在锥面内仍有 $F_1 < 0$（在锥面外，平面 $z = c$ 的下方，$F_1 > 0$）.

过顶点 $V$ 且与底面平行的平面为 $z = c$，棱锥底面为 $z = 0$，则

$$F_2 = \left| z - \frac{c}{2} \right| - \frac{c}{2} = 0$$

经验证易知，在两平面间，确有 $F_2 < 0$，则用与定理 8 同样的方法可证明：

**定理 9**（牛秋宝、刘瑞燕）　设 $n$ 棱锥 $V - A_1 A_2 \cdots A_n$ 底面多边形 $A_1 A_2 \cdots A_n$ 方程为

$$\begin{cases} f(x,y) = 0 \\ z = 0 \end{cases} \text{（在多边形内部，} f < 0 \text{）},$$

顶点 $V$ 的坐标为 $V(a,b,c)(c > 0)$，则棱锥 $V - A_1 A_2 \cdots A_n$ 的方程为

$$| F_1 - F_2 | = 2 | F_1 | + 2 | F_2 | + F_1 + F_2 \qquad\qquad (11)$$

其中

$$F_1 = (c - z)f\left(\frac{cx - az}{c - z}, \frac{cy - bz}{c - z}\right)(c > z);$$

$$F_2 = \left| z - \frac{c}{2} \right| - \frac{c}{2}.$$

[注意] (10)与(11)抽象(不管 $F_1$ 的构造)地看,是完全一样的,但顾及到 $F_1$,则还是有所区别.

**例3** 求三棱锥 $V - OAB$ 的方程,其中顶点为 $V(0,0,4),O(0,0,0),A(4,0,0),B(0,4,0)$.

**解** 底面 $\triangle OAB$ 方程为

$$\langle\, |\, x - y\,| - 2x - 2y + 4\,\rangle + |\, x - y\,| - 4 = 0$$

由引理2知,锥面 $V - OAB$ 的方程为

$$\begin{cases} f = \langle\, |\, \dfrac{4x}{4 - z} - \dfrac{4y}{4 - z}\,| - \dfrac{8x}{4 - z} - \dfrac{8y}{4 - z} + 4\,\rangle + |\, \dfrac{4x}{4 - z} - \dfrac{4y}{4 - z}\,| - 4 = 0 \\ z < 4 \end{cases}$$

两边乘以 $\dfrac{1}{4}(4 - z) > 0$,得

$$F_1 = \frac{4 - z}{4}f = \langle\, |\, x - y\,| - 2x - 2y - z + 4\,\rangle + |\, x - y\,| + z - 4 = 0$$

又

$$F_2 = |\, z - 2\,| - 2 = 0,$$

由定理8中的(11)即知三棱锥 $V - OAB$ 的方程为

$$\langle\,\langle\, |\, x - y\,| - 2x - 2y - z + 4\,\rangle + |\, x - y\,| + z - |\, z - 2\,| - 2\,\rangle = 2\,\langle\,\langle\, |\, x - $$

$$y\,| - 2x - 2y - z + 4\,\rangle + |\, x - y\,| + z - 4\,\rangle + 2\,\langle\, |\, z - 2\,| - 2\,\rangle + \langle\, |\, x - y\,| - $$

$$2x - 2y - z + 4\,\rangle + |\, x - y\,| + |\, z - 2\,| + z - 6$$

**例4** 求正六棱锥 $V - A_1 A_2 \cdots A_6$ 的方程,已知 $V(0,0,2),A_1(-1,0,0),$ $A_2(-\frac{1}{2}, \frac{\sqrt{3}}{2}, 0),A_3(\frac{1}{2}, \frac{\sqrt{3}}{2}, 0),A_4(1,0,0),A_5(\frac{1}{2}, -\frac{\sqrt{3}}{2}, 0),A_6(-\frac{1}{2}, -\frac{\sqrt{3}}{2}, 0).$

**解** 底面正六边形方程为

$$\begin{cases} \left| x + \dfrac{1}{2} \right| + \left| x - \dfrac{1}{2} \right| + \dfrac{2}{\sqrt{3}} |\, y\,| - 2 = 0 \\ z = 0 \end{cases},$$

则锥面 $V - A_1 A_2 \cdots A_6$ 方程为

$$f = \left| \frac{2x}{2 - z} + \frac{1}{2} \right| + \left| \frac{2x}{2 - z} - \frac{1}{2} \right| + \frac{2}{\sqrt{3}} \left| \frac{2y}{2 - z} \right| - 2 = 0(2 - z > 0),$$

于是得

$$F_1 = 2(2-z)f = |4x-z+2|+|4x+z-2|+\frac{8}{\sqrt{3}}|y|+4z-8 = 0,$$

又

$$F_2 = |z-1|-1 = 0,$$

由定理 8，即可知六棱锥 $V-A_1A_2\cdots A_6$ 方程为

$$\{|4x-z+2|+|4x+z-2|+\frac{8}{\sqrt{3}}|y|+4z-|z-1|-7\} = 2\{|4x-$$

$$z+2|+|4x+z-2|+\frac{8}{\sqrt{3}}|y|+4z-8\}+2\{|z-1|-1\}+|4x-z+2|+$$

$$|4x+z-2|+\frac{8}{\sqrt{3}}|y|+4z-|z-1|-9$$

### 3. 台的方程

求法同于棱锥，兹举例说明.

**例 5** 求正四棱台 $AC_1$ 的方程，顶点为

$$A(2,-2,0), B(2,2,0), C(-2,2,0), D(-2,-2,0),$$
$$A_1(1,-1,2), B_1(1,1,2), C_1(-1,1,2), D_1(-1,-1,2).$$

**解** 下底正方形方程 $|x+y|+|x-y| = 4$，可算出，截得棱台的原棱锥的顶点为 $V(0,0,4)$，则锥面 $V-ABCD$ 方程为（顶点 $T$ 部分）：（$a=b=0, c=4$，则

$$x_0 = \frac{cx-az}{c-z} = \frac{4x}{4-z}, y_0 = \frac{4y}{4-z}(z<4)),$$

$$\left|\frac{4x}{4-z}+\frac{4y}{4-z}\right|+\left|\frac{4x}{4-z}-\frac{4y}{4-z}\right| = 4,$$

乘以 $\frac{4-z}{4}$ 即得

$$F_1 = |x+y|+|x-y|+z-4 = 0,$$

锥台底面所在平面方程为

$$F_2 = |z-1|-1 = 0,$$

同样可证明棱台方程也形如方程(11)，从而得棱台 $AC_1$ 方程：

$$\{|x+y|+|x-y|+z-|z-1|-3\} = 2\{|x+y|+|x-y|+z-$$

$$4\}+2\{|z-1|-1\}+|x+y|+|x-y|+z-|z-1|-5$$

[反思] ① 当底面不在 $xoy$ 平面时，可通过平移坐标轴加以处理；

② 柱锥台方程有统一形式，而且其中 $F_1$、$F_2$ 有明确的几何意义，实属不易；

③ 牛秋宝、刘瑞燕二位的柱锥台方程，十分地简单、明确，方法简单易行，

但由于方程中 $F_1$、$F_2$ 各出现 3 次,从而求出的具体方程,总是"好大一棵树",怎样简化"这棵树"呢?

### 习题 8.4

1. 求四棱柱 $AC_1$ 的方程,已知

$$A(1,0,-1),B(1,1,-1),C(0,1,-1),D(0,0,-1),$$
$$A_1(1,1,3),B_1(1,2,3),C_1(0,2,3),D_1(0,1,3).$$

2. 求底面为正六边形,轴在 $z$ 轴上,高为 2 的正六棱柱的方程.

3. 求底面半径为 1,轴在 $z$ 轴上高为 2 的圆锥的方程.

4. (研究题) 从应用的角度考虑,怎样克服"好大一棵树"问题?

5. (研究题) 证明,在相应条件下,棱台的方程也是(11).

## 8.5　正多面体的方程

由于在不同场合,我们已求出了正四、六、八面体的方程,因而,这里只予例举,不再证明.

Ⅰ. 棱长为 $a$ 的正四面体方程是

$$\left\{\left\{\,|\,x\,|+\sqrt{3}y\,\right\}+|\,x\,|-\frac{\sqrt{3}}{3}y+\frac{4\sqrt{3}}{2}z\right\}+\left\{\,|\,x\,|+\sqrt{3}y\,\right\}+|\,x\,|-\frac{\sqrt{3}}{3}y-\frac{2\sqrt{6}}{3}z=a \tag{12}$$

其顶点坐标为

$$A(0,0,\frac{\sqrt{6}}{4}a),B(-\frac{a}{2},-\frac{\sqrt{3}}{6}a,-\frac{\sqrt{6}}{12}a),$$

$$C(\frac{a}{2},-\frac{\sqrt{3}}{6}a,-\frac{\sqrt{6}}{12}a),D(0,\frac{\sqrt{3}}{3}a,-\frac{\sqrt{6}}{12}a).$$

Ⅱ. 棱长为 $a$ 的正方体(正六面体)方程是

$$\left\{\,|\,x\,|+|\,y\,|-\sqrt{2}\,|\,z\,|\,\right\}+|\,x\,|+|\,y\,|+\sqrt{2}\,|\,z\,|=\sqrt{2}a \tag{13}$$

其顶点坐标为

$$A(\frac{\sqrt{2}}{2},0,\frac{a}{2}),B(0,\frac{\sqrt{2}}{2}a,\frac{a}{2}),C(-\frac{\sqrt{2}}{2}a,0,\frac{a}{2}),D(0,-\frac{\sqrt{2}}{2}a,\frac{a}{2}),$$

$$A_1(\frac{\sqrt{2}}{2}a,0,-\frac{a}{2}),B_1(0,\frac{\sqrt{2}}{2}a,-\frac{a}{2}),C_1(-\frac{\sqrt{2}}{2}a,0,-\frac{a}{2}),D_1(0,-\frac{\sqrt{2}}{2}a,-\frac{a}{2}),$$

Ⅲ. 棱长为 $a$ 的正八面体的方程为

$$|x|+|y|+|z| = \frac{\sqrt{2}}{2}a \qquad (14)$$

其顶点坐标为

$$A(\frac{\sqrt{2}}{2}a,0,0), B(-\frac{\sqrt{2}}{2}a,0,0),$$

$$C(0,\frac{\sqrt{2}}{2}a,0), D(0,-\frac{\sqrt{2}}{2}a,0),$$

$$E(0,0,\frac{\sqrt{2}}{2}a), F(0,0,-\frac{\sqrt{2}}{2}a).$$

**Ⅳ. 正十二面体的方程**

如图 8.11 为一个正十二面体,棱长为 $a$,它的面为正五边形,它有 20 个顶点(都是 3 面

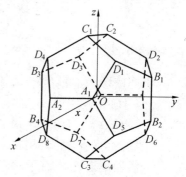

图 8.11

角顶点),它是个中心对称图形,30 条棱按平行分成 15 对,每对关于中心对称,从 15 对中,选出两两垂直的三对,如 $A_1A_2, A_3A_4; B_1B_2, B_3B_4; C_1C_2, C_3C_4$,它们确定的三个平面两两垂直并汇于中心 $O$,就以 $O$ 为原点,这三个平面为坐标平面,建立直角坐标系 $O-xyz$,我们有

**定理 10**(李煜钟)  在上述坐标系之下,已知正十二面体(棱长为 $a$)的方程是

$$\left| \left\{ |y|-|z| \right\} + \frac{\sqrt{5}+1}{2}|x| - \frac{\sqrt{5}+1}{2}|z| \right| + \left| \left\{ |y|-|z| \right\} + \frac{\sqrt{5}+1}{2}|y| \right.$$

$$\left. - \frac{\sqrt{5}-1}{2}|z|-|x| \right| + \frac{3+\sqrt{5}}{2}|x| + \frac{\sqrt{5}+1}{2}|y| + (\sqrt{5}+2)|z| = \frac{1}{2}(7+3$$

$$\sqrt{5})a \qquad (15)$$

**证明**  记 $m = \frac{3+\sqrt{5}}{4}a, n = \frac{a}{2}, p = \frac{\sqrt{5}+1}{4}a$,则按图 8.11 所示,可算出 20 个顶点的坐标

$A_1(m,n,0), A_2(m,-n,0), A_3(-m,n,0), A_4(-m,-n,0),$

$B_1(0,m,n), B_2(0,m,-n), B_3(0,-m,n), B_4(0,-m,-n),$

$C_1(n,0,m), C_2(-n,0,m), C_3(n,0,-m), C_4(-n,0,-m),$

$D_1(p,p,p), D_2(-p,p,p), D_3(-p,-p,p), D_4(p,-p,p),$

$D_5(p,p,-p), D_6(-p,p,-p), D_7(-p,-p,-p), D_8(p,-p,-p).$

正十二面体的面如下:(见图 8.11)

$T_1:A_1D_1B_1B_2D_5, T_2:A_2D_4B_3B_4D_8, T_3:A_3D_2B_1B_2D_6, T_4:A_4D_3B_3B_4D_7,$

$T_5:B_1D_1C_1C_2D_2, T_6:B_2D_5C_3C_4D_6, T_7:B_3D_4C_1C_2D_3, T_8:B_4D_8C_3C_4D_7,$

$T_9:C_1D_1A_1A_2D_4, T_{10}:C_2D_2A_3A_4D_3, T_{11}:C_3D_5A_1A_2D_8, T_{12}:C_4D_6A_3A_4D_7.$

（注意：字母选择有一定规律，请明察）

从而 $T_1 /\!/ T_4, T_2 /\!/ T_3, T_5 /\!/ T_8, T_6 /\!/ T_7, T_9 /\!/ T_{12}, T_{10} /\!/ T_{11}$，先求由平面 $T_1$，$T_2, T_3, T_4$ 构成的四棱柱面方程. 记平面 $z=0$ 与给定正十二面体交出的截面六边形为 $A_1A_2N'A_4A_3N$（图 8.12），其中 $N$ 和 $A'$ 分别为棱 $B_1B_2$ 和 $B_3B_4$ 中点（图 8.11）. 设直线 $NA_3$、$N'A_4$ 交于 $M'$，$NA_1$ 与 $N'A_2$ 交于 $M$，则可知四边形 $MNM'N'$ 为菱形，其方程为

$$\begin{cases} z=0 \\ (\sqrt{5}+1)\mid x\mid + (\sqrt{5}+3)\mid y\mid = \dfrac{1}{2}(7+3\sqrt{5})a \end{cases} \qquad ①$$

那么，以菱形 $MNM'N'$ 准线，母线平行于 $z$ 轴的柱面，即由 $T_1, T_2, T_3, T_4$ 围成的柱面的方程就是 ①（上述方程组中去掉 $z=0$）.

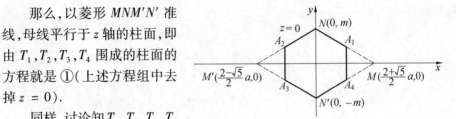

图 8.12

同样，讨论知 $T_5, T_6, T_7, T_8$ 围成的主面的方程为

$$(\sqrt{5}+1)\mid y\mid + (\sqrt{5}+3)\mid z\mid = \dfrac{1}{2}(7+3\sqrt{5})a \qquad ②$$

由 $T_9, T_{10}, T_{11}, T_{12}$ 围成的柱面的方程为

$$(\sqrt{5}+1)\mid z\mid + (\sqrt{5}+3)\mid x\mid = \dfrac{1}{2}(7+3\sqrt{5})a \qquad ③$$

下面确定八棱锥面 $\Sigma_1 : (O - B_1B_3C_1C_2D_1D_2D_3D_4)$（排列顺序未必对）的方程.

平面 $z = \dfrac{a}{2}$ 与 $\Sigma_1$ 的交线是一个"8"字形（图 8.13），其顶点

$$C'_1(q,0,n), \quad C'_2(-q,0,n), \quad D'_1(n,n,n),$$
$$D'_2(-n,n,n), D'_3(-n,-n,n), D'_4(n,-n,n).$$

分别是射线 $OC_1, OC_2, OD_1, OD_2, OD_3, OD_4$ 同平面 $z = \dfrac{a}{2}(=n)$ 的交点，可求此"8"字形方程（见第二章 2.5）的两种形式，分别是

$$\begin{cases} z = \dfrac{1}{2}a \\ \zeta\mid x\mid -\mid y\mid \} + \dfrac{\sqrt{5}+1}{2}\mid x\mid - \dfrac{\sqrt{5}-1}{2}\mid y\mid = \dfrac{a}{2} \end{cases}$$

及

$$\begin{cases} z = \dfrac{1}{2}a \\ \left\langle\,|\,y\,| - \dfrac{a}{2}\,\right\rangle + \dfrac{\sqrt{5}+1}{2}\,|\,x\,| = \dfrac{\sqrt{5}+1}{2}a \end{cases}$$

按空间解析中锥面方程求法,将准线方程组中参数 $a$ 消去,即得锥面方程. 因此,以 $O$ 为顶点,"8 字形" $B_1D'_2\cdots D'_1$ 为准线的锥面 $Z_1 : O - B_1D_2C_2D_3B_3D_4C_1D_1$ 的方程为

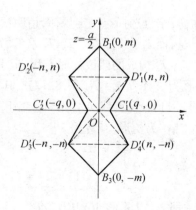

图 8.13

$$F = (x,y,z) = \left\langle\,|\,x\,| - |\,y\,|\,\right\rangle + \dfrac{\sqrt{5}+1}{2}\,|\,x\,| - \dfrac{\sqrt{5}-1}{2}\,|\,y\,| - |\,z\,| = 0$$

或

$$\left\langle\,|\,x\,| - |\,y\,|\,\right\rangle + \dfrac{\sqrt{5}+1}{2}\,|\,x\,| - \dfrac{\sqrt{5}+1}{2}\,|\,z\,| = 0$$

类似讨论可知,以 $O$ 为顶点,过 $A_1,A_2,C_1,C_3,D_1,D_4,D_5,D_8$ 诸点的锥面 $Z_2$ 的方程是

$$G(x,y,z) = \left\langle\,|\,y\,| - |\,z\,|\,\right\rangle + \dfrac{\sqrt{5}+1}{2}\,|\,y\,| - \dfrac{\sqrt{5}-1}{2}\,|\,z\,| - |\,x\,| = 0$$

现在构造方程(15):结合图 8.11 观察可见,二锥面 $Z_1 : F = 0$ 和 $Z_2 : G = 0$ 将空间划分为三个区域(含边界):

$$S_1 = \{(x,y,z)\,|\,F \geqslant 0, G \geqslant 0\};$$
$$S_2 = \{(x,y,z)\,|\,F \leqslant 0, G \geqslant 0\};$$
$$S_3 = \{(x,y,z)\,|\,F \geqslant 0, G \leqslant 0\}.$$

而在区域 $S_2$ 和 $S_3$ 内,方程分别化为四棱柱面 ② 和 ③,因此每个被截出四个正五边形面,共得 8 个;在 $S_1$ 内,方程(15) 化为

$$2\left\langle\,|\,y\,| - |\,z\,|\,\right\rangle + (\sqrt{5}+1)\,|\,x\,| + (\sqrt{5})\,|\,y\,| + 2\,|\,z\,| = \dfrac{1}{2}(7 + 3\sqrt{5})a$$

只有当 $|\,y\,| \geqslant |\,z\,|$ 时,才化为

$$(\sqrt{5}+1)\,|\,x\,| + (\sqrt{5}+3)\,|\,y\,| = \dfrac{1}{2}(7 + 3\sqrt{5})a.$$

即①:四棱柱面方程. 但"$|\,y\,| \geqslant |\,z\,|$"不知是怎样的?(我们读李煜钟的文稿时,没有弄清楚:

当 $|\,y\,| \leqslant |\,z\,|$ 时,(15) 化为

$$(\sqrt{5}+1)\,|\,x\,| + (\sqrt{5}-1)\,|\,y\,| + 4\,|\,z\,| = \dfrac{1}{2}(7 + 3\sqrt{5})a.$$

当 $F \leqslant 0, G \leqslant 0$ 时，(15) 化为

$$-2 \left\langle \mid y \mid - \mid z \mid \right\rangle + 2 \mid x \mid + (2\sqrt{5} + 2) \mid z \mid = \frac{1}{2}(7 + 3\sqrt{5})a$$

不知如何排除，只好留给读者研究).

V. 正二十面体的方程

图 8.14 是一个正 20 面体，棱长为 $a$，它也是个中心对称图形，有 12 个顶点，30 条棱，可分为平行的 15 对，从中选出两两垂直的三对，如 $A_1A_2$ 与 $A_3A_4$；$B_1B_2$ 与 $B_3B_4$；$C_1C_2$ 与 $C_3C_4$，它们确定的三个平面两两垂直且交于一点 $O$(20 面体的中心)，依之可建立坐标系 $O - xyz$.

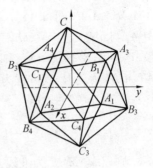

图 8.14

在此坐标系下，我们有

**定理** 11(李煜钟)　在上述坐标系之下，棱长为 $a$ 的正二十面体的方程是

$$\left\langle \mid x \mid + \frac{3 - \sqrt{5}}{2} \mid y \mid - \frac{\sqrt{5} - 1}{2} \mid z \mid \right\rangle + \left\langle \mid y \mid + \frac{3 - \sqrt{5}}{2} \mid z \mid - \frac{\sqrt{5} - 1}{2} \mid x \mid \right\rangle + \left\langle \mid z \mid + \right.$$

$$\left. \frac{3 - \sqrt{5}}{2} \mid x \mid - \frac{\sqrt{5} - 1}{2} \mid y \mid \right\rangle + (\sqrt{5} - 1)(\mid x \mid + \mid y \mid + \mid z \mid) = \frac{1}{2}(3 + \sqrt{5})a \quad (16)$$

[**反思**]　从数学美的角度看，方程(16) 比方程(15) 更优越，更可信.

**证明**　在这坐标系下，12 个顶点坐标为 $\left( m = \frac{\sqrt{5} + 1}{2}a, n = \frac{a}{2} \right)$：

$A_1(m, n, 0), A_2(m, -n, 0), A_3(-m, n, 0), A_4(-m, -n, 0),$
$B_1(0, m, n), B_2(0, m, -n), B_3(0, -m, n), B_4(0, -m, -n),$
$C_1(n, 0, m), C_2(-n, 0, m), C_3(n, 0, -m), C_4(-n, 0, -m),$
(注意坐标呈现的规律). 它的 20 个面是：

$\triangle_1 A_1B_1B_2, \triangle_2 A_3B_1B_2, \triangle_3 A_2B_3B_4, \triangle_4 A_4B_3B_4;$
$\triangle_5 B_1C_1C_2, \triangle_6 B_3C_1C_2, \triangle_7 B_2C_3C_4, \triangle_8 B_4C_3C_4;$
$\triangle_9 C_1A_1A_2, \triangle_{10} C_3A_1A_2, \triangle_{11} C_2A_3A_4, \triangle_{12} C_4A_3A_4;$
$\triangle_{13} A_1B_1C_1, \triangle_{14} A_1B_2C_3, \triangle_{15} A_2B_3C_1, \triangle_{16} A_2B_4C_3;$
$\triangle_{17} A_3B_1C_2, \triangle_{18} A_3B_2C_4, \triangle_{19} A_4B_3C_2, \triangle_{20} A_4B_4C_4.$

从而

$\triangle_1 /\!/ \triangle_4, \triangle_2 /\!/ \triangle_3, \triangle_5 /\!/ \triangle_8, \triangle_6 /\!/ \triangle_7, \triangle_9 /\!/ \triangle_{12},$
$\triangle_{10} /\!/ \triangle_{11}, \triangle_{13} /\!/ \triangle_{20}, \triangle_{14} /\!/ \triangle_{19}, \triangle_{15} /\!/ \triangle_{18}, \triangle_{16} /\!/ \triangle_{17}.$

通过求 $\triangle_{13} \sim \triangle_{20}$ 各面的方程会发现，这八个面都在正八面体

$$\mid x \mid + \mid y \mid + \mid z \mid = \frac{3 + \sqrt{5}}{4}a \qquad \qquad ①$$

231

的面上.

下边来求由 $\triangle_1,\triangle_2,\triangle_3,\triangle_4$ 构成的四棱柱面的方程. 记平面 $z=0$ 与正二十面体交线六边形为 $A_1A_2M'A_4A_3M$(图 8.15). 设直线 $M'A_4$ 与 $MA_3$ 交于 $N'$,$MA_1$ 与 $M'A_2$ 交于 $N$(图 8.14、8.15),则四边形 $MNM'N'$ 为菱形,其方程为

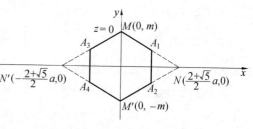

图 8.15

$$\begin{cases} z=0 \\ (\sqrt{5}-1)\mid x\mid + (\sqrt{5}+1)\mid y\mid = \dfrac{3+\sqrt{5}}{2}a \end{cases} \qquad ②$$

则以 $MNM'N'$ 为准线,母线平行于 $z$ 轴的四棱柱面(由平面 $\triangle_1,\triangle_2,\triangle_3,\triangle_4$ 围成的)方程为 ②.

同样,平面 $\triangle_5,\triangle_6,\triangle_7,\triangle_8$ 围成的柱面方程为

$$(\sqrt{5}-1)\mid y\mid + (\sqrt{5}+1)\mid z\mid = \dfrac{3+\sqrt{5}}{2}a \qquad ③$$

平面 $\triangle_9,\triangle_{10},\triangle_{11},\triangle_{12}$ 围成的柱面方程为

$$(\sqrt{5}-1)\mid z\mid + (\sqrt{5}+1)\mid x\mid = \dfrac{3+\sqrt{5}}{2}a \qquad ④$$

下面考察 $O$ 为顶点,过点 $B_1,B_2,B_3,B_4,C_1,C_2,C_3,C_4$ 的锥面 $S_1$.

平面 $z=\dfrac{a}{2}$ 的交线为菱形 $C'_1B_1C'_2B_3$(如

图 8.16)($C'_1$ 与 $C'_2$ 分别是平面 $z=\dfrac{a}{2}$ 同 $OC_1$ 与 $OC_2$ 的交点),其方程为

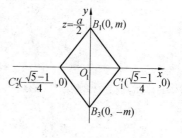

图 8.16

$$\begin{cases} z=\dfrac{a}{2} \\ \mid x\mid + \dfrac{3-\sqrt{5}}{2}\mid y\mid = \dfrac{\sqrt{5}-1}{2}a \end{cases}$$

则 $S_1$ 的方程是(把 $a=2z$ 代入):

$$F_1(x,y,z) = \mid x\mid + \dfrac{3-\sqrt{5}}{2}\mid y\mid - \dfrac{\sqrt{5}-1}{2}\mid z\mid = 0.$$

同样讨论可知,以 $O$ 为顶点过 $A_1,A_2,A_3,A_4,C_1,C_2,C_3,C_4$ 的锥面 $S_2$ 的方程为

$$F_2(x,y,z) = \mid y\mid + \dfrac{3-\sqrt{5}}{2}\mid z\mid - \dfrac{\sqrt{5}-1}{2}\mid x\mid = 0.$$

以 $O$ 为顶点,过 $A_1,A_2,A_3,A_4,B_1,B_2,B_3,B_4$ 的锥面 $S_3$ 的方程为

$$F_3(x,y,z) = |z| + \frac{3-\sqrt{5}}{2}|x| - \frac{\sqrt{5}-1}{2}|y| = 0.$$

这样,就构造出方程(16),它表示什么曲面呢?

三个锥面,$S_1:F_1 = 0;S_2:F_2 = 0;S_3:F_3 = 0$ 分空间为四个区域

$$Q_1 = \{(x,y,z)\,|\,F_1 \geq 0,F_2 \geq 0,F_3 \geq 0\};$$
$$Q_2 = \{(x,y,z)\,|\,F_1 \geq 0,F_2 \geq 0,F_3 \leq 0\};$$
$$Q_3 = \{(x,y,z)\,|\,F_1 \leq 0,F_2 \geq 0,F_3 \geq 0\};$$
$$Q_4 = \{(x,y,z)\,|\,F_1 \geq 0,F_2 \leq 0,F_3 \geq 0\}.$$

在区域 $Q_1,Q_2,Q_3$ 和 $Q_4$ 中,方程(16)分别化为①(八面体的三角形面)②,③ 或 ④ 分别在区域内的部分,从而给出正 20 面体.

[反思] 由空间构图和想象几何意义的困难,影响了对证明过程的透彻理解;但无论如何,方程(15)和(16)的发现、构造和证明的过程,都是"绝对值方程"研究,乃至整个数学中的重大成果.原则上讲,适用于诸如半正多面体,阿基米德多面体等方程的构造,是了不起的.

**习题 8.5**

1.(研究题)详细验证和透彻理解方程(15)和(16)本身及证明过程,它们是严格的吗?

2.(研究题)探索(12)~(16)在研究正多面体性质、构造及互相关系上的应用.

# 8.6  邹黎明的二元构造法

本章中,我们曾多次提到邹黎明寻求绝对值方程的"二元构造法",这里,做略微系统地介绍.

首先,$|x|+|y|+|z| = 1$ 是正八面体的方程,顶点分别为 $A(0,0,1),B(0,-1,0),C(1,0,0),D(0,1,0),E(-1,0,0),F(0,0,-1)$,这是大家熟知的,也很容易验证.

对此加以推广,马上可知顶点 $(0,0,\pm a),(0,\pm b,0),(\pm c,0,0)$ 的正菱形八面体的(标准)方程为 $\frac{|x|}{a} + \frac{|y|}{b} + \frac{|z|}{c} = 1(a,b,c > 0)$.

但邹黎明的方程却是

$$4\mid f_1\mid+\mid F\mid-\Big\{4\mid f_1\mid-\mid F\mid\Big\}=8abc \qquad ①$$

其中

$$\begin{cases} f_1 = abx - acy + bcz, \\ f_2 = abx + acy - bcz, \\ f_3 = -abx + acy + bcz, \\ f_4 = abx + acy + bcz, \\ L = \mid f_3\mid-\mid f_4\mid+\Big\{\mid f_3\mid-\mid f_4\mid\Big\} \\ F = 2\mid f_2\mid+\mid L\mid-\Big\{2\mid f_2\mid-\mid L\mid\Big\} \end{cases} \qquad ②$$

可见

ⅰ)① 是一个八层的绝对值方程,够复杂的吧!然而,它构造的韵味十足,非常有规律,它渗透的思想方法是非常珍贵的.

ⅱ)采用由外向内逐层剥去"| |"的方法,可从方程本身找到空间被划分出的区域,在特定区域中 ① 将转化为相应的平面、二面角、三面角或多面角的方程,从而达到证明的目的,也可把六个顶点坐标直接代入验证.

ⅲ)① 中诸元素,② 中给出了逐步的计算过程,这过程具有一般性.下面的定理,就是这种一般性的具体化和可操作化.

**定理** 12(二元构造法基本定理·邹黎明)  设多面体 $M$ 的 $k$ 个面(所在平面)方程为 $f_i = a_ix + b_iy + c_iz + d_i = 0 (i = 1,2,\cdots,k)$,$P(x_0,y_0,z_0)$ 为形内一点,则 $M$ 的方程可写为

$$f_1 + r_1F_1 + \mid f_1 - r_1F_1\mid = 0 \qquad (17)$$

其中

$$\begin{cases} F_1 = f_2 + r_2F_2 + \mid f_2 - r_2F_2\mid, \\ F_2 = f_3 + r_3F_3 + \mid f_3 - r_3F_3\mid, \\ \qquad\qquad \vdots \\ F_{k-2} = f_{k-1} + r_{k-1}F_{k-1} + \mid f_{k-1} - r_{k-1}F_{k-1}\mid, \\ F_{k-1} = f_k \end{cases}$$

把 $P(x_0,y_0,z_0)$ 坐标逐次代入 $f_{k-1} - r_{k-1}f_k = 0, f_{k-2} - r_{k-2}f_{k-2} = 0, \cdots, f_1 - r_1f_1 = 0$,即可依次求出 $r_{k-1}, r_{k-2}, \cdots, r_1$.

这是构造多面体方程一个非常重要的定理和有力工具,在许多特殊情形下,邹黎明证明它是正确的.但一般情况尚未严格证明.而其关键的问题,在于未弄清 $f_{k-2} - r_{k-2}F_{k-2} = 0$ 的几何意义,及

$$F_{k-2} = f_{k-1} + r_{k-1}F_{k-1} + \mid f_{k-1} - r_{k-1}F_{k-1}\mid$$

抽象看来,到底意味着什么?因此,定理 12 还只能作为一个猜想.

自然,这并不妨碍把它用于

**定理** 13　设 $n$ 维单纯形 $A_1A_2\cdots A_{n+1}$ 的顶点为 $A_i(e_{i1},\cdots,e_{in})(i=1,\cdots,n+1)$，$P(x_1,\cdots,x_n)$ 为形内一点，$A_i$ 所对的超平面为

$$f_i = a_{i1}x_1 + a_{i2}x_2 + \cdots + a_{in}x_n + a_{in+1} = 0 (i=1,\cdots,n+1)$$

则单纯形 $A_1A_2\cdots A_{n+1}$ 的方程为

$$f_1 + r_1F_1 + |f_1 - r_1F_1| = 0 \tag{18}$$

其中

$$F_1 = f_2 + r_1F_1 + |f_1 - r_1F_1|,$$
$$F_2 = f_3 + r_3F_3 + |f_3 - r_3F_3|,$$
$$\vdots$$
$$F_{n-2} = f_{n-1} + r_{n-1}F_{n-1} + |f_{n-1} - r_{n-1}F_{n-1}|,$$
$$F_{n-1} = f_n + r_nF_{n+1} + |f_n - r_nF_{n+1}|.$$

$r_i(i=1,\cdots,n)$ 的确定方法是：把 $P(x_1,\cdots,x_n)$ 逐次代入：$f_n - r_nf_{n+1} = 0$，$f_{n-1} - r_{n-1}F_{n-1} = 0,\cdots,f_1 - r_1F_1 = 0$，从中解出.

特别，该方法可用于构造平面图形（凸多边形）的方程，如：设 $\triangle A_1A_2A_3$ 中，$A_i$ 的对边为 $f_i = 0(i=1,2,3)$，则它的方程为

$$f_1 + r_1F + |f_1 - r_1F| = 0,$$

其中

$$F = f_2 + r_2f_3 + |f_2 - r_2f_3|.$$

而 $r_1,r_2$ 可由如下方程组

$$\begin{cases} f_1(x_0,y_0) - r_1F(x_0,y_0) = 0 \\ f_2(x_0,y_0) - r_2f_3(x_0,y_0) = 0 \end{cases}$$

中解出，其中 $P(x_0,y_0)$ 为 $\triangle A_1A_2A_3$ 中任意一点.


## 习题 8.6

1. 已知 $A(0,3)$，$B(2,0)$，$O(0,0)$，用"二元构造法" 求 $\triangle AOB$ 的方程.

2. 已知 $V(0,0,4)$，$A(0,0,0)$，$B(3,0,0)$，$C(0,5,0)$，用"二元构造法" 求四面体 $V-ABC$ 的方程.

3. 已知 $V(0,0,4)$，$A(0,0,0)$，$B(3,0,0)$，$C(3,5,0)$，$D(0,5,0)$，用"二元构造法" 求四凌锥 $V-ABCD$ 的方程.

4. （研究题）深入研究"二元构造法".

# 非线性方程及其他

## 第九章

当我们开始提出"绝对值方程",特别是用于研究折线、折面的绝对值方程时,主要着眼于二、三元一次绝对值方程,但在研究过程中,我们惊喜地发现,不仅出现了非线性的多边形方程,而且,甚至出现了非代数的方程,怎不让人喜出望外.

## 9.1　凸四边形的二次绝对值方程

**定理**1(吴永中)　设有直线方程$f_i = a_i x + b_i y + c_i = 0 (i = 1,2,3,4)$,则凸四边形二次绝对值方程可写成

$$| f_1 f_3 - f_3 f_4 | = f_1 f_3 + f_2 f_4 \qquad (1)$$

**证明**　由于很容易证明,对于$a, b \in \mathbf{R}$,有

$$|a - b| = a + b \Leftrightarrow \begin{cases} a \geq 0 \\ b = 0 \end{cases} 或 \begin{cases} a = 0 \\ b \geq 0 \end{cases},$$

(事实上: $|a - b| = a + b \Leftrightarrow \begin{cases} a - b \geq 0 \\ a + b \geq 0 \\ a - b = a + b \end{cases}$ 或 $\begin{cases} a - b \leq 0 \\ a + b \geq 0 \\ b - a = a + b \end{cases}$

$\Leftrightarrow \begin{cases} a \geq 0 \\ b = 0 \end{cases}$ 或 $\begin{cases} a = 0 \\ b \geq 0 \end{cases}$),那么(1)就等价于

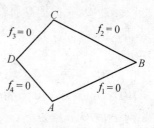

①$\begin{cases} f_1 f_3 \geq 0 \\ f_2 f_4 = 0 \end{cases}$ 或 ②$\begin{cases} f_1 f_3 = 0 \\ f_2 f_4 \geq 0 \end{cases}$.

我们知道,① 表示直线 $f_2 = 0$ 和 $f_4 = 0$ 在区域 $\{(x,y) \mid f_1 f_3 \geq 0\}$ 内的部分,它就是四边形的对边 $BC, AD$;② 表示直线 $f_1 = 0$ 和 $f_3 = 0$ 在区域 $\{(x,y) \mid f_2 f_4 \geq 0\}$ 内的部分,它就是四边形的对边 $AB, CD$.

图 9.1

**例1** 求正方形 $ABCD$ 的方程,其顶点坐标为 $A(-1, -1), B(1, -1), C(1, 1), D(-1, 1)$.

**解** 各边所在直线方程为

$$AB: y + 1 = 0, BC: x - 1 = 0, CD: y - 1 = 0, DA: x + 1 = 0.$$

按(1),写出方程是

$$\mid (y + 1)(y - 1) - (x - 1)(x + 1) \mid = k[(y + 1)(y - 1) + (x - 1)(x + 1)],$$

即

$$\mid y^2 - x^2 \mid = (y^2 + x^2 - 2)k.$$

将 $AB$ 中点坐标 $(0, -1)$ 代入,得

$$1 = (1 - 2)k, k = -1.$$

那么,正方形 $ABCD$ 的方程为

$$\mid y^2 - x^2 \mid = -x^2 - y^2 + 2.$$

[反思] 吴永中在构造方程时,曾提出"标准方程"的概念,可什么是"标准方程"?并没有说清楚. 这里,设个常数 $k$,解决了这个问题.

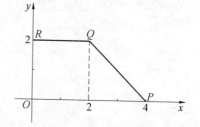

**例2** 求图 9.2 中直角梯形方程.

**解** 易求各边方程

$$OP: y = 0, \quad PQ: x + y - 4 = 0,$$
$$QR: y - 2 = 0, OR: x = 0.$$

图 9.2

按(1) 构造方程

$$\mid y(y - 2) - x(x + y - 4) \mid = k[y(y - 2) + x(x + y - 4)],$$

把 $OP$ 中点坐标 $(2, 0)$ 代入,得 $\mid -2(2 + 0 - 4) \mid = 2(2 - 4)k$,

$$k = -1.$$

方程为

$$\mid y^2 - x^2 - xy - 2y + 4x \mid = -y^2 - x^2 - xy + 2y + 4x.$$

**例3** 求图 9.3 中三角形 $OPQ$ 的方程.

**解**　三角形可看作两顶点重合的"四边形",本题中,我们把 $Q$ 看作是 $R$ 重于 $Q$ 的结果. 取过 $Q$ 而平行于 $x$ 轴的直线 $RQ$ 作为它的"第四边",则有

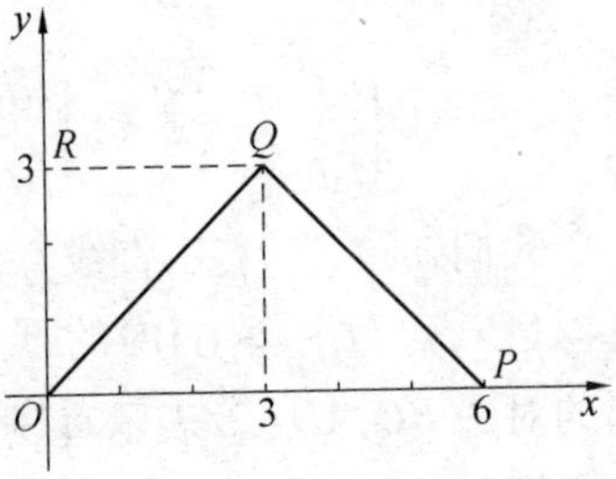

$$QO: x - y = 0, OP: y = 0,$$
$$PQ: x + y - 6 = 0, QR: y - 3 = 0,$$

则 $\triangle PQO$ 方程为

$$|(x - y)(x + y - 6) - y(y - 3)| = k[(x - y)(x + y - 6) + y(y - 3)],$$

把 $OP$ 中点 $(3,0)$ 坐标代入,得 $9 = -9k, k = -1$,

故所求 $\triangle PQO$ 方程为 $|x^2 - 2y^2 - 6x + 9y| = -x^2 + 6x - 3y$.

[反思]　如果取 $y$ 轴: $x = 0$ 为"第四边",则可求出 $\triangle PQO$ 方程为

$$|x^2 + 2xy - y^2 - 6x| = -x^2 - y^2 + 6x.$$

对于定理 1,我们还有话要说. 首先,四条直线的构形,可以有如下 9 种(图 9.4):

图 9.3

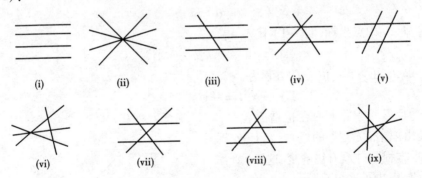

(i)　　(ii)　　(iii)　　(iv)　　(v)

(vi)　　(vii)　　(viii)　　(ix)

图 9.4

定理论断的有其中的四种:(ⅳ)、(ⅴ)、(ⅷ)、(ⅸ),即三角形、平行四边形、梯形和一般凸四边形,至于其他五种和(ⅸ)中包含的凹四边形,似未涉及,因此,定理的论断只是:

如已知图形,则方程(二次绝对值方程)必定是如(1)这样的形状,现在的问题是:

①方程满足什么样的条件,(1)的图形必定是(ⅳ)、(ⅴ)、(ⅷ)、(ⅸ)之一呢?

②满足什么样的条件,(1)的图形必为(ⅰ)~(ⅸ)的哪一种?

③还可能是其他的图形吗?

④(1)能否表示凹四边形?

⑤ 怎样确定参数 $k$?总是取"$-1$"吗?

看来,对(1) 应进行精细的研究.

**习题 9.1**

1. 求平行四边形 $ABCD$ 的方程,其顶点为 $A(-2,-1),B(1,-1),C(2,1),D(-1,1)$.

2. 求梯形 $ABCD$ 的方程,其顶点为 $A(-2,0),B(2,0),C(1,1),D(-1,1)$.

3. 求 $\triangle ABC$ 的方程,其顶点为 $C(-2,0),B(2,0),A(0,2)$.

4. (研究题) 设直线 $f_i = a_i x + b_i y + c_i(i=1,2,\cdots,6)$,问 $a_i(i=1,2,\cdots,6)$ 满足什么条件时,方程 $|f_1 f_3 f_5 - f_2 f_4 f_6| = f_1 f_3 f_5 + f_2 f_4 f_6$ 是凸六边形.

# 9.2 极坐标方程

**定理** 2(朱慕水)   中心在极点 $O$,一顶点为 $A(R,O)(R>0)$ 的正多边形方程是

$$\rho = \frac{R\cos\dfrac{\pi}{n}}{\cos\left[\dfrac{1}{n}\arccos(-\cos n\theta)\right]} \tag{2}$$

**证明**   设正 $n$ 边形 $A_0 A_1 \cdots A_{n-1}$ ($A_n \equiv A_0$) 顶点,按逆时针排列,中心在极点(图9.5),在边 $A_k A_{k+1}$ (约定不包含端点 $A_{k+1}$) 上任取一点 $M(\rho,\theta)$,记 $\angle A_k OM = \beta$,则 $\theta - k \cdot \dfrac{2\pi}{n} = \beta \in \left[0, \dfrac{2\pi}{n}\right)$,于是 $\angle A_k = \dfrac{\pi}{2} - \dfrac{\pi}{n}$,

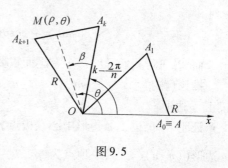

图 9.5

$\angle A_k MO = \pi - \dfrac{\pi}{2} + \dfrac{\pi}{n} - \beta$,在 $\triangle A_k MO$ 中应用正弦定理,得

$$|OM| = \frac{R\sin(\dfrac{\pi}{2} - \dfrac{\pi}{n})}{\sin(\pi - \dfrac{\pi}{2} + \dfrac{\pi}{n} - \beta)} = \frac{R\sin(\dfrac{\pi}{2} - \dfrac{\pi}{n})}{\cos\dfrac{1}{n}(\pi - n\beta)}.$$

因为 $\beta = \theta - k \cdot \dfrac{2\pi}{n} \in \left[0 \dfrac{2\pi}{n}\right)$,

所以 $n\beta = n\theta - 2k\pi \in [0, 2\pi)$.

$\pi - n\beta = \pi - n\theta + 2k\pi = (2k+1)\pi - n\theta \in (-\pi, \pi]$（事实上，$0 \le \beta < \dfrac{2\pi}{n}, 0 \le 2n\beta < 2\pi, -2\pi < -n\beta \le 0$，从而 $\pi - 2\pi < \pi - n\beta \le \pi + 0$）.

所以 $\qquad \cos(\pi - n\beta) = \cos(\pi - n\theta) = -\cos n\theta$.

所以 $\qquad \pi - n\beta = \pm \arccos(-\cos n\theta)$.

又 $\sin\left(\dfrac{\pi}{2} - \dfrac{\pi}{n}\right) = \cos\dfrac{\pi}{n}$，这就得到

$$\rho = \frac{R\cos\dfrac{\pi}{n}}{\cos\left[\pm\dfrac{1}{n}\arccos(-\cos n\theta)\right]} = \frac{R\cos\dfrac{\pi}{n}}{\cos\left[\dfrac{1}{n}\arccos(-\cos n\theta)\right]}.$$

反之，如果点 $M(\rho,\theta)$ 满足方程(2)，设射线 $OM$ 交正 $n$ 边形 $A_0A_1\cdots A_{n-1}$ 于 $M'(\rho',\theta)$，则 $(\rho',\theta)$ 也满足(2)，于是 $\rho' = \rho$，$M$ 与 $M'$ 重合，可见 $M$ 必在正 $n$ 边形上. 证毕.

由于(2) 等价于

$$\arccos\frac{R\cos\dfrac{\pi}{n}}{\rho} = \frac{1}{n}\arccos(-\cos n\theta) \qquad\qquad ①$$

进而有

$$\cos n\theta = -\cos n\arccos\frac{R\cos\dfrac{\pi}{n}}{\rho} \qquad\qquad ②$$

而 ② 可帮我们证明一个有趣而重要的结论.

**推论**（朱慕水）　如 $(m,n) = 1$（$m,n$ 互素），则正 $n$ 边形不存在同心的内外接正 $m$ 边形.

**证明**　仍设正 $n$ 边形中心在极点，一顶点为 $(R,0)$，如果它有内接同心正 $m$ 边形（$(m,n) = 1$），一顶点为 $\left(\rho_0, \theta_0 + \dfrac{2k\pi}{m}\right)$，$k = 0,1,\cdots,(m-1)$，这 $m$ 个顶点均在正 $n$ 边形上，所以满足方程 ②. 由于 $R = \rho_0 = \rho$，有，当 $m$ 为奇数时，

$$\begin{cases} \cos n\theta_0 = \cos n\left(\theta_0 + \dfrac{2\pi}{m}\right) \\ \cos n\left(\theta_0 + \dfrac{2\pi}{m}\right) = \cos n\left(\theta_0 + \dfrac{2(m-1)\pi}{m}\right) \end{cases},$$

$$
\begin{cases}
\sin\left(n\theta_0 + \dfrac{n\pi}{m}\right)\sin\dfrac{n\pi}{m} = 0 \\
\sin(n\theta_0)\sin\dfrac{2n\pi}{m} = 0
\end{cases}.
$$

因为 $m, n$ 互素, $m \geqslant 3$,

所以 $\dfrac{2n}{m} \notin Z, \dfrac{n}{m} \notin Z.$

从而 $\sin n\theta_0 = 0$ 且 $\cos n\theta_0 = 0$, 矛盾.

当 $m$ 为偶数时, $\dfrac{m}{2} \in N$, 且 $n$ 必为奇数(因为 $(m,n) = 1$), 于是

$$
\begin{cases}
\cos n\theta_0 = \cos n\left(\theta_0 + \dfrac{2 \cdot \frac{m}{2}\pi}{m}\right) = -\cos n\theta_0 \\
\cos n\left(\theta_0 + \dfrac{2\pi}{m}\right) = \cos n\left[\theta_0 + \dfrac{2\left(\frac{m}{2} + 1\right)}{m}\pi\right] = -\cos\left(\theta_0 + \dfrac{2\pi}{m}\right)
\end{cases},
$$

解得

$$
\begin{cases}
\cos n\theta_0 = 0 \\
\cos n\left(\theta_0 + \dfrac{2\pi}{m}\right) = 0
\end{cases}.
$$

所以 $\cos n\theta_0 = 0$ 且 $\sin n\theta_0 = 0$, 这不可能.

从而内接同心正 $m$ 边形不存在.

假如同心外接正 $m$ 边形存在, 则这正 $n$ 边形即为正 $m$ 边形的同心内接正 $n$ 边形, 可得类似矛盾. 因此, 同心外接正 $m$ 边形亦不存在.

[反思]　这一结论十分重要, 且其他途径也不好证, 可惜我们对朱慕水先生的上述证明过程理解得不透彻, 抄在上面供读者研究.

例 1　求中心在极点, 一顶点在 $(1,0)$ 的正三角形方程.

解　由 ① 可立即写出方程

$$
3\arccos\dfrac{\cos\frac{\pi}{3}}{\rho} = \arccos(-3\theta) \tag{③}
$$

为了验证, 可将其化为直角坐标方程: 对上式两边求余弦, 应用三倍角余弦公式

$$
\cos 3\alpha = (4\cos^2\alpha - 3)\cos\alpha
$$

得

$$
\left(\dfrac{1}{\rho^2} - 3\right)\dfrac{1}{2\rho} = -(4\cos^2\theta - 3)\cos\theta.
$$

241

令 $\rho\cos\theta = x, \rho\sin\theta = y$，整理，得

$$\left(x + \frac{1}{2}\right)\left[y^2 - \frac{1}{3}(x-1)^2\right] = 0 \qquad ④$$

由 ③ 得 $0 \le 3\arccos\dfrac{\frac{1}{2}}{\rho} \le \pi$，得 $\dfrac{1}{4} \le x^2 + y^2 \le 1$.

当 $x = -\dfrac{1}{2}$ 时，$-\dfrac{\sqrt{3}}{2} \le y \le \dfrac{\sqrt{3}}{2}$；当 $y = \pm\dfrac{\sqrt{3}}{3}(x-1)$ 时，$-\dfrac{1}{2} \le x \le 1$，④ 显然表示三角形.

将圆 $n(n \ge 3)$ 等分，作成内接正 $n$ 角星形（如图 9.6），每边跨 $c$ 段弧，谓之

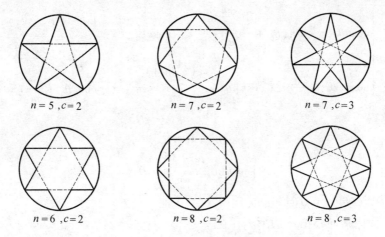

$n = 5, c = 2$　　　　　$n = 7, c = 2$　　　　　$n = 7, c = 3$

$n = 6, c = 2$　　　　　$n = 8, c = 2$　　　　　$n = 8, c = 3$

图 9.6

边幅为 $c$（实际上，我们这里指的是双折边星形，有 $2n$ 条边），我们有

**定理 3**（林世保）　中心在极点 $O$，一顶点在 $A_0(R,0)$，且边幅为 $c$ 的正 $n$ 角星的方程为

$$\rho = \frac{R\cos\dfrac{c}{n}\pi}{\cos\dfrac{1}{n}\left[c\pi - \arccos(\cos n\theta)\right]} \qquad (3)$$

其中 $c, n \in \mathrm{N}, n \ge 2c + 1, R \in \mathrm{R}^+, \theta \in [0, 2\pi)$.

**证明**　如图 9.7（ⅰ），$O$ 为正 $n$ 角星 $A_0 A_1 \cdots A_{2k-1}$ 的中心，$A_0(R,0)$ 为一个顶点，分别在边 $A_{2k-1}A_{2k}$ 和 $A_{2k}A_{2k+1}$ 上取点 $M''(\rho,\theta)$ 和 $M'(\rho,\theta)(k = 1,2,\cdots,n$，$A_{2n} \equiv A_0, A_{2n+1} \equiv A_1$），易知

$$\angle A_{2k}OM' = \alpha' = -\left(\frac{k}{n}\pi - \theta\right)(k = 1,3,5,\cdots);$$

$$\angle A_{2k}OM'' = \alpha'' = \frac{k}{n}\pi - \theta(k = 2,4,6,\cdots),$$

绝对值方程

242

$M'$ 和 $M''$ 统一记作 $M$, $\alpha'$ 与 $\alpha''$ 统一记作 $\alpha$, 则 $\alpha = \angle A_{2k}OM = (-1)^k$ $(\frac{k}{n}\pi - \theta)(k = 1,2,3,\cdots)$. 因边幅为 $c$, 则

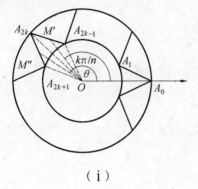

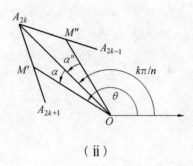

（i） （ii）

图 9.7

$$\angle A_{2k} = \pi - \frac{2c\pi}{n},$$

$$\angle A_{2k-1}A_{2k}O = \angle OA_{2k}A_{2k+1} = \frac{1}{2}\angle A_{2k} = \frac{\pi}{2} - \frac{c}{n}\pi,$$

$$\angle OMA_{2k} = \frac{\pi}{2} + \frac{c}{n}\pi - \alpha.$$

在 $\triangle A_{2k}MO$ 中, 应用正弦定理, 有

$$\frac{|OM|}{\sin(\frac{\pi}{2} - \frac{c}{n}\pi)} = \frac{|OA_{2k}|}{\sin(\frac{\pi}{2} + \frac{c}{n}\pi - \alpha)}.$$

又 $|OM| = \rho$, $|OA_{2k}| = R$. 即得

$$\rho = \frac{R\cos\dfrac{c\pi}{n}}{\cos\dfrac{1}{n}(c\pi - n\alpha)}.$$

再算出 $n\alpha$ 及 $\cos n\alpha = \cos n\theta$, 知 $n\alpha = \arccos(\cos n\theta)$, 代入上式, 即得(3).
反之, 如 $M(\rho,\theta)$ 满足(3), 由正弦定理及

$$\frac{\cos\dfrac{c}{n}\pi}{\cos\dfrac{c-1}{n}}R \leqslant \rho \leqslant R$$

即知 $M$ 必在 $n$ 角星上. 证毕.

易知, 在(3)中取边幅 $c = 1$ 时, 有

**推论 1** 中心在极点 $O$, 一顶点为 $A(R,O)(R > 0)$ 的正多边形方程是

$$\rho = \frac{R\cos\dfrac{\pi}{n}}{\cos\left[\dfrac{1}{n}\arccos(-\cos n\theta)\right]}.$$

即朱慕水老师的正 $n$ 边形方程.

特别地,在(3)中取 $n = 5, c = 2$ 时,有

**推论 2**　中心在极点,一顶点为 $A_0(R,0)$ 的五角星方程为

$$\rho = \frac{R\cos\dfrac{2}{5}\pi}{\cos\dfrac{1}{5}\left[2n - \arccos(\cos 5\theta)\right]}.$$

**习题 9.2**

1.(研究题)举例说明(2)和(3)的应用.

2.(研究题)方程(2)和(3)非常相似,是什么原因决定了(2)是正 $n$ 边形方程,而(3)是正 $n$ 角星方程?

# 9.3　高次绝对值方程

以 $f_i = a_i x + b_i y + c_i = 0 (i = 1,2,\cdots,n)$ 表折线 $A_1A_2\cdots A_n$ 各边所在直线的方程. 如 $b_i > 0$ 且 $\dfrac{a_i}{b_i} < \dfrac{a_{i+1}}{b_{i+1}} (i = 1,2,\cdots,n-1)$ 称折线为上凸折线;如 $b_i > 0$ 且 $\dfrac{a_i}{b_i} > \dfrac{a_{i+1}}{b_{i+1}} (i = 1,2,\cdots,n-1)$ 称折线为下凸折线(如图9.8).

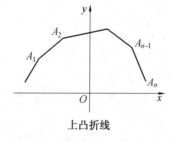

上凸折线

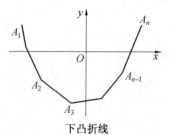

下凸折线

图 9.8

如果用平行于 $z$ 轴的平面去截由平面快构成的曲面 $D$,总得上凸折线,就称

$D$ 为上凸折面;如总得下凸折线,就称 $D$ 为下凸折面.

以下记 $E_x = E(x_1, x_2, \cdots, x_n) = |x_1 \cdots x_n| + |x_1| + \cdots + |x_n|$,称 $E_n$ 为 $n$ 元积和式,则有

**定理 4**(林世保)　如 $n$ 边形 $A_1 A_2 \cdots A_n$ 是由上凸折线 $A_1 A_2 \cdots A_k$ 和下凸折线 $A_k A_{k+1} \cdots A_n A_1$ 弥合而成的,$A_i A_{i+1}$ 所在直线方程为 $f_i = a_i x + b_i y + c_i = 0 (i = 1, 2, \cdots, n, A_{n+1} \equiv A_1)$,则 $n$ 边形 $A_1 A_2 \cdots A_n$ 的方程可表为

$$E(f_1, \cdots, f_n) + \sum_{i=1}^{k-1} f_i - \sum_{j=k}^{n} f_j = 0 \qquad (4)$$

**证明**　如图 9.9,是一个 $n$ 边形,则边上任何一点都满足方程

$$|f_1 \cdots f_n| = 0 \qquad ①$$

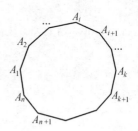

图 9.9

由于 $A_1 A_2 \cdots A_k$ 上凸,而 $A_k A_{k+1} \cdots A_1$ 下凸,故

$$\begin{cases} f_i \leqslant 0 (i = 1, \cdots, k - 1) \\ f_j \geqslant 0 (j = k, k + 1, \cdots, n) \end{cases}.$$

因为非正数与其绝对值之和为 0,非负数与其绝对值之差为 0,则

$$\sum_{i=1}^{k-1} (|f_i| + f_i) = 0 \qquad ②$$

及

$$\sum_{j=k}^{n} (|f_j| - f_j) = 0 \qquad ③$$

① + ② + ③ 即知(4)成立(注意 $E(f_1, f_2, \cdots, f_n)$ 的含义).

一般说来,(4)是二元 $n$ 次一层绝对值方程.

完全类似地证明

**定理 5**(林世保)　在 $O - xyz$ 坐标系中,凸 $n$ 面体($n \geqslant 4$)是由上凸折面 $D_1$ 和下凸折面 $D_2$ 弥合而成,各面方程为 $D_1 : f_i = 0 (i = 1, 2, \cdots, k - 1)$,$D_2 : f_j = 0$ $(j = k, k + 1, \cdots, n)$(其中 $f_i = a_i x + b_i y + c_i z + d_i$),则凸 $n$ 面体方程可表为

$$E(f_1, f_2, \cdots, f_n) + \sum_{i=1}^{k-1} f_i - \sum_{j=k}^{n} f_j = 0 \qquad (5)$$

(4)和(5)的式子"形状"一样,不同的是(4)中的 $f_j = 0$ 是直线方程,而(5)中的 $f_j = 0$ 则为平面方程,且(5)是三元 $n$ 次一层绝对值方程.

[**反思**]　两条定理都只证明了"必要性",即凸多边形或凸多面体的 $n$ 次绝对值方程,必可表为(4)和(5)的形式,反之,形如(4)和(5)的方程,必定分别表示凸多边形和凸多面体吗?显然不是!因为,若所有直线都平行或都汇于一点,(4)就表不出多边形.因此,这里还大有文章可做!

**例**1 已知 $A(0,3),B(0,0),C(4,0)$，求 $\triangle ABC$ 的方程.

**解** 求出直线方程

$AB:x=0;BC:y=0;CA:3x+4y-12=0.$

由图9.10可见

$$\begin{cases} x \geqslant 0 \\ y \geqslant 0 \\ 3x+4y-12 \leqslant 0 \end{cases}.$$

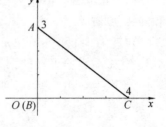

可见，$3x+4y-12=0$ 为"上凸"折线，

$ABC:x=0,y=0$ 为"下凸"折线，方程为

图9.10

$|xy(3x+4y-12)|+|x|+|y|+|4y+3x-12|+(3x+4y-12)-x-y=0,$

即

$|xy(3x+4y-12)|+|x|+|y|+|3x+4y-12|+2x+3y-12=0,$

亦即

$$E(x,y,3x+4y-12)+2x+3y-12=0.$$

**例**2 已知 $A(4,6),B(2,2),C(6,-2),D(8,2)$，求 $\square ABCD$ 的方程.

**解** 分别求出各边直线方程：

$AB:y-2x+2=0,\ BC:y+x-4=0,$

$CD:y-2x+14=0,DA:y+x-10=0.$

$\square ABCD$ 的区域是(图9.11)

$$\begin{cases} y-2x+2 \leqslant 0 \\ y+x-10 \leqslant 0 \\ y+x-4 \geqslant 0 \\ y-2x-14 \geqslant 0 \end{cases}$$

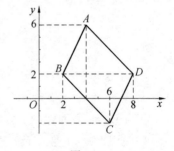

即得 $\square ABCD$ 的方程为

图9.11

$$E(y-2x+2,y+x-10,y+x-4,y-2x-14)-18=0.$$

**例**3 正四面体 $ABCD$ 棱长为1，底面 $BCD$ 中心在坐标原点，$A$ 在 $z$ 正半轴，$CD \parallel x$ 轴，求其方程.

**解** 如图9.12，求得各面方程

$BDC:f_A=z=0,$

$ADC:f_B=3z-6\sqrt{2}y-\sqrt{6}=0,$

$ABC:f_D=3\sqrt{2}x+\sqrt{6}y+\sqrt{3}z-\sqrt{2}=0,$

$ABD:f_C=3\sqrt{2}x-\sqrt{6}y-\sqrt{3}z+\sqrt{2}=0.$

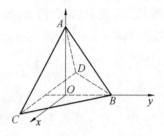

四面体区域为 $f_A \geqslant 0,f_B \leqslant 0,f_C \leqslant 0,f_D \leqslant 0.$

图9.12

从而得四面体 $ABCD$ 的方程为

$$E(f_A, f_B, f_C, f_D) + f_B + f_C + f_D - f_A = 0.$$

**例 4** 求中心为原点,棱长为 2,棱平行于相应坐标轴的正方体的方程.

**解** 如图 9.13,分别求出各面的方程

$$x \pm 1 = 0, y \pm 1 = 0, z \pm 1 = 0,$$

正方体的区域为

$$\begin{cases} x + 1 \geqslant 0, y + 1 \geqslant 0, z + 1 \geqslant 0 \\ x - 1 \leqslant 0, y - 1 \leqslant 0, z - 1 \leqslant 0 \end{cases}.$$

所求正方体的方程为

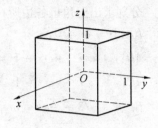

图 9.13

$| (x^2 - 1)(y^2 - 1)(z^2 - 1) | + | x + 1 | + | x - 1 | + | y + 1 | + | y - 1 | + | z + 1 | + | z - 1 | = 6.$

这是关于 $x, y, z$ 轮换对称的方程.

**例 5** 已知 $A(3,5,3), B(2,5,1), C(6,5,0), D(7,5,2), E(1,0,2), F(0,0,0), G(4,0,-1), H(5,0,1)$,求 $pltABCD - EFGH$ 的方程.

**解** 分别求得各面方程为

$EFGH: y = 0, ADCB: y = 5,$

$EFBA: 10x - 3y - 5z = 0,$

$HGCD: 10x - 3y - 5z - 45 = 0,$

$FGCB: 5x - 6y + 20z = 0,$

$EADH: 5x - 6y + 20z - 45 = 0.$

自身空间区域可统一表为

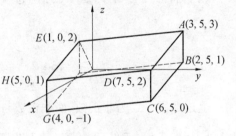

图 9.14

$|y| + |10x - 3y - 5z| + |5x - 6y + 20z| + |y - 5| + |10x - 3y - 5z - 45| + |5x - 6y + 20z - 45| = 95,$

所以 $pltABCD - EFGH$(图 9.14)的方程为

$E(y, 10x - 3y - 5z, 5x - 6y + 20z, y - 5, 10x - 3y - 5z - 45, 5x - 6y + 20z - 45) = 95.$

另外,林世保还获得了正五角星的 5 次绝对值方程.

正五角星 $AFB \cdots J$ 在坐标系中的位置如图 9.15 所示,外接圆半径为 1,作 $EM \perp x$ 轴于 $M, JN \perp y$ 轴于 $N$,连结 $OJ$、$OE$,则 $OE = 1, \angle EOx = \angle OEJ = 18°, \angle yOJ = 36°$,于是

$$EM = NO = \sin 18° = \frac{1}{2}\omega,$$

其中 $\omega = \dfrac{\sqrt{5} - 1}{2}$ 为黄金比.

$$OJ = OH = \frac{ON}{\cos 36^\circ} = \frac{\sin 18^\circ}{\cos 36^\circ} = \frac{\sqrt{5}-1}{4} : \frac{\sqrt{5}+1}{4} = \frac{\sqrt{5}+1}{\sqrt{5}-1} = \frac{(\sqrt{5}-1)^2}{4} =$$
$$\omega^2 = 1 - \omega.$$

分别求出五角星各边所在知心方程为

$BE : 2y - \omega = 0,$

$AD : y + \sqrt{7 + 4\omega}\, x - 1 = 0,$

$AC : y - \sqrt{7 + 4\omega}\, x - 1 = 0,$

$BD : y + \sqrt{3 - 4\omega}\, x - \omega + 1 = 0,$

$EC : y - \sqrt{3 - 4\omega}\, x - \omega + 1 = 0.$

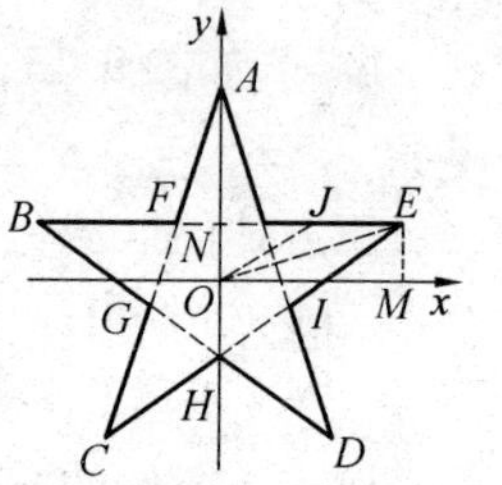

图 9.15

合并之,为五边满足的统一的方程:

$$f(x,y) = (2y - \omega)(y + \sqrt{7 + 4\omega}\, x - 1)(y - \sqrt{7 + 4\omega}\, x - 1)(y +$$
$$\sqrt{3 - 4\omega}\, x - \omega + 1) \cdot (y - \sqrt{3 - 4\omega}\, x + 1) = 0 \qquad (*)$$

又,五角星的边均在环行 $(1 - \omega)^2 \leqslant x^2 + y^2 \leqslant 1$ 之内,而

$$(1 - \omega)^2 \leqslant x^2 + y^2 \leqslant 1 \Leftrightarrow -(\omega - \frac{1}{2}\omega^2) \leqslant x^2 + y^2 - \frac{1}{2}\omega^2 + \omega - 1 \leqslant$$
$$\omega - \frac{1}{2}\omega^2$$

$$\Leftrightarrow |\, 2x^2 + 2y^2 - \omega^2 + 2\omega - 2\,| \leqslant 2\omega - \omega^2$$
$$\Leftrightarrow |\, 2x^2 + 2y^2 - \omega^2 + 2\omega - 2\,| + \omega^2 - 2\omega \leqslant 0.$$

上述最后一式为非正数,而非正数与其绝对值之和为 0,故

$$\zeta\,|\, 2x^2 + 2y^2 - \omega^2 + 2\omega - 2\,| + \omega^2 - 2\omega \,\} + |\, 2x^2 + 2y^2 - \omega^2 + 2\omega - 2\,| +$$
$$\omega^2 - 2\omega = 0$$

把范围条件并入 $(*)$,即得

**定理 5**(林世保)  中心在原点,内接于单位圆,且有一角顶点为 $(0,1)$ 的正五角星方程为

$$f(x,y) + \zeta\,|\, 2x^2 + 2y^2 - \omega^2 + 2\omega - 2\,| + \omega^2 - 2\omega \,\} +$$
$$|\, 2x^2 + 2y^2 - \omega^2 + 2\omega - 2\,| + \omega^2 - 2\omega = 0 \qquad (5)$$

其中 $f(x,y)$ 由 $(*)$ 给出,$\omega = \dfrac{\sqrt{5}-1}{2}$ 为黄金比.

这是一个二元五次二层的绝对值方程,它也是非常复杂的.

**习题 9.3**

1. 求 $\triangle ABC$ 的方程. 其中各顶点分别为 $A(1,2), O(0,0), C(3,0)$.

2. 求四边形 $ABCD$ 的方程. 其各顶点的坐标为 $A(-2,0),B(0,-4),C(2,0),D(0,2)$.

3. 求两圆心在原点,且半径分别为 1 和 2 的两圆组成的圆环的方程.

4. 求长方体 $ABCD-A'B'C'D'$ 的方程. 其中

$$A(1,1,2),\quad B(1,1,-2),C(1,-1,2),\quad D(1,-1,-2),$$
$$A'(-1,1,2),B'(-1,1,-2),C'(-1,-1,2),D'(-1,-1,-2).$$

# 9.4　正多边形与星形方程

在"多边形"一章,我们虽然举例求过其方程,却没有"专门"论述"正多边形",因为它的顶点(坐标)往往很不容易写出,这里,我们把它同正星形一同"正式"研究.

**定理6(林世保、杨学枝)**　设 $n \in N, n \geq 2, 2n$ 边形 $A_1A_2\cdots A_{2n}$ 半径为 $R$,中心在原点,顶点 $A_1$ 位于 $(R,0)$,$A_1,A_2,\cdots,A_n$,按逆时针排列,则这个正 $2n$ 边形 $A_1A_2\cdots A_{2n}$ 的方程为

$$\sum_{k=0}^{n-1} \left| y\cos\frac{k\pi}{n} - x\sin\frac{k\pi}{n} \right| = R\cot\frac{\pi}{2n} \tag{6}$$

为以下证明定理的需要,先给出下述

**引理1**　对于任意正整数 $n$,有

$$1 + 2\sum_{i=1}^{\left[\frac{n-1}{2}\right]} \cos\frac{i\pi}{n} = \begin{cases} \csc\dfrac{\pi}{2n}(n\text{ 为奇数}) \\[2mm] \operatorname{ctg}\dfrac{\pi}{2n}(n\text{ 为偶数}) \end{cases} \tag{④}$$

其中 $\left[\dfrac{n-1}{2}\right]$ 表示 $\dfrac{n-1}{2}$ 的整数部分.

**证明**　注意到三角恒等式

$$\sin\left(k+\frac{1}{2}\right)\frac{\pi}{n} - \sin\left(k-\frac{1}{2}\right)\frac{\pi}{n} = 2\cos\frac{k\pi}{n}\sin\frac{\pi}{2n},$$

其中 $k = 0,1,\cdots,\left[\dfrac{n-1}{2}\right]$.

把以上所得的 $\left[\dfrac{n-1}{2}\right]+1$ 个恒等式相加,得

$$\sin\left(\left[\frac{n-1}{2}\right]+\frac{1}{2}\right)\frac{\pi}{n} + \sin\frac{\pi}{2n} = \sum_{i=0}^{\left[\frac{n-1}{2}\right]} \cos\frac{i\pi}{n} \cdot 2\sin\frac{\pi}{2n},$$

即

$$2 \sum_{i=0}^{\left[\frac{n-1}{2}\right]} \cos \frac{i\pi}{n} - 1 = \frac{\sin\left(\left[\frac{n-1}{2}\right] + \frac{1}{2}\right)\frac{\pi}{n}}{\sin\frac{\pi}{2n}}.$$

因此,有

$$1 + 2 \sum_{i=1}^{\left[\frac{n-1}{2}\right]} \cos \frac{i\pi}{n} = \frac{\sin\left(\left[\frac{n-1}{2}\right] + \frac{1}{2}\right)\frac{\pi}{n}}{\sin\frac{\pi}{2n}}.$$

当 $n$ 为奇数时,设 $n = 2k - 1$,则

$$\frac{\sin\left(\left[\frac{n-1}{2}\right] + \frac{1}{2}\right)\frac{\pi}{n}}{\sin\frac{\pi}{2n}} = \frac{\sin\left(k - 1 + \frac{1}{2}\right)\frac{\pi}{2k-1}}{\sin\frac{\pi}{2n}} = \frac{\sin\frac{\pi}{n}}{\sin\frac{\pi}{2n}} = \csc\frac{\pi}{2n};$$

当 $n$ 为偶数时,设 $n = 2k$,则

$$\frac{\sin\left(\left[\frac{n-1}{2}\right] + \frac{1}{2}\right)\frac{\pi}{n}}{\sin\frac{\pi}{2n}} = \frac{\sin\left(k - 1 + \frac{1}{2}\right)\frac{\pi}{2k}}{\sin\frac{\pi}{2n}} = \frac{\sin\left(\frac{\pi}{2} - \frac{\pi}{4k}\right)}{\sin\frac{\pi}{2n}} = \frac{\cos\frac{\pi}{2n}}{\sin\frac{\pi}{2n}} = \cot\frac{\pi}{2n}.$$

引理得证. 下面证明定理.

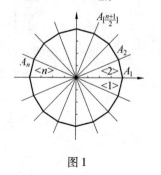

图 1

如右边的"图 1",正 $2n$ 边形 $A_1A_2\cdots A_{2n}$ 的 $2n$ 个顶点均匀的分布在以原点为圆心,$R$ 为半径的圆上, 其各顶点坐标为 $A_{i+1}\left(R\cos\frac{i\pi}{n},\right.$ $\left.R\sin\frac{i\pi}{n}\right)(i = 0,1,2,\cdots,2n-1)$,过原点的对角线 $A_{i+1}A_{n+i+1}(i = 0,1,2,\cdots,n-1)$ 所在的直线方程为

$$y\cos\frac{i\pi}{n} - x\sin\frac{i\pi}{n} = 0.$$

直线 $A_iA_{n+i}$ 把平面分成 $2n$ 个区域,把这 $2n$ 个区域从 $x$ 轴的正半轴开始逆时针方向顺次编号为 $<1>$,$<2>$,$\cdots$,$<2n>$. 不失一般性,取第 $\left[\frac{n+1}{2}\right]$ 个区域进行讨论,在第 $\left[\frac{n+1}{2}\right]$ 区域上(包括边界,下同),有

$$y\cos\frac{i\pi}{n} - x\sin\frac{i\pi}{n} \geqslant 0,$$

其中 $i = 0,1,2,\cdots,\left[\frac{n+1}{2}\right] - 1$;

$$y\cos\frac{i\pi}{n} - x\sin\frac{i\pi}{n} \leqslant 0,$$

其中 $i = [\frac{n+1}{2}], [\frac{n+1}{2}] - 1, \cdots, n - 1.$　　　　　　　（※）

在条件（※）的约束下，方程 ③ 可化为

$$y + 2y\sum_{i=1}^{[\frac{n-1}{2}]} \cos\frac{i\pi}{n} = R\cot\frac{\pi}{2n}(n\text{ 为奇数}); \qquad ⑤$$

及

$$x + y + 2y\sum_{i=1}^{[\frac{n-1}{2}]} \cos\frac{i\pi}{n} = R\cot\frac{\pi}{2n}(n\text{ 为偶数}). \qquad ⑥$$

现证明 ⑤、⑥ 两式仅表示在第 $[\frac{n-1}{2}]$ 区域上的线段 $A_{[\frac{n-1}{2}]}A_{[\frac{n-1}{2}]-1}.$

当 $n$ 为奇数时，应用引理，⑤ 可化为

$$y = R\cos\frac{\pi}{2n};$$

当 $n$ 为偶数时，应用引理，⑥ 可化为

$$x\tan\frac{\pi}{2n} + y = R.$$

显然，以上两式表示的是 $n$ 分别为奇数、偶数时，正 $2n$ 边形的边 $A_{[\frac{n-1}{2}]}A_{[\frac{n-1}{2}]+1}$ 所在的直线方程，在条件（※）约束下，它们就是表示在第 $[\frac{n-1}{2}]$ 区域上的正 $2n$ 边形的边 $A_{[\frac{n-1}{2}]}A_{[\frac{n-1}{2}]+1}$ 的方程.

根据正多边形的对称性，用同样的方法可以证明，分别在区域 $< 1 >$，$< 2 >, \cdots, < 2n >$ 上，③ 式表示正 $2n$ 边形的边 $A_1A_2, A_2A_3, \cdots, A_{2n}A_1.$ 所以方程 ③ 表示的曲线为正 $2n$ 边形 $A_1A_2\cdots A_{2n}.$

妙处在于它是一次一层的方程，二是"| |"中的表达式，有点类似于复数的三角式，且简单明了.

同时，林世保老师证明了正偶边形的另一种形式.

**定理** 7（林世保）　　条件同定理 6，则半径为单位长的正 $2n$ 边形方程为

$$|y| + \frac{1}{2}\sum_{k=1}^{n-1} [(\cot\frac{2k-1}{2n}\pi - \cot\frac{2k+1}{2n}\pi)|x - \cos\frac{k\pi}{n}|] = \cot\frac{\pi}{2n} \quad (7)$$

而对于正奇边形，还有如下

**定理** 8（林世保）　　条件同定理 6，则半径为单位长的正 $2n + 1$ 边形方程为

$$\zeta \tan\frac{\alpha}{2}(x - 1) + |y| \rangle + |y| + \sum_{k=1}^{n-1} \{[(\cot(2k - 1)\alpha - \cot(2k +$$

$$1)\alpha]|x - \cos2k\alpha|)\} + (\csc2\alpha - \tan\frac{\alpha}{2})x + \frac{1}{2}\tan\frac{\alpha}{2} - \frac{3}{2}\cot\alpha = 0 \qquad (8)$$

其中 $\alpha = \dfrac{\pi}{2n+1}$

为证明定理8,我们先证明

引理 2　在直角坐标系中,存在点 $A(1,0)$,$B(\cos 2n\alpha,\sin 2n\alpha)$,$C(\cos(2n+2)\alpha,\sin(2n+2)\alpha)$,则 $\angle BAC$ 的边的方程是

$$\tan\frac{\alpha}{2}(x-1)+|y|=0. \qquad (9)$$

其中 $\alpha = \dfrac{\pi}{2n+1}$. 下同.

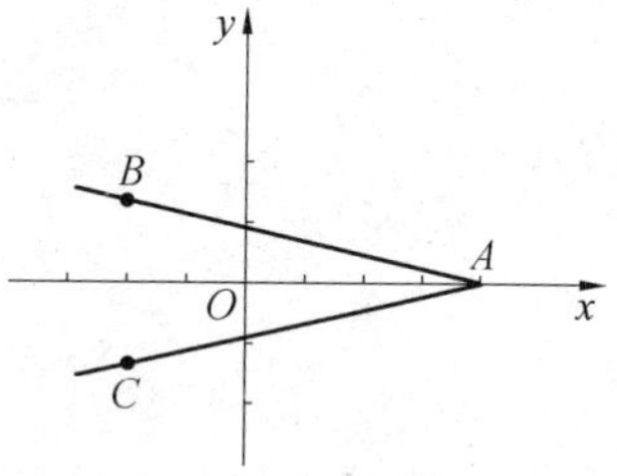

证明　将(4)去掉绝对值后可得

$$\tan\frac{\alpha}{2}(x-1)+y=0 \qquad (10)$$

及

$$\tan\frac{\alpha}{2}(x-1)-y=0 \qquad (11)$$

不难验证上二式表示的是右边的"图2"中直线 $AB$ 和 $AC$ 的方程.

注意到,当 $x>1$ 时,方程(9)的左边两项中有 $|y|\geqslant 0$,$\tan\frac{\alpha}{2}(x-1)>0$,故其之和不能为零,这就是说方程(8)只能表示方程(10)、(11)所表示的两条直线在区域 $x\leqslant 1$ 上的部分,故方程(4)的曲线表示的是 $\angle BAC$ 的边的绝对值方程.

**定理8的证明**　如右边的"图3"(略去多边形的各边),设正 $2n+1$ 边形 $A_0A_1\cdots A_n$ 的各顶点 $A_0,A_1,\cdots,A_n$ 均匀地分布在以原点为圆心,以单位长为半径的圆上,其各顶点的坐标是 $A_i(\cos 2i\alpha,\sin 2i\alpha)$,平行于 $y$ 轴的直线 $A_iA_{2n-i-1}$(约定 $A_0 \equiv A_{2n+1}$)

$$x-\cos 2i\alpha=0\,(i=1,2,\cdots,2n-1) \qquad (12)$$

由于 $A_n$ 与 $A_{n+1}$ 的坐标是 $A_n(\cos 2n\alpha,\sin 2n\alpha)$,$A_{n+1}(\cos(2n+2)\alpha,\sin(2n+2)\alpha)$. 由引理知,$\angle A_nA_0A_{n+1}$ 的边的方程是方程(9).

设直线 $A_{n-1}A_{n+2}$ 与 $A_0A_n$、$A_0A_{n+1}$ 分别相交于 $P$、$Q$ 两点,为此,$y=0$,$\angle A_nA_0A_{n+1}$ 的两边,诸直线 $A_iA_{2n-i-1}$ 可把坐标平面分成 $\triangle A_0PQ$ 及以外的 $2n+2$ 个区域,我们把这 $2n+2$ 个区域从 $x$ 轴的正半轴开始,按逆时针方向顺次编号,分别为 < Ⅰ >、< Ⅱ >、$\cdots$、< $2N+2$ >.

在第 < $N+1$ > 与 < $N+2$ > 区域中,有

图2

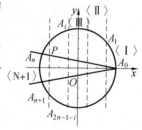

图3

$$< N + 1 >: \begin{cases} y \geqslant 0 \\ \tan \dfrac{\alpha}{2}(x - 1) + |y| \leqslant 0; \\ x - \cos 2i\alpha \leqslant 0 \end{cases} < N + 2 >: \begin{cases} y \leqslant 0 \\ \tan \dfrac{\alpha}{2}(x - 1) + |y| \leqslant 0. \\ x - \cos 2i\alpha \leqslant 0 \end{cases}$$

在上述条件的约束下,方程(7) 同时可化为

$$\left| \tan \frac{\alpha}{2}(x - 1) \right| + \sum_{i=1}^{n-1} \{ [\cot(2i - 1)\alpha - \cot(2i + 1)\alpha] \cdot |x - \cos 2i\alpha| \} +$$

$$[\csc 2\alpha - \tan \frac{\alpha}{2})x + \frac{1}{2}\tan \frac{\alpha}{2} - \frac{3}{2}\cot\alpha = 0.$$

上式恰好同时表示线段 $A_n A_{n+1}$,即图中 $A_n , K , A_{n+1}$ 三点共线. 同理, 分别在区域 $< i > (i = \text{I}, \text{II}, \cdots, 2N + 2)$ 的约束下, 反常(7) 都表示在区域 $< i >$ 上的一条线段, 容易证明, 直线 $x - \cos 2i\alpha = 0$ 与直线 $A_i A_{i+1}$ 及 $A_i A_{i-1}$ 共点于 $A_i$, 为此, 设正多边形方程为

$$\left| \tan \frac{\alpha}{2}(x - 1) + |y| \right| + |y| + \sum_{i=1}^{n-1} |x - \cos 2i\alpha| \cdot k_i + k_n x + k_{n+2} + k_{n+1} y = 0.$$

由于 $\sin i\alpha = \sin(2n - i - 1)\alpha$, 易得 $k_{n+2} = 0$, 所以, 只需将 $A_i$ 的坐标代入所设, 可得方程组

$$\tan \frac{\alpha}{2}(x - 1) + 2\sin i\alpha + \sum_{i=1}^{n-1} |\cos i\alpha - \sin i\alpha| \cdot k_i + \cos i\alpha \cdot k_n + k_{n+1} = 0$$

$$(13)$$

其中 $i = 1, 2, \cdots, n.$

解方程组(13), 得

$$k_i = \cot(2i - 1)\alpha - \cot(2i + 1)\alpha \quad (i = 1, 2, \cdots, n - 1);$$

$$k_n = \csc 2\alpha - \cot \frac{\alpha}{2};$$

$$k_{n+1} = \frac{1}{2}\cot \frac{\alpha}{2} - \frac{3}{2}\cot\alpha.$$

由于正 $2n + 1$ 边形 $A_0 A_1 \cdots A_{2n}$ 是凸多边形, 显然其各边不会落在 $\triangle A_0 PQ$ 的区域上, 而各顶点均匀地分布在图中的圆周上, 所以方程(7) 的曲线是正 $2n + 1$ 边形 $A_0 A_1 \cdots A_{2n}.$

由以上定理, 可推知:

正方形方程: $|x| + |y| = 1$;

正五边形: $\langle (x - 1)\tan 18° + |y| \rangle + |y| + \csc 36° |x - \cos 72°| + x\tan 36°$

$- 2\cos 18° = 0$

正六边形: $|y| + \dfrac{\sqrt{3}}{2} \left( \left| x - \dfrac{1}{2} \right| + \left| x + \dfrac{1}{2} \right| \right) - \sqrt{3} = 0$;

正七边形：

$$\left\{(x-1)\tan\frac{\pi}{14}+|y|\right\}+|y|+\left(\cos\frac{\pi}{7}-\cos\frac{3\pi}{7}\right)\left|x-\cos\frac{2\pi}{7}\right|+\left(\cos\frac{3\pi}{7}-\right.$$

$$\left.\cos\frac{5\pi}{7}\right)\left|x-\cos\frac{4\pi}{7}\right|+\left(\csc\frac{2\pi}{7}-\cot\frac{\pi}{14}\right)x+\frac{1}{2}\tan\frac{\pi}{14}-\frac{3}{7}\cot\frac{\pi}{7}=0;$$

正八边形：$|y|+\left|x+\dfrac{\sqrt{2}}{2}\right|-(\sqrt{2}-1)|x|+\left|x-\dfrac{\sqrt{2}}{2}\right|=\sqrt{2}+1.$

下面介绍李煜钟的方程.

称各边相等,每隔一角的两边相等的多边形为半正多边形. 显然,半正多边形必有偶数条边,如菱形为半正四边形,如图 9.16 所示的都是半正多边形：（ⅰ）为菱形,（2）为半正六边形,其中一凸一凹的称为半正三角星(形),（ⅱ）为半正八边形,它是凹的,特称为半正四角星,（ⅲ）为半正十边形,包含一"胖"、一"瘦"两个五角星. 一般地凹的半正 $2n$ 边形称为 $n$ 角星. 可见,半正多边形是正多边形与正星形折线的综合推广.

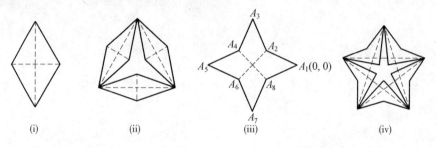

图 9.16

**定理** 9（李煜钟）  若中心在原点的 $2n(n\in\mathbf{N},n\geqslant2)$ 角星 $A_1A_2\cdots A_{4n}$ 的顶点 $A_1,A_2,\cdots,A_{4n}$ 按逆时针排列,$A_1(a,0)(a>0)$ 为其凸顶点（内角 $\angle A_1$ 为劣角）,$\angle OA_1A_2=\theta,\theta\in\left(0,\dfrac{n-2}{2n}\pi\right)$（如图 9.16（ⅲ）),记 $f_i=x\sin\dfrac{i-1}{2n}\pi-y\cos\dfrac{i-1}{2n}\pi(i=1,2,\cdots,2n)$,则这 $2n$ 角星 $A_1A_2\cdots A_{4n}$ 方程为

$$\cos\theta\sum_{i=1}^{n}|f_{2i-1}|-\cos\left(\theta-\frac{\pi}{2n}\right)\sum_{i=1}^{n}|f_{2i}|=a\sin\theta \tag{15}$$

先考虑如下

**引理** 3  若 $\alpha\in[0,\pi),\beta\in\left(0,\dfrac{\pi}{2}\right)$,则方程

① $|x\sin\alpha-y\cos\alpha|+(x\cos\alpha+y\sin\alpha+c)\tan\beta=0$;

② $|x\sin\alpha-y\cos\alpha|-(x\cos\alpha+y\sin\alpha+c)\tan\beta=0$

都表示夹角为 $2\beta$,且关于直线 $x\sin\alpha-y\cos\alpha=0$ 对称的二边折线,而① 在区域

$x\cos\alpha + y\sin\alpha + c \leqslant 0$ 内，② 在区域 $x\cos\alpha + y\sin\alpha + c \geqslant 0$ 内.

**引理4** 记 $S_P = \sum_{i=1}^{P} \sin\frac{2i-1}{2n}\pi, C_P = \sum_{i=1}^{P} \cos\frac{2i-1}{2n}\pi, S'_P = \sum_{i=1}^{P} \sin\frac{i-1}{n}\pi,$

$C'_P = \sum_{i=1}^{P} \cos\frac{i-1}{n}\pi$，则如下等式成立：

①$S_n - 2S_k = \dfrac{\cos\dfrac{k\pi}{n}}{\sin\dfrac{\pi}{n}};$ ②$C_n - 2C_k = -\dfrac{\sin\dfrac{k\pi}{n}}{\sin\dfrac{\pi}{2n}};$

③$S'_n - 2S'_k - \sin\dfrac{k\pi}{n} = \cot\dfrac{\pi}{2n}\cos\dfrac{k\pi}{n};$ ④$C'_n - 2C'_k - \cos\dfrac{k\pi}{n} = \cot\dfrac{\pi}{2n}\sin\dfrac{k\pi}{n}$

证明可用熟知的公式

$$\sum_{i=1}^{n} \sin[\theta + (i-1)\alpha] = \frac{\sin\dfrac{n-1}{2}\alpha\sin(\theta + \dfrac{n}{2}\alpha)}{\sin\dfrac{\alpha}{2}},$$

$$\sum_{i=1}^{n} \cos[\theta + (i-1)\alpha] = \frac{\sin\dfrac{n-1}{2}\alpha\cos(\theta + \dfrac{n}{2}\alpha)}{\sin\dfrac{\alpha}{2}}.$$

定理的证明：

记星形中的二边折线段 $A_{2j}A_{2j+1}A_{2j+2}(j = 0,1,\cdots,2n-1, A_0 \equiv A_{4n})$ 为 $T_j$. 设

$g_{2k+1} = x\cos\dfrac{k\pi}{n} + y\sin\dfrac{k\pi}{n}(k = 0,1,\cdots,2n-1)$，则

$T_0,\cdots,T_{n-1}$ 所在的二边折线的方程依次是

$\quad |f_{2k+1}| + \tan\theta(g_{2k+1} - a) = 0(k = 0,1,\cdots,n-1)$ (14.1)

$T_n,\cdots,T_{2n+1}$ 所在的二边折线方程依次是

$\quad |f_{2k+1}| - \tan\theta(g_{2k+1} + a) = 0(k = 0,1,\cdots,n-1)$ (14.2)

在定理条件下，(9) 等价于（两边除以 $\cos\theta \neq 0$）

$$\sum_{i=1}^{n} |f_{2i-1}| + (\sin\dfrac{\pi}{2n}\tan\theta - \cos\dfrac{\pi}{2n})\sum_{i=1}^{n} |f_{2i}| = a\tan\theta \quad (14')$$

下面考察 (14').

汇于原点 $O$ 的 $n$ 条直线 $f_{2j} = 0(j = 0,1,\cdots,n)$ 将平面划分为 $2n$ 个相等的角区域（含边界），每个域内都含有 $2n$ 角星的一个"角"（二边折线段）$T_j$，记 $T_j$ 所在区域为 $G_j$. 在

$$G_k\begin{cases}f_1 \leqslant 0, f_2 \leqslant 0,\cdots, f_{2k} \leqslant 0 \\ f_{2k+2} \geqslant 0, f_{2k+3} \geqslant 0,\cdots, f_{2n} \geqslant 0\end{cases},$$

$(0 \leqslant k \leqslant n-1)$ 内，(15') 等价于

$$|f_{2k+1}| - \sum_{i=1}^{k} f_{2i-1} + \sum_{i=k+2}^{n} f_{2i-1} + (\sin\frac{\pi}{2n}\tan\theta - \cos\frac{\pi}{2n})(-\sum_{i=1}^{k} f_{2i} + \sum_{i=k+1}^{n} f_{2i} =$$

$$a\tan\theta \qquad\qquad\qquad\qquad\qquad\qquad\qquad\qquad\qquad (*)$$

由引理 2, 有

$$-\sum_{i=1}^{k} f_{2i} + \sum_{i=k+1}^{n} f_{2i} = \sum_{i=1}^{n} f_{2i} - 2\sum_{i=1}^{k} f_{2i} = g_{2k+1};$$

$$-\sum_{i=1}^{k} f_{2i-1} + \sum_{i=k+2}^{n} f_{2i-1} = \sum_{i=1}^{n} f_{2i-1} - 2\sum_{i=1}^{k} f_{2i-1} - f_{2k+1} = \cot\frac{\pi}{2n}g_{2k+1}.$$

故 $(*)$ 等价于

$$|f_{2k+1}| + \cot\frac{\pi}{2n}g_{2k+1} + (\sin\frac{\pi}{2n}\tan\theta - \cos\frac{\pi}{2n})\cdot\frac{g_{2k+1}}{\sin\frac{\pi}{2n}} = |f_{2k+1}| + g_{2k+1}\tan\theta =$$

$a\tan\theta.$

即等价于 (15.1) 式. 同样讨论可知, 在区域

$$G_{n+k}\begin{cases} f_1 \geqslant 0, \cdots, f_{2k} \geqslant 0 \\ f_{2k+2} \leqslant 0, f_{2k+3} \leqslant 0, \cdots, f_{2n} \leqslant 0 \end{cases}$$

$(0 \leqslant k \leqslant n-1)$ 内, $(15')$ 等价于 (9.2).

因此, 在 $G_j$ 条件约束下, $(15')$ 表示二边折线在 $G_j$ 内的部分, 即 $T_j(j = 0, 1, \cdots, 2n)$, 可见, $(15')$ 从而 (15) 的曲线就是 $2n$ 角星.

[说明]　定理的条件 $\theta \in (0, \frac{n-2}{2n})$ 保证了 $A_2, A_4, \cdots, A_{4n}$ 都是凹顶点. 事实上, 因 $\theta$ 是半顶角, 则 $\angle A_1 A_2 A_3 = \frac{2\pi}{n} + 2\theta$ (形外角). 当 $\theta < \frac{n-2}{2n}$ 时, $\angle A_1 A_2 A_3 < \frac{2\pi}{n} + 2\cdot\frac{n-2}{2n} = \pi$, 即 $A_2$ 在 $A_1 A_3$ 之内, 也说明, 当 $\theta = \frac{n-2}{2n}\pi$ 时, $2n$ 角星退化为正 $2n$ 边形 $A_1 A_3 A_5 \cdots A_{4n-1}$. 另外, 条件中还包含 $\theta = \frac{n-4}{6n}\pi$ 的情形, 这时它是正 $2n$ 角星, 当 $\theta \in (0, \frac{n-4}{6n}\pi)$ 时, 它是"瘦"星形, $\theta \in (\frac{n-4}{6n}\pi, \frac{n-2}{2n}\pi)$ 时, 它是"胖"星形.

**定理 10** (李煜钟)　条件同定理 9, 补记 $g_i = x\cos\frac{i-1}{2n+1}\pi - y\sin\frac{i-1}{2n+1}\pi$, $f_i = x\sin\frac{i-1}{2n+1}\pi - y\cos\frac{i-1}{2n+1}\pi$, $F_i = |f_i| + (-1)^i g_i \tan\frac{\pi}{2n+1}$, 则一个 $2n+1$ 角星方程为

$$\cos\theta \sum_{i=1}^{2n+1} |f_i| - \cot\frac{\pi}{2n+1}\sin\frac{\pi}{4n+2}\cos(\theta + \frac{\pi}{4n+2})\sum_{i=1}^{2n+1} (|F_i + |f_i||) = a\sin\theta$$

$$(15)$$

绝对值方程

**证明**　类似定理 9 的证明.

## 习题 9.4

1. (研究题) 试证: 在(6) 式中, 当 $n \to \infty$ 时, 方程(6) 可化为 $x^2 + y^2 = R^2$.
2. (研究题) 说明定理(9) 的证明思路, 并严格证明定理(10).

# 9.5　双圆四边形方程

既有内切圆, 又有外接圆的四边形叫做双圆四边形, 一个四边形成为双圆四边形的充要条件是: 它有内切圆, 且对边切点连线互相垂直(图 9.17), 那么, 就以它的对边切点连线为轴建立直角坐标系. 符号如图中所示, 设

$| OA_1 | = v, | OB_1 | = n, | OC_1 | = u, | OD_1 | = m.$

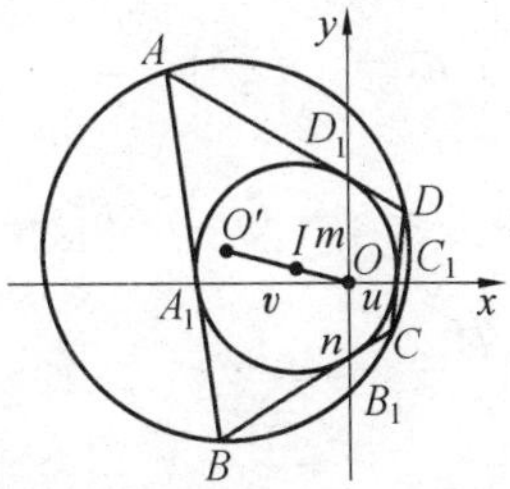

记

$e = m + n, f = u + v,$

$e_1 = n - m, f_1 = v - u.$

图 9.17

因 $A_1, B_1, C_1, D_1$ 为四边形 $ABCD$ 内切圆 $I$ 与各边的切点, 故 $mn = uv$, 设四边形 $ABCD$ 外接圆为 $\odot(O', R)$.

先证几条引理.

**引理 1**　设 $\triangle_1 = \dfrac{1}{2}(mv + un), \triangle_2 = \dfrac{1}{2}(mu + vn)$, 则

$$\sin A = \frac{mn}{\triangle_1}, \sin B = \frac{mn}{\triangle_2} \qquad ①$$

**证明**　由于 $\sin\angle D_1 C_1 O = \sin\angle AD_1 A_1 = \dfrac{m}{\sqrt{m^2 + u^2}}, \cos\angle AD_1 A_1 =$

$\dfrac{u}{\sqrt{m^2 + n^2}}$, 但切线 $AD_1 = AA_1$, 故

$$\sin A = \sin(180° - 2\angle AD_1 A_1) = \sin 2\angle AD_1 A_1 = \frac{2mu}{m^2 + u^2}.$$

因为 $mn = uv$,

所以 $m^2 n + nu^2 = muv + nu^2, n(m^2 + u^2) = u(mv + nu)$.

257

所以 $\sin A = \dfrac{2mu}{m^2 + u^2} = \dfrac{2mn}{mv + un} = \dfrac{mn}{\dfrac{1}{2}(mv + un)} = \dfrac{mn}{\triangle_1}$.

同理, $\sin B = \dfrac{mn}{\triangle_2}$.

**引理2** 设 $\triangle$ 为双圆四边形 $ABCD$ 的切点四边形 $A_1 B_1 C_1 D_1$ 的面积, $r$ 为 $\odot I$ 即 $\odot A_1 B_1 C_1 D_1$ 的半径,则

$$\triangle = r^2(\sin A + \sin B) \qquad ②$$
$$mn = r^2 \sin A \sin B \qquad ③$$

**证明** 由 $A_1(-v,0)$, $B_1(0,-n)$, $C_1(u,0)$, $D_1(m,0)$ 可知 $I$ 坐标为 $I(-\dfrac{e_1}{2}, -\dfrac{f_1}{2})$,从而

$$r^2 = |C_1 I|^2 = \left(u - \dfrac{u-v}{2}\right)^2 + \left(\dfrac{m-n}{2}\right)^2 = \dfrac{1}{4}(m^2 + n^2 + u^2 + v^2 - 2mn + 2uv) = \dfrac{1}{4}(m^2 + n^2 + u^2 + v^2) \ (因为\ mn = uv). \qquad ④$$

因为

$$\sin A \sin B = \dfrac{mn \cdot mn}{\triangle_1 \triangle_2} \qquad ⑤$$

而

$$\triangle_1 \triangle_2 = \dfrac{1}{2}(mv + nu) \cdot \dfrac{1}{2}(mu + nv) = \dfrac{1}{4}(m^2 uv + mnv^2 + mnu^2 + n^2 uv) = \dfrac{1}{4}mn(m^2 + n^2 + u^2 + v^2) \ (因为\ mn = uv)$$

所以 $$\triangle_1 \triangle_2 = mnr^2 \qquad ⑥$$

由 ⑤, $\sin A \sin B = \dfrac{mn}{r^2}$,可见 ③ 成立.

又由 $\triangle_1$ 与 $\triangle_2$ 的含义(分别为 $\triangle A_1 O D_1$ 与 $\triangle C_1 O B_1$ 的面积),即知 $\triangle = \triangle_1 + \triangle_2$,而

$$\sin A + \sin B = \dfrac{mn}{\triangle_1} + \dfrac{mn}{\triangle_2} = mn \cdot \dfrac{\triangle_1 + \triangle_2}{\triangle_1 \triangle_2} = mn \cdot \dfrac{\triangle}{mnr^2} = \dfrac{\triangle}{r^2},$$

可见 ② 成立.

**引理3** 在双圆四边形 $ABCD$ 中,有

$$m = 2r\sin\dfrac{A}{2}\sin\dfrac{B}{2}, n = 2r\cos\dfrac{A}{2}\cos\dfrac{B}{2}, u = 2r\cos\dfrac{A}{2}\sin\dfrac{B}{2},$$

$$v = 2r\sin\dfrac{A}{2}\cos\dfrac{B}{2}.$$

绝对值方程

258

**证明**  由 $e^2f^2 = (ef)^2 = 4\triangle^2 = 4r^4(\sin A + \sin B)^2$,

$$e^2 + f^2 = (m + n)^2 + (u + v)^2$$
$$= m^2 + n^2 + u^2 + v^2 + 4mn(\text{因为 } mn = uv)$$
$$= 4(r^2 + mn)(\text{由 ④})$$
$$= 4r^2(1 + \sin A + \sin B)(\text{由 ③})$$

由韦达定理, $e^2$ 和 $f^2$ 是方程

$$x^2 - 4r^2(1 + a - \sin A + \sin B)x + 4r^4(\sin A + \sin B)^2 = 0$$

的两个根, 解得

$$x_{1,2} = 2r^2(1 + \sin A\sin B \pm \cos A\cos B).$$

由对称性, 不妨取

$$e^2 = 2r^2(1 + \sin A\sin B + \cos A\cos B), f^2 = 2r^2(1 + \sin A\sin B - \cos A\cos B).$$

所以

$$m + n = e = \sqrt{2}r\sqrt{1 + \cos(A - B)}.$$

又 $mn = r^2\sin A\sin B$, 知 $m, n$ 是方程

$$y^2 - \sqrt{2}r\sqrt{1 + \cos(A - B)}y + r^2\sin A\sin B = 0$$

的根, 解得

$$y_{1,2} = r(\cos\frac{A - B}{2} \pm \cos\frac{A + B}{2}),$$

由对称性, 不妨取

$$m = y(\cos\frac{A - B}{2} + \cos\frac{A + B}{2}) = 2r\sin\frac{A}{2}\sin\frac{B}{2},$$

$$n = 2r\cos\frac{A}{2}\cos\frac{B}{2}.$$

类似知

$$u = 2r\cos\frac{A}{2}\sin\frac{B}{2}, u = 2r\sin\frac{A}{2}\cos\frac{B}{2}.$$

**定理 11**(林世保)  如图 9.17 建立坐标系, 则双圆四边形 $ABCD$ 的方程是

$$\frac{1}{\sin A + \sin B}(\sin A \mid g' \mid + \sin B \mid g \mid) + g = r\sin A\sin B \qquad (11)$$

其中 $g = x\cos\frac{A + B}{2} + y\sin\frac{A - B}{2}, g' = x\sin\frac{A + B}{2} - y\cos\frac{A - B}{2}.$

**证明**  如图 9.17, 易求 $AC, BD$ 的方程为

$$AC:ey + fx = 0, BD:ey - fx = 0 \qquad ⑦$$

则四边形方程为

$$\mid ey + fx \mid \cdot k_2 + \mid ey - fx \mid \cdot k_1 + x \cdot k_3 + y \cdot k_4 = 0 \qquad ⑧$$

设 $\angle D_1A_1O = \alpha, \angle B_1A_1O = \beta$, 则 $\tan\alpha = \dfrac{m}{v}, \tan\beta = \dfrac{n}{v}, \alpha + \beta =$

$$\arctan\frac{m}{v}+\arctan\frac{n}{v} = \arctan\frac{\dfrac{m}{v}+\dfrac{n}{v}}{1-\dfrac{mn}{v^2}} = \arctan\frac{m+n}{v-u} \quad (\text{因为 } mn = uv).$$

由弦切角定理: $\angle DD_1B_1 = \angle D_1A_1B_1 = \alpha + \beta$,知

$$\tan\angle DD_1O = \tan\angle DD_1B_1 = \tan(\alpha+\beta) = \frac{m+n}{v-u}.$$

故 $AD$ 的方程为

$$y = x\cot\angle DD_1O + m = \frac{v-u}{m+n}x + m,$$

即

$$ey + f_1x = me \quad (e = m+n, f_1 = u-v),$$

与 ⑦ 中 $AC$ 的方程联立,可得 $A$ 点的坐标为

$$A\left(-r\cos\frac{A-B}{2}\tan\frac{A}{2}, r\sin\frac{A+B}{2}\tan\frac{A}{2}\right).$$

同理,可求 $B,C,D$ 的坐标为

$$B\left(-r\cos\frac{A-B}{2}\cot\frac{B}{2}, -r\sin\frac{A+B}{2}\cot\frac{B}{2}\right) \qquad (*)$$

$$C\left(r\cos\frac{A-B}{2}\cot\frac{A}{2}, -r\sin\frac{A+B}{2}\cot\frac{A}{2}\right),$$

$$D\left(r\cos\frac{A-B}{2}\tan\frac{B}{2}, r\sin\frac{A+B}{2}\tan\frac{B}{2}\right).$$

把 $A,B,C,D$ 的坐标代入 ⑧,即可解得

$$k_1 = \frac{1}{2r^2\sin A(\sin A + \sin B)}, \qquad k_2 = \frac{1}{2r^2\sin B(\sin A + \sin B)}$$

$$k_3 = \frac{\cos\dfrac{A+B}{2}}{r(\sin A + \sin B)}, \qquad k_4 = \frac{\cos\dfrac{A-B}{2}}{r(\sin A + \sin B)}$$

分别把 $k_1, k_2, k_3, k_4$ 代入 ⑧,即得(11).

还可以求出双圆四边形的几个"构件"的方程.

I. 切点四边形的方程为

$$\sin\frac{A+B}{2}|x| + \cos\frac{A-B}{2}|y| + x\sin\frac{A-B}{2} + y\cos\frac{A+B}{2} = r\sin A\sin B$$

$$\tag{12}$$

**证明** 设 $A_1B_1C_1D_1$ 方程为(因其对角线方程为 $x = 0, y = 0$)

$$k_1|x| + k_2|y| + k_3x + k_4 = 0 \qquad\qquad ⑨$$

把 $A_1, A_2, A_3, A_4$ 各点坐标代入,可解出

$$k_1 = \frac{f}{2uv}, k_2 = \frac{e}{2mn}, k_3 = \frac{f_1}{2uv}, k_4 = \frac{e_1}{2mn}.$$

把上四式再代入 ⑨,注意 $mn = uv$,可化为

$$f|x| + e|y| + f_1 x + e_1 y = 2mn \qquad\qquad ⑩$$

由引理 3 各式,不难求得

$$f = 2r\sin\frac{A+B}{2}, e = 2r\cos\frac{A-B}{2}, f_1 = 2r\sin\frac{A-B}{2}, e_1 = 2r\cos\frac{A+B}{2}.$$

代入 ⑩,即得(12).

Ⅱ. 内切圆 $(I,r)$ 方程为

$$x^2 + y^2 + f_1 x + e_1 y = mn \qquad\qquad (13)$$

**证明** 如图 9.17,圆心坐标为 $I(-\frac{f_1}{2}, -\frac{e_1}{2})$,故其方程为(13).

Ⅲ. 外接圆 $(O',R)$ 方程为

$$\frac{4mn}{e^2+f^2}(x^2+y^2) + f_1 x + e_1 y = mn \qquad\qquad (14)$$

**证明** 由定理 11 证明过程中的( $*$ )(式或解边和对角线构成的方程组)不难求出

$$A(-\frac{em}{2u}, \frac{fm}{2u}), B(-\frac{ev}{2m}, -\frac{fv}{2m}).$$

设 $\odot O'$ 的圆心坐标为 $O'(x,y)$,$|OA| = |OB|$,得

$$(x+\frac{em}{2u})^2 + (y-\frac{fm}{2u})^2 = (x+\frac{ev}{2m})^2 + (y+\frac{fv}{2m})^2.$$

化简整理,应用 $mn = uv, e = m+n, f = u+v$,得

$$(n-m)x - (u+v)y = \frac{1}{4}(e^2+f^2)\frac{m-n}{u}.$$

同理,由 $|OC| = |OD|$,得

$$-(n-m)x - (u+v)y = \frac{1}{4}(e^2+f^2)\frac{m-n}{v}.$$

两方程联立,可求 $O'(x,y)$ 的坐标为

$$O'(-\frac{f_1(e^2+f^2)}{8mn}, -\frac{e_1(e^2+f^2)}{8mn}).$$

从而求出

$$R^2 = O'A^2 = (-\frac{em}{2u} + \frac{(e^2+f^2)f_1}{8mn})^2 + (\frac{fm}{2u} + \frac{(e^2+f^2)e_1}{8mn})^2$$

$$= \frac{1}{64m^2n^2}(m^2+n^2+u^2+v^2)(e^2+f^2).$$

应用圆方程的公式,代入,注意 $e = m+n, f = u+v, e_1 = n-m, f_1 = v-u$,

$mn = uv$,化简即得(14).

Ⅳ. 各边、对角线方程为

$AB:fx - e_1y = - vf,BC:f_1x - ey = ne,CD:fx + e_1y = uf,DA:f_1x + ey = me,$

$AC:ey + fx = 0,BD:ey - fx = 0$ 　　　　　　　　　　　　　　(15)

边长:$a = \dfrac{er}{u},b = \dfrac{fr}{m},c = \dfrac{er}{v},d = \dfrac{fr}{n}$.

将方程按区域展开,应用引理 3 可得,从顶点坐标也可算出.

最后,我们指出,如果双圆四边形 $ABCD$ 的切点四边形有内切圆,则称四边形 $ABCD$ 为"三圆四边形". 我们已证得:四边形 $ABCD$ 为三圆四边形的充要条件是如下的 $T_1,T_2$ 之一:

$$T_1:\sin A + \sin B = 4\sin A\sin B;$$

$$T_2:m = a,n = b,u = \sqrt{ab},v = \sqrt{ab}.$$

### 习题 9.5

1. (研究题) 证明:四边形 $ABCD$ 为三圆四边形 $\Leftrightarrow T_1 \Leftrightarrow T_2$.

# 9.6　凸多边形区域方程

本节我们介绍肖运鸿的工作.

以 $G$ 表示平面上凸多边形区域,则显然,平面上任一点 $P \in G$ 的充要条件是 $P$ 在所有边所在直线的同侧(即对 $G$ 为凸 $n$ 边形 $A_1A_2\cdots A_n$ 来说,当我们沿着 $A_1 \to A_2 \to \cdots \to A_n \to A_1$ 方向,或相反方向前进时,$P$ 始终在我们同侧),另外,对平面上任一条直线 $f = ax + by + c = 0$ 来说,规定平面上点 $P$ 在 $f = 0$ 上时,可看作任一侧,则任两点 $P_1,P_2$ 在 $f = 0$ 同侧的充要条件是 $f(P_1)f(P_2) \geqslant 0$,将要用到如下记号(称为符号函数):

$$\text{sgn } a = \begin{cases} + 1,a \geqslant 0 \\ - 1,a \leqslant 0 \end{cases}.$$

**定理** 12(肖运鸿)　设凸 $n$ 边形 $A_1A_2\cdots A_n$ 的边 $A_iA_{i+1}$ 所在直线方程为 $f_i = a_ix + b_iy + c_i = 0(i = 1,2,\cdots,n,A_{n+1} \equiv A_1)$,$P_0(x_0,y_0)$ 为其内或边上的点,记 $Sgnf_i(x_0,y_0) = d_i$,则凸 $n$ 边形区域 $A_1A_2\cdots A_n$ 的方程为

$$\sum_{i=1}^{n} |f_i(x,y)| = \sum_{i=1}^{n} d_if_i(x,y) \tag{16}$$

**证明**　设 $P(x,y) \in$ 凸 $n$ 边形 $A_1A_2\cdots A_n$,则 $P$ 必与 $P_0$ 在各边 $f_i = 0$ 同侧,

从而 $f_i(x,y)$ 与 $f_i(x_0,y_0)$ 同号,即 $d_if_i \geqslant 0$,从而 $|f_i| = |d_if_i| = d_if_i(i = 1,2\cdots,n)$,可见(16)成立.

反之,设 $P(x,y)$ 满足(16),则有
$$\sum_{i=1}^{n} [|f_i(x,y)| - d_if_i(x,y)] = 0.$$

由于 $d_i = \pm 1$,故 $|f_i(x,y)| - d_if_i(x,y) \geqslant 0$,于是
$$d_if_i(x,y) = |f_i(x,y)| \geqslant 0.$$

可见,$f_i(x_0,y_0)f_i(x,y) \geqslant 0$,即 $P(x,y)$ 与 $P_0(x_0,y_0)$ 在所有直线 $f_i = 0(i = 1,2,\cdots,n)$ 同侧,面 $P_0$ 在凸 $n$ 边形 $A_1A_2\cdots A_n$ 上(边上或内部),故 $P(x,y)$ 亦然. 证毕.

**例1**　已知 $\triangle ABC$ 的三边方程为 $x + y + 1 = 0, x - y = 0, 2x + 3y - 1 = 0$,求 $\triangle ABC$ 的方程.

**解**　记 $f_1 = x + y + 1, f_2 = x - y, f_3 = 2x + 3y - 1$,

取 $P_0(-\frac{1}{2},0)$ 为 $\triangle ABC$ 一内点(图9.18),则

$$d_1 = Sgnf_1(-\frac{1}{2},0) = Sgn\frac{1}{2} = 1;$$

$$d_2 = Sgnf_2(-\frac{1}{2},0) = Sgn(-\frac{1}{2}) = -1;$$

$$d_3 = Sgnf_3(-\frac{1}{2},0) = Sgn(-2) = -1;$$

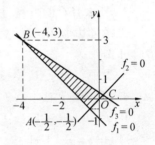

图9.18

从而知 $\triangle ABC$ 的方程为
$$|f_1| + |f_2| + |f_3| = f_1 - f_2 - f_3,$$

即
$$|x + y + 1| + |x - y| + |2x + 3y - 1| = -2x - y + 2.$$

在同一时期,广东的吴永中和安徽的孙大志,研究了闭凸区域和凸几何体的绝对值方程. 为了处理 $f_i(x,y)$ 同 $f_i(x_0,y_0)((x_0,y_0)$ 为闭凸区域上任一点)符号一致的问题,他们采用的是化成"标准方程"的方法,即为了使 $f_i(x,y)$ 同 $f_i(x_0,y_0)$ 符号相同,在方程 $f(x,y) = 0$ 上乘一个适当的参数 $k \neq 0$,方程化为 $kf(x,y) = 0$,这个想法同肖运鸿的想法完全是一致的. 但肖运鸿的符号函数法显得更巧妙和易行. 按他们的思想方法,即可写出凸多面体区域方程.

**定理13**（孙大志、吴永中、肖运鸿）　设凸多面体区域 $G$ 的面所在的平面方程为 $f_i = a_ix + b_iy + c_iz + d_i = 0(i = 1,2,\cdots,n, n \in \mathbb{N}, n \geqslant 4)$,$P_0(x_0,y_0,z_0)$ 为 $G$ 上一点,记 $Sgnf_i(x_0,y_0,z_0) = d_i$,则 $G$ 的方程为
$$\sum_{i=1}^{n} |f_i| = \sum_{i=1}^{n} d_if_i \tag{17}$$

263

例如,

$$| x + 1 | + | x - 1 | + | y + 1 | + | y - 1 | + | z + 1 | + | z - 1 | = 6$$

就是个正方体区域的方程,而

$$| x + y + z - 1 | + | - x + y + z - 1 | + | - x - y + z - 1 | +$$
$$| x - y + z - 1 | + | x + y - z - 1 | + | - x + y - z - 1 | + | - x - y - z - 1 | +$$
$$| x - y - z - 1 | = 8$$

为正八面体区域的方程,而后者写成

$$| x + y + z + 1 | + | x + y + z - 1 | + | x + y - z + 1 | + | x + y - z - 1 | +$$
$$| x - y - z + 1 | + | x - y - z - 1 | + | x - y + z + 1 | + | x - y + z - 1 | = 8$$

也是一样的,关键在于"用符号函数法",把每个 $f_i = 0$ 化为"标准方程".

## 习题 9.6

1. 求 $\triangle ABC$ 的方程. 其中 $A(0,3)$, $B(-2,0)$, $C(2,0)$.

2. 求四边形 $ABCD$ 的面的方程. 其中 $A(-1,1)$, $B(-2,-2)$, $C(2,-2)$, $D(1,1)$.

3. 求中心为原点,棱长为2,各棱平行于相应坐标轴的正方体的体的方程.

4. (研究题) 在本章9.3中例4求得如上题所述的正方体面的方程为

$$| (x + 1)(y + 1)(z + 1)(x - 1)(y - 1)(z - 1) | + | x + 1 | + | y + 1 | +$$
$$| z + 1 | + | x - 1 | + | y - 1 | + | z - 1 | = 6.$$

比较第3题的结果,试证明

设凸 $n$ 边形 $A_1 A_2 \cdots A_n$ 的边 $A_i A_{i+1}$ 所在直线方程为 $f_i = a_i x + b_i y + c_i = 0$ $(i = 1, 2, \cdots, n, A_{n+1} \equiv A_1)$, $P_0(x_0, y_0)$ 为其内或边上的点,记 $Sgn f_i(x_0, y_0) = d_i$,则凸 $n$ 边形 $A_1 A_2 \cdots A_n$ 的方程为

$$\prod_{i=1}^{n} | f_i(x, y) | + \sum_{i=1}^{n} | f_i(x, y) | = \sum_{i=1}^{n} d_i f_i(x, y).$$

# 9.7　复平面上的绝对值方程

复数与轨迹有密切联系,山东张世敏深入研究复数运算的几何意义,获得了若干重要结果.

### 1. 光滑曲线的绝对值方程

由于复数的绝对值(模)表示复平面上两点间的距离. 由此,不难得到按距离与轨迹定义的曲线方程,如下是是大家熟悉的结果. 约定:复数 $z_i$ 对应的点为

$Z_j$,则

(1) $\odot(Z_0,r)$: $|z-z_0|=r$;

(2) 线段 $Z_1Z_2$: $|z-z_1|+|z-z_2|=|z_1-z_2|$;

(3) 椭圆: $|z-z_1|+|z-z_2|=a$($Z_1,Z_2$ 为不同的点,$a>|z_1-z_2|$为长轴长);

(4) 直线: $|z-z_1|=|z-z_2|$(线段 $Z_1Z_2$ 的中垂线);

(5) 射线: $|z-z_1|-|z-z_2|=|z_1-z_2|$(射线 $Z_1Z_2$);

(6) 双曲线 $\{|z-z_1|-|z-z_2|\}=a$;

以上曲线的统一复数方程为

$$|z-z_1|\pm|z-z_2|=a(a\geqslant 0).$$

## 2. 多边形的绝对值方程

(1) $\triangle Z_1Z_2Z_3$ 的方程为

$$\sum_{i=1}^{2}\{|z-z_i|+|z-z_{i+1}|-|z-z_{i+1}|\}+|z-z_3|+|z-z_1|-|z_1-z_3|=0$$

(18)

(2) 四边形 $Z_1Z_2Z_3Z_4$ 的方程为

$$\sum_{i=1}^{3}\{|z-z_i|+|z-z_{i+1}|-|z-z_{i+1}|\}+|z-z_3|+|z-z_1|-|z_1-z_3|=0$$

(19)

(3) 设 $n\in N,n\geqslant 3$,则 $n$ 边形 $Z_1Z_2\cdots Z_n$ 的方程为

$$\sum_{i=1}^{n-1}\{|z-z_i|+|z-z_{i+1}|-|z_i-z_{i+1}|\}+|z-z_3|+|z-z_1|-|z_1-z_3|=0$$

(20)

## 3. 开折线的方程

**定理**(张世敏)  设折线 $Z_1Z_2\cdots Z_n$ 各顶点依次对应复数 $z_1,z_2,\cdots,z_n$,则开折线:

(1) $Z_1$ 与 $Z_n$ 为端点时,方程为

$$\prod_{i=1}^{n-1}(|z-z_i|+|z-z_{i+1}|-|z_i-z_{i+1}|)=0;$$

(2) 如 $Z_2Z_1$ 为射线,则其方程为

$$\prod_{i=2}^{n-1}(|z-z_i|+|z-z_{i+1}|-|z_i-z_{i+1}|)(|z-z_2|-|z-z_1|-|z_2-z_1|)=0.$$

如 $Z_{n-1}Z_n$ 为射线,则其方程为

$$\prod_{i=2}^{n-1}(|z-z_i|+|z-z_{i+1}|-|z_i-z_{i+1}|)(|z-z_{n-1}|-|z-z_n|-|z_{n-1}-z_n|)=0.$$

(3) 若两端都是射线,方程为

$$\prod_{i=2}^{n-1}(\mid z - z_i \mid + \mid z - z_{i+1} \mid - \mid z_i - z_{i+1} \mid)(\mid z - z_2 \mid - \mid z - z_1 \mid - \mid z_2 - z_1 \mid)$$
$$(\mid z - z_{n-1} \mid - \mid z - z_n \mid - \mid z_{n-1} - z_n \mid) = 0.$$

# 部分习题提示及解答

## 习题 1.1

1. (1) 写出类似例的文字描述 $\sqrt{a^2} = \begin{cases} a & \text{当 } a > 0 \\ 0 & \text{当 } a = 0 \\ -a & \text{当 } a < 0 \end{cases}$ ; (2) $\sqrt{a^2} = |a|$.

2. D   3. C

4. 2 550   5. 12(当 $x \in [-2,2]$).

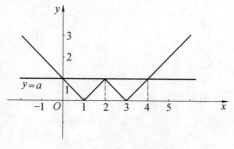

6 题图

6. 解(1) 1 或 $-7$;(2) 因为 3 和 $-4$ 的距离为 7,因此,满足不等式的解对应的点 3 与 $-4$ 的两侧. 当 $x$ 在 3 的右边时,如图,易知 $x \geqslant 4$. 当 $x$ 在 $-4$ 的左边时,如图,易知 $x \leqslant -5$. 所以原不等式的解为 $x \geqslant 4$ 或 $x \leqslant -5$;(3) 原问题转化为:$a$ 大于或等于 $|x-3|-|x+4|$ 最大值.

当 $x \geqslant -1$ 时,$|x-3|-|x+4| \leqslant 0$,当 $-4 < x < -1$,$|x-3|-|x+4| = -2x-1$ 随 $x$ 的增大而减小,当 $x \leqslant -4$ 时,$|x-3|-|x+4| = 7$,即 $|x-3|-|x+4|$ 的最大值为 7. 故 $a \geqslant 7$.

7. 解化去绝对值符号,得 $|x-2|-1 = \pm a$,$|x-2| = 1 \pm a$,$x-2 = \pm(1 \pm a)$,所以 $x = 2 \pm (1 \pm a)$.

当 $a = 1$ 时,$x$ 恰好是三个解 4,2,0. 用图象解答更直观;

(1) 先作函数 $y = ||x-2|-1|$ 图象如图所示,

(2) 再作 $y = a$(平行于横轴的直线)与 $y = ||x-2|-1|$ 图象相交,恰好是三个交点时,$y = 1$,即 $a = 1$.

本题若改为:有四个解,则 $0 < a < 1$;两个解,则 $a = 0$ 或 $a > 1$;一个解,则 $a$ 不存在;无解,则 $a < 0$.

7 题图

## 习题 1.2

1. (1)F,   (2)E   (3)D   (4)C;

2. (1) A,  (2) B  (3) C  (4) D

3. D (分析与解 由已知,根据非负数的性质,得 $\begin{cases} xy = 0 \\ x - y + 1 = 0 \end{cases}$,即

$\begin{cases} x = 0 \\ x - y + 1 = 0 \end{cases}$ 或 $\begin{cases} y = 0 \\ x - y + 1 = 0 \end{cases}$,解得 $\begin{cases} x = 0 \\ y = 1 \end{cases}$ 或 $\begin{cases} x = -1 \\ y = 0 \end{cases}$. 故原方程的图象为

两个点 $(0,1)$, $(-1,0)$.

说明 利用非负数的性质,可以将绝对值符号去掉,从而将问题转化为其它的问题来解决.

4. (1)  (2)  (3)

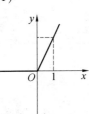
$$y = \begin{cases} 2x, x \geqslant 0 \\ 0, x < 0 \end{cases}$$

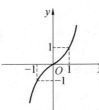
$$y = \begin{cases} x^2, x \geqslant 0 \\ -x^2, x < 0 \end{cases}$$

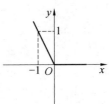
$$y = \begin{cases} 0, x \geqslant 0 \\ -2x, x < 0 \end{cases}$$

(4)  (5)  (6)

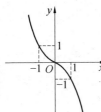
$$y = \begin{cases} -x^2, x \geqslant 0 \\ x^2, x < 0 \end{cases}$$

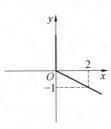
$$x = |y| - y = \begin{cases} 0, y \geqslant 0 \\ -2y, y < 0 \end{cases}$$

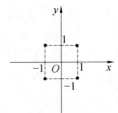
$$\begin{cases} |x| - |y| = 1, x = \pm 1 \\ |x| = |y| \quad y = \pm 1 \end{cases},$$
$$(\pm 1, \pm 1).$$

5. 解 画出图象如图所示:

函数的图象如折线 $AOB$.

由图象可知,方程 $\begin{cases} y = |x| \\ y = kx + b \end{cases}$ 的解

为

$$\begin{cases} x = 2 \\ y = 2 \end{cases} 或 \begin{cases} x = -1 \\ y = 1 \end{cases}$$

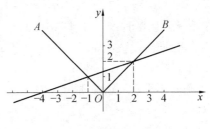
5 题图

## 习题 1.3

1. (D),(A)

2. (1) $|x-a|+|y-b|=0$

(2) $\left\{\left|x-\dfrac{5}{4}\right|-\dfrac{3}{2}\right\}+\left|x-\dfrac{5}{4}\right|-\dfrac{3}{2}=0$

(3) $\left\{|x|-3\right\}+|x|-3=0$

3. (1) $|3x-2y-1|+3x-2y-1=0$

(2) $\left\{|y-3x+1|-(2x+4)\right\}+|y-3x+1|+|x+2|-(3x-6)=0$

(3) $\left\{|x+2y-3|-10\right\}+|x+2y-3|-10=0$

4. $|3x-y+3|+3x-y+3=0$

5. (1) $|x+y|-x-y=0$ \qquad (2) $\left\{|x+1|-2\right\}+|x+1|-2=0$

(3) 与 2(3) 题同.

(4) $\left\{|x^2+y^2-5|-4\right\}+|x^2+y^2-5|-4=0$

(5) $\left\{\left\{|x|+|y|-2\right\}-1\right\}+\left\{|x|+|y|-2\right\}-1=0$

## 习题 1.4

1. 略解(1) 图 1.12 外区域,分别满足 $x \leqslant -1$ 或 $x \geqslant 1$,或 $y \geqslant 1$ 或 $y \leqslant 1$,即 $x+1 \leqslant 0,x-1 \geqslant 0,y-1 \geqslant 0,y+1 \geqslant 0$,应用定理2,即知方程为
$(|x+1|+x+1)(|x-1|-x+1)(|y+1|+y+1)(|y-1|-y+1)=0.$

(2) 图 1.13,三边外闭区域分别满足 $y-2x-2 \geqslant 0$ 或 $y \leqslant 0$ 或 $y+2x-2 \geqslant 0$, 应用定理2,即知方程为
$(|y-2x-2|-y+2x+2)(|y|+y)(|y+2x-2|-y-2x+2)=0.$

2. (1) 内部闭区域. 略解. 区域约束条件为
$$\begin{cases} \sqrt{3}x-y+\sqrt{3} \geqslant 0 & -2y+\sqrt{3} \geqslant 0 \\ -\sqrt{3}x-y+\sqrt{3} \geqslant 0 & -\sqrt{3}x+y+\sqrt{3} \geqslant 0 \\ 2y+\sqrt{3} \geqslant 0 & \sqrt{3}x+y+\sqrt{3} \geqslant 0 \end{cases}$$

内部闭区域的方程
$|\sqrt{3}x-y+\sqrt{3}|+|-2y+\sqrt{3}|+|-\sqrt{3}x-y+\sqrt{3}|+|-\sqrt{3}x+y+\sqrt{3}|+|2y+\sqrt{3}|+|\sqrt{3}x+y+\sqrt{3}|=6\sqrt{3},$

外部闭区域方程

$(|\sqrt{3}x-y+\sqrt{3}|+\sqrt{3}x-y+\sqrt{3})(|-2y+\sqrt{3}|-2y+\sqrt{3})$

$(|\sqrt{3}x+y-\sqrt{3}|-\sqrt{3}x-y+\sqrt{3})\cdot(|2y+\sqrt{3}|+2y+\sqrt{3})$

$(|\sqrt{3}x+y+\sqrt{3}|+\sqrt{3}x+y+\sqrt{3})=0$

3. (1) $|x-2y+2|+|x+2y-2|+|x-2y+2|+|x+2y+2|=8$.

(2) $|y-1|+|x-y+1|+|y|+|x-y|=2$.

(3) Ⅰ: $|x|+|y|=x+y$        Ⅱ: $|x|+|y|=-x+y$

Ⅲ: $|x|+|y|=-x-y$        Ⅳ: $|x|+|y|=x-y$

(4) $\angle AOB$: $|x-y|+|x+y|=2y$,      $\angle BOC$: $|x+y|+|x-y|=-$

$2x$,

$\angle COD$: $|x-y|+|x+y|=-2y$,      $\angle DOA$: $|x+y|+|x-y|=2x$,

## 习题 1.5

1. B

2. (1)                                        (2)

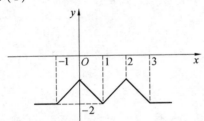         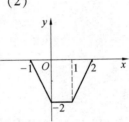

3. 顶点 $(x,y)$ 满足 $\begin{cases} x=0 \\ |y-1|=2 \end{cases}$, $\begin{cases} y-1=0 \\ |x|=2 \end{cases}$, 解得

$(0,3),(0,-1),(2,1),(-2,1)$, 图形是一个正方形,

面积为 $\frac{1}{2}\times4\times4=8$ (面积单位).

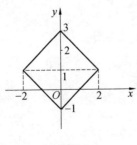                             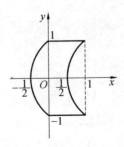

3 题图                                          4 题图

4. 顶点：$\begin{cases} x = 0 \\ y^2 = 1 \end{cases}$，$\begin{cases} x - y^2 = 0 \\ |x| = 1 \end{cases}$，$(0, \pm 1)$，$(1, \pm 1)$，$\begin{cases} 0 \leqslant x \leqslant 1 \\ y^2 = 2x - 1 \end{cases}$ 或

$\begin{cases} -\dfrac{1}{2} \leqslant x \leqslant 0 \\ y^2 = 2x + 1 \end{cases}$，$\begin{cases} 0 \leqslant x \leqslant 1 \\ y^2 = 1 \end{cases}$，图象如下：

5. 解 (1) 作 $f(x) = x^2 - 1$ 的图象，它是以 $(0, -1)$ 为顶点，$y$ 轴为对称轴的开口向上的抛物线. 对位于 $x$ 轴下方的图象作出它关于 $x$ 轴对称的图象，这样就得到了 $f(x) = |x^2 - 1|$ 的图象.（如下图左）

（2）作 $y = 1 - x$（当 $x \geqslant 0$）图象，它是斜率为 $-1$，与 $y$ 轴上的截距等于 1 的一条射线，再作出它关于 $y$ 轴对称的射线，这样就得到了 $f(x) = 1 - |x|$ 的图象.（如下图右）

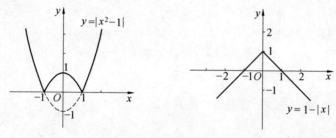

5 题图

分析：要作出 $y = |x^2 - 1|$ 的图象，我们可以先作出 $y = x^2 - 1$ 的图象，对于 $x$ 轴下方的图象作出它关于 $x$ 轴的对称图象. 要作出 $y = |x^2 - 1|$ 的图象，可先作 $y = 1 - x$（当 $x \geqslant 0$）的图象，再作出它关于 $y$ 轴对称的图象.

6. D. 分析：当 $x \in (0, 1)$，$y = e^{-\ln x} - (1 - x) = x + \dfrac{1}{x} - 1$，排除 A、B. 当 $x \in (1, +\infty)$，$y = e^{-\ln x} - (x - 1) = x - x + 1 = 1$，排除 C.

7. 解 (1) $y = 4 | x - 10 | + 6 | x - 20 |$，$0 \leqslant x \leqslant 30$.

（2）解法 1：依题意，$x$ 满足

$$\begin{cases} 4 | x - 10 | + 6 | x - 20 | \leqslant 70, \\ 0 \leqslant x \leqslant 30. \end{cases}$$

解不等式组，其解集为 $[9, 23]$

所以 $x \in [9, 23]$.

解法 2：由 (1) 得 $y = 4 | x - 10 | + 6 | x - 20 | = \begin{cases} 100 - 10x, (0 \leqslant x < 10) \\ 80 - 2x, (10 \leqslant x \leqslant 20) \\ 10x - 160 (20 < x \leqslant 30) \end{cases}$.

所以由 $160 - 10x \leqslant 70 \Rightarrow 9 \leqslant x < 10$.

由 $10 \leqslant x \leqslant 20.$ 时, $80 - 2x \leqslant 70$ 恒成立, 由 $10 - 160x \leqslant 70 \Rightarrow 20 < x \leqslant 23$.

综上所述, 要使 $y \leqslant 70, x$ 的取值应为 $x \in [9,23]$.

反思: 解绝对值不等式(组), 关键是想方设法去掉绝对值.

## 习题 2.1

1. 方程为 $\dfrac{|2x - y - 4|}{\sqrt{2^2 + 1}} = 2$ 即

$|2x - y - 4| = 2\sqrt{5}$.

2. 方程为 $\dfrac{|y - x|}{\sqrt{2}} + \dfrac{|y + x|}{\sqrt{2}} = \sqrt{2}$

即 $|x - y| + |x + y| = 2$.

3. 析因: $y^2 + xy - 2x^2 = (y + 2x)(y - x) = 0$, 两直线方程为 $y + 2x = 0$ 和

$y - 2x = 0$, 则轨迹方程为 $\dfrac{|y + 2x|}{\sqrt{1^2 + 2^2}} + \dfrac{|y - 2x|}{\sqrt{1^2 + 1^2}} = 2$, 从而得 $\sqrt{2}|y + 2x| + \sqrt{5}|y - x| = 2\sqrt{10}$, 为了作图, 由第一章定理

6, 顶点坐标必符合 $\begin{cases} y = x \\ \sqrt{2}|y + 2x| = 2\sqrt{10} \end{cases}$

或 $\begin{cases} y = 2x \\ \sqrt{5}|y - x| = 2\sqrt{10} \end{cases}$,

解得 $A(\frac{2}{3}\sqrt{5}, \frac{2}{3}\sqrt{5})$, $B(-\frac{2}{3}\sqrt{2}, \frac{4}{3}\sqrt{2})$, $C(-\frac{2}{3}\sqrt{5}$,

$-\frac{2}{3}\sqrt{5})$, $D(\frac{2}{3}\sqrt{2}, -\frac{4}{3}\sqrt{2})$, 由于 $(0,0)$ 不适合

方程, 因此, 它是 $\square ABCD$.

4. 析因: $y^2 - xy - 6x^2 = (y - 3x)(y + 2x) = 0$, 两直线为 $y - 3x = 0$ 和 $y + 2x = 0$, 它们交角平分线方程为

$$\frac{|y - 3x|}{\sqrt{10}} - \frac{|y + 2x|}{\sqrt{5}} = 0,$$

即

$$|y - 3x| - \sqrt{2}|y + 2x| = 0.$$

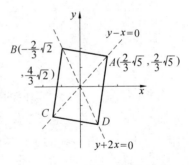

1 题图

3 题图

绝对值方程

272

5. 设动点 $P$ 的坐标为 $(x,y)$，依题意，得

$$\left(\frac{|x+y|}{\sqrt{2}}\right)^2 = |xy|.$$

就是：$x^2 + 2xy + y^2 = \pm 2xy$，得两个方程

（i）$x^2 + y^2 = 0$，只是一个点 $(0,0)$；

（ii）$x^2 + 4xy + y^2 = 0$；

应用求根公式，（iii）可以写成

$$[y + (2+\sqrt{3})x][y + (2-\sqrt{3})x] = 0,$$

表示两条直线（如图）

$l_1 : y + (2+\sqrt{3})x = 0, l_2 : y + (2-\sqrt{3})x = 0.$

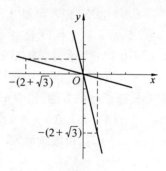

5 题图

6. 设正八边形顶点 $A_1$ 为 $(1,0)$，则其他顶点为

$$A_2\left(\frac{\sqrt{2}}{2}, \frac{\sqrt{2}}{2}\right), A_3(0,1), A_4\left(-\frac{\sqrt{2}}{2}, \frac{\sqrt{2}}{2}\right),$$

$$A_5(-1,0), A_6\left(-\frac{\sqrt{2}}{2}, -\frac{\sqrt{2}}{2}\right),$$

$$A_7(0,-1), A_8\left(\frac{\sqrt{2}}{2}, -\frac{\sqrt{2}}{2}\right),$$

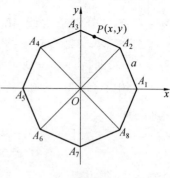

6 题图

四条主对角线方程为 $A_1A_5 : y = 0, A_2A_6 : y - x = 0, A_3A_7 : x = 0, A_4A_8 : y + x = 0$，

设 $P(x,y)$ 为八边形周界上一点，则 $\frac{|y|}{1} + \frac{|x-y|}{\sqrt{2}} + \frac{|x|}{1} + \frac{|x+y|}{\sqrt{2}} = 1 + \sqrt{2}$，

整理，得（i）$\sqrt{2}|x| + \sqrt{2}|y| + |x-y| + |x+y| = 2 + \sqrt{2}.$

这是最简单的一种，还有可用全部 20 条对角线的一种；另外还可用 8 条对

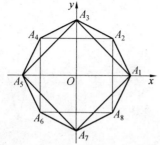

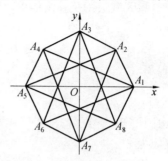

角线的两种：

（ii）两支：正八角星 $A_1A_3A_5A_7 - A_2A_4A_6A_8$ 的边；

273

（ⅲ）独支：正八角星 $A_1A_4A_7A_2A_5A_8A_3A_6$ 的边.

以及（ⅰ）（ⅱ）合并，（ⅰ）（ⅲ）合并，（ⅱ）（ⅲ）合并，加上（ⅰ）（ⅱ）（ⅲ）合并（即20条全用），总种可列出7种方程.

7. 可仿第6题的方法进行归纳研究，而除了 $n$ 为偶数时主对角线情况之外，就是构造星形的方法，设 $f(n)$ 为方法数，已知

$$f(4) = 1, f(5) = 1, f(6) = 3, f(7) = 3, f(8) = 7, f(9) = 7.$$

$n \geqslant 10$ 时，可继续研究.

## 习题 2.2

1. 解先分别求直线 $AC, DB$ 的方程，$AC$：$y = 2$，$DB$：$y = -2$. 合起来：平行线 $AC, DB$ 的方程 $|y| = 2$，即 $|y| - 2 = 0$.

又约束区域为 $-1 \leqslant x \leqslant 1$ 即 $|x| \leqslant 1$，合之，为混合组

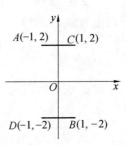

1 题图

$$\begin{cases} |y| - 2 = 0 \\ |x| - 1 \leqslant 0 \end{cases}.$$

并之，得方程

$$\langle\, |y - 2| - |x| + 1 \,\rangle + |x| - 1 = 0$$

2. （ⅰ）平行线带区域法，$AB$ 满足的混合组为

$$\begin{cases} y = 0 \\ |x| \leqslant 0 \end{cases} \text{即} \begin{cases} y = 0 \\ 2 - |x| \geqslant 0 \end{cases}.$$

方程为

$$\langle\, |y| - |x| + 2 \,\rangle + |x| - 2 = 0$$

（ⅱ）圆区域法，$AB$ 满足的混合组为

$$\begin{cases} y = 0 \\ x^2 + y^2 - 4 \leqslant 0 \end{cases}.$$

方程为

$$\langle\, |y| - x^2 - y^2 + 4 \,\rangle + x^2 + y^2 - 4 = 0$$

3. 由图可知，它正好是例4中图形的对称形，因此，方程应为

$$y + |4x + 4| - |4x| + |4x - 4| - 6 = 0,$$

$BA$ 和 $DE$ 是射线，因此，约束条件是 $|y| \leqslant 2$，故所求的

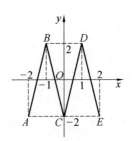

3 题图

方程是

$$\zeta \zeta y + |4x + 4| - |4x| + |4x - 4| - 6 \zeta - |y| + 2 \zeta |y| - 2 = 0$$

4. 线段 $AB$ 所在直线为 $4x - y - 6 = 0$,约束条件为

$$1 \leqslant x \leqslant 3 \Leftrightarrow -1 \leqslant x - 2 \leqslant 1 \Leftrightarrow |x - 2| - 1 \leqslant 0,$$

方程为

$$\zeta |4x - y - 6| - |x - 2| + 1 \zeta + |x - 2| - 1 = 0$$

5. 可求的 $ABC$ 的三边表达式分别为

$$AB : \begin{cases} y + 2x - 1 = 0 \\ -1 \leqslant x \leqslant 1 \end{cases} ; BC : \begin{cases} y + 1 = 0 \\ -1 \leqslant x \leqslant 1 \end{cases} ; AC : \begin{cases} x + 1 = 0 \\ -1 \leqslant x \leqslant 3 \end{cases}.$$

则三角形 $ABC$ 的三边方程分别为

$$AB : \zeta |y + 2x - 1| + 1 - |x| \zeta + |x| - 1 = 0$$

$$BC : \zeta |y + 1| + 1 - |x| \zeta + |x| - 1 = 0$$

$$CA : \zeta |x + 1| + 2 - |y - 1| \zeta + |y - 1| - 2 = 0$$

6. 当 $\dfrac{1}{4} - \left| x + \dfrac{1}{4} \right| = \left| y - \sqrt{3}x + 1 \right| + \dfrac{1}{4} - \left| x + \dfrac{1}{4} \right| \geqslant 0$ 时,即

$$\begin{cases} \left| x + \dfrac{1}{4} \right| \leqslant \dfrac{1}{4} \\ \\ \left| y - \sqrt{3}x + 1 \right| + \dfrac{1}{4} - \left| x + \dfrac{1}{4} \right| \geqslant 0 \end{cases}$$ 时,原方程可化为

$$\begin{cases} y - \sqrt{3}x - 1 = 0 \\ \left| x + \dfrac{1}{4} \right| \leqslant \dfrac{1}{4} \end{cases} , 即 \begin{cases} y - \sqrt{3}x - 1 = 0 \\ -\dfrac{1}{2} \leqslant x \leqslant 0 \end{cases} .$$

分别把 $x_1 = -\dfrac{1}{2}, x_2 = 0$ 代入 $y - \sqrt{3}x - 1 = 0$,得 $y_1 = 1 - \dfrac{1}{2}\sqrt{3}, y_2 = 1$,

所以原方程表示的是线段 $AB$. 其中 $A \left( -\dfrac{1}{2}, 1 - \dfrac{1}{2}\sqrt{3} \right), B(0,1)$.

7. 略

## 习题 2.3

1. 例1. 求 $\angle AOB$ 的方程,初始方程为 $y - x = 0$,对称轴为 $y = 0$,折点为 $O$,过折点而垂直于对称轴的直线为 $x = 0$,因此 $\angle AOB$ 的方程为 $y - |x| = 0$;

求 $\angle ACD$ 的方程,初始方程为 $y - x = 0$,对称轴为 $y + 2 = 0$,折点为 $C(-2, -2)$,过折点而垂直于对称轴的直线为 $x + 2 = 0$,初始方程配凑为 $y +$

$2 - (x + 2) = 0$,故 $\angle ACD$ 的方程为 $y + 2 - |x + 2| = 0$.

例2. 初始方程为 $y = x - 1$,对称轴为 $x = 0$,折点为 $B(0, -1)$,过折点而垂直于对称轴的直线为 $y + 1 = 0$,因此 $\angle ABC$ 的方程为 $|y + 1| = x$;

例3. 初始图形为 $\angle AFE : x + |y| - 1 = 0$,对称轴为 $x = 0$,折点为 $B(0, 1)$ 和 $D(0, -1)$,过折点而垂直于对称轴的直线为 $y = \pm 1$,即 $|y| = 1$,所以折线 $ABCDE$ 的方程为

$$x + \langle |y| - 1 \rangle = 0$$

2. 例4. 初始图形为 $\triangle ABC^{(*)}$

$$\langle |x| + y - 2 \rangle + |x| = 2$$

现以 $y = 2$ 为折叠轴,将 $y - 2 \geq 0$ 的部分,翻折成 $y - 2 \leq 0$ 的部分,在 ( * ) 中去掉 "$\langle \rangle$",得

$$\text{i)} \begin{cases} |x| + y - 2 \geq 0 \\ 2|x| + y - 2 \geq 2 \end{cases}, \text{ii)} \begin{cases} |x| + y - 2 \leq 0 \\ -y = 0 \end{cases}.$$

由 i),$y - 2 = -2(|x| - 1)$,从而

$$y - 2 = -2\langle |x| - 1 \rangle \leq 0$$

由 ii),$|x| - 2 \leq 0$,$-2 \leq x \leq 2$,恒成立. 可见,应在 $|x| - 1$ 上加 "$|\,|$",于是,折线 $BDOEC$ 的方程为

$$\langle \langle |x| - 1 \rangle + y - 1 \rangle + \langle |x| - 1 \rangle = 1$$

例5. 初始图形为正方形 $ABCD$:$|x| + |y| = 4$,折叠对称轴为 $y = \pm 3$,折点为 $M(-1, 3), N(1, 3), P(-1, -3), Q(-3, -3)$. 折叠将 $y - 3 \geq 0$ 或 $y + 3 \leq 0$ 的部分,折叠成 $y - 3 \leq 0$ 且 $y + 3 \geq 0$ 即 $-3 \leq y \leq 3$,即 $|y| - 3 \leq 0$ 的部分,而 $|y| - 3 = -(|x| - 1)$.

可见,在 "$|x| - 1$" 上加 "$|\,|$" 就行了,即

$$|y| - 3 = -\langle |x| - 1 \rangle \leq 0$$

从而得方程($APFQCNEM$ 的方程)为

$$|y| + \langle |x| - 1 \rangle = 3$$

3. 上述五例,每例中两种解法对照,可能给 "折叠法基本命题" 的证明,提示了思路.

## 习题2.4

1. 求得 $\odot O_1$ 的方程为 $(x - 1)^2 + y^2 = 1$,则双圆 $O_1 - O_2$ 的方程为

$$( \mid x \mid - 1)^2 + y^2 = 1$$

2. $\langle \mid y \mid - x - 1 \rangle + \mid x \mid = 1.$

3. $\langle \mid y \mid + \mid x \mid - 2 \rangle + \mid y \mid = 1.$

4. $\langle \mid y \mid - 2 \rangle + \mid x \mid = 2.$

5. 所求图形如右图所示.

6. 略.

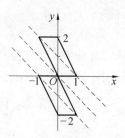

5 题图

## 习题 2.5

1. 解：$\begin{cases} ay + x - 1 = 0 \\ by - x - 1 = 0 \end{cases} \Leftrightarrow \begin{cases} +\dfrac{a-b}{2}y + x + \dfrac{a+b}{2}y - 1 = 0 \\ -\dfrac{a-b}{2}y - x + \dfrac{a+b}{2}y - 1 = 0 \end{cases} \Leftrightarrow \left| \dfrac{a-b}{2}y + x \right| +$

$\dfrac{a+b}{2}y - 1 = 0.$

2. 解：先求角的方程

$\angle ADC$：$\mid y - x \mid + 2y + x = 3$；$\angle ABC$：$\mid y - x \mid - x = 3.$

所以折线 $ADC$ 的混合组为 $\begin{cases} \mid y - x \mid + 2y + x = 3 \\ y - x \geqslant 0 \end{cases}$；折线 $ABC$ 的混合组为

$\begin{cases} \mid y - x \mid - x = 3 \\ y - x \leqslant 0 \end{cases}.$

配凑，得

$$\begin{cases} \mid y - x \mid + (y + x) + y = 3 \, (y - x \geqslant 0) \\ \mid y - x \mid - (y + x) + y = 3 \, (y - x \leqslant 0) \end{cases}$$

所以所求图形的方程为

$$\mid y - x \mid + \mid y + x \mid + y = 3.$$

3. 解：设折线 $BADC$ 的方程为

$$y_1 = f(x) = a \mid x + 1 \mid + b \mid x - 1 \mid + cx + d.$$

把 $B, C, A, D$ 四点坐标代入，得

$$\begin{cases} 2a + 4b - 3c + d = -3 \\ 4a + 2b + 3c + d = -3 \\ 2a + c + d = 1 \\ 2b - c + d = 1 \end{cases}$$

解得 $a = -1, b = -1, c = 0, d = 3.$ 故折线 $BADC$ 的方程为

$$y_1 = f(x) = -|x+1| - |x-1| + 3.$$

易知直线 $BC$ 的方程为 $y_2 = g(x) = -3.$

应用定理6,有

$$\left\{ y - \frac{-3 - |x+1| - |x-1| + 3}{2} \right\} + \frac{-3 - |x+1| + |x-1| + 3}{2} = 0$$

即

$$\left\{ 2y + |x+1| + |x-1| \right\} + |x+1| + |x-1| = 6$$

4. 解如图,易求直线 $HF$ 的方程为 $3y + x - 5 = 0.$

设 $\angle AFE$ 的方程为 $|3y + x - 5| + ax + by + c = 0.$

把 $A(0,3), E(1,0), C(2,1)$ 代入,得 $\begin{cases} 4 + 3b + c = 0 \\ 4 + a + c = 0 \\ 2a + b + c = 0 \end{cases}$,解得 $a = 3, b = 1,$

$c = -7.$

所以 $\angle AFE$ 的方程为 $y + 3x - 7 + |3y + x - 5| = 0$;

同理,$\angle AHE$ 的方程为 $y + 3x + 1 - |3y + x - 5| = 0$;

配凑,得

$$\begin{cases} + (y + 3x - 3) + |3y + x - 5| = 4 \\ - (y + 3x - 3) + |3y + x - 5| = 4 \end{cases}$$

综之,四边形 $AHEF$ 的方程为

$$|y + 3x - 3| + |3y + x - 5| = 4.$$

同理,四边形 $ABCG$ 的方程为

$$|y - 3x - 3| + |3y - x - 5| = 4.$$

由上两蚀式弥合,得封闭折线 $ABCDEF$ 的方
程是

$$\left\{ y + 3|x| - 3 \right\} + \left\{ 3y + |x| - 5 \right\} = 4$$

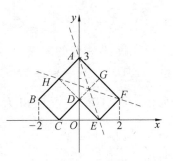

4 题图

5. 分别求得 $\angle ABC$ 的方程为 $|x - y| + x = 1$;

$\angle MQN$ 的方程为 $|-x - y| + x = 1.$

由上两式弥合得折线 $MABCN$ 的方程为

$$\left\{ |x| - y \right\} + x = 1$$

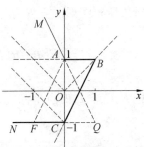

5 题图

习题 2.6

1. 解小 $\odot O_1$ 的方程是 $x^2 + (y-2)^2 = 1$;小

$\odot O_2$ 的方程是 $x^2 + (-y-2)^2 = 1$;

所以由小 $\odot O_1$ 与小 $\odot O_2$ 组成的图案的方程为 $x^2 + (|y|-2)^2 = 1$ 即 $x^2 + (|y|-2)^2 - 1 = 0$;

同理,由大 $\odot O_1$ 与大 $\odot O_2$ 组成的图案的方程为 $x^2 + (|y|-2)^2 = 9$ 即 $x^2 + (|y|-2)^2 - 9 = 0$.

所以题中宽道圆"8"字图案的方程是

$|x^2 + (|y|-2)^2 - 1| + x^2 + (|y|-2)^2 - 9| - |x^2 + (|y|-2)^2 - 1 - x^2 - (|y|-2)^2 + 9| = 0$.

化简,即知宽道圆"8"字图案的方程是

$$|x^2 + (|y|-2)^2 - 5| = 4.$$

2. 双圆族图案的图形如下:

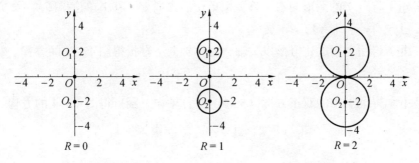

$R=0$     $R=1$     $R=2$

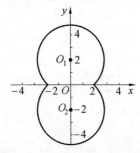

$R=3$

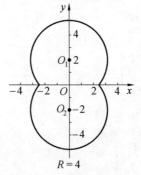

$R=4$

3. 由 $\odot O_1, \odot O_2$ 组成的图案方程为

$$x^2 + (|y|-1)^2 = 1 \text{ 即 } f(x) = x^2 + (|y|-1)^2 - 1 = 0;$$

由 $\odot O_3, \odot O_4$ 组成的图案方程为

$$y^2 + (|x|-1)^2 = 1 \text{ 即 } g(x) = y^2 + (|x|-1)^2 - 1 = 0;$$

所以四个圆组成的图案方程是

$$\left\{ x^2 + y^2 + (\,|\,y\,|\,-1)^2 + (\,|\,x\,|\,-1)^2 - 2 \right\} - \left\{ x^2 - y^2 + (\,|\,y\,|\,-1)^2 - \right.$$
$$(\,|\,x\,|\,-1)^2 \left. \right\} = 0$$

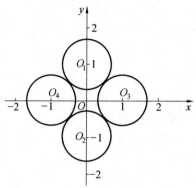

4. 解:例 6 方程的形成过程如下

ⅰ) 如图 4 – 1 的正方形的方程是 $|\,x\,| + |\,y\,| = 1$;

ⅱ) 将 ⅰ) 的图形向右平移 1 个单位后再向上平移 1 单位得图 4 – 2 方程 $|\,x - 1\,| + |\,y - 1\,| = 1$;

ⅲ) 将 ⅱ) 中的正方形以 $x$ 轴为对称轴向下翻折得图 4 – 3 的方程

$$|\,x - 1\,| + \left\{ |\,y\,| - 1 \right\} = 1$$

ⅳ) 将 ⅲ) 中的双正方形以 $y$ 轴为对称轴向下翻折得图 4 – 4 的方程

$$\left\{ |\,x - 2\,| - 1 \right\} + \left\{ |\,y\,| - 1 \right\} = 1$$

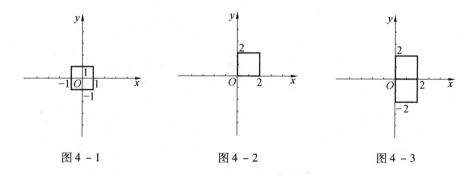

图 4 – 1          图 4 – 2          图 4 – 3

ⅴ) 将图 4 – 4 的四个正方形向右平移 2 个单位后再向上平移 2 个单位得图 4 – 5 方程

$$\left\{ |\,x - 2\,| - 1 \right\} + \left\{ |\,y - 2\,| - 1 \right\} = 1$$

ⅵ) 将图 4 – 5 的四个正方形以 $x$ 轴为对称轴向下翻折得图 4 – 6 的方程

$$\zeta|x-2|-1\rangle + \zeta\langle|y|-2\rangle-1\rangle = 1$$

ⅶ）将图 4 – 6 的四个正方形以 $y$ 轴为对称轴向下翻折得图 4 – 7 的方程

$$\zeta\langle|x|-2\rangle-1\rangle + \zeta\langle|y|-2\rangle-1\rangle = 1$$

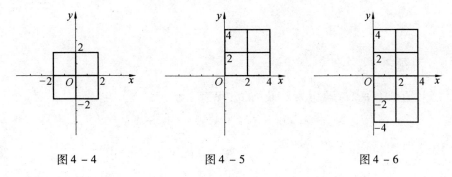

图 4 – 4          图 4 – 5          图 4 – 6

## 习题 3.1

1. 例如：$|x+3|+|y-2|=0$，$|2x+3y|+|y-2|=0$，$|x+3|+|2x+3y|=0$.

2. $\zeta|x|-1\rangle + |y| = 0$.

3. 解 $x$ 轴方程为 $y=0$，$x$ 轴的正半轴可表为方程——不等式组 $\begin{cases} y=0 \\ x \geqslant 0 \end{cases}$，按定理 2，"$x$ 轴的正半轴" 为 $\zeta|y|+x\rangle - x = 0$.

4. 解第三象限角平分线所在直线方程为 $x-y=0$，它与直线 $x=0$ 交于 $A(0,0)$，则第三象限角平分线可表为混合组 $\begin{cases} x-y=0 \\ x \leqslant 0 \end{cases}$，由定理 2，可得其方程为 $\zeta|x-y|+x\rangle + x = 0$.

5. 解 $AB$ 的方程为 $2x-y+4=0$，与直线 $x+1=0$ 交于 $A(-1,2)$，则射线 $AB$ 可表为混合组 $\begin{cases} 2x-y+4=0 \\ x+1 \leqslant 0 \end{cases}$，射线 $AB$ 方程为

$$\zeta|2x-y+4|+x+1\rangle + x+1 = 0$$

又直线 $y=0$ 与 $AB$ 交于点 $B(-2,0)$，射线 $BA$ 可表为混合组 $\begin{cases} 2x-y+4=0 \\ y \geqslant 0 \end{cases}$，故射线 $BA$ 的方程为

$$\zeta|2x-y+4|+y\rangle - y = 0$$

6. 解直线 $OA$ 与 $OB$ 方程分别为 $x - y = 0$ 和 $y = 0$，设 $P(x, y)$ 为 $\angle AOB$ 平分线上任一点，它到 $OA$、$OB$ 的距离相等，应用点线距公式，得 $\dfrac{|x - y|}{\sqrt{2}} = \dfrac{|y|}{1}$，化简，即知 $\angle AOB$ 平分线所在的直线方程为 $|x - y| - \sqrt{2}\,y = 0$.

7. 略

### 习题 3.2

1. 直线 $l_1 + \lambda l_2 = 0 (\lambda \in \mathbf{R})$ 的方程为
$$l_\lambda : (a_1 + \lambda a_2)x + (b_1 + \lambda b_2)y + c_1 + \lambda c_2 = 0,$$
由于 $l_1 /\!/ l_2$，知 $\dfrac{a_1}{b_1} = \dfrac{a_2}{b_2}$，设 $\dfrac{a_1}{b_1} = k$，则 $a_1 = kb_1, a_2 = kb_2$，于是
$$\frac{a_1 + \lambda a_2}{b_1 + \lambda b_2} = \frac{kb_1 + \lambda kb_2}{b_1 + \lambda b_2} = k = \frac{a_1}{b_1},$$
可见，$l_\lambda /\!/ l_1$，即 $l_\lambda$ 表示与 $l_1$、$l_2$ 的平行线族.

说明：以上证明中，假定了 $b_1 \neq 0, b_2 \neq 0$，即 $l_1$ 与 $l_2$ 均不平行于 $y$ 轴. 对 $b_1 = 0$（从而 $b_2 = 0$）的情形，也有 $b_1 + \lambda b_2 = 0$，从而 $l_\lambda /\!/ y$ 轴.

2. 首先，我们证方程 $l(\mu, \lambda) : \mu l_1 + \lambda l_2 = 0$，即
$$l(\mu, \lambda) : (\mu a_1 + \lambda a_2)x + (\mu b_1 + \lambda b_2)y + \mu c_1 + \lambda c_2 = 0,$$
表示的似是直线，即应证
$$(\mu a_1 + \lambda a_2)^2 + (\mu b_1 + \lambda b_2)^2 \neq 0,$$
即

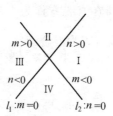

$$\begin{cases} \mu a_1 + \lambda a_2 = 0 \\ \mu b_1 + \lambda b_2 = 0 \end{cases} \quad\quad ①$$

但 $\mu$、$\lambda$ 不同为 0，可见关于 $(\mu, \lambda)$ 的方程组 ① 有非零解，于是 $\begin{vmatrix} a_1 & a_2 \\ b_1 & b_2 \end{vmatrix} = 0$ 即
$a_1 a_2 - b_1 b_2 = 0, l_1 /\!/ l_2$，与 $l_1$ 同 $l_2$ 相交于点 $P$ 矛盾. 可见，$l(\mu, \lambda)$ 确实表示直线，只须确定 $l_1$ 与 $l_2$ 的正负侧，即可标出按 $\mu, \lambda$ 的分布如下图（说明：图中将 $\mu, \lambda$ 分

别记成了 $n$ 和 $m$):

I : $\mu > 0, \lambda < 0$.

II : $\mu > 0, \lambda > 0$.

III : $\mu < 0, \lambda > 0$.

IV : $\mu < 0, \lambda < 0$.

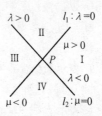

事实上,过 $P$ 分布于 I、III 的直线 $\mu, \lambda$ 同号;过 $P$ 分布于 II、IV 的直线 $\mu, \lambda$ 异号.

3. 证明:如图,取 $\mu = \lambda = 1$,则得射线 $PA$ 的方程

$$a_1 x + b_1 y + c_1 + (a_2 x + b_2 y + c_2) = 0,$$

取 $\mu = 1, \lambda = -1$,即得 $PB$ 方程

$$a_1 x + b_1 y + c_1 - (a_2 x + b_2 y + c_2) = 0,$$

两者合并,即得 $\angle PAB$ 方程(8). 整理,即知边所在直线方程即为(9) 和(10).

显然,射线 $PM: a_2 x + b_2 y + c_2 = 0$(其中 $a_1 x + b_1 y + c_1 > 0$) 所在区域,即为 $\angle APB$ 的内部.

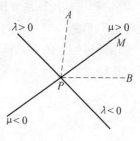

3 题图

4. 首先,在两个行列式中,都含有 $(x - x_P, y - y_P)$(列向量),说明点 $(x_P, y_P)$ 适合方程(它是顶点);同时,$(x_A, y_A)$,$(x_B, y_B)$ 也适合方程(12).

如 $(x_P, y_P) = (0, 0)$,则方程简化为

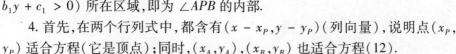

$$\begin{vmatrix} x & x_A - x_B \\ y & y_A - y_B \end{vmatrix} + \left\{ \begin{vmatrix} x & x_A + x_B \\ y & y_A + y_B \end{vmatrix} \right\}$$

此问题须进一步研究.

5. 构成的角的方程为

$$a_1 x + b_1 y + c_1 + |a_2 x + b_2 y + c_2| = 0,$$

或

$$|a_1 x + b_1 y + c_1| + a_2 x + b_2 y + c_2 = 0.$$

6. 如图,i ) 当 $f_2 \geqslant 0$ 时,方程 $f_1 + |f_2| = 0$ 可化为

$$(a_1 + a_2) x + (b_1 + b_2) y + (c_1 + c_2) = 0$$

它表示直线 $AD$ 在约束条件 $f_2 \geqslant 0$ 的区域内的图象,即射线 $OA$;

当 $f_2 \leqslant 0$ 时,方程 $f_1 + |f_2| = 0$ 可化为 $(a_1 - a_2) x + (b_1 - b_2) y + (c_1 - c_2) = 0$

它表示直线 $BC$ 在约束条件 $f_2 \leqslant 0$ 的区域内的

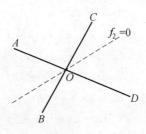

6 题图

图象,即射线 $OB$;

所以,方程 $f_1 + |f_2| = 0$ 的图象是 $\angle AOB$.

ii)当 $f_2 \geq 0$ 时,方程 $f_1 - |f_2| = 0$ 可化为 $(a_1 - a_2)x + (b_1 - b_2)y + (c_1 - c_2) = 0$

它表示直线 $BC$ 在约束条件 $f_2 \geq 0$ 的区域内的图象,即射线 $OC$;

当 $f_2 \leq 0$ 时,方程 $f_1 - |f_2| = 0$ 可化为 $(a_1 + a_2)x + (b_1 + b_2)y + (c_1 + c_2) = 0$

它表示直线 $AD$ 在约束条件 $f_2 \leq 0$ 的区域内的图象,即射线 $OD$;

所以,方程 $f_1 - |f_2| = 0$ 的图象是 $\angle COD$. 而方程 $f_1 + |f_2| = 0$ 与 $f_1 - |f_2| = 0$ 表示的图形是一对对顶角.

用同样的方法不难证明 $f_1 + |f_2| = 0$ 与 $f_2 - |f_1| = 0$ 是一对邻补角.

7. 略

## 习题 3.3

1. $\{|y| - |x+1| + 2\} + |x+1| - 2 = 0$

2. $\{|x - y + 5| - |2x + 5| + 1\} + |2x + 5| - 1 = 0$

3. $\{|y + 2x - 1| - |x| + 2\} + |x| - 2 = 0$ 的图象是线段 $AB$(如图).

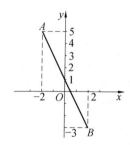

3 题图　　　　　　　7 题图

4. $\{\{|y - 1| - 1\} - |x - 2| + 2\} + |x - 2| - 2 = 0$

5. $|x + y| + |x - y| = 0$.

6. $x + y + 2 - |x - 5y + 2| = 0$.

7. 图象如图所示.

8. $|x| + y = 0$.

9. $3x - 2y - |x + 5y - 1| = 3$.

10. $3y - 2x - 1 \pm |2x - 3y| = 0$.

11. $(\sqrt{5} - 1)y + 2x - |(\sqrt{5} + 1)y - 2x| = 0$.

12. 图象如图所示.

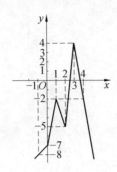

12 题图

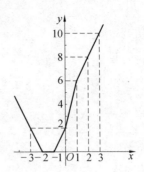

15 题图

13. $y = |x+1| + |x| + |x-1| - |x-2| - 4$.

14. $y_{最小值} = 3$.

15. $-2 \leqslant x \leqslant -1$.

16. $1 \leqslant x \leqslant 3$.

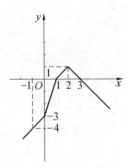

16 题图

18 题图

17. $y_{最小值} = -1$

18. 图象如图所示. 当 $x < 0$ 时, $y = -x + 6$;

当 $0 \leqslant x < 3$ 时, $y = -3x + 6$;

当 $x \geqslant 3$ 时, $y = x - 6$

根据图象, 有最低点而没有最高点. 所以函数没有最大值只有最小值 $-3$(当 $x = 3$ 时).

19. 略

20. 略

**习题** 4.1

1. 画出方程 $\langle |x| + y - 1 \rangle + |x| = 2$ 的图形.

解方程 $\left\{\,|x|+y-1\,\right\}+|x|=2$ 的图形如图所示.

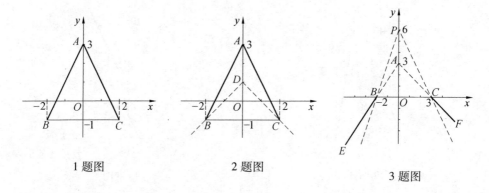

1 题图　　　　　　　　2 题图　　　　　　　　3 题图

2. 试用弥合法求第 1 题的方程.

　　解　　由于 $DC$ 的方程是 $x+y-1=0$,故设 $\angle ACB$ 的方程为

$$ax+by+c+|x+y-1|=0.$$

把 $A(0,3),C(2,-1),B(-2,-1)$ 代入得方程组

$$\begin{cases} 3b+c+2=0 \\ 2a-b+c=0 \\ -2a-b+c+4=0 \end{cases}.$$

解得 $a=1,b=0,c=-2$.

　　所以 $\angle ACB$ 的方程为 $|x+y-1|+x-2=0$ 即 $|x+y-1|+x=2$.

　　同理,$\angle ABC$ 的方程是 $|-x+y-1|-x-2=0$. 由上二式弥合,即知 $\triangle ACB$ 的方程为

$$\left\{\,|x|+y-1\,\right\}+|x|=2$$

　　3. 解方程 $\left\{\,-x+2y-12+5|x|\,\right\}+5|x|-x+6y-12=0$ 的图象是折线 $EBCF$(如图 3)

　　4. 解在原方程中,去掉 $y-2$ 的绝对值符号,得

$$\left\{\,3y-6+|y+2x-2|\,\right\}+|y+2x-6|=0,$$

画出上方程的图形为 $\triangle ABC$(如图 4).

　　在 $y-2$ 部分添加"||"号即为原方程,根据对称法,把折线 $FAE$ 以直线 $y-2=0$ 为对称轴作对称变换,故所求的图形是双三角形 $FBD-DCE$.

　　5. 解原方程的图形的虚象(如图 5).

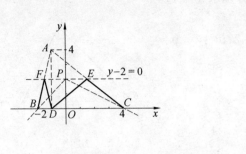

4 题图

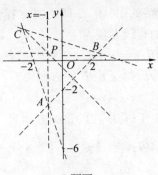

5 题图

6. 当 $a = 6,4,2,0$ 时,所画图形如图 6 所示:

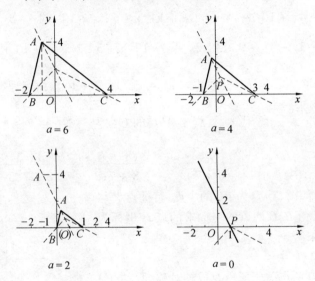

6 题图

## 习题 4.2

1. 已知 $\triangle ABC$ 的顶点分别为 $A(-3,-2)$, $B(0,-4)$, $C(2,4)$, 特征点 $P$ 在 $BC$ 边上的中线的中点,求 $\triangle ABC$ 的方程.

解:由定理 6,$f_1 = -8x + 2y + 8$,$f_2 = 2x + 4y - 2$,$\triangle = 18$,$\triangle ABC$ 的方程为

$$\left\{ -4x + y - 5 + |x + 2y - 1| \right\} + |x + 2y - 1| = 9$$

2. 试确定特征点 $P$ 在三角形 $ABC$ $\left\{ x + 4y - 4 + 3|x| \right\} + 3|x| + x - 4 = 0$ 中的位置.

287

解:如图,由 $\triangle ABC$ 的方程分别求得三边所在的直线方程为

$AB:y = x + 2, AC:y = -2x + 2, BC:y = 0.$

特征角 $\angle BPC$ 的方程为

$$x + 4y - 4 + 3 \mid x \mid = 0,$$

则 $PB$ 与 $PC$ 所在的直线方程为

$$PB:y = \frac{1}{2}x + 1, PC:y = -x + 1.$$

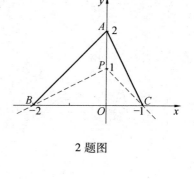

2 题图

因为 $-2 \times \frac{1}{2} = -1, -1 \times 1 = -1,$ 所以 $AC \perp PB, AB \perp PC.$ 从而 $P$ 是 $\triangle ABC$ 的垂心.

3. 解 $\left\{ -4x + 10y - 14 + 6 \mid x + 1 \mid \right\} + 6 \mid x + 1 \mid - 4x - 5y - 14 = 0$

4. 解 $\left\{ -3x + 9y + 9 + 3 \mid 2x + y + 1 \mid \right\} + 3 \mid 2x + y + 1 \mid + x - 3y = 31$

5. 解 不难求得 $\triangle ABC$ 的面积为 $\triangle = \frac{\sqrt{3}}{4}(14\sqrt{3} + 16),$ 由定理 8,把 $R_A = 3,$

$R_B = 2\sqrt{3}, R_C = \frac{8}{3}\sqrt{3}$ 代入,即得 $\triangle ABC$ 的方程为

$$\left\{ \sqrt{3}y + \mid x \mid \right\} + \mid x \mid - \frac{2\sqrt{3}}{8 + 7\sqrt{3}}x + \frac{\sqrt{3}(8 - 7\sqrt{3})}{8 + 7\sqrt{3}}y - \frac{48\sqrt{3}}{8 + 7\sqrt{3}} = 0$$

6. 证明:如图,点 $D$ 为 $BC$ 的中点,特征点 $P$ 与原点 $O$ 重合,由 $B, C$ 两点的坐标求的点 $D$ 坐标为 $(\frac{x_2 + x_3}{2}, \frac{y_2 + y_3}{2}).$

由于 $A, D$ 两点关于原点 $O$ 成轴对称,所以点 $A$ 的坐标为

$$(- \frac{x_2 + x_3}{2}, - \frac{y_2 + y_3}{2}).$$

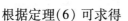

6 题图

根据定理 $(6)$ 可求得

$$f_1 = (y_2 - y_3)x - (x_2 - x_3)y + x_2y_3 - x_3y_2;$$
$$f_2 = (y_2 + y_3)x - (x_2 + x_3)y.$$

而

$$2\triangle = x_2y_3 - x_3y_2 + x_1y_2 - x_1y_3 + y_1x_3 - y_1x_2 = x_2y_3 - x_3y_2 + x_1(y_2 -$$

$y_3) + y_1(x_3 - x_1) = x_2y_3 - x_3y_2 - \frac{x_2 + x_3}{2}(y_2 - y_3) - \frac{y_2 + y_3}{2}(x_3 - x_2) =$

$2(x_2y_3 - x_3y_2)$

所以 $x_2y_3 - x_3y_2 = \triangle$.

从而 $\triangle ABC$ 的方程为

$$\left\{(y_2 - y_3)x - (x_2 - x_3)y + | (y_2 + y_3)x - (x_2 + x_3)y | \right\} +$$

$$| (y_2 + y_3)x - (x_2 + x_3)y | = \triangle$$

7. 证明:由定理 8,易求三角形的顶点分别为

$$A(p,0) \text{、} B\left(-\frac{1}{2}q,\frac{\sqrt{3}}{2}q\right) \text{、} C\left(-\frac{1}{2}r, -\frac{\sqrt{3}}{2}r\right);$$

分别代入 (11) 式,得

$$\begin{cases} \sqrt{3}p + ap + c = 0 \\ \dfrac{\sqrt{3}}{2}q - \dfrac{1}{2}aq + \dfrac{\sqrt{3}}{2}bq + c = 0 \\ \dfrac{\sqrt{3}}{2}r - \dfrac{1}{2}ar - \dfrac{1}{2}br + c = 0 \end{cases}$$

由于 $A$、$B$、$C$ 三点不共线,上方程组的解是唯一的. 解得

$$\begin{cases} p = -\dfrac{c}{a + \sqrt{3}} \\ q = \dfrac{2c}{a - \sqrt{3}b - \sqrt{3}} \\ r = \dfrac{2c}{a + \sqrt{3}b - \sqrt{3}} \end{cases}$$

由 $P > 0, q > 0, r > 0$,即知方程 (11) 为三角形方程的充要条件是

$$-\sqrt{3} < a < \sqrt{3}, \frac{\sqrt{3}}{3}a - 1 < b < -\frac{\sqrt{3}}{3}a + 1, c < 0.$$

**习题 4.3**

1. 解 (1) 作变换 $T:\begin{cases} -2x - 3y + 5 = \sqrt{3}x' \\ x - 1 = y' \end{cases}$,由于 $D = \begin{vmatrix} -2 & -3 \\ 1 & 0 \end{vmatrix} = 3 \neq 0$,

所以,$T$ 是仿射变换,其逆变换为 $T^{-1}:\begin{cases} x = y' + 1 \\ y = -\dfrac{\sqrt{3}}{3}x' - \dfrac{2}{3}y' + 1 \end{cases}$,原方程可化为

$$\left\{\sqrt{3}x' + | y' | \right\} + | y' | - \frac{\sqrt{3}}{3}x' - \frac{2}{3}y' + 4 = 0$$

由定理 (9),知,上述方程不是三角形方程,所以原方程不是三角形方程.

(2) 作变换:

$$T: \begin{cases} -14x - 29y + 207 = \sqrt{3}x', \\ 2x - y - 9 = y' \end{cases},$$

由于 $D = \begin{vmatrix} -14 & -29 \\ 2 & -1 \end{vmatrix} = 72 \neq 0$，所以 $T$ 为仿射变换，其逆变换为

$$T': \begin{cases} x = -\dfrac{\sqrt{3}}{72}x' + \dfrac{29}{72}y' + \dfrac{13}{2} \\ y = -\dfrac{\sqrt{3}}{36}x' - \dfrac{7}{36}y' + 4 \end{cases}.$$

于是原方程可化为

$$\zeta\sqrt{3}x' + |y'| \rangle + |y'| - \frac{2\sqrt{3}}{3}x' + \frac{1}{3}y' - 12 = 0 \qquad (*)$$

由定理 10 和定理 11，得方程

$$\zeta - 14x - 29y + 207 + |2x - y - 9| \rangle + |2x - y - 9| + 10x + 19y - 153 = 0$$
$$(**)$$

为三角形方程.

不难分别求出方程 $(*)$ 表示的三角形费马长度为 $p' = 12\sqrt{3}$，$q' = 4\sqrt{3}$，$r' = 6\sqrt{3}$；

三角形三顶点分别为 $A'(12\sqrt{3}, 0)$，$B'(-2\sqrt{3}, 6)$，$C'(-3\sqrt{3}, -9)$.

再代入变换 $T'$ 求方程 $(**)$ 表示的三角形顶点为 $A(6,3)$、$B(9,3)$、$C(6, 3)$；

三边长为 $|AB| = 3$，$|BC| = 3\sqrt{5}$，$|CA| = 3\sqrt{2}$；

面积为 $S_\triangle = \dfrac{\sqrt{3}}{|-14 \times (-1) - 2 \times (-29)|} \cdot \dfrac{\sqrt{3}}{4} \cdot (12\sqrt{3} \times 4\sqrt{3} + 4\sqrt{3} \times 6\sqrt{3} + 6\sqrt{3} \times 12\sqrt{3}) = \dfrac{9}{2}$.

2. 解为方便，取一个等边三角形的标准方程

$$\zeta\sqrt{3}x' + |y'| \rangle + |y'| - \frac{\sqrt{3}}{3}x' - \frac{4}{3} = 0$$

它的顶点是 $A'(\dfrac{2\sqrt{3}}{3}, 0)$，$B'(-\dfrac{\sqrt{3}}{3}, 1)$，$C'(-\dfrac{\sqrt{3}}{3}, -1)$.

取仿射变换：

$$T: \begin{cases} a_1 x + b_1 y + c_1 = \sqrt{3}x' \\ a_2 x + b_2 y + c_2 = y' \end{cases}$$

不妨令：$A \leftrightarrow A'$，$B \leftrightarrow B'$，$C \leftrightarrow C'$. 将各对应点坐标代入变换 $T$，解得

$$a_1 = \frac{9}{14}, b_1 = -\frac{1}{7}, c_1 = -\frac{19}{14}; a_2 = \frac{1}{14}, b_2 = -\frac{5}{21}, c_2 = -\frac{25}{42}.$$

故 $-\frac{\sqrt{3}}{3}x' - \frac{4}{3} = -\frac{1}{3}(a_1 x + b_1 y + c_1 + 4) = -\frac{3}{14}x + \frac{1}{21}y - \frac{37}{42}$，于是 $\triangle ABC$ 的方程为

$$\left\{ \frac{9}{14}x - \frac{1}{7}y - \frac{19}{14} + \left| \frac{1}{14}x - \frac{5}{21}y - \frac{25}{42} \right| \right\} + \left| \frac{1}{14}x - \frac{5}{21}y - \frac{25}{42} - \left| \frac{3}{14}x - \frac{1}{21}y - \right. \right.$$

$$\frac{37}{42} = 0$$

即

$$\left\{ 27x - 6y - 57 + |3x - 10y - 25| \right\} + |3x - 10y - 25| - 9x + 2y - 37 = 0$$

### 习题 4.4

1. 顶点坐标为 $A(2,4)$, $B(-4,1)$, $C(4,-3)$, $S_{\triangle ABC} = \frac{1}{2} \begin{vmatrix} 2 & 4 & 1 \\ -4 & 1 & 1 \\ 4 & -3 & 1 \end{vmatrix} = 24$.

2. 解:方程 $\left\{ 5x + 6y - 10 + 4|x-2| \right\} + 4|x-2| + x - 2y - 18 = 0$ 的图形如图所示.

3. 分别求得 $\triangle ABC$ 的的三个顶点为 $A(1, 4)$, $B(-4,0)$, $C(2,0)$,

根据点线距公式,得 $AB = 2\sqrt{13}$, $BC = 6$, $CA = \sqrt{17}$；

$$S_{\triangle ABC} = \frac{1}{2} \begin{vmatrix} 1 & 4 & 1 \\ -4 & 0 & 1 \\ 2 & 0 & 1 \end{vmatrix} = 12.$$

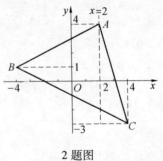

2 题图

4. 如图,由 $\triangle ABC$ 与 $\triangle A'B'C'$ 的方程 易得三边所在的直线方程分别为

$$AB: y = \frac{3}{2}x + 3, A'B':$$

$$y = \frac{3}{2}x + \frac{5}{2};$$

291

$$AC: y = -x + 3, A'C': y = -x + \frac{5}{2};$$

$$BC: y = 0, B'C': y = 1.$$

所以 $AB /\!/ A'B', AC /\!/ A'C', BC /\!/ B'C'$. 从而 $\triangle ABC \backsim \triangle A'B'C'$. 相似比 $= AO : AD = 3 : 1.5 = 2$.

5. 解：如图，易求 $B$、$C$ 两点的坐标分别为

$$B(-\frac{1}{2}a, 0), C(\frac{1}{2}a, 0),$$

过点 $A$ 作 $AH \perp BC$ 于点 $H$，由勾股定理，得

$$AH = \frac{2\triangle}{a}, CH = \frac{\sqrt{a^2 b^2 - 4\triangle^2}}{a}, 记 CH 为 m, 则$$

$$|OH| = |m - \frac{a}{2}|, 故点 A 的坐标为 A(\frac{a-2m}{2},$$

$$\frac{2\triangle}{a}).$$

分别求得 $f_1 = ay, f_2 = \frac{2\triangle}{a}x - \frac{a-2m}{2}y$，则 $\triangle ABC$ 的方程为

$$\left\{ ay - \triangle + \left| \frac{2\triangle}{a}x - \frac{a-2m}{2}y \right| \right\} + \left| \frac{2\triangle}{a}x - \frac{a-2m}{2}y \right| = \triangle$$

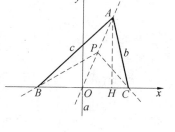

5 题图

6. 解：先求得 $AC$ 中点 $E(4, 2)$，$BE$ 中点 $P(2, 2)$，那么可求得 $BP$ 所在的直线方程为 $y - 2 = 0$；

过点 $P$ 且与 $AC$ 平行的直线方程为 $y - 2 = -4(x - 2)$，即 $y + 4x - 10 = 0$.
设 $\angle ACP$ 的方程为

$$k(4x + y - 10) + |y - 2| = 0$$

把点 $A$ 坐标代入求得 $k = -\frac{1}{2}$.

$\triangle ABC$ 的方程为

$$\left\{ -2x - \frac{1}{2}y + 5 + |y - 2| \right\} + |y - 2| = d$$

把点 $B$ 坐标代入，得 $d = 4$.

$\triangle ABC$ 的方程为

$$\left\{ -2x - \frac{1}{2}y + 5 + |y - 2| \right\} + |y - 2| = 4$$

绝对值方程

用同样的方法可求出 $\triangle ABC$ 的另外两个方程为

$$\{ 8x + 10y - 52 +| 12x - y - 30 | \} +| 12x - y - 30 | = 32$$

$$\{ 8x - 6y - 20 +| 12x + 7y - 46 | \} +| 12x + 7y - 46 | = 32$$

## 习题 5.1

1. 解:先求四边形对角线所在的直线方程为 $AC:y - x = 0; BD:y + 2x = 0.$

由平行四边形的对称性知 $C( -\frac{2}{3}\sqrt{5}, -\frac{2}{3}\sqrt{5} )$

所以 $OB = \sqrt{ ( -\frac{2}{3}\sqrt{2} )^2 + ( \frac{4}{3}\sqrt{2} )^2 } =$

$\frac{2}{3}\sqrt{10}, AC = \frac{4}{3}\sqrt{10}.$

所以 $OB = \frac{1}{2}AC, OA = OC.$ 从而 $\angle ABC = 90°.$

由距离公式可求得 $BH = \frac{AB \cdot BC}{AC} = 2.$

再根据"平行四边形边上任意一点到两对角线距离之和为定值(2),得平行四边形 $ABCD$ 的方程为

$$\frac{| y - x |}{\sqrt{1^2 + 1^2}} + \frac{| y + 2x |}{\sqrt{1^2 + 2^2}} = 2.$$

即

$$\sqrt{5} | y - x | + \sqrt{2} | y + 2x | = 2\sqrt{10}.$$

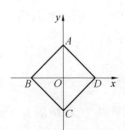

1 题图

2. 解:设 $a = 3$,显然对角线方程为 $AC:x = 0; BD:y = 0.$

再设 $\angle ABC$ 的方程为 $| y | + ax + by + c = 0$,

把 $A(0,3), B( -3,0), C(0, -3)$ 代入,得

$$\begin{cases} 3b + c = -3 \\ -3a + c = 0 \\ -3b + c = -3 \end{cases}.$$

解得 $a = -1, b = 0, c = -3.$

所以 $\angle ABC$ 的方程为 $-x +| y | = 3.$

同理 $\angle ADC$ 的方程为 $x +| y | = 3.$ 由混合组

2 题图

293

$$\begin{cases} x + |y| = 3 \\ x \geqslant 0 \end{cases} \text{及} \begin{cases} -x + |y| = 3 \\ x \leqslant 0 \end{cases}$$

弥合知平行四边形 $ABCD$ 的方程为
$$|y| + |x| = 3.$$

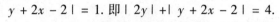

3. 解：分别求得两条对角线所在的方程为
$$AC: y = 0; BD: y + 2x - 2 = 0.$$

设 $\square ABCD$ 的方程为 $a|y| + b|y + 2x - 2| = 1$，把 $A(-1,0), B(0,2)$ 代入，得 $2a = 1, 4b = 1$ 即 $a = \dfrac{1}{2}, b = \dfrac{1}{4}$，故 $\square ABCD$ 的方程是 $\dfrac{1}{2}|y| + \dfrac{1}{4}|y + 2x - 2| = 1$. 即 $|2y| + |y + 2x - 2| = 4$.

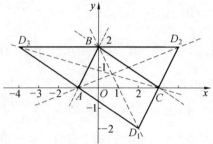

3 题图

4. 解：第 3 题中已求得 $\square ABCD_1$ 的方程为
$$|2y| + |y + 2x - 2| = 4.$$

下面求 $\square ABCD_2$ 的方程：
因为 $A(-1,0), B(0,2)$，
$C(3,0), D_2(4,2)$.
所以 $BC: 3y + 2x - 6 = 0$;
$AD_2: 5y - 2x - 2 = 0$.

设 $\square ABCD_2$ 的方程为 $a|3y + 2x - 6| + b|5y - 2x - 2| = 1$，把 $A(-1, 0), B(0,2)$ 两坐标代入，得 $a = b = \dfrac{1}{8}$. 所以 $\square ABCD_2$ 的方程为
$$|3y + 2x - 6| + |5y - 2x - 2| = 8.$$

同理，$\square ABCD_3$ 的方程为
$$|y - 2x - 2| + |7y + 2x - 6| = 8.$$

5. 证明：如图，略去直角坐标系，设对角线 $AC$ 的方程为 $ax + by + e = 0$，则 $y = -\dfrac{a}{b}x - \dfrac{e}{b}$；对角线 $BD$

4 题图

的方程为 $cx + by + f = 0$，则 $y = -\dfrac{c}{d}x - \dfrac{f}{d}$. 所以 $k_1 k_2 = \left( -\dfrac{a}{b} \right)\left( -\dfrac{c}{d} \right) = \dfrac{ac}{bd}$.

由于四边形 $ABCD$ 是菱形，所以 $ac + bd = 0$，即 $ac = -bd$. 所以 $k_1 k_2 = -1$. 从而 $AC \perp BD$，即菱形的两对角线互相垂直.

6. 解 (1) 椭圆的内接菱形：
设椭圆的内接菱形的方程为 $p|y| + q|x| = 1$. 把 $A(-a, 0), B(0, -b)$ 代

入,得 $p = \dfrac{1}{b}, q = \dfrac{1}{a}$,所以椭圆的内接菱形为

$\dfrac{1}{b}|y| + \dfrac{1}{a}|x| = 1$,即 $\dfrac{|x|}{a} + \dfrac{|y|}{b} = 1$.

(2) 椭圆的外切矩形:

易知,要求矩形的对角线方程为 $ay - bx = 0; HF: ay + bx = 0$.

设椭圆的外切矩形为 $p|ay - bx| + q|ay + bx| = 1$,把 $G(a,b), H(-a,b)$ 代入,

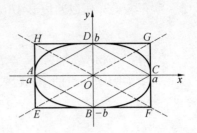

5 题图

得 $p = \dfrac{1}{2ab}, q = \dfrac{1}{2ab}$.所以椭圆的外切矩形方程为 $|ay - bx| + |ay + bx| = 2ab$.

## 习题 5.2

1. 解:在凸四边形 $ABCD$ 的内对角线 $AC$ 上取一点 $P(-\dfrac{1}{2}, \dfrac{1}{2})$,$P$ 在 $\triangle ABD$

内. 易求直线 $AP$ 的方程为 $y + x = 0$. 将 $B(1,1), P(-\dfrac{1}{2}, \dfrac{1}{2}), D(-2, -1)$ 代

入 $a_1 x + b_1 y + c_1 + |y + x| = 0$ 得方程组

$$\begin{cases} a_1 + b_1 + c_1 = -2 \\ -\dfrac{1}{2}a_1 + \dfrac{1}{2}b_1 + c_1 = 0 \\ -2a_1 - b_1 + c_1 = -3 \end{cases}$$

解得 $a_1 = -3, b_1 = 5, c_1 = -4$.

再把 $A(-1,1), B(1,1), D(-2,-1)$ 代入

$$\{ -3x + 5y - 4 + |y + x| \} +$$

$r|y + x| + a_3 x + b_3 y + c_3 = 0$ 得方程组

1 题图

$$\begin{cases} -a_3 + b_3 + c_3 = -4 \\ a_3 + b_3 + c_3 = -2r \\ -2a_3 - b_3 + c_3 = -3r \end{cases}$$

解得 $a_3 = -r + 2, b_3 = 2r - 3, c_3 = -3r + 1$.

最后把 $C(1, -1)$ 坐标代入

$\{ -3x + 5y - 4 + |y + x| \} + r|y + x| + (-r + 2)x + (2r - 3)y - 3r + 1 = 0$

得方程

$$12 - r + 2 - 2r + 3 - 3r + 1 = 0.$$

解得 $r = 3$. 所以四边形 $ABCD$ 的方程为

$$\left\{-3x + 5y - 4 + |y + x|\right\} + 3|y + x| - x + 3y - 8 = 0$$

2. 解: 在 $\triangle ABC$ 内任取一点 $P(1,1)$, 则 $BP$ 的方程为 $x - 1 = 0$, 将 $A(0,2)$, $P(1,1)$, $C(4,0)$ 三点的坐标代入 $a_1 x + b_1 y + c_1 + |x - 1| = 0$, 得

$$\begin{cases} 2b_1 + c_1 = -1 \\ a_1 + b_1 + c_1 = 0. \\ 4a_1 + c_1 = -3 \end{cases}$$

解得 $a_1 = -2, b_1 = -3, c_1 = 5$.

再把 $A(0,2), B(1,0), C(4,0)$ 三点的坐标代入

$$\left\{-2x - 3y + 5 + |x - 1|\right\} + |x - 1| + a_3 x + b_3 y + c_3 = 0$$

得方程组

$$\begin{cases} 3b_3 + c_3 + 1 = 0 \\ 4a_3 + c_3 + 3 = 0, \\ a_3 + c_3 + 3 = 0 \end{cases}$$

解得 $a_3 = 0, b_3 = 1, c_3 = -3$.

所以 $\triangle ABC$ 的方程为

$$\left\{-2x - 3y + 5 + |x - 1|\right\} + |x - 1| + y - 3 = 0$$

3. 解: 在对角线 $AC$ 上取一点 $P\left(\dfrac{1}{2}, \dfrac{1}{2}\right)$, $P$ 在 $\triangle ABD$ 内. 易求直线 $AP$ 的方程为 $f_2 = x - y = 0$. 把 $B(-1,0), P\left(\dfrac{1}{2}, \dfrac{1}{2}\right), D(0,-1)$ 三点坐标代入 $a_1 x + b_1 y + c_1 + |x - y| = 0$

得方程组

$$\begin{cases} -a_1 + c_1 = -1 \\ \dfrac{1}{2}a_1 + \dfrac{1}{2}b_1 + c_1 = 0 \\ -b_1 + c_1 = -1 \end{cases}$$

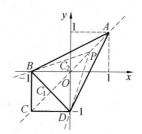

3 题图

解得 $a_1 = b_1 = \dfrac{1}{2}, c_1 = -\dfrac{1}{2}$.

再把 $A(1,1), B(-1,0), D(0,-1)$ 三点坐标代入

$$\left\{\dfrac{1}{2}x + \dfrac{1}{2}y - \dfrac{1}{2} + |x - y|\right\} + r|x - y| + a_3 x + b_3 y + c_3 = 0$$

得方程组

$$\begin{cases} a_3 + b_3 + c_3 = -\dfrac{1}{2} \\ -a_3 + c_3 = -r \\ -b_3 + c_3 = -r \end{cases}$$

解得 $a_3 = b_3 = \dfrac{1}{3}r - \dfrac{1}{6}$, $c_3 = -\dfrac{2}{3}r - \dfrac{1}{6}$. 于是得到方程

$$\left\{ \dfrac{1}{2}x + \dfrac{1}{2}y - \dfrac{1}{2} + |x - y| \right\} + r|x - y| + (\dfrac{1}{3}r - \dfrac{1}{6})x + (\dfrac{1}{3} - \dfrac{1}{6})y -$$

$$\dfrac{2}{3}r - \dfrac{1}{6} = 0 \qquad\qquad (*)$$

ⅰ) 把 $C(-1, -1)$ 代入 $(*)$ 式,得

$$9 - 2r + 1 - 2r + 1 - 4r - 1 = 0.$$

所以 $r = \dfrac{5}{4}$.

把 $r = \dfrac{5}{4}$ 代入 $(*)$ 式,化简整理后,得凸四边形 $ABCD$ 的方程为

$$\left\{ 2x + 2y - 2 + 8|x - y| \right\} + 5|x - y| + x + y - 4 = 0$$

ⅱ) 把 $C_1(-\dfrac{1}{2}, -\dfrac{1}{2})$ 代入 $(*)$ 式,得

$$6 - 2r + 1 - 4r - 1 = 0.$$

所以 $r = 1$.

把 $r = 1$ 代入 $(*)$ 式,化简整理后,得四边形 $ABC_1D$ 的方程为

$$\left\{ 3x + 3y - 3 + 6|x - y| \right\} + 6|x - y| + x + y - 5 = 0$$

ⅲ) 把 $C_2(0,0)$ 代入 $(*)$ 式,得

$$3 - 4r - 1 = 0.$$

所以 $r = \dfrac{1}{2}$.

把 $r = \dfrac{1}{2}$ 代入 $(*)$ 式,化简整理后,得凹四边形 $ABC_2D$ 的方程为

$$\left\{ 3x + 3y - 3 + 6|x - y| \right\} + 3|x - y| - 3 = 0$$

4. 解:所求的轨迹方程为

$$|y| + \dfrac{1}{\sqrt{2}}|x + y - 1| + \dfrac{1}{\sqrt{2}}|-x + y - 1| = k.$$

$A$、$B$、$C$ 到三边距离之和分别为 $1, \sqrt{2}, \sqrt{2}$.

（1）当 $k > \sqrt{2}$ 时,方程表示平行四边形；

（2）当 $1 < k \leq \sqrt{2}$ 时,方程表示在 $\triangle ABC$ 内平行于 $BC$ 的线段；

（3）当 $k = 1$ 时,图形退化为点 $A(0,1)$；

（4）当 $k < 1$ 时,不表示任何图形.

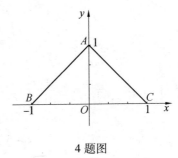

4 题图

## 习题 5.3

1. 解:（1）四边形 $ABCD$ 的两对角线所在的直线方程为

$$BD:x = 0;AC:y = 0.$$

所以设四边形 $ABCD$ 的方程为

$$t_1 \mid y \mid + t_2 \mid x \mid = px + qy + 1.$$

把 $A(2,0),B(0,2),C(-2,0),D(0,-1)$ 四点的坐标代入得方程组

$$\begin{cases} 2t_2 = 2p + 1 \\ 2t_1 = 2q + 1 \\ 2t_2 = -2p + 1 \\ t_1 = -q + 1 \end{cases}$$

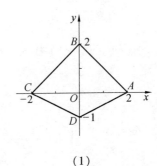

（1）

解得 $t_1 = \dfrac{3}{4}, t_2 = \dfrac{1}{2}, p = 0, q = \dfrac{1}{4}$. 所以四边形 $ABCD$

的方程为

$$\frac{3}{4} \mid y \mid + \frac{1}{2} \mid x \mid = \frac{1}{4}y + 1$$

即

$$\mid 3y \mid + \mid 2x \mid - y = 4.$$

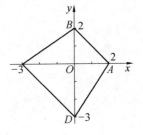

（2）

（2）四边形 $ABCD$ 的两对角线所在的直线方程为

$$BD:x = 0;AC:y = 0.$$

所以可设四边形 $ABCD$ 的方程为

$$t_1 \mid y \mid + t_2 \mid x \mid = px + qy + 1.$$

把 $A(2,0),B(0,2),C(-3,0),D(0,-3)$ 四点的坐标代入得方程组

$$\begin{cases} 2t_1 = 2p + 1 \\ 3t_1 = -3p + 1 \\ 2t_2 = 2q + 1 \\ 2t_2 = -3q + 1 \end{cases}$$

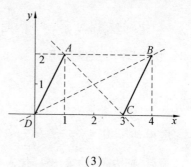

(3)

解得 $t_1 = t_2 = \dfrac{5}{12}, p = q = -\dfrac{1}{12}$. 所以四边

形 $ABCD$ 的方程为

$$\frac{5}{12} \mid y \mid + \frac{5}{12} \mid x \mid = -\frac{1}{12}x - \frac{1}{12}y + 1$$

即

$$\mid 5y \mid + \mid 5x \mid + x + y = 12.$$

（3）四边形 $ABCD$ 的两对角线所在的直线方程为

$BD: 2y - x = 0; AC: y + x - 3 = 0.$

因此,直线 $BD$ 和 $AC$ 的交点为 $(2,4)$. 所以可设四边形 $ABCD$ 的方程为

$$t_1 \mid y + x - 3 \mid + t_2 \mid 2y - x \mid = p(x - 2) + q(y - 1) + 1.$$

把 $A(1,2), B(4,2), C(3,0), D(0,0)$ 四点的坐标代入得方程组

$$\begin{cases} 3t_2 = -p + q + 1 \\ 3t_2 = p - q + 1 \\ 3t_1 = -2p - q + 1 \\ 3t_1 = 2p + q + 1 \end{cases}$$

解得 $t_1 = t_2 = \dfrac{1}{3}, p = q = 0$. 从而四边形 $ABCD$ 的方程为

$$\frac{1}{3} \mid y + x - 3 \mid + \frac{1}{3} \mid 2y - x \mid = 1$$

即

$$\mid y + x - 3 \mid + \mid 2y - x \mid = 3.$$

（4）在对角线 $BD$ 上取点 $P(0,0)$, $P$ 在
$\triangle ABC$ 内,则直线 $BD$ 方程为 $x = 0$,把三点 $A(-3,2), P(0,0), C(3,2)$ 的坐标代入 $a_1x + b_1y + c_1 + \mid x \mid = 0$,得方程组

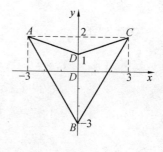

$$\begin{cases} -3a_1 + 2b_1 + c_1 = -3 \\ c_1 = 0 \\ 3a_1 + 2b_1 + c_1 = -3 \end{cases}$$

解得 $a_1 = 0, b_1 = -\dfrac{3}{2}, c_1 = 0$.

(4)

1 题图

299

$\angle ADC$ 的方程为 $-\dfrac{3}{2}y + |x| = 0$，即 $3y - 2|x| = 0$. 再把 $A(-3,2)$，$B(0,$ $-3)$，$C(3,2)$ 三点坐标代入

$$\left\{ 3y - 2|x| \right\} + r|x| + a_3 x + b_3 y + c_3 = 0$$

解得 $a_3 = 0, b_3 = \dfrac{9}{5} - \dfrac{3}{5}r, c_3 = -\dfrac{18}{5} - \dfrac{9}{5}r$.

最后，把 $D(0,1)$ 的坐标代入

$$\left\{ 3y - 2|x| \right\} + r|x| + \left( \dfrac{9}{5} - \dfrac{3}{5}r \right)x - \dfrac{18}{5} - \dfrac{9}{5}r = 0$$

得

$$3 + \dfrac{9}{5} - \dfrac{3}{5}r - \dfrac{9}{5}r - \dfrac{18}{5} = 0.$$

解得 $r = \dfrac{1}{2}$. 故所求的四边形方程为

$$\left\{ 6y - 4|x| \right\} + |x| - 3y = 9$$

[反思] 凸四边形可以写成 $|ax + by + e| + |cx + dy + f| = p(x - x_0) + q(y - y_0) + 1$ 的形式，其中 $(x_0, y_0)$ 是两对角线的交点，而凹四边形不能写成上述形式.

2. 解：设某一个四边形的方程为 $|ax + by + e| + |cx + dy + f| = p(x - x_0) + q(y - y_0) + 1$，那么这个四边形的两条对角线分别是 $ax + by + e = 0$ 和 $cx + dy + f = 0$，又可以写成 $y = -\dfrac{a}{b}x - \dfrac{e}{b}$ 和 $y = -\dfrac{c}{d}x - \dfrac{f}{d}$. 若这个四边形的对角线互相垂直，则 $k_1 k_2 = -1$，所以 $\left( -\dfrac{a}{b} \right)\left( -\dfrac{c}{d} \right) = -1, \dfrac{ac}{bd} = -1$，即 $ac + bd = 0$.

## 习题 5.4

1. 解 (1) $a = 1, b = -1, c = 3, d = 2, n = 1$，于是四边形 $ABCD$ 的方程为
$$\left\{ 3x + y - 3 + 3|x| \right\} - |x| - 1 = 0$$

(2) $a = 2, b = 1, c = -3, d = -1, n = 1$，于是四边形 $ABCD$ 的方程为
$$\left\{ 3x + y - 1 + |x| \right\} + 3|x| - 3 = 0$$

(3) $a = 3, b = -1, c = -2, d = 2, n = 1$，于是四边形 $ABCD$ 的方程为
$$\left\{ y - 2x + 1 - 5|x| \right\} + |x| + 1 = 0$$

2. 解由(4) 式可求得
$$a = -2, b = 1, c = 3, d = -1, n = 1.$$
可见四边形 $ABCD$ 的四个顶点分别为
$$A(0, -4), B(1,3), C(0, -2), D(-1, -3).$$

## 习题5.5

1. 解:把四边形 $ABCD$ 的顶点坐标分别代入射影变换式
$$\begin{cases} x' = \dfrac{f_1}{f_3} = \dfrac{a_1 x + b_1 y + c_1}{a_3 x + b_3 y + c_3}, \\ y' = \dfrac{f_2}{f_3} = \dfrac{a_2 x + b_2 y + c_2}{a_3 x + b_3 y + c_3}, \end{cases} 得$$

$$\begin{cases} \dfrac{2 \cdot a_1 + 0 \cdot b_1 + c_1}{2 \cdot a_3 + 0 \cdot b_3 + c_3} = 0 & \dfrac{2 \cdot a_2 + 0 \cdot b_2 + c_2}{2 \cdot a_3 + 0 \cdot b_3 + c_3} = 1 \\[2mm] \dfrac{0 \cdot a_1 + 2b_1 + c_1}{0 \cdot a_3 + 2b_3 + c_3} = 1 & \dfrac{0 \cdot a_2 + 2b_2 + c_2}{0 \cdot a_3 + 2b_3 + c_3} = 0 \\[2mm] \dfrac{-2 \cdot a_1 + 0 \cdot b_1 + c_1}{-2 \cdot a_3 + 0 \cdot b_3 + c_3} = 0 & \dfrac{-2 \cdot a_2 + 0 \cdot b_2 + c_2}{-2 \cdot a_3 + 0 \cdot b_3 + c_3} = -1 \\[2mm] \dfrac{0 \cdot a_1 - b_1 + c_1}{0 \cdot a_3 - 1 \cdot b_3 + c_3} = -1 & \dfrac{0 \cdot a_2 - b_2 + c_2}{0 \cdot a_3 - b_3 + c_3} = 0 \end{cases}$$

即
$$\begin{cases} 2a_1 + c_1 = 0 & 2a_2 + c_2 = 2a_3 + c_3 \\ 2b_1 + c_1 = 2b_3 + c_3 & 2b_2 + c_2 = 0 \\ -2a_1 + c_1 = 0 & -2a_2 + c_2 = 2a_3 - c_3 \\ -b_1 + c_1 = b_3 - c_3 & -b_2 + c_2 = 0 \end{cases}$$

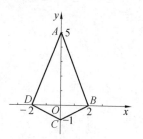

1 题图

解之,得
$$a_1 = c_1 = 0, b_1 = 3b_3; b_2 = c_2 = 0, a_2 = 2b_3;$$
$$a_3 = 0, b_3 = b_3, c_3 = 4b_3.$$
命 $b_3 = 1$,即得
$$a_1 = 0, b_1 = 3, c_1 = 0; a_2 = 2, b_2 = 0, c_2 = 0; a_3 = 0, b_3 = 1, c_3 = 4.$$
故变换式为
$$x' = \frac{2x}{y + 4}, y' = \frac{3y}{y + 4},$$
代入方程 $|x'| + |y'| = 1$,即得欲求方程

2. 解：把四边形 $ABCD$ 的顶点坐标分别代入射影变换式

$$\begin{cases} x' = \dfrac{f_1}{f_3} = \dfrac{a_1 x + b_1 y + c_1}{a_3 x + b_3 y + c_3} \\[3mm] y' = \dfrac{f_2}{f_3} = \dfrac{a_2 x + b_2 y + c_2}{a_3 x + b_3 y + c_3} \end{cases} ,得$$

$$\begin{cases} \dfrac{0 \cdot a_1 + 5b_1 + c_1}{0 \cdot a_3 + 5b_3 + c_3} = 0 & \dfrac{0 \cdot a_2 + 5b_2 + c_2}{0 \cdot a_3 + 5b_3 + c_3} = 1 \\[3mm] \dfrac{2a_1 + 0 \cdot b_1 + c_1}{2a_3 + 0 \cdot b_3 + c_3} = 1 & \dfrac{2a_2 + 0 \cdot b_2 + c_2}{2a_3 + 0 \cdot b_3 + c_3} = 0 \\[3mm] \dfrac{0 \cdot a_1 + b_1 + c_1}{0 \cdot a_3 + b_3 + c_3} = 0 & \dfrac{0 \cdot a_2 + b_2 + c_2}{0 \cdot a_3 + b_3 + c_3} = -1 \\[3mm] \dfrac{-2a_1 + 0 \cdot b_1 + c_1}{-2a_3 + 0 \cdot b_3 + c_3} = -1 & \dfrac{-2a_2 + 0 \cdot b_2 + c_2}{-2a_3 + 0 \cdot b_3 + c_3} = 0 \end{cases}$$

即

$$|2x| + |3y| = |y + 4|.$$

$$\begin{cases} 5b_1 + c_1 = 0 & 5b_2 + c_2 = 5b_3 + c_3 \\ 2a_1 + c_1 = 2a_3 + c_3 & 2a_2 + c_2 = 0 \\ b_1 + c_1 = 0 & b_2 + c_2 = -b_3 - c_3 \\ -2a_1 + c_1 = 2a_3 - c_3 & -2a_2 + c_2 = 0 \end{cases}$$

解之,得

$$a_1 = \frac{1}{2} c_3, b_1 = 0, c_1 = 0; a_2 = 0, b_2 = -\frac{2}{5} c_3,$$

$$c_2 = 0; a_3 = 0, b_3 = -\frac{3}{5} c_3, c_3 = c_3.$$

命 $c_3 = 10$,即得

$$a_1 = 5, b_1 = 0, c_1 = 0; a_2 = 0, b_2 = -4, c_2 = 0; a_3 = 0, b_3 = -6, c_3 = 10.$$

故变换式为

$$x' = \frac{5x}{6y - 10}, y' = \frac{4y}{6y - 10},$$

代入方程 $|x'| + |y'| = 1$,即得欲求方程

$$|5x| + |4y| = |6y - 10|.$$

2 题图

**习题 5.6**

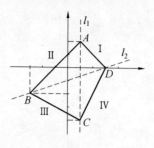

1 题图

1. 解:设 $\begin{cases} 7x - 7 \geqslant 0 \\ 3x + 9y - 9 \geqslant 0 \end{cases}$,得

$$7x - 7 + 3x + 9y - 9 + 4x + 5y = 26.$$

化简得 $x + y - 3 = 0$;在区域 Ⅰ 即

$\begin{cases} 7x - 7 \geqslant 0 \\ 3x + 9y - 9 \geqslant 0 \end{cases}$ 的约束下,它表示的是线段

$AD$(如图). 同理,在条件 Ⅱ:$\begin{cases} f_1 \geqslant 0 \\ f_2 \leqslant 0 \end{cases}$,Ⅲ:$\begin{cases} f_1 \leqslant 0 \\ f_2 \leqslant 0 \end{cases}$,Ⅳ:$\begin{cases} f_1 \leqslant 0 \\ f_2 \geqslant 0 \end{cases}$ 的约束下,方程

(1)分别化为 $y - x - 1 = 0, 2y + x + 7 = 0, y - 2x + 6 = 0$.

所以四边形 $ABCD$ 各边所在的直线方程

$$AD: x + y - 3 = 0; \quad AB: y - x - 1 = 0;$$
$$BC: 2y + x + 7 = 0; \quad CA: y - 2x + 6 = 0.$$

由 $\begin{cases} y + x - 3 = 0 \\ y - x - 1 = 0 \end{cases}$ 解得 $\begin{cases} x = 1 \\ y = 2 \end{cases}$,所以点 $A$ 的坐标为 $A(1,2)$. 同理,可求出四

边形 $ABCD$ 的顶点坐标分别为

$$A(1,2), B(-3, -2), C(1, -4), D(3,0).$$

2. 解:先求对角线 $AC, BD$ 的方程.

$$AC: y + 5x + 3 = 0; BD: 5y - x + 3 = 0.$$

设四边形 $ABCD$ 的方程为

$$|y + 5x + 3| + |5y - x + 3| + ax + by + c = 0.$$

把 $A(-1,2), B(-2,-1), C(0,-3), D(3,0)$ 四点坐

标代入,得

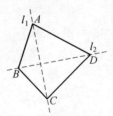

2 题图

$$\begin{cases} -a + 2b + c = -14 \\ -3b + c = -12 \\ -2a - b + c = -8 \\ 3a + c = -18 \end{cases}$$

解得 $a = -\dfrac{24}{13}, b = -\dfrac{10}{13}, c = -\dfrac{162}{13}$. 所以四边形 $ABCD$ 的方程为

$$|y + 5x + 3| + |5y - x + 3| - \frac{24}{13}x - \frac{10}{13}y - \frac{162}{13} = 0,$$

即

$$13|y + 5x + 3 + 13| + |5y - x + 3| - 24x - 10y - 162 = 0.$$

3. 解：由 $\begin{cases} x_1 = -1 \\ y_1 = 2 \end{cases}$, $\begin{cases} x_2 = -3 \\ y_2 = -2 \end{cases}$, $\begin{cases} x_3 = 3 \\ y_3 = -2 \end{cases}$,

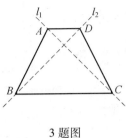

3 题图

$\begin{cases} x_4 = 1 \\ y_4 = 2 \end{cases}$，先求对角线 $AC, BD$ 的方程.

$$AC : f_1 = \begin{vmatrix} x & y & 1 \\ -1 & 2 & 1 \\ 3 & -2 & 1 \end{vmatrix} = 2x + 3y + 2 + 2x +$$

$y - 6 = 4y + 4x - 4;$

$$BD : f_2 = \begin{vmatrix} x & y & 1 \\ -3 & -2 & 1 \\ 1 & 2 & 1 \end{vmatrix} = -2x + y - 6 - 25x + 3y + 2 = 4y - 4x - 4.$$

分别求得 $\triangle_1 = 4, \triangle_2 = 12, \triangle_3 = 12, \triangle_4 = 4.$

所以 $2\triangle_1\triangle_3 = 2 \times 4 \times 12 = 96, 2\triangle_2\triangle_4 = 2 \times 12 \times 4 = 96.$

$$D_x = \begin{vmatrix} \triangle_3 - \triangle_1 & \triangle_3 y_1 - \triangle_1 y_3 \\ \triangle_4 - \triangle_2 & \triangle_4 y_2 - \triangle_2 y_4 \end{vmatrix} = \begin{vmatrix} 12 - 4 & 12 \times 2 - 4 \times (-2) \\ 4 - 12 & 4 \times (-2) - 12 \times 2 \end{vmatrix} =$$

$$\begin{vmatrix} 8 & 24 + 8 \\ -8 & -8 - 24 \end{vmatrix} = \begin{vmatrix} 8 & 32 \\ -8 & -32 \end{vmatrix} = \begin{vmatrix} 8 & 32 \\ -8 & -32 \end{vmatrix} = 8 \times (-32) + 8 \times 32 = 0;$$

$$D_y = \begin{vmatrix} \triangle_3 x_1 - \triangle_1 x_3 & \triangle_3 - \triangle_1 \\ \triangle_4 x_2 - \triangle_2 x_4 & \triangle_4 - \triangle_2 \end{vmatrix} = \begin{vmatrix} 12 \times (-1) - 4 \times 3 & 12 - 4 \\ 4 \times (-3) - 12 \times 1 & 4 - 12 \end{vmatrix} =$$

$$\begin{vmatrix} -12 - 12 & 8 \\ -12 - 12 & -8 \end{vmatrix} = \begin{vmatrix} -24 & 8 \\ -24 & -8 \end{vmatrix} = \begin{vmatrix} -24 & 8 \\ -24 & -8 \end{vmatrix} = 24 \times 8 + 24 \times 8 = 384;$$

$$D = \begin{vmatrix} \triangle_3 x_1 - \triangle_1 x_3 & \triangle_3 y_1 - \triangle_1 y_3 \\ \triangle_4 x_2 - \triangle_2 x_4 & \triangle_4 y_2 - \triangle_2 y_4 \end{vmatrix}$$

$$= \begin{vmatrix} 12 \times (-1) - 4 \times 3 & 12 \times 2 - 4 \times (-2) \\ 4 \times (-3) - 12 \times 1 & 4 \times (-2) - 12 \times 2 \end{vmatrix}$$

$$= \begin{vmatrix} -12 - 12 & 24 + 8 \\ -12 - 12 & -8 - 24 \end{vmatrix}$$

$$= \begin{vmatrix} -24 & 32 \\ -24 & -32 \end{vmatrix} = 24 \times 32 + 24 \times 32 = 1\ 536.$$

代入 (7) 式, 得四边形 $ABCD$ 的方程为

$$96|4y + 4x - 4| + 96|4y - 4x - 4| + 0x + 384y = 1\ 536,$$

即

$$|y + x - 1| + |y - x - 1| + y = 4.$$

绝对值方程

304

4. 解：由 $\begin{cases} x_1 = 1 \\ y_1 = 2 \end{cases}$, $\begin{cases} x_2 = -3 \\ y_2 = 0 \end{cases}$, $\begin{cases} x_3 = -1 \\ y_3 = -4 \end{cases}$,

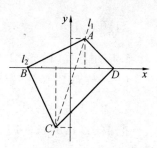

$\begin{cases} x_4 = 3 \\ y_4 = 0 \end{cases}$, 先求对角线 $AC, BD$ 的方程.

$$AC: f_1 = \begin{vmatrix} x & y & 1 \\ 1 & 2 & 1 \\ -1 & -4 & 1 \end{vmatrix} = 2x - y - 4 +$$

$$4x - y + 2 = 6x - 2y - 2;$$

$$BD: f_2 = \begin{vmatrix} x & y & 1 \\ -3 & 0 & 1 \\ 3 & 0 & 1 \end{vmatrix} = 0 \cdot x + 3y + 0 - 0 \cdot x + 3y + 0 = 6y.$$

分别求得 $\triangle_1 = 6, \triangle_2 = 10, \triangle_3 = 12, \triangle_4 = 8$.

所以 $2\triangle_1\triangle_3 = 2 \times 6 \times 12 = 144, 2\triangle_2\triangle_4 = 2 \times 10 \times 8 = 160$.

$$D_x = \begin{vmatrix} \triangle_3 - \triangle_1 & \triangle_3 y_1 - \triangle_1 y_3 \\ \triangle_4 - \triangle_2 & \triangle_4 y_2 - \triangle_2 y_4 \end{vmatrix} = \begin{vmatrix} 12 - 6 & 12 \times 2 - 6 \times (-4) \\ 8 - 10 & 8 \times 0 - 10 \times 0 \end{vmatrix}$$

$$= \begin{vmatrix} 6 & 48 \\ -2 & 0 \end{vmatrix} = 0 + 96 = 96;$$

$$D_y = \begin{vmatrix} \triangle_3 x_1 - \triangle_1 x_3 & \triangle_3 - \triangle_1 \\ \triangle_4 x_2 - \triangle_2 x_4 & \triangle_4 - \triangle_2 \end{vmatrix} = \begin{vmatrix} 12 + 6 & 12 - 6 \\ -24 - 30 & 8 - 10 \end{vmatrix}$$

$$= \begin{vmatrix} 18 & 6 \\ -54 & -2 \end{vmatrix} = \begin{vmatrix} 18 & 6 \\ -54 & -2 \end{vmatrix} = -36 + 324 = 288;$$

$$D = \begin{vmatrix} \triangle_3 x_1 - \triangle_1 x_3 & \triangle_3 y_1 - \triangle_1 y_3 \\ \triangle_4 x_2 - \triangle_2 x_4 & \triangle_4 y_2 - \triangle_2 y_4 \end{vmatrix}$$

$$= \begin{vmatrix} 12 \times 1 - 6 \times (-1) & 12 \times 2 - 6 \times (-4) \\ 8 \times (-3) - 10 \times 3 & 8 \times 0 - 10 \times 0 \end{vmatrix} = \begin{vmatrix} 18 & 48 \\ -54 & 0 \end{vmatrix} = 2\,592.$$

代入(7)式,得四边形 $ABCD$ 的方程为

$$144 \mid 6x - 2y - 2 \mid + 160 \mid 6y \mid + 96x + 288y = 2\,592$$

即

$$3 \mid 3x - y - 1 \mid + 10 \mid y \mid + x + 3y = 27.$$

5. 略

**习题 6.1**

1. 应用方程(1) 或(2),计算如下多边形的方程:

(1) 解:如图,$OB$ 的斜率分别为 $k = -1$. 由(1) 知,三角形 $ABC$ 方程可设为

$$a\left\{y + |x|\right\} + b|x| + cy = 1$$

把 $A(0,1),B(1,-1),C(-1,-1)$ 三点坐标代入,得

$$\begin{cases} b - c = 1 \\ a + c = 1, \\ b + c = 1 \end{cases}$$

解得 $a = 1, b = 1, c = 0$,所以 $\triangle ABC$ 的方程为

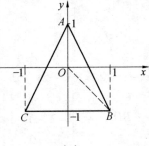

(1)

$$\left\{y + |x|\right\} + |x| = 1$$

(2) 解:如图,$OB$ 的斜率分别为 $k = 0$. 由(1) 知,菱形 $ABCD$ 方程可设为

$$a|y| + b|x| + cy = 1.$$

把 $A(0,2),B(1,0),C(0,-2),D(-1,0)$ 四点坐标代入,得

$$\begin{cases} b = 1 \\ 2a + 2c = 1 \\ 2a - 2c = 1 \end{cases}$$

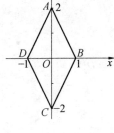

(2)

解得 $a = \dfrac{1}{2}, b = 1, c = 0$. 所以菱形 $ABCD$ 方程为

$$\frac{1}{2}|y| + |x| = 1,$$

即

$$|y| + |2x| = 2.$$

(3) 解:如图,$OB$ 的斜率分别为 $k = 1$. 由(1) 知,$\square ABCD$ 方程可设为

$$a\left\{y - |x|\right\} + b|x| + cy = 1$$

把 $A(0,2),B(2,2),C(0,-2),D(-2,-2)$ 代入,得

$$\begin{cases} 2a + 2c = 1 \\ 2a - 2c = 1 \\ 2b + 2c = 1 \end{cases}$$

解得 $a = \dfrac{1}{2}, b = \dfrac{1}{2}, c = 0$. 所以 $\square ABCD$ 的方程为

绝对值方程

$$\left\{ y - | x | \right\} + | x | = 2$$

(4) 解:如图,$OA$ 的斜率为 $k = 1$. 由(1) 知,梯形 $ABCD$ 方程可设为

$$a \left\{ y - | x | \right\} + b | x | + cy = 1$$

把 $A(1,1)$,$B(2,-1)$,$C(-2,-1)$,$D(-1,1)$ 四点坐标代入,得

$$\begin{cases} b + c = 1 \\ -b + c = 1 \\ 3a + 2b - c = 1 \end{cases}$$

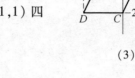

(3)

解得 $a = \dfrac{2}{3}$,$b = 0$,$c = 1$. 所以梯形 $ABCD$ 的方程为

$$2 \left\{ y - | x | \right\} + 3y = 3$$

2. 解:先求正方形 $A'B'C'D'$ 的方程. 如图,$OB'$ 的斜率为 $k = 0$. 由(1) 设正方形 $A'B'C'D'$ 的方程为

$$a | y | + b | x | + cy = 1.$$

把 $A'(0,1)$,$B'(1,0)$,$C'(0,-1)$ 代入,得

$$\begin{cases} b = 1 \\ a + c = 1 \\ a - c = 1 \end{cases}$$

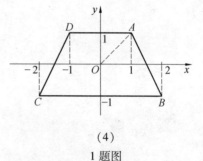

(4)

1 题图

解得 $a = 1$,$b = 1$,$c = 0$. 所以正方形 $A'B'C'D'$ 的方程为 $| y | + | x | = 1$. 将正方形 $A'B'C'D'$ 分别向左、右平移 2 个单位,得正方形 $ABCD$ 的方程为

$$| y - 2 | + | x - 2 | = 1.$$

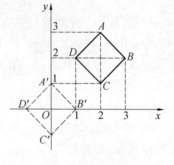

2 题图

3. 解:如图,$OA$ 的斜率分别为 $k_1 = \dfrac{3}{2}$,

$k_2 = 0$,$k_3 = -\dfrac{3}{2}$.

由(1) 知,设六边形 $ABCDEF$ 的方程为

$$a_1 \left\{ y - \frac{3}{2} | x | \right\} + a_2 | y | + a_3 \left\{ y + \frac{3}{2} | x | \right\} + b | x | + cy = 1$$

把 $A(2,3)$，$B(1,0)$，$C(2,-3)$，$N(0,3)$，$M(0,-3)$ 五点坐标代入，得

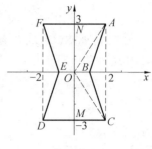

$$\begin{cases} 3a_1 + 3a_2 + 3a_3 + 3c = 1 \\ 3a_1 + 3a_2 + 3a_3 - 3c = 1 \\ 3a_2 + 6a_3 + 2b + 3c = 1 \\ 6a_1 + 3a_2 + 2b - 3c = 1 \\ \dfrac{3}{2}a_1 + \dfrac{3}{2}a_3 + b = 1 \end{cases}$$

3 题图

解得 $a_1 = \dfrac{1}{3}, a_2 = -\dfrac{1}{3}, a_3 = \dfrac{1}{3}, b = 0, c = 0.$ 所以六边形 $ABCDEF$ 的方程为

$$\left\langle y - \frac{3}{2}|x| \right\rangle - |y| + \left\langle y + \frac{3}{2}|x| \right\rangle = 3$$

4 ~ 6. 略

### 习题 6.2 略

### 习题 6.3

1. 解：如图，分别求直线方程
$BE: y = 0(f_3 = 0)$；$OA: x = 0(f_2 = 0)$.

取点 $K'$ 为是 $A(0,2)$，设 $\angle CAD$ 的方程为
$$a_1 x + b_1 y + c_1 + |x| = 0 \quad (f_1 + |f_2| = 0)$$

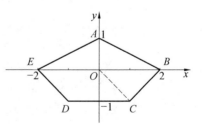

将 $A(0,1)$，$C(1,-1)$，$D(-1,-1)$ 三点坐标代入，得方程组

1 题图

$$\begin{cases} b_1 + c_1 = 0 \\ a_1 - b_1 + c_1 = -1 \\ -a_1 - b_1 + c_1 = -1 \end{cases}$$

解得，$a_1 = 0, b_1 = \dfrac{1}{2}, c_1 = -\dfrac{1}{2}.$ 则 $\angle CAD$ 的方程为

$$\frac{1}{2}y - \frac{1}{2} + |x| = 0 \text{ 即 } y + 2|x| - 1 = 0.$$

再设 $ABCDE$ 的方程为

$$\left\langle y + |2x| - 1 \right\rangle k_1 + |2x| k_1 + |y| k_2 + a_4 x + b_4 y + c_4 = 0$$

绝对值方程

308

把 $A(0,1),B(2,0),C(1,-1),D(-1,-1),E(-2,0)$ 五点坐标代入,得方程组

$$\begin{cases} k_2 + b_4 + c_4 = 0 \\ 7k_1 + 2a_4 + c_4 = 0 \\ 7k_1 - 2a_4 + c_4 = 0 \\ 2k_1 + k_2 + a_4 - b_4 + c_4 = 0 \\ 2k_1 + k_2 - a_4 - b_4 + c_4 = 0 \end{cases}$$

解得 $k_1 = 1, k_2 = 6, a_4 = 0, b_4 = 1, c_4 = -7$. 所以五边形 $ABCDE$ 的方程为

$$\left\{ y + 2\,|\,x\,|-1 \right\} + |\,2x\,| + |\,6y\,| + y - 7 = 0$$

2. 解:分别求直线方程 $BE: y = 0(f_3 = 0)$;
$OA: x = 0(f_2 = 0)$.

取点 $K'$ 为是 $A(0,3)$,设 $\angle CAD$ 的方程为
$a_1 x + b_1 y + c_1 + |\,x\,| = 0(f_1 + |f_2| = 0)$
将 $A, C, D$ 三点坐标代入,得方程组

$$\begin{cases} 3b_1 + c_1 = 0 \\ -2a_1 - 4b_1 + c_1 = -2 \\ 2a_1 - 4b_1 + c_1 = -2 \end{cases}$$

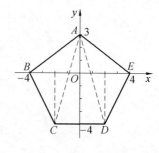

2 题图

解得 $a_1 = 0, b_1 = \dfrac{2}{7}, c_1 = -\dfrac{6}{7}$,所以 $\angle CAD$ 的方程为 $2y + |\,7x\,| - 6 = 0$.

再设 $ABCDE$ 的方程为

$$\left\{ 2y + |\,7x\,| - 6 \right\} \cdot k_1 + |\,7x\,|k_1 + |\,y\,|k_2 + a_4 x + b_4 y + c_4 = 0$$

把 $A, B, C, D, E$ 五点坐标代入,得方程组

$$\begin{cases} 3k_2 + 3b_4 + c_4 = 0 \\ 50k_1 - 4a_4 + c_4 = 0 \\ 50k_1 + 4a_4 + c_4 = 0 \\ 14k_1 + 4k_2 - 2a_4 - 4b_4 + c_4 = 0 \\ 14k_1 + 4k_2 + 2a_4 - 4b_4 + c_4 = 0 \end{cases},$$

解得 $k_1 = 6, k_2 = 77, a_4 = 0, b_4 = 23, c_4 = -300$. 所以五边形 $ABCDE$ 的方程为

$$6\left\{ 2y + |\,7x\,| - 6 \right\} + 6\,|\,7x\,| + 23y - 300 = 0$$

3. 略

**习题 6.4** 略

**习题 6.5**

1. 解:分别求出六边形 $ABCDEF$ 的主对角线方程为

$AD:y + 4x + 2 = 0$;

$BE:3y - 4x - 2 = 0$;

$CE:y = 0.$

设六边形 $ABCDEF$ 的方程为

$k_1|y + 4x + 2| + k_2|3y - 4x - 2| + k_3|y| + a_4x + b_4y + c_4 = 0$

分别把 $A(-1,2),B(1,2),C(2,0),$ $D(0,-2),E(-2,-2),F(-3,0)$ 六点坐标代入,得

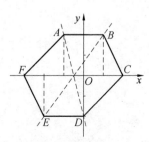

1 题图

$$\begin{cases} 8k_2 + 2k_3 - a_4 + 2b_4 + c_4 = 0 \\ 8k_2 + 2k_3 - 2b_4 + c_4 = 0 \\ 8k_1 + 2k_3 + a_4 + 2b_4 + c_4 = 0 \\ 8k_1 + 2k_3 - 2a_4 - 2b_4 + c_4 = 0 \\ 10k_1 + 10k_2 + 2a_4 + c_4 = 0 \\ 10k_1 + 10k_2 - 3a_4 + c_4 = 0 \end{cases}$$

解得 $k_1 = 1,k_2 = 1,k_3 = 6,a_4 = 0,b_4 = 0,c_4 = -20.$

所以六边形 $ABCDEF$ 的方程为

$|y + 4x + 2| + |3y - 4x - 2| + |6y| = 20.$

2 解:分别求出六边形 $ABCDEF$ 的主对角线方程为

$AD:x = 0$;

$BE:y = 0$;

$CE:y + x = 0.$

设六边形 $ABCDEF$ 的方程为

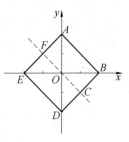

2 题图

$$k_1|x| + k_2|y| + k_3|y + x| + a_4x + b_4y + c_4 = 0$$

分别把 $A(0,2),B(2,0),C(1,-1),D(0,-2),E(-2,0),F(-1,1)$ 六点坐标代入,得

$$\begin{cases} 2k_2 + 2k_3 + 2b_4 + c_4 = 0 \\ 2k_2 + 2k_3 - 2b_4 + c_4 = 0 \\ 2k_1 + 2k_3 + 2a_4 + c_4 = 0 \\ 2k_1 + 2k_3 + 2a_4 + c_4 = 0 \\ k_1 + k_2 + a_4 - b_4 + c_4 = 0 \\ k_1 + k_2 + a_4 - b_4 + c_4 = 0 \end{cases}$$

解得 $k_1 = -1, k_2 = -1, k_3 = 0, a_4 = 0, b_4 = 0, c_4 = 2$.

所以六边形 $ABCDEF$ 的主对角线方程为

$$-|x| - |y| + 2 = 0$$

即

$$|x| + |y| = 2.$$

此时六边形 $ABCDEF$ 退化为正方形 $ABDE$ 的方程.

3 ~ 5. 略

## 习题 7.1

1. 解:在 $SmtABCO$ 内取一点 $P(1,1,1)$,则 $f_2 = x + y = 0$.

把 $A(3,0,0)$, $B(0,3,0)$, $C(0,0,3)$, $P(1,1,1)$,坐标代入

$$f_1 + |f_2| = 0 \ 即 \ a_1 x + b_1 y + c_1 z + d_1 + |x + y| = 0$$

得方程组

$$\begin{cases} 3a_1 + d_1 = -3 \\ 3b_1 + d_1 = -3 \\ 3c_1 + d_1 = 0 \\ a_1 + b_1 + c_1 + d_1 = -2 \end{cases}$$

解得 $a_1 = 0, b_1 = 0, c_1 = 1, d_1 = -3$,则二面角 $B - PC - A$ 的方程为

$$z - 3 + |x + y| = 0.$$

在把 $A(3,0,0)$, $C(0,0,3)$, $O(0,0,0)$, $P(1,1,1)$,坐标代入

$$f_3 + |f_2| = 0 \ 即 \ a_3 x + b_3 y + c_3 z + d_3 + |x + y| = 0$$

得方程组

$$\begin{cases} 3a_3 + d_3 = -3 \\ 3c_3 + d_3 = 0 \\ d_3 = 0 \\ a_3 + b_3 + c_3 + d_3 = 0 \end{cases}$$

解得 $a_3 = -1, b_3 = -1, c_3 = 0, d_3 = 0$. 则二面角 $A - PC - O$ 的方程为

$$-x - y + |x + y| = 0.$$

311

最后,将 $A(3,0,0)$, $B(0,3,0)$, $C(0,0,3)$, $O(0,0,0)$ 代入方程

$$\{ z - 3 + |x + y| \} + \{ -x - y + |x + y| \} + a_4 x + b_4 y + c_4 z + d_4 = 0$$

得方程组

$$\begin{cases} 3a_4 + d_4 = 0 \\ 3b_4 + d_4 = 0 \\ 3c_4 + d_4 = 0 \\ d_4 = -3 \end{cases}$$

解得 $a_4 = 1, b_4 = 1, c_4 = 1, d_4 = -3$. 故 $SmtABCO$ 的方程为

$$\{ z - 3 + |x + y| \} + \{ -x - y + |x + y| \} + x + y + z = 3$$

2. 略

## 习题 7.2

1. 已知点 $V(0,0,2)$, $A(-1,0,-2)$, $B(1,-1,-2)$, $C(1,1,-2)$, 应用方程 $(2)$, 构造 $SmtVABC$ 的方程.

解 i) 设 $E$ 为 $AB$ 中点, 作平面 $VOE$: $f_1 = -8y = 0$;

ii) 设 $DF$ 为 $\triangle OAB$ 的中位线, 作平面 $VDF$: $f_2 = -8x = 0$.

所以 $f_1(A) = 8 = \triangle$. 所以 $f_2(A) = \lambda(-8x) = -\triangle = -8$. 所以 $\lambda = -8$.

平面 $VDF$ 为 $f_2 = -8x = 0$.

iii) 过 $VH$ 中点 $G(1,1,2)$ 作平面 $AOB$ 的平行平面:

$$f_3 = \mu(2z + 4) = 0.$$

因为 $f_3(A) = \mu(0 - 2) = -\triangle = -4, \mu = 2$,

所以 $f_3 = 4z + 8 = 0$.

iv) 按方程 $(2)$, 即可构造 $SmtVABO$ 的方程

$$\{ |-8y| - 8x \} + |-8y| + \{ \{ |-8y| - 8x \} + |-8y| + 4z \} = 8$$

即

$$\{ |2y| - 2x \} + |2y| + \{ \{ |2y| - 2x \} + |2y| + z \} = 2$$

2 ~ 3 略

## 习题 7.3

1. 已知 $A(0,0,3)$, $B(1,-2,-1)$, $C(2,3,-1)$, $D(-2,3,-1)$, 求 $SmtABCD$ 的方程 (用方程 $(3)$).

绝对值方程

解 $\alpha_1 = \begin{vmatrix} x & y & z & 1 \\ 1 & -2 & -1 & 1 \\ 2 & 3 & -1 & 1 \\ -1 & \frac{3}{2} & 1 & 1 \end{vmatrix} = x \begin{vmatrix} -2 & -1 & 1 \\ 3 & -1 & 1 \\ \frac{3}{2} & 1 & 1 \end{vmatrix} - y \begin{vmatrix} 1 & -1 & 1 \\ 2 & -1 & 1 \\ 1 & 1 & 1 \end{vmatrix} +$

$z \begin{vmatrix} 1 & -2 & 1 \\ 2 & 3 & 1 \\ -1 & \frac{3}{2} & 1 \end{vmatrix} - \begin{vmatrix} 1 & -2 & -1 \\ 2 & 3 & -1 \\ -1 & \frac{3}{2} & 1 \end{vmatrix},$

$\alpha_1 = 10x - 2y + \frac{27}{2}z + \frac{1}{2}.$

$\alpha_2 = \begin{vmatrix} x & y & z & 1 \\ 0 & 0 & 3 & 1 \\ 2 & 3 & -1 & 1 \\ -\frac{1}{2} & \frac{1}{2} & -1 & 1 \end{vmatrix} = -3 \begin{vmatrix} x & y & 1 \\ 2 & 3 & 1 \\ -\frac{1}{2} & \frac{1}{2} & 1 \end{vmatrix} + \begin{vmatrix} x & y & z \\ 2 & 3 & -1 \\ -\frac{1}{2} & \frac{1}{2} & -1 \end{vmatrix} =$

$-10x + 10y + \frac{5}{2}z - \frac{15}{2},$

$\alpha_3 = \begin{vmatrix} x & y & z & 1 \\ 0 & 0 & 3 & 1 \\ 1 & -2 & -1 & 1 \\ 0 & 3 & -1 & 1 \end{vmatrix} = -3 \begin{vmatrix} x & y & 1 \\ 1 & -2 & 1 \\ 0 & 3 & 1 \end{vmatrix} + \begin{vmatrix} x & y & z \\ 1 & -2 & -1 \\ 0 & 3 & -1 \end{vmatrix} = 20x + 4y +$

$3z - 9.$

$V = \frac{1}{6} \begin{vmatrix} 0 & 0 & 3 & 1 \\ 1 & -2 & -1 & 1 \\ 2 & 3 & -1 & 1 \\ -2 & 3 & -1 & 1 \end{vmatrix} = \frac{1}{6} \left[ 3 \begin{vmatrix} 1 & -2 & 1 \\ 2 & 3 & 1 \\ -2 & 3 & 1 \end{vmatrix} - \begin{vmatrix} 1 & -2 & -1 \\ 2 & 3 & -1 \\ -2 & 3 & -1 \end{vmatrix} \right] = \frac{40}{3}.$

$\alpha_1 - \alpha_2 = -10x + 10y + \frac{5}{2}z - \frac{15}{2} - 20x - 4y - 3z + 9 = -30x +$

$6y - \frac{1}{2}z + \frac{3}{2},$

$\alpha_2 + \alpha_3 = -10x + 10y + \frac{5}{2}z - \frac{15}{2} + 20x + 4y + 3z - 9 = 10x + 14y + \frac{11}{2}z - \frac{33}{2},$

$2\alpha_1 + \alpha_2 - \alpha_3 = 20x - 4y + 27z + 1 - 10x + 10y + \frac{5}{2}z - \frac{15}{2} -$

$20x - 4y - 3z + 9$

所以 $2\alpha_1 + \alpha_2 - \alpha_3 = -10x + 2y + \frac{53}{2}z + 10$

$$-\alpha_1 - \alpha_2 + \alpha_3 = -10 + 2y - \frac{27}{2}z - \frac{1}{2} + 10x - 10y - \frac{5}{2}z + \frac{15}{2} - 20x - 4y - 3z + 9$$

所以 $-\alpha_1 - \alpha_2 + \alpha_3 = -20x - 12y - 19z + \frac{17}{2}$

得到 $SmtABCD$ 的方程为

$$\left\{ -30x + 6y - \frac{1}{2}z + \frac{3}{2} + \left| 10x + 14y + \frac{11}{2}z - \frac{33}{2} \right| \right\} + \left\{ 10x + 2y + \frac{53}{2}z + \right.$$

$$10 + \left| 10x + 14y + \frac{11}{2}z - \frac{33}{2} \right| \right\} - 20 - 12y - 19z + \frac{17}{2} = 40$$

2. 略

## 习题 7.4 略

## 习题 7.5

1. 已知 $A(0,0,3), B(1,-2,-1), C(2,3,-1), D(-2,3,-1)$，求 $SmtABCD$ 的方程（用方程(3)）.

$$f_1 = \begin{vmatrix} x & y & z & 1 \\ 0 & 0 & 3 & 1 \\ 1 & -2 & -1 & 1 \\ 0 & 3 & -1 & 1 \end{vmatrix} = (-1)^{2+3} \cdot 3 \cdot \begin{vmatrix} x & y & 1 \\ 1 & -2 & 1 \\ 0 & 3 & 1 \end{vmatrix} +$$

$$(-1)^{4+2} \cdot \begin{vmatrix} x & y & z \\ 1 & -2 & -1 \\ 0 & 3 & -1 \end{vmatrix} = 20x + 4y + 3z - 9.$$

$$f_2 = \begin{vmatrix} x & y & z & 1 \\ 0 & 0 & 3 & 1 \\ \frac{3}{2} & \frac{1}{2} & -1 & 1 \\ -\frac{1}{2} & \frac{1}{2} & -1 & 1 \end{vmatrix} = -3 \begin{vmatrix} x & y & 1 \\ \frac{3}{2} & \frac{1}{2} & 1 \\ -\frac{1}{2} & \frac{1}{2} & 1 \end{vmatrix} + \begin{vmatrix} x & y & z \\ \frac{3}{2} & \frac{1}{2} & -1 \\ -\frac{1}{2} & \frac{1}{2} & -1 \end{vmatrix} =$$

$$8y + z - 3.$$

$$f_3 = \begin{vmatrix} x & y & z & 1 \\ 1 & -2 & -1 & 1 \\ 2 & 3 & -1 & 1 \\ -2 & 3 & -1 & 1 \end{vmatrix} = x \begin{vmatrix} -2 & -1 & 1 \\ 3 & -1 & 1 \\ 3 & -1 & 1 \end{vmatrix} - y \begin{vmatrix} 1 & -1 & 1 \\ 2 & -1 & 1 \\ -2 & -1 & 1 \end{vmatrix} +$$

$$z \begin{vmatrix} 1 & -2 & 1 \\ 2 & 3 & 1 \\ -2 & 3 & 1 \end{vmatrix} - \begin{vmatrix} 1 & -2 & -1 \\ 2 & 3 & -1 \\ -2 & 3 & -1 \end{vmatrix} = 20z + 20.$$

$$V = \frac{1}{6} \begin{vmatrix} 0 & 0 & 3 & 1 \\ 1 & -2 & -1 & 1 \\ 2 & 3 & -1 & 1 \\ -2 & 3 & -1 & 1 \end{vmatrix} = \frac{1}{6} \left[ 3 \begin{vmatrix} 1 & -2 & 1 \\ 2 & 3 & 1 \\ -2 & 3 & 1 \end{vmatrix} - \begin{vmatrix} 1 & -2 & -1 \\ 2 & 3 & -1 \\ -2 & 3 & -1 \end{vmatrix} \right] = \frac{40}{3}.$$

所以 $SmtABCD$ 的方程为

$$\zeta \{ |20x + 4y + 3z - 9| - 16y - 2z - 6 \} + |20x + 4y + 3z - 9| + 20z - 20 \} +$$

$$\zeta \{ |20x + 4y + 3z - 9| - 16y - 2z - 6 \} + |20x + 47y + 3z - 9| = 40$$

2. 已知点 $A(0,0,3)$, $B(2,-3,-1)$, $C(2,3,-1)$, $D(-2,3,1)$, 应用方程 (5), 构造 $SmtABCD$ 的方程.

$$f_1 = \begin{vmatrix} x & y & z & 1 \\ 0 & 0 & 3 & 1 \\ 2 & -3 & -1 & 1 \\ 0 & 3 & 0 & 1 \end{vmatrix} = (-1)^{3+2} \cdot 3 \begin{vmatrix} x & y & 1 \\ 2 & -3 & 1 \\ 0 & 3 & 1 \end{vmatrix} +$$

$$(-1)^{4+2} \begin{vmatrix} x & y & z \\ 2 & -2 & -1 \\ 0 & 3 & 0 \end{vmatrix} = 21x + 6y + 6z - 18.$$

$$f_2 = \begin{vmatrix} x & y & z & 1 \\ 0 & 0 & 3 & 1 \\ 2 & 0 & -1 & 1 \\ 0 & 0 & 0 & 1 \end{vmatrix} = (-1)^{4+4} \begin{vmatrix} x & y & z \\ 0 & 0 & 3 \\ 2 & 0 & -1 \end{vmatrix} = (-1)^{4+4} \cdot (-1)^{3+2} \cdot$$

$$3 \begin{vmatrix} x & y \\ 2 & 0 \end{vmatrix} = -3(0 - 2y) = 6y.$$

$$f_3 = \begin{vmatrix} x & y & z & 1 \\ 2 & -3 & -1 & 1 \\ 2 & 3 & -1 & 1 \\ -2 & 3 & 1 & 1 \end{vmatrix} = x \begin{vmatrix} -3 & -1 & 1 \\ 3 & -1 & 1 \\ 3 & 1 & 1 \end{vmatrix} - y \begin{vmatrix} 2 & -1 & 1 \\ 2 & -1 & 1 \\ -2 & 1 & 1 \end{vmatrix} +$$

$$z\begin{vmatrix} 2 & -3 & 1 \\ 2 & 3 & 1 \\ -2 & 3 & 1 \end{vmatrix} - \begin{vmatrix} 2 & -3 & -1 \\ 2 & 3 & -1 \\ -2 & 3 & -1 \end{vmatrix} = 12x + 24z + 24.$$

$$V = \frac{1}{6}\begin{vmatrix} 0 & 0 & 3 & 1 \\ 2 & -3 & -1 & 1 \\ 2 & 3 & -1 & 1 \\ -2 & 3 & 1 & 1 \end{vmatrix} = \frac{1}{6}\left[ (-1)^{3+1} \cdot 3 \begin{vmatrix} 2 & -3 & 1 \\ 2 & 3 & 1 \\ -2 & 3 & 1 \end{vmatrix} + \right.$$

$$\left. (-1)^{4+1}\begin{vmatrix} 2 & -3 & -1 \\ 2 & 3 & -1 \\ -2 & 3 & 1 \end{vmatrix} \right] = 12.$$

所以 $SmtABCD$ 的方程为

$$\zeta \zeta |7x + 2y + 2z - 6| - 4y \zeta + 4x + 8z - 4 \zeta + \zeta |7x + 2y + 2z - 6| - 4y \zeta$$
$$+ |7x + 2y + 2z - 6| = 12$$

**习题** 8.1

1. 解：$\dfrac{|x|}{3} + \dfrac{|y|}{5} + \dfrac{|z|}{4} = 1$.

2. 解：因为 $a = 6, b = 4, c = 5$,

所以 $\triangle = \dfrac{1}{2}\sqrt{a^2 b^2 + b^2 c^2 + c^2 a^2} = \dfrac{1}{2}\sqrt{6^2 \cdot 4^2 + 4^2 \cdot 5^2 + 5^2 \cdot 6^2} = \sqrt{469}$.

即正八面体 $BmtABCDEF$ 的表面积为 $\sqrt{469}$.

$$V = \frac{4}{3}abc = \frac{4}{3} \times 6 \times 4 \times 5 = 160.$$

所以正八面体 $BmtABCDEF$ 的表面积和体积分别为 $\sqrt{469}$、160.

3. 解：因为 $\begin{vmatrix} x & y & z \\ 3 & 1 & -1 \\ 1 & 3 & -2 \end{vmatrix} = -2x + 9z - y - z + 3x + 6y = x + 5y + 8z,$

$$\begin{vmatrix} x & y & z \\ 1 & 3 & -2 \\ -3 & -1 & 2 \end{vmatrix} = 6x + 6y - z + 9z - 2x - 2y = 4x + 4y + 8z,$$

$$\begin{vmatrix} x & y & z \\ -3 & -1 & 2 \\ 3 & 1 & -1 \end{vmatrix} = x - 3z + 6y + 3z - 2x - 3y = -x + 3y,$$

$$\begin{vmatrix} 3 & 1 & -1 \\ 1 & 3 & -2 \\ -3 & -1 & 2 \end{vmatrix} = 18 - 1 - 6 - 9 - 6 - 2 = -6,$$

所以正八面体 $BmtABCDEF$ 的方程为

$$|x + 5y + 8z| + |4x + 4y + 8z| + |x - 3y| = 6.$$

4 ~ 5. 略

## 习题 8.2

1. 解:连结 $AC$、$BD$ 交于点 $O$,在 $AC$ 上取一点 $H(1,$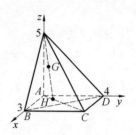
$\frac{4}{3}, 0)$,连结 $VH$ 并在 $VH$ 上取一点 $G(\frac{1}{2}, \frac{2}{3}, \frac{5}{2})$,易得

平面 $AGH:f_1 = 4x - 3y = 0$,

设二面角 $B - GH - D$ 的方程为

$$|4x - 3y| + a_2x + b_2y + c_2 + d_2 = 0.$$

把 $G, H, B, D$ 坐标代入,得

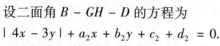

$$\begin{cases} \frac{1}{2}a_2 + \frac{2}{3}b_2 + \frac{5}{2}c_2 + d_2 = 0 \\ a_2 + \frac{4}{3}b_2 + d_2 = 0 \\ 3a_2 + d_2 = -12 \\ 4b_2 + d_2 = -12 \end{cases}$$

解得

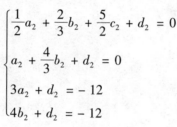

$$\begin{cases} a_2 = 12 \\ b_2 = 9 \\ c_2 = \frac{24}{5} \\ d_2 = -48 \end{cases}$$

所以二面角 $B - GH - D$ 的方程为

$$|4x - 3y| + 12x + 9y + \frac{24}{5}z - 48 = 0.$$

又设四面角 $G - ABCD$ 的方程为

$$\lambda|4x - 3y| + \zeta\{|4x - 3y| + 12x + 9y + \frac{24}{5}z - 48\} + a_3x + b_3y + c_3 + d_3 = 0$$

把 $G, A, B, C, D$ 五点坐标代入,得

$$\begin{cases} \dfrac{1}{2}a_3 + \dfrac{2}{3}b_3 + \dfrac{5}{2}c_3 + d_3 = 0 \\ d_3 = -48 \\ 3a_3 + 4b_3 + d_3 = 0 \\ 3a_3 + d_3 = -12 \\ 4b_3 + d_3 = -12 \end{cases}$$

解得

$$\begin{cases} a_3 = 8 \\ b_3 = 6 \\ c_3 = 16 \\ d_3 = -48 \\ \lambda = 2 \end{cases}$$

所以四面角 $G-ABCD$ 方程为

$$2\,|4x-3y| + \zeta\,|4x-3y| + 12x + 9y + \dfrac{24}{5}z - 48 \big\} + 8x + 6y + 16z - 48 = 0$$

又，平面 $ABCD$ 的方程为 $f_4 = z = 0$，取 $c_4 z = 0$，则设四棱锥 $V-ABCD$ 的方程为

$$2\,\zeta\zeta\,|4x-3y| + 12x + 9y + \dfrac{24}{5}z - 48 \big\} + 2|4x-3y| + 8x + 6y + 16z - 48 \big\}$$

$$+ \zeta\,|4x-3y| + 12x + 9y + \dfrac{24}{5}z - 48 \big\} + 2|4x-3y| + 8x + 6y + 16z - 48 + c_4 z = 0$$

把 $V(0,0,5)$ 代入,得

$$c_4 = -\dfrac{112}{5}.$$

所以四棱锥 $V-ABCD$ 的方程为

$$\zeta\zeta\,|\,4x-3y\,| + 12x + 9y + \dfrac{24}{5}z - 48 \big\} + 2\,|\,4x-3y\,| + 8x + 6y + 16z - 48 \big\} +$$

$$\zeta\,|\,4x-3y\,| + 12x + 9y + \dfrac{24}{5}z - 48 \big\} + 2\,|\,4x-3y\,| + 8x + 6y - \dfrac{32}{5} - 48 = 0.2$$

略

## 习题 8.3

1. 解：各棱分别平行于坐标轴的单位正方体的方程为

$$\zeta\,2y + |x+z| + |x-z|\big\} + \zeta\,{-2y} + |x+z| + |x-z|\big\} = 2$$

绝对值方程

318

2. 解: 由题设知:

$$a = 2, b = 3, c = 1.$$

代入(9)式, 得长方体 $ABCD - A'B'C'D'$ 的方程为

$$|12 - z| + |3z| + |2y| + \{|3x| - |2y|\} - \{|12 - z| - |3x| - |2y| - \{|3x| - |2y|\}\} = 24$$

3. 由已知的 8 个顶点亦可写为

$A(3,2,4), B(3,2+1,4), C(4,3,4), D(4,3-1,4), A'(-4,-3,-2),$
$B'(-4,1-3,-4), C'(-3,-2,-4), D'(-3,-2-1,-4),$

则 $a_1 = 3, b_1 = 2, c_1 = 4; a_2 = 4, b_2 = 3, c_2 = 2, h = 1.$

所以 $f_1 = 2c_1 hx - (a_1 + a_2)hz = 8x - 7z,$

$$f_2 = 2c_1(b_2 - b_1 - h)x - 2c_1(a_2 - a_1)y + (2a_2 b_1 + a_2 h + a_1 h)z$$
$$= -8y + 23z.$$

所以平行六面体 $ABCD - A'B'C'D'$ 的方程为

$$|2z| + |8x - 7z| + |8y - 23z| + \{|8x - 7z| - |8y - 23z|\} - \{|2z| - |8x - 7z| - |8y - 23z| - \{|8x - 7z| - |8y - 23z|\}\} + 16 = 0$$

## 习题 8.4

1. 解: 底面 $ABCD$ 为正方形, 其方程为

$$\begin{cases} |x - y| + |x + y - 1| - 1 = 0 \\ z = 0 \end{cases}$$

侧面棱方向数为

$$(1,1,3) - (1,0,-1) = (0,1,4).$$

由引理知, 柱面 $A - C_1$ 的方程为 $(l = 0, m = 1, n = 4)$, 则

$$F_1 = \left| x - \frac{0}{4}z - y + \frac{1}{4}z \right| + \left| x - \frac{0}{4}z + y - \frac{1}{4}z - 1 \right| - 1.$$

即

$$F_1 = \left| x - y + \frac{1}{4}z \right| + \left| x + y - \frac{1}{4}z - 1 \right| - 1 = 0.$$

因为 $h = 4$, 所以两底面的方程为

$$F_2 = |z - 2| - 2 = 0.$$

应用定理 8, 知 $PltAC_1$ 的方程为

$$|F_1 - F_2| = 2|F_1| + 2|F_2| + F_1 + F_2.$$

其中 $F_1 = \left| x - y + \dfrac{1}{4}z \right| + \left| x + y - \dfrac{1}{4}z - 1 \right| - 1, F_2 = |z - 2| - 2$.

2. 解:底面正六棱柱方程为 $\begin{cases} \left| x + \dfrac{1}{2} \right| + \left| x - \dfrac{1}{2} \right| + \dfrac{2}{\sqrt{3}}|y| - 2 = 0, \\ z = 0. \end{cases}$ 母线的

方向数为 $(0,0,1)$,则正六棱柱的侧面方程为

$$F_1 = f\left(x - \dfrac{0}{1}z, y - \dfrac{0}{1}z\right) = f(x,y) = 0,$$

即

$$F_1 = \left| x + \dfrac{1}{2} \right| + \left| x - \dfrac{1}{2} \right| + \dfrac{2}{\sqrt{3}}|y| - 2 = 0.$$

因为 $\qquad\qquad\qquad h = 2,$

所以正六棱柱的上下面的方程为

$$F_2 = |z - 1| - 1 = 0.$$

正六棱柱的方程为

$$| F_1 - F_2 | = 2 | F_1 | + 2 | F_2 | + F_1 + F_2.$$

其中 $F_1 = \left| x + \dfrac{1}{2} \right| + \left| x - \dfrac{1}{2} \right| + \dfrac{2}{\sqrt{3}}|y| - 2, F_2 = |z - 1| - 1$.

3. 解:圆锥的锥顶的坐标为 $(0,0,2)$,则 $a = 0, b = 0, c = 2$,圆锥底面圆的
方程为

$$\begin{cases} x^2 + y^2 - 1 = 0, \\ z = 0. \end{cases}$$

而

$$f_1 = (c - z)f\left(\dfrac{cx - az}{c - z}, \dfrac{cy - bz}{c - x}\right) = (2 - z)f\left(\dfrac{2x}{2 - z}, \dfrac{2y}{2 - z}\right) = 0.$$

代入 $x^2 + y^2 - 1 = 0$,得

$$f_1 = (2 - z)\left[\left(\dfrac{2x}{2 - z}\right)^2 + \left(\dfrac{2y}{2 - z}\right)^2 - 1\right] = \dfrac{4x^2 + 4y^2 - z^2 + 4z - 4}{2 - z} = 0.$$

两边同乘以 $2 - z$,得

$$F_1 = 4x^2 + 4y^2 - z^2 + 4z - 4 = 0.$$

因为圆锥的高为 $2$,所以

$$F_2 = \left| z - \dfrac{c}{2} \right| - \dfrac{c}{2} = |z - 1| - 1.$$

所以圆锥的方程为

$$| F_1 - F_2 | = 2 | F_1 | + 2 | F_2 | + F_1 + F_2.$$

其中 $F_1 = 4x^2 + 4y^2 - z^2 + 4z - 4, F_2 = |z - 1| - 1$.

4 ～ 5. 略

## 习题 8.5 略

## 习题 8.6

1. 解:分别求出 $\triangle AOB$ 各边所在的直线方程为
$$f_A = 3x + 2y - 6 = 0, f_B = x = 0, f_C = y = 0.$$

所以 $\triangle AOB$ 的方程可表为
$$f_A + r_1 z + | f_A - r_1 z | = 0,$$
$$z = f_B + r_2 f_C + | f_B - r_2 f_C |.$$

取 $\triangle AOB$ 内一点 $P(1,1)$,即 $x = 1, y = 1$ 代入 $f_B - r_2 f_C = 0$,即 $x - r_2 y = 0$,
得 $1 - r_2 \cdot 1 = 0$,解得
$$r_2 = 1.$$

则
$$z = x + y + | x - y |.$$

再把 $x = 1, y = 1$ 代入 $f_A - r_1 z = 0$,即
$$3x + 2y - 6 + r_1(x + y + | x - y |) = 0.$$

得
$$3 + 2 - 6 + 2r_1 = 0.$$

解得
$$r_1 = -\frac{1}{2}.$$

$$f_A + r_1 z = 3x + 2y - 6 - \frac{1}{2}(x + y + | x - y |) = 3x + 2y - 6 - \frac{1}{2}x -$$
$$\frac{1}{2}y - \frac{1}{2} | x - y | = \frac{5}{2}x + \frac{3}{2}y - 6 - \frac{1}{2} | x - y |$$

$$f_A - r_1 z = 3x + 2y - 6 + \frac{1}{2}(x + y + | x - y |) = 3x + 2y - 6 + \frac{1}{2}x +$$
$$\frac{1}{2}y + \frac{1}{2} | x - y | = \frac{7}{2}x + \frac{5}{2}y - 6 + \frac{1}{2} | x - y |$$

所以 $\triangle AOB$ 的方程为
$$\frac{5}{2}x + \frac{3}{2}y - 6 - \frac{1}{2} | x - y | + \left\{ \frac{7}{2}x + \frac{5}{2}y - 6 + \frac{1}{2} | x - y | \right\} = 0$$

即
$$5x + 3y - 12 - | x - y | + \left\{ 7x + 5y - 12 + | x - y | \right\} = 0$$

2. 解:先求四面体的各面所在的平面方程
$$f_A = f_{VAB} = y = 0,$$

321

$$f_B = f_{VBC} = \begin{vmatrix} x & y & z & 1 \\ 0 & 0 & 4 & 1 \\ 3 & 0 & 0 & 1 \\ 0 & 5 & 0 & 1 \end{vmatrix} = -4 \begin{vmatrix} x & y & 1 \\ 3 & 0 & 1 \\ 0 & 5 & 1 \end{vmatrix} + \begin{vmatrix} x & y & z \\ 3 & 0 & 0 \\ 0 & 5 & 0 \end{vmatrix} = 20x + 12y +$$

$15z - 60 = 0,$

$f_C = f_{VCA} = x = 0,$

$f_D = f_{ABC} = z = 0.$

则四面体 $V - ABC$ 的方程可表为

$$f_A + r_1 M + |f_A - r_1 M| = 0,$$
$$M = f_B + r_2 L + |f_B - r_2 L|,$$
$$L = f_C + r_3 f_D + |f_C - r_3 f_D|.$$

把四面体 $V - ABC$ 内一点 $P(1,1,1)$ 的坐标,即 $x = 1, y = 1, z = 1$ 代入 $f_C - r_3 f_D = 0,$ 得 $1 + r_3 = 0,$ 解得

$$r_3 = -1.$$
$$L = x - z + |x + z|.$$

又把 $x = 1, y = 1, z = 1$ 代入 $f_B - r_2 L = 0,$ 即

$20x + 12y + 15z - 60 - r_2(x - z + |x + z|) = 0, 20 + 12 + 15 - 60 - 2r_2 =$

$0,$ 解得

$$r_2 = -\frac{13}{2}.$$

所以 $M = f_B + r_2 L + |f_B - r_2 L| = 20x + 12y + 15z - 60 - \frac{13}{2}(x - z + |x +$

$z|) + \left\{ 20x + 12y + 15z - 60 + \frac{13}{2}(x - z + |x + z|) \right\} = \frac{27}{2}x + 12y + \frac{43}{2}z -$

$60 - \frac{13}{2}|x + z| + \left\{ \frac{53}{2}x + 12y + \frac{17}{2}z - 60 + \frac{13}{2}|x + z| \right\}$

当 $x = y = z = 1$ 时,$M = \frac{27}{2} + \frac{24}{2} + \frac{43}{2} - \frac{120}{2} - \frac{26}{2} + \left| \frac{53}{2} + \frac{24}{2} + \frac{17}{2} - \right.$

$\left. \frac{120}{2} + \frac{26}{2} \right| = -26$

再把 $x = y = z = 1$ 代入 $f_A - r_1 M = 0,$ 即 $y - r_1(-26) = 0, 1 + 26r_1 = 0,$
解得

$$r_1 = -\frac{1}{26}.$$

所以四面体 $V - ABC$ 的方程为 $y - \frac{1}{26}M + \left| y + \frac{1}{26M} \right| = 0,$ 即

$$26y - M + |26y + M| = 0.$$

把上述 $M$ 的式子代入, 即知四面体 $V - ABC$ 的方程为

$- 27x + 28y - 43z + 120 + 13 \mid x + z \mid + \{ 53x + 24y + 17z - 120 + 13 \mid x + z \mid \} + \{ - 27x + 28y - 43z + 120 + 13 \mid x + z \mid + \{ 53x + 24y + 17z - 120 + 13 \mid x + z \mid \} \} = 0$

3. 解: 分别求得四棱锥 $V - ABCD$ 的各面所在的平面方程为

$f_A = f_{ABCD} = z = 0,$

$$f_{VAB} = \begin{vmatrix} x & y & z & 1 \\ 0 & 0 & 0 & 1 \\ 0 & 0 & 4 & 1 \\ 3 & 0 & 0 & 1 \end{vmatrix} = - \begin{vmatrix} x & y & z \\ 0 & 0 & 4 \\ 3 & 0 & 0 \end{vmatrix} = - 12y,$$

$f_B = z = 0,$

$$f_{VBC} = \begin{vmatrix} x & y & z & 1 \\ 0 & 0 & 4 & 1 \\ 3 & 0 & 0 & 1 \\ 3 & 5 & 0 & 1 \end{vmatrix} = - 4 \begin{vmatrix} x & y & 1 \\ 3 & 0 & 1 \\ 3 & 5 & 1 \end{vmatrix} + \begin{vmatrix} x & y & z \\ 3 & 0 & 0 \\ 3 & 5 & 0 \end{vmatrix} = - 60 + 20x + 15z,$$

$f_C = 4x + 3z - 12 = 0$

$$f_{VCD} = \begin{vmatrix} x & y & z & 1 \\ 0 & 0 & 4 & 1 \\ 3 & 5 & 0 & 1 \\ 0 & 5 & 0 & 1 \end{vmatrix} = - 4 \begin{vmatrix} x & y & 1 \\ 3 & 5 & 1 \\ 0 & 5 & 1 \end{vmatrix} + \begin{vmatrix} x & y & z \\ 3 & 5 & 0 \\ 0 & 5 & 0 \end{vmatrix} = 12y + 15z - 60,$$

$f_D = 4y + 5z - 20 = 0,$

$$f_{VAD} = \begin{vmatrix} x & y & z & 1 \\ 0 & 0 & 4 & 1 \\ 0 & 0 & 0 & 1 \\ 0 & 5 & 0 & 1 \end{vmatrix} = - \begin{vmatrix} x & y & z \\ 0 & 0 & 4 \\ 0 & 5 & 0 \end{vmatrix} = 20x,$$

$f_E = x = 0.$

把 $x = 1, y = 1, z = 1$ 代入 $f_D + r_4 f_E = 0$, 及 $4y + 5z - 20 - r_4 x = 0$, 得 $- 11 - r_4 = 0$, 则

$$r_4 = - 11.$$

所以　　　　$K = - 11x + 4y + 5z - 20 + \mid 11x + 4y + 5z - 20 \mid.$

又把 $x = 1, y = 1, z = 1$ 代入 $f_C - r_3 K = 0$, 则

$4x + 3z - 12 - r_3 ( - 11x + 4y + 5z - 20 + \mid 11x + 4y + 5z - 20 \mid) = 0$

即

$4 + 3 - 12 - r_3 ( - 11 + 4 + 5 - 20 + \mid 11 + 4 + 5 - 20 \mid) = 0.$

解得

$$r_3 = \frac{5}{22}.$$

所以　　　$L = 4x + 3z - 12 + \frac{5}{22}K + \left| 4x + 3z - 12 - \frac{5}{22}K \right|.$

其中 $K = -11x + 4y + 5z - 20 + |11x + 4y + 5z - 20|$

把 $K$ 代入,化简,得

$$L = \frac{1}{22}\Big(33x + 20y + 182z - 364 + |55x + 20y + 25z - 100| +$$

$$\Big\{ 143x - 20y + 41z - 164 - |55x + 20y + 25z - 100| \Big\}$$

把 $x = 1, y = 1, z = 1$ 代入,得 $L = -\frac{129}{22}.$ 再把 $x = 1, y = 1, z = 1$ 代入

$f_B + r_2 L = 0,$ 则 $y - r_2 \cdot (-\frac{129}{22}) = 0, 1 - r_2 \cdot (-\frac{129}{22}) = 0,$ 得 $r_2 = -\frac{22}{129}.$ 所以

$$M = y - \frac{22}{129}L + \left| y + \frac{22}{129}L \right|.$$

当 $x = 1, y = 1, z = 1$ 时,$M = 1 - \frac{22}{129} \cdot (-\frac{129}{22}) + \left| 1 + \frac{22}{129} \cdot (-\frac{129}{22}) \right| =$

2.

最后,把 $x = 1, y = 1, z = 1$ 代入 $f_A - r_1 M = 0, z - 2r_1 = 0, 1 - 2r_1 = 0,$ 得

$$r_1 = \frac{1}{2}.$$

则四棱锥 $V - ABCD$ 的方程为 $f_A + r_1 M + |f_A - r_1 M| = 0.$

其中 $M = f_B + r_2 L + |f_B + r_2 L|, L = f_C + r_3 K + |f_C - r_3 K|, K = f_D + r_4 f_E +$

$|f_D + r_4 f_E|, r_1 = \frac{1}{2}, r_2 = -\frac{22}{129}, r_3 = \frac{5}{22}, r_4 = -11.$

4. 略


习题 9.1

1. 解:先求出各边所在的直线方程为

$AB: y + 1 = 0, BC: 2x - y - 3 = 0, CD: y - 1 = 0, DA: 2x - y + 3 = 0.$

按(1)写出的方程式

$|(y + 1)(y - 1) - (2x - y - 3)(2x - y + 3)| = k[(y + 1)(y - 1) -$
$(2x - y - 3)(2x - y + 3)],$

即

$$|4x^2 - 4xy - 8| = k(4x^2 + 2y^2 - 4xy - 10).$$

把 $AB$ 的中点坐标 $(-\frac{1}{2}, -1)$ 代入,得

$$\left| 4 \cdot \left( -\frac{1}{2} \right)^2 - 4 \cdot \left( -\frac{1}{2} \right)(-1) - 8 \right| = k\left[ 4 \cdot \left( -\frac{1}{2} \right)^2 - 2(-1)^2 - 4\left( -\frac{1}{2} \right)(-1) - 10 \right].$$

解得 $k = -1$. 所以要求的平行四边形 $ABCD$ 的方程为
$$|2x^2 - 2xy - 4| = -2x^2 + 2xy - y^2 + 5.$$

2. 解:先求出各边所在的直线方程为
$$AB:y = 0, BC:x + y - 2 = 0, CD:y - 1 = 0, DA:x - y + 2 = 0.$$
按(1)写出的方程式
$$|y(y - 1) - (x + y - 2)(x - y + 2)| =$$
$$k[y(y - 1) + (x + y - 2)(x - y + 2)].$$
即
$$|x^2 - 2y^2 + 5y + 4| = k(x^2 + 3y - 4).$$

把 $AB$ 的中点坐标 $(0,0)$ 代入,得 $k = -1$.
所以梯形 $ABCD$ 的方程为 $|x^2 - 2y^2 + 5y + 4| = -x^2 - 3y + 4$.

3. 解:过 $A$ 作 $x$ 轴的平行线 $AN$,三角形可看作两顶点重合的"四边形",把 $A$ 看着是 $N$ 与 $A$ 重合的结果,$AN$ 为"第四边". 则有
$$AB:y = 0, BC:x + y - 2 = 0, AN:y - 2 = 0, AC:x - y + 2 = 0.$$
则 $\triangle ABC$ 的方程为
$$|y(y - 2) - (x - y + 2(x + y - 2))| = k[y(y - 2) + (x - y + 2(x + y - 2))].$$
即
$$|x^2 - 2y^2 + 6y - 4| = k(x^2 + 2y - 4).$$
把 $BC$ 中点 $(0,0)$ 代入,得 $k = -1$.
则 $\triangle ABC$ 的方程为 $|x^2 - 2y^2 + 6y - 4| = -x^2 - 2y + 4$.

4. 略

### 习题 9.2 略

### 习题 9.3

1. 解:先求出各边所在的直线方程分别是 $AB:x + y - 3 = 0, BO:y = 0, OA:y - 2x = 0$.

$\triangle ABC$ 所在的面区域(包括边界)为 $\begin{cases} y - 2x \leqslant 0, \\ x + y - 3 \leqslant 0, \\ y \geqslant 0. \end{cases}$ 可见:$y - 2x = 0, x + y - 3 = 0$ 为"上凸折线",$y = 0$ 为"下凸折线",则 $\triangle ABC$ 的方程为
$$E(y - 2x, x + y - 3, y) + y - 2x + x + y - 3 - y = 0.$$

即

$$E(y - 2x, x + y - 3, y) - x + y - 3 = 0.$$

2. 解:分别求得各边所在的直线方程为 $AB:2x + y + 4 = 0, BC:2x - y - 4 = 0, CD:x + y - 2 = 0, DA:x - y + 2 = 0.$ 四边形 $ABCD$ 所在的面区域(包括边界)为

$$\begin{cases} x - y + 2 \leqslant 0, \\ x + y - 2 \leqslant 0, \\ 2x + y + 4 \geqslant 0, \\ 2x - 4 - 4 \geqslant 0. \end{cases}$$

可见 $x - y + 2 = 0, x + y - 2 = 0$ 为"上凸折线", $2x + y + 4 = 0, 2x - y - 4 = 0$ 为"下凸折线",则四边形 $ABCD$ 的方程为

$E(x - y + 2, x + y - 2, 2x + y + 4, 2x - y - 4) + x + y + 2 + x + y - 2 - 2x - y - 4 - 2x + y + 4 = 0,$ 即

$$E(x - y + 2, x + y - 2, 2x + y + 4, 2x - y - 4) - 2x + y = 0.$$

3. 解:分别求出两圆的方程分别为 $x^2 + y^2 - 1 = 0, x^2 + y^2 - 4 = 0.$

而环圆所在的面区域(包括边界)为 $\begin{cases} x^2 + y^2 - 1 \geqslant 0, \\ x^2 + y^2 - 4 \leqslant 0, \end{cases}$ 所以圆心在原点,

且半径分别为 1 和 2 的两圆组成的环圆图形的方程为 $E(x^2 + y^2 - 1, x^2 + y^2 - 4) + x^2 + y^2 - 4 - x^2 - y^2 + 1 = 0.$ 即

$$E(x^2 + y^2 - 1, x^2 + y^2 - 4) = 3$$

4. 解分别求得各面所在的平面方程为

$$x - 1 = 0, y - 1 = 0, z - 2 = 0; x + 1 = 0, y + 1 = 0, z + 2 = 0.$$

而长方体所在的空间区域(包括边界)为

$$\begin{cases} x - 1 \leqslant 0, \\ y - 1 \leqslant 0, \\ z - 2 \leqslant 0, \\ x + 1 \geqslant 0, \\ y + 1 \geqslant 0 \\ z + 2 \leqslant 0. \end{cases}$$

所以长方体 $ABCD - A'B'C'D'$ 的方程为

$E(x - 1, y - 1, z - 2, x + 1, y + 1, z + 2) + x - 1 + y - 1 + z - 2 - x - 1 - y - 1 - z - 2 = 0.$

即

$$E(x - 1, y - 1, z - 2, x + 1, y + 1, z + 2) = 8.$$

**习题 9.4** 略

**习题 9.5** 略

**习题 9.6**

1. 解:分别求得 $\triangle ABC$ 各边所在的直线方程为

$AB:f_1 = 3x - 2y + 6 = 0, BC:f_2 = y = 0, CA:f_3 = 3x + 2y - 6 = 0.$

在 $\triangle ABC$ 内取一点 $P(0,1)$,则 $d_1 = \text{sgn} f_1(0,1) = \text{sgn}(3 \times 0 - 2 \times 1 + 6) = \text{sgn}(4) = 1, d_2 = \text{sgn} f_2(0,1) = sgn(1) = 1, d_3 = \text{sgn} f_3(0,1) = \text{sgn}(3 \times 0 + 2 \times 1 - 6) = \text{sgn}(-4) = -1.$

所以 ▲$ABC$ 的方程为 $|3x - 2y + 6| + |y| + |3x + 2y - 6| = 3x - 2y + 6 + y - 3x - 2y + 6,$ 即

$$|3x - 2y + 6| + |y| + |3x + 2y - 6| = -3y + 12.$$

2. 解:分别求得四边形 $ABCD$ 各边所在的直线方程为

$$AB:f_1 = 3x - y + 4 = 0, BC:f_2 = y + 2 = 0,$$
$$CA:f_3 = 3x + y - 4 = 0, DA:y - 1 = 0.$$

在四边形 $ABCD$ 内取一点 $P(0,0)$,则

$$d_1 = \text{sgn} f_1(0,0) = \text{sgn}(4) = 1,$$
$$d_2 = \text{sgn} f_2(0,0) = \text{sgn}(2) = 1,$$
$$d_3 = \text{sgn} f_3(0,0) = \text{sgn}(-4) = -1,$$
$$d_4 = \text{sgn} f_4(0,0) = \text{sgn}(-1) = -1.$$

所以四边形 $ABCD$ 的面的方程为

$$|3x - y + 4| + |y + 2| + |3x + y - 4| + |y - 1| =$$
$$3x - y + 4 + y + 2 - 3x - y + 4 - y + 1$$

即

$$|3x - y + 4| + |y + 2| + |3x + y - 4| + |y - 1| + 2y = 11.$$

3. 解:分别求得正方体各面所在的平面方程为

$$f_1 = x + 1 = 0, f_2 = y + 1 = 0, f_3 = z + 1 = 0,$$
$$f_4 = x - 1 = 0, f_5 = y - 1 = 0, f_6 = z - 1 = 0.$$

在正方体内部取一点 $P(0,0,0)$,则

$d_1 = \text{sgn} f_1(0,0,0) = \text{sgn}(1) = 1, d_2 = \text{sgn} f_2(0,0,0) = \text{sgn}(1) = 1,$

$d_3 = \text{sgn} f_3(0,0,0) = \text{sgn}(1) = 1, d_4 = \text{sgn} f_4(0,0,0) = \text{sgn}(-1) = -1,$

$d_5 = \text{sgn} f_5(0,0,0) = \text{sgn}(-1) = -1, d_6 = \text{sgn} f_6(0,0,0) = \text{sgn}(-1) = -1,$

所以正方体的体的方程为

$$|x + 1| + |y + 1| + |z + 1| + |x - 1| + |y - 1| + |z - 1| = 6$$

# 参考文献

［1］杨之.绝对值方程［J］.中等数学,1985(6).

［2］杨之.“绝对值方程”的几个问题和猜想［J］.中等数学,1986(5).

［3］娄伟光.凸多边形的绝对值方程［J］.中等数学,1987(6).

［4］冯跃峰.三角形方程［J］.湖南数学通讯,1889(4).

［5］冯跃峰.平行四边形的方程［J］.中学数学,1991(3).

［6］杨之.漫谈“绝对值方程”的研究［J］.中等数学,1992(5).

［7］杨正义.三角形绝对值方程的一般形式［A］∥杨世明.中国初等数学研究
文集［C］.郑州:河南教育出版社,1992.

［8］杨之.“绝对值方程研究”小议［A］∥杨世明.中国初等数学研究文集
［C］.郑州:河南教育出版社,1992.

［9］冯跃峰.平行四边形的方程［A］∥杨世明.中国初等数学研究文集［C］.郑
州:河南教育出版社,1992.

［10］杨正义.四边形绝对值方程的一般形式［A］∥杨世明.中国初等数学研究
文集［C］.郑州:河南教育出版社,1992.

［11］叶年新.一类凸多边形方程［A］∥杨世明.中国初等数学研究文集［C］.
郑州:河南教育出版社,1992.

［12］罗增儒.线段、折线与多边形的方程［A］∥杨世明.中国初等数学研究文
集［C］.郑州:河南教育出版社,1992.

［13］冯跃峰.任意凸四边形的方程［J］.数学通报,1992(11).

［14］林世保,杨学枝.正偶边形方程［J］.福建中学数学,1992(11).

［15］杨正义.凸四边形绝对值方程又一形式［J］.中等数学,1993(2).

［16］朱幕水.任意正多边形方程［A］.全国第二届初数会论文集,1993.

［17］林世保.凸五边形方程［A］.福建省第二届初数会论文集,1993.

［18］杨少洪.平行四边形的方程及三角形方程［A］∥福建省第二届初数会论
文集［C］.1993.

［19］朱幕水.任意凸多边形方程［M］∥全国第二届初数会论文集［C］.1993年
8月.

［20］林世保.正多边形方程［M］∥福建省第二届初数会论文集［C］.1993年8
月.

［21］四棱锥的绝对值方程［M］∥牛秋宝,张付彬.全国第二届初数会文集
［C］.1993年8月.

[22] 林世保. 凸多边形和凸多面体方程[M] // 福建省第二届初数会论文集[C]. 1993 年 8 月.

[23] 牛秋宝, 刘瑞燕. 柱、锥、台的绝对值方程[M] // 全国第二届初数会论文集[C]. 1993 年 8 月.

[24] 邹黎明. 谈谈绝对值方程[M] // 湖南省数学会初等数学委员会大会筹备组汇编. 全国第二届初数会论文集[C]. 1993 年 8 月.

[25] 徐宁. 平行八面体的方程[M] // 全国第二届初数会论文集[C]. 1993 年 8 月.

[26] 刘伍济. 对称八面体的方程[M] // 全国第二届初数会论文集[C]. 1993 年 8 月.

[27] 游少华. 折线的分类及其方程[M] // 全国第二届初数会论文集[C]. 1993 年 8 月.

[28] 游少华. f(x) 的图象及其应用[M] // 湖南省数学会初等数学委员会大会筹备组汇编. 全国第二届初数会论文集[C]. 1993 年 8 月.

[29] 林世保. 五角星方程[J]. 中等数学, 1994(2).

[30] 林世保. 三角形方程的再探讨[J]. 湖南数学通讯, 1994(3).

[31] 萧振纲. 平行四边形的解析研究[J]. 中学数学, 1994(4).

[32] 林世保. 三角形方程的简化及分类[J]. 中学数学, 1994(5).

[33] 林世保. 四面体方程[M] // 福建省初等数学学会汇编. 福建省第三届初数会论文集[C]. 1995 年 8 月.

[34] 林世保. 正 N 角星的方程[M] // 福建省初等数学学会汇编. 福建省第三届初数会论文集[C]. 1995 年 8 月.

[35] 林世保. 双圆四边形的方程及其应用[M] // 湖南省数学会初等数学委员会大会筹备组汇编. 全国第二届初数会论文集[C]. 1996 年 8 月.

[36] 林世保. 任意三角形的方程[J]. 中等数学, 1996(1).

[37] 杨正义. 三角形的重心式方程[J]. 中等数学, 1996(3).

[38] 宋之宇. 三角形的费马点式方程[J]. 中等数学, 1996(3).

[39] 杨正义, 宋之宇. 四面体的解析研究[M] // 福建省初等数学学会大会筹备组汇编. 全国第三届初数会论文集[C]. 1996 年 8 月.

[40] 孙大志. 几种常见的曲面的绝对值方程[M] // 福建省初等数学学会大会筹备组汇编. 全国第三届初数会论文集[C]. 1996 年 8 月.

[41] 李清河、李煌钟. 凸五面体方程的统一形式[M] // 福建省初等数学学会大会筹备组汇编. 全国第三届初数会论文集[C]. 1996 年 8 月.

[42] 李煌钟、李清河. 任意凸五边形方程[M] // 福建省初等数学学会大会筹备组汇编. 全国第三届初数会论文集[C]. 1996 年 8 月.

[43] 李煌钟. 关于正多面体的方程[M] // 福建省初等数学学会大会筹备组汇编. 全国第三届初数会论文集[C]. 1996 年 8 月.

[44] 李裕民. 四边形和三角形的绝对值方程[J]. 中学数学月刊,1996(8).

[45] 林世保. 正 $N$ 角星的极坐标方程[J]. 中等数学,1997(1).

[46] 林世保. 四面体的体积－顶点式方程[J]. 中等数学,1997(6).

[47] 林世保. 用覆盖法求图形的方程[J]. 中学数学教学参考. 2000(6).

[48] 林世保,三角形的顶点式方程再探[J]. 中学数学教学参考,2001(5).

[49] 杨世明,林世保."绝对值方程"研究综述[J]. 中学数学教学参考, 2002(11).

[50] 张在明. 一个三角形区域的绝对值方程[J]. 中学数学,2003(8).

[51] 孙家荣. 凸四边形的绝对值方程[A] // 见习生初等数学研究会大会筹备组汇编. 全国第六届初数会论文集[C]. 2006(8):71.

[52] 杨之,林世保. 二元一次绝对值方程构图的两个关键定理[J]. 中学数学, 2008(5).

[53] 林世保. 四边形的顶点式方程[A] // 湖北大学《中学数学》编辑部汇编. 全国第七届初数会论文集[C]. 2009 年 8 月.

后记

书写完了,做一个"后记",把写作的相关情况,以及未尽事项,向读者交代一下,与读者交流,这是我们的习惯,也是尊重读者的"知情权"。

（一）

"绝对值方程"这个课题,是杨之(杨世明)1985～1986年期间,通过在《中等数学》上发表的"绝对值方程"和"关于绝对值方程的几个问题和猜想"两篇文章提出来的。8年之后的1993年,在大家已发表的20余篇相关文章的基础上,又在《初等数学研究的问题与课题》一书中,作为"绝对值方程问题"重新提出,除了重述基本概念之外,还提出一系列供研究的具体的问题与课题;这进一步地激发了人们的研究热情。又过了13年,报刊上发表、学术会议上宣读以及收入各种论文集的,绝对值方程方面的研究成果,不断涌现;我们期待的两个方向的"构造方法"(由方程构图和由图形构造方程),均已出现,多边形方程的形式也已找到,还发现了一系列特殊图形的简洁、优美、便于应用的方程;令人不可思议的是,还找到了若干有自交点的闭折线、组合图形,甚至"综合法"难以问津的多面体的方程。看来,撰写一本"绝对值方程专著"的条件(需要和可能)已经基本成熟。

于是,2007年3月22日,我们在电话中商定,开始"正式"进行《绝对值方程——折边与组合图形的解析研究》一书的写作:

杨之撰写第一稿，林世保加工、修订、输入电脑，完成第二稿。事实上，早在 2004 年 8 月 11～14 日，我们在林世保福州马尾的家里，就已商定好了"提纲"，并已经写成了"绪论"和"第一章"的初稿，打印了一式两份，分头研究修改，然而，由于种种原因（主要是文献还有欠缺、一些关键问题还没有解决），搁置下来；这次才安排好时间，继续写作，且希望不要再中断，要一举完成。

自此，我们就开始了漫长的撰写过程："啃"天书一样的文献，面对一个个难缠的方程，像是面对一堆珍稀的酸果（很多是在学术会议上宣读过的论文），又像是沙金石玉，要从中汲取精华，连缀成篇，要有足够的耐心，投入巨大的精力；在这样的日日夜夜中，有弄通吃透的欢欣快乐，有久思不解的疑惑头痛，几次动摇、几次坚定，几次进展、几次停顿，这样反反复复地，又过去了 6 个月。真有些"衣带渐宽终不悔，为伊消得人憔悴"的感受。好在这时有了一点曙光：杨之 2007 年 10 月 2 日的《日记》中有云："今天是国庆（28 周年）的第二天，很值得纪念的日子，《绝对值方程》完成初稿"。然而，这仅仅是搭了一个架子，所谓"老鼠拉木锨"：大头还在后面。于是，"球"踢给了世保，他在教学之余，节假日，开始进行细致的验证、修改、补充，并打字输入电脑……，又是 3 年的艰苦奋斗，直到 2010 年，世保才把全部九章发给了杨之，修订又是一年。如果从 2004 年算起，那么本书的撰写，整整经历了七个年头，才算完成。真是好难好难啊！

## （二）

事实上，写作本书的艰难，远不止于"方程"的难解和文献的难啃。这是一个全新的课题，因此，除了沿用已有的概念、术语、符号之外，还要创制许多新的概念，新的术语和符号，构造（发明、发现）很多新的公式、法则、命题，对文献中的异名、异文加以规范，并按构建数学公理体系的原则，把它们一一甄别排序，纳入到一个完整的框架之中。

拿"绝对值符号"来说，有的方程中，可能包含多层绝对值符号（在我们构造的方程中，有的多达四层、五层），而现有的绝对值符号，只有"||"这一种，那么写出来就难以辨别"谁和谁是一对"，因此，就有一个"创制新的绝对值符号"的问题。创制怎样的符号？它要简洁、优美、方便适用；为此，我们反复思索多年，终于想到把传统绝对值符号与小、中、大括号结合起来，形成"小绝"、"中绝"和"大绝"，这样，加上传统的，就有了四套绝对值符号，即

$$\{\{\langle\langle\|\|\rangle\rangle\}\}$$

可用，一般说来，是足够用的了。

又如，我们研究"绝对值方程"的目的，在于突破传统解析几何只研究光滑曲线的局限性，把解析法用于带有折边的图形和组合图形的研究，那么，前提是要构造出这类图形的，简明易解且好用的方程。然而，对于折边图形来说，除平行四边形之外，并无简洁的轨迹定义，所以构造起来异常地困难。对此，一位知音好友曾著文，戏称并预言"这样的任务不可能完成"（该文并未发表），然而，经过几年的努力，系列的"绝对值方程构造法"，被发明了出来，简化和应用也

绝对值方程

在小步推进;把好友的担心和"预言"变成了地道的"激将法"。而我们"关于绝对值方程构图的两个关键定理(即本书第一章的定理5、6)",也为"输入方程,即得到图形"的电脑构图的研究,做了必要的准备。

(三)

"绝对值方程"课题的研究,一道道"关卡"的突破,书稿的完成,确实是困难重重。然而都一一破解,何以能够如此呢?俗话说,"众人拾柴火焰高"。"绝对值方程"的研究,参与的人员众多,且都不是"单兵作战状态",而是有组织、有切磋、有交流,有一定的目标。1995年1月,成立了"中国绝对值方程研究小组",先后编印《研究通讯》四期,刊发了不少高水平的研究论文。到1996年,在福州马尾召开小组第一次工作会议的时候,小组成员已发展到19人,他们是:

| | | | |
|---|---|---|---|
| 杨世明(天津) | 杨学枝(福建) | 林世保(福建) | 朱慕水(福建) |
| 邹黎明(江苏) | 牛秋保(河南) | 刘瑞燕(河南) | 张付彬(河南) |
| 游少华(贵州) | 李煜钟(山东) | 刘伍济(湖南) | 杨正义(四川) |
| 宋之宇(四川) | 娄伟光(黑龙江) | 张士敏(山东) | 孙大志(安徽) |
| 萧振纲(湖南) | 潘臻寿(福建) | 党庆寿(江苏) | |

应当指出,小组的每一位成员,都是挺棒的,在绝对值方程的研究探索中,都立有"战功"。自然,也有尚未加入"小组"的人,在绝对值方程的研究中,攻关克险,贡献多多。如湖北的叶年新(可惜英年早逝),湖南的冯耀峰,陕西的罗增儒,以及吴永中,徐宁等等。"绝对值方程"这座初建的大厦,就是在他们丰富的研究成果的基础上,建设起来的。从这个意义上讲,这本《绝对值方程——折边与组合图形的解析研究》,与其说是林、杨合著,毋宁说是大家集体的创作。此书的出版,也算是为此项事业立了一座纪念的丰碑。

(四)

然而,本书阐述的,毕竟是一个全新的课题,尽管这么多人致力于挖掘探索,逾越20年,可是它的发展,却远未完善。一是表现在我们当今已经发现的,绝对值方程的诸多性质,相关的法则、命题等,可能仍然是表面的浅层次的东西;二是我们初定的目标,只是达到了一小部分。我们进一步的目标,如寻求"同形变形"来大幅度简化、功能化我们的方程(达到平行四边形和三角形方程的水平),把方程用于多边形、多面体的深入研究等等,还远未达到,深层次的东西还有待发掘。

但事情往往有两面性,"未成熟"可能显示着它的幼稚、不完整,而另一方面,则意味着它还有大量的问题(其中可能有表层的、比较容易的问题)、课题,供我们探索研究,许多深层次的性质、法则、命题,也等待我们去"显出英雄本色",很多深层次的奥秘有待我们去揭示、发现。

为了进一步开发"绝对值方程"研究的丰富资源,我们再挂一漏万地提出如下的"八大问题或课题",供大家一试身手:

1. 将已有的(某个、某些)绝对值方程简明化、功能化(即从中可看出图形的特征性指标),用于证明图形的相关定理。

333

2. 进行二元一次绝对值方程的分类研究。

3. 设 $f_i = a_i x + b_i y + c_i (i = 1, 2, 3)$, $r \in \mathbf{R}$. 试对如下方程进行研究：
$$|\,f_1 + |\,f_2\,|\,| + r\,|\,f_2\,| + f_3 = 0 \qquad\qquad (※)$$

(1) 当 $r = 1$ 时，它表示三角形的充要条件是什么？怎样分类？

(2) 探索"杨正义猜想"：当 $0 \leqslant r < 1$ 时，(※) 表示凹四边形；当 $r = 1$ 时，(※) 表示三角形；当 $r > 1$ 时，(※) 表示凸四边形；

(3) 当 $a_i, b_i, c_i$ 满足怎样的条件时，(※) 表示平行四边形(矩形、菱形、正方形)、梯形、筝形？

(4) 应用方程(※)对四边形进行深入研究.

4. 能否推导出有自交点的四边闭折线(即蝶形)的方程？它是不是方程(※)中 $r < 0$ 的情况？

5. 对三角形的各种方程，进行综合研究(它们怎样相互转化、化简、同形变换等)和应用研究(如证明有关三角形的各种定理，用于三角形各种"心"和"线"的研究等)。

6. 试研究第一章中的猜想：奇数条边的多边形方程至少是二层方程；特别地，三角形方程不可能是一层方程。

7. 关于绝对值方程构图的两个关键定理：第一章的定理5和定理6，有人认为"证明不够严格"，是这样的吗？如果是，能否给出严格的证明？

8. 关注三元一次绝对值方程的研究。现在可否提出四元和四元以上的绝对值方程研究的问题？

杨世保，杨之

2011.10.18

# 哈尔滨工业大学出版社刘培杰数学工作室
## 已出版(即将出版)图书目录

| 书　名 | 出版时间 | 定价 | 编号 |
|---|---|---|---|
| 新编中学数学解题方法全书(高中版)上卷 | 2007—09 | 38.00 | 7 |
| 新编中学数学解题方法全书(高中版)中卷 | 2007—09 | 48.00 | 8 |
| 新编中学数学解题方法全书(高中版)下卷(一) | 2007—09 | 42.00 | 17 |
| 新编中学数学解题方法全书(高中版)下卷(二) | 2007—09 | 38.00 | 18 |
| 新编中学数学解题方法全书(高中版)下卷(三) | 2010—06 | 58.00 | 73 |
| 新编中学数学解题方法全书(初中版)上卷 | 2008—01 | 28.00 | 29 |
| 新编中学数学解题方法全书(初中版)中卷 | 2010—07 | 38.00 | 75 |
| 新编平面解析几何解题方法全书(专题讲座卷) | 2010—01 | 18.00 | 61 |
| 数学眼光透视 | 2008—01 | 38.00 | 24 |
| 数学思想领悟 | 2008—01 | 38.00 | 25 |
| 数学应用展观 | 2008—01 | 38.00 | 26 |
| 数学建模导引 | 2008—01 | 28.00 | 23 |
| 数学方法溯源 | 2008—01 | 38.00 | 27 |
| 数学史话览胜 | 2008—01 | 28.00 | 28 |
| 从毕达哥拉斯到怀尔斯 | 2007—10 | 48.00 | 9 |
| 从迪利克雷到维斯卡尔迪 | 2008—01 | 48.00 | 21 |
| 从哥德巴赫到陈景润 | 2008—05 | 98.00 | 35 |
| 从庞加莱到佩雷尔曼 | 2011—08 | 138.00 | 136 |
| 从比勃巴赫到德·布朗斯 | 即将出版 | | |
| 数学解题中的物理方法 | 2011—06 | 28.00 | 114 |
| 数学解题的特殊方法 | 2011—06 | 48.00 | 115 |
| 中学数学计算技巧 | 2012—01 | 48.00 | 116 |
| 中学数学证明方法 | 2012—01 | 58.00 | 117 |
| 数学趣题巧解 | 2012—03 | 28.00 | 128 |
| 数学奥林匹克与数学文化(第一辑) | 2006—05 | 48.00 | 4 |
| 数学奥林匹克与数学文化(第二辑)(竞赛卷) | 2008—01 | 48.00 | 19 |
| 数学奥林匹克与数学文化(第二辑)(文化卷) | 2008—07 | 58.00 | 34 |
| 数学奥林匹克与数学文化(第三辑)(竞赛卷) | 2010—01 | 48.00 | 59 |
| 数学奥林匹克与数学文化(第四辑)(竞赛卷) | 2011—08 | 58.00 | 87 |

# 哈尔滨工业大学出版社刘培杰数学工作室
# 已出版(即将出版)图书目录

| 书 名 | 出版时间 | 定 价 | 编号 |
|---|---|---|---|
| 发展空间想象力 | 2010—01 | 38.00 | 57 |
| 走向国际数学奥林匹克的平面几何试题诠释(上、下)(第1版) | 2007—01 | 68.00 | 11,12 |
| 走向国际数学奥林匹克的平面几何试题诠释(上、下)(第2版) | 2010—02 | 98.00 | 63,64 |
| 平面几何证明方法全书 | 2007—08 | 35.00 | 1 |
| 平面几何证明方法全书习题解答(第1版) | 2005—10 | 18.00 | 2 |
| 平面几何证明方法全书习题解答(第2版) | 2006—12 | 18.00 | 10 |
| 最新世界各国数学奥林匹克中的平面几何试题 | 2007—09 | 38.00 | 14 |
| 数学竞赛平面几何典型题及新颖解 | 2010—07 | 48.00 | 74 |
| 初等数学复习及研究(平面几何) | 2008—09 | 58.00 | 38 |
| 初等数学复习及研究(立体几何) | 2010—06 | 38.00 | 71 |
| 初等数学复习及研究(平面几何)习题解答 | 2009—01 | 48.00 | 42 |
| 世界著名平面几何经典著作钩沉——几何作图专题卷(上) | 2009—06 | 48.00 | 49 |
| 世界著名平面几何经典著作钩沉——几何作图专题卷(下) | 2011—01 | 88.00 | 80 |
| 世界著名平面几何经典著作钩沉(民国平面几何老课本) | 2011—03 | 38.00 | 113 |
| 世界著名数论经典著作钩沉(算术卷) | 2012—01 | 28.00 | 125 |
| 世界著名数学经典著作钩沉——立体几何卷 | 2011—02 | 28.00 | 88 |
| 世界著名三角学经典著作钩沉(平面三角卷Ⅰ) | 2010—06 | 28.00 | 69 |
| 世界著名三角学经典著作钩沉(平面三角卷Ⅱ) | 2011—01 | 28.00 | 78 |
| 世界著名初等数论经典著作钩沉(理论和实用算术卷) | 2011—07 | 38.00 | 126 |
| 几何学教程(平面几何卷) | 2011—03 | 68.00 | 90 |
| 几何学教程(立体几何卷) | 2011—07 | 68.00 | 130 |
| 几何变换与几何证题 | 2010—06 | 88.00 | 70 |
| 几何瑰宝——平面几何500名题暨1000条定理(上、下) | 2010—07 | 138.00 | 76,77 |
| 三角形的解法与应用 | 2012—07 | 18.00 | 183 |
| 近代三角形的几何学 | 2012—07 | 48.00 | 184 |
| 三角形的五心 | 2009—06 | 28.00 | 51 |
| 俄罗斯平面几何问题集 | 2009—08 | 88.00 | 55 |
| 俄罗斯平面几何5000题 | 2011—03 | 58.00 | 89 |
| 计算方法与几何证题 | 2011—06 | 28.00 | 129 |
| 463个俄罗斯几何老问题 | 2012—01 | 28.00 | 152 |
| 近代欧氏几何学 | 2012—02 | 48.00 | 162 |
| 罗巴切夫斯基几何学及几何基础概要 | 2012—07 | 28.00 | 188 |

# 哈尔滨工业大学出版社刘培杰数学工作室
# 已出版(即将出版)图书目录

| 书　名 | 出版时间 | 定　价 | 编号 |
|---|---|---|---|
| 超越吉米多维奇——数列的极限 | 2009—11 | 48.00 | 58 |
| Barban Davenport Halberstam 均值和 | 2009—01 | 40.00 | 33 |
| 初等数论难题集(第一卷) | 2009—05 | 68.00 | 44 |
| 初等数论难题集(第二卷)(上、下) | 2011—02 | 128.00 | 82,83 |
| 谈谈素数 | 2011—03 | 18.00 | 91 |
| 平方和 | 2011—03 | 18.00 | 92 |
| 数论概貌 | 2011—03 | 18.00 | 93 |
| 代数数论 | 2011—03 | 48.00 | 94 |
| 初等数论的知识与问题 | 2011—02 | 28.00 | 95 |
| 超越数论基础 | 2011—03 | 28.00 | 96 |
| 数论初等教程 | 2011—03 | 28.00 | 97 |
| 数论基础 | 2011—03 | 18.00 | 98 |
| 数论入门 | 2011—03 | 38.00 | 99 |
| 数论开篇 | 即将出版 | | |
| 解析数论引论 | 2011—03 | 48.00 | 100 |
| 基础数论 | 2011—03 | 28.00 | 101 |
| 超越数 | 2011—03 | 18.00 | 109 |
| 三角和方法 | 2011—03 | 18.00 | 112 |
| 谈谈不定方程 | 2011—05 | 28.00 | 119 |
| 整数论 | 2011—05 | 38.00 | 120 |
| 初等数论100例 | 2011—05 | 18.00 | 122 |
| 初等数论经典例题 | 2012—08 | 18.00 | |
| 最新世界各国数学奥林匹克中的初等数论试题(上、下) | 2012—01 | 138.00 | 144,145 |
| 算术探索 | 2011—12 | 158.00 | 148 |
| 初等数论(Ⅰ) | 2012—01 | 18.00 | 156 |
| 初等数论(Ⅱ) | 2012—01 | 18.00 | 157 |
| 初等数论(Ⅲ) | 2012—01 | 28.00 | 158 |
| 组合数学浅谈 | 2012—03 | 28.00 | 159 |
| 同余理论 | 2012—05 | 38.00 | 163 |
| 丢番图方程引论 | 2012—03 | 48.00 | 172 |

# 哈尔滨工业大学出版社刘培杰数学工作室
## 已出版(即将出版)图书目录

| 书　名 | 出版时间 | 定　价 | 编号 |
|---|---|---|---|
| 历届 IMO 试题集(1959—2005) | 2006—05 | 58.00 | 5 |
| 历届 CMO 试题集 | 2008—09 | 28.00 | 40 |
| 历届加拿大数学奥林匹克试题集 | 2012—07 | 38.00 | |
| 历届国际大学生数学竞赛试题集(1994—2010) | 2012—01 | 28.00 | 143 |
| 全国大学生数学夏令营数学竞赛试题及解答 | 2007—03 | 28.00 | 15 |
| 全国大学生数学竞赛辅导教程 | 2012—07 | 28.00 | 189 |
| 历届美国大学生数学竞赛试题集 | 2009—03 | 88.00 | 43 |
| 前苏联大学生数学竞赛试题及解答(上) | 2012—04 | 28.00 | 169 |
| 前苏联大学生数学竞赛试题及解答(下) | 2012—04 | 38.00 | 170 |
| 整函数 | 即将出版 | | 161 |
| 俄罗斯初等数学问题集 | 2012—05 | 38.00 | 177 |
| 俄罗斯函数问题集 | 2011—03 | 38.00 | 103 |
| 俄罗斯组合分析问题集 | 2011—01 | 48.00 | 79 |
| 博弈论精粹 | 2008—03 | 58.00 | 30 |
| 多项式和无理数 | 2008—01 | 68.00 | 22 |
| 模糊数据统计学 | 2008—03 | 48.00 | 31 |
| 受控理论与解析不等式 | 2012—05 | 78.00 | 165 |
| 解析不等式新论 | 2009—06 | 68.00 | 48 |
| 反问题的计算方法及应用 | 2011—11 | 28.00 | 147 |
| 建立不等式的方法 | 2011—03 | 98.00 | 104 |
| 数学奥林匹克不等式研究 | 2009—08 | 68.00 | 56 |
| 不等式研究(第二辑) | 2012—02 | 68.00 | 153 |
| 初等数学研究(Ⅰ) | 2008—09 | 68.00 | 37 |
| 初等数学研究(Ⅱ)(上、下) | 2009—05 | 118.00 | 46,47 |
| 中国初等数学研究　2009卷(第1辑) | 2009—05 | 20.00 | 45 |
| 中国初等数学研究　2010卷(第2辑) | 2010—05 | 30.00 | 68 |
| 中国初等数学研究　2011卷(第3辑) | 2011—07 | 60.00 | 127 |
| 中国初等数学研究　2012卷(第4辑) | 2012—07 | 48.00 | 190 |
| 数阵及其应用 | 2012—02 | 28.00 | 164 |
| 绝对值方程—折边与组合图形的解析研究 | 2012—07 | 48.00 | 186 |
| 不等式的秘密(第一卷) | 2012—02 | 28.00 | 154 |
| 初等不等式的证明方法 | 2010—06 | 38.00 | 123 |
| 数学奥林匹克不等式散论 | 2010—06 | 38.00 | 124 |
| 数学奥林匹克不等式欣赏 | 2011—09 | 38.00 | 138 |
| 数学奥林匹克超级题库(初中卷上) | 2010—01 | 58.00 | 66 |
| 数学奥林匹克不等式证明方法和技巧(上、下) | 2011—08 | 158.00 | 134,135 |

# 哈尔滨工业大学出版社刘培杰数学工作室
# 已出版(即将出版)图书目录

| 书 名 | 出版时间 | 定 价 | 编号 |
|---|---|---|---|
| 500 个最新世界著名数学智力趣题 | 2008-06 | 48.00 | 3 |
| 400 个最新世界著名数学最值问题 | 2008-09 | 48.00 | 36 |
| 500 个世界著名数学征解问题 | 2009-06 | 48.00 | 52 |
| 400 个中国最佳初等数学征解老问题 | 2010-01 | 48.00 | 60 |
| 500 个俄罗斯数学经典老题 | 2011-01 | 28.00 | 81 |
| 1000 个国外中学物理好题 | 2012-04 | 48.00 | 174 |
| 300 个日本高考数学题 | 2012-05 | 38.00 | 142 |
| 500 个前苏联早期高考数学试题及解答 | 2012-05 | 28.00 | 185 |
| 数学 我爱你 | 2008-01 | 28.00 | 20 |
| 精神的圣徒 别样的人生——60 位中国数学家成长的历程 | 2008-09 | 48.00 | 39 |
| 数学史概论 | 2009-06 | 78.00 | 50 |
| 斐波那契数列 | 2010-02 | 28.00 | 65 |
| 数学拼盘和斐波那契魔方 | 2010-07 | 38.00 | 72 |
| 斐波那契数列欣赏 | 2011-01 | 28.00 | 160 |
| 数学的创造 | 2011-02 | 48.00 | 85 |
| 数学中的美 | 2011-02 | 38.00 | 84 |
| 射影几何趣谈 | 2012-04 | 28.00 | 175 |
| 最新全国及各省市高考数学试卷解法研究及点拨评析 | 2009-02 | 38.00 | 41 |
| 高考数学的理论与实践 | 2009-08 | 38.00 | 53 |
| 中考数学专题总复习 | 2007-04 | 28.00 | 6 |
| 向量法巧解数学高考题 | 2009-08 | 28.00 | 54 |
| 新编中学数学解题方法全书(高考复习卷) | 2010-01 | 48.00 | 67 |
| 新编中学数学解题方法全书(高考真题卷) | 2010-01 | 38.00 | 62 |
| 新编中学数学解题方法全书(高考精华卷) | 2011-03 | 68.00 | 118 |
| 高考数学核心题型解题方法与技巧 | 2010-01 | 28.00 | 86 |
| 数学解题——靠数学思想给力(上) | 2011-07 | 38.00 | 131 |
| 数学解题——靠数学思想给力(中) | 2011-07 | 48.00 | 132 |
| 数学解题——靠数学思想给力(下) | 2011-07 | 38.00 | 133 |
| 2011 年全国及各省市高考数学试题审题要津与解法研究 | 2011-10 | 48.00 | 139 |
| 新课标高考数学——五年试题分章详解(2007~2011)(上、下) | 2011-10 | 78.00 | 140,141 |
| 30 分钟拿下高考数学选择题、填空题 | 2012-01 | 48.00 | 146 |
| 高考数学压轴题解题诀窍(上) | 2012-02 | 78.00 | 166 |
| 高考数学压轴题解题诀窍(下) | 2012-03 | 28.00 | 167 |

# 哈尔滨工业大学出版社刘培杰数学工作室
# 已出版(即将出版)图书目录

| 书　名 | 出版时间 | 定　价 | 编号 |
|---|---|---|---|
| 中等数学英语阅读文选 | 2006—12 | 38.00 | 13 |
| 统计学专业英语(第一版) | 2007—03 | 28.00 | 16 |
| 幻方和魔方(第一卷) | 2012—05 | 68.00 | 173 |
| 实变函数论 | 2012—06 | 78.00 | 181 |
| 初等微分拓扑学 | 2012—07 | 18.00 | 182 |
| 方程式论 | 2011—03 | 38.00 | 105 |
| 初级方程式论 | 2011—03 | 28.00 | 106 |
| Galois 理论 | 2011—03 | 18.00 | 107 |
| 代数方程的根式解及伽罗瓦理论 | 2011—03 | 28.00 | 108 |
| 线性偏微分方程讲义 | 2011—03 | 18.00 | 110 |
| $N$ 体问题的周期解 | 2011—03 | 28.00 | 111 |
| 代数方程式论 | 2011—05 | 28.00 | 121 |
| 动力系统的不变量与函数方程 | 2011—07 | 48.00 | 137 |
| 基于短语评价的翻译知识获取 | 2012—02 | 48.00 | 168 |
| 应用随机过程 | 2012—07 | 48.00 | 187 |
| 闵嗣鹤文集 | 2011—03 | 98.00 | 102 |
| 吴从炘数学活动三十年(1951~1980) | 2010—07 | 99.00 | 32 |
| 吴振奎高等数学解题真经(概率统计卷) | 2012—01 | 38.00 | 149 |
| 吴振奎高等数学解题真经(微积分卷) | 2012—01 | 68.00 | 150 |
| 吴振奎高等数学解题真经(线性代数卷) | 2012—01 | 58.00 | 151 |
| 钱昌本教你快乐学数学(上) | 2011—12 | 48.00 | 155 |
| 钱昌本教你快乐学数学(下) | 2012—03 | 58.00 | 171 |

**联系地址**:哈尔滨市南岗区复华四道街 10 号　哈尔滨工业大学出版社刘培杰数学工作室
网　　址:http://lpj.hit.edu.cn/
邮　　编:150006
**联系电话**:0451—86281378　　13904613167
E-mail:lpj1378@yahoo.com.cn